"十二五"普通高等教育本科国家级规划教材

教育部普通高等教育精品教材

"十四五"普通高等教育本科部委级规划教材

纺织科学与工程一流学科建设教材

纺织工程一流本科专业建设教材

织物结构与设计

（第6版）

荆妙蕾　主编

U0216866

中国纺织出版社有限公司

内 容 提 要

本书内容主要包括:机织物组织结构及织物分析方法、织物外观形成原理及上机工艺要求;纹织物的装造、电子提花原理;服用纺织品设计的基本内容及形式,棉、毛、丝、麻、化纤等不同风格大类典型产品的风格特征及设计实例;机织物计算机辅助设计基础知识及设计实例。本书配套的数字化教学资源内容包含课程微视频、多媒体课件、组织结构及织机工作原理动画、织物组织和服用纺织品面料库和模拟图等,便于教师组织教学和学生自学。

本书主要作为高等纺织院校纺织专业教材,也可作为纺织工程技术人员的参考用书。

图书在版编目(CIP)数据

织物结构与设计 / 荆妙蕾主编. -- 6 版. -- 北京:中国纺织出版社有限公司, 2021.9(2022.7重印)

"十二五"普通高等教育本科国家级规划教材 教育部普通高等教育精品教材 "十四五"普通高等教育本科部委级规划教材 纺织科学与工程一流学科建设教材 纺织工程一流本科专业建设教材

ISBN 978 - 7 - 5180 - 8762 - 4

Ⅰ. ①织… Ⅱ. ①荆… Ⅲ. ①织物结构—高等学校—教材②织物—设计—高等学校—教材 Ⅳ. ①TS105.1

中国版本图书馆 CIP 数据核字(2021)第 154620 号

责任编辑:孔会云 沈 靖 责任校对:王蕙莹
责任印制:何 建

中国纺织出版社有限公司出版发行
地址:北京市朝阳区百子湾东里 A407 号楼 邮政编码:100124
销售电话:010—67004422 传真:010—87155801
http://www.c-textilep.com
官方微博 http://weibo.com/2119887771
三河市宏盛印务有限公司印刷 各地新华书店经销
1979 年 12 月第 1 版 1986 年 6 月第 2 版
2004 年 9 月第 3 版 2008 年 5 月第 4 版
2014 年 3 月第 5 版 2021 年 9 月第 6 版
2022 年 7 月第 2 次印刷
开本:787×1092 1/16 印张:24
字数:428 千字 定价:56.00 元

第 6 版前言

《织物结构与设计》(第5版)是"十二五"普通高等教育本科国家级规划教材和教育部普通高等教育精品教材,教材多次再版修订,经过长期的历史积淀和凝练,内容不断更新完善,作为纺织专业主干课程的教材,在纺织院校中具有广泛的影响。教材第6版根据纺织行业发展趋势和企业人才需求的变化,结合课程思政和工程教育专业认证要求,不断对纺织工程专业的课程内容和课程体系进行改革,培养工科大学生的实践能力、创新精神和创新能力,提高人文素质和科学素养。教材围绕"科技、时尚、绿色"的产业新定位,将国际、国内纺织产品开发最新研究成果引入教材,使组织结构基础知识、面料创新设计与先进纺织科技相结合,与国际国内纺织品发展趋势联系紧密,充分体现教材的理论性、实践性、综合性、通用性等特点,将传授知识、培养能力和素质教育融为一体。

本次修订教材的特色体现在以下三方面。

(1)聚焦人才培养质量。教材编写坚持立德树人,落实课程思政,以培养"基础扎实、视野开阔、实践能力强,具有工程伦理意识、大国工匠精神、社会责任感以及创新精神和创新能力的复合型人才"为目标,结合行业企业需求及新技术发展不断更新。体现应用学科特点,将织物组织结构与设计举例与生产实践紧密结合,注重理论与实践相结合,技术与艺术相结合,提高工科学生的实践能力和解决复杂工程问题的能力,使学生既能掌握坚实的理论知识,又能得到良好的实践能力训练,激发学习兴趣,引导学生创新,为系统全面地培养学生现代产品设计研发能力打下基础。

(2)知识体系科学完整。教材以实际工程为背景,在第5版的基础上更新了多层复杂组织结构和当前新型服用面料组织结构的内容;增加了面料样品设计及织造实践教学内容;在服用纺织品设计中增加了面料色彩设计内容,体现纺织产品科技时尚发展要求,符合国际国内流行面料发展趋势;更新了利用计算机辅助设计软件进行织物设计的原理及设计实例。创新性地构建了以"机织物组织分析—面料结构设计—工艺生产—CAD设计创新"为主线的内容框架,融入课程思政,引入信息技术,优化教学内容,丰富教学资源,形成系统化的知识体系,全面培养学生的产品设计创新能力。使学生能够掌握坚实的理论基础知识,学习更宽泛、先进的纺织科技前沿领域知识和技能,同时为国内外纺织新产品设计开发提供指导。

(3)支持线上教学。本书配套的数字化教学资源内容包含课程微视频、多媒体课件、组织结构及织机工作原理动画、织物组织和服用纺织品面料库和模拟图等,精心制作了二维码57个,扫描相应位置的二维码即可查阅或观看相关资料,便于教师组织教学和学生自学。大量的织物组织结构模拟图便于学生理解其组织结构,面料库可以帮助学生直观理解面料外观及风格特点,将织物组织结构与织物设计相结合,激发学生潜能,提高自主学习能力,拓宽专业视野。

教材第 6 版由天津工业大学荆妙蕾、张毅、王庆涛,东华大学张瑞云,中原工学院卢士艳,河北科技大学才英杰修订,全书由荆妙蕾统稿。

本教材数字化配套资源由天津工业大学荆妙蕾、赵健、裴晓园整理。

限于编者的水平,本书内容可能有不够确切、完整之处,欢迎读者指正。

主　编

2021 年 6 月

第 1 版前言

本书是根据 1977 年 11 月全国轻纺院校机织专业教材会议的决定而编写的。

机织专业主要教材由《机织工艺与设备》《织物结构与设计》和《棉纺织厂设计》组成。本书主要作为高等纺织院校机织等专业的教学用书,也可作为工程技术人员的参考用书。

在编写过程中,执笔的同志对有关生产和设计部门作了广泛的调查并收集资料,根据机织专业教材分工情况,在内容上力求贯彻理论联系实际和少而精的原则,努力运用辩证唯物主义和历史唯物主义的观点阐明本书的本质问题。限于编者的水平,一定存在不少缺点和错误,热忱希望读者批评指正。

机织专业教材编审委员会

1978 年 12 月

第 2 版前言

　　本教材自 1979 年 12 月第 1 版印刷出版后重印过四次。教材编写小组根据几年来各院校使用的情况,于 1982 年 7 月共同商议决定对第 1 版教材进行修改和增补。

　　在本教材第 2 版中,除将第 1 版教材中的一些内容作了少许更动与充实外,还增加了上机图中各图之间的关系、色纱与组织的配合、织物几何结构、白坯织物设计、用总筘齿数设计色织物的方法和步骤等内容。

　　参加修订的人员有:天津纺织工学院 蔡陛霞 、张之兰,大连轻工业学院延俊生,西北纺织工学院李枚蓇、李鑒,中国纺织大学吴汉金、侯怀德,无锡轻工业学院李述文。

　　各院校教师讲解本教材时,对教材内容的取舍和章节顺序,可根据各院校教学大纲的要求进行安排,不受本教材的限制。

　　第 2 版稿由天津纺织工学院杨俊霞同志协助整理。

主　编
1986 年 6 月

第 3 版前言

　　中国纺织出版社委托本教材编辑委员会对本教材第 1 版进行了修订之后,十多年来,随着纺织行业、纺织品种类的发展变化,新原料、新工艺、新技术、新设备层出不穷。2001 年中国加入 WTO,使中国纺织行业有了更为广阔的市场前景,与国际接轨成为中国纺织服装业的迫切需求。在这种形势下,本教材第 2 版的内容有了一定的局限性,决定进行修改与增补。

　　本次修订,将教材第 2 版的内容进行了修改与充实。还在斜纹变化组织中增加了螺旋斜纹、阴影斜纹、夹花斜纹组织;在缎纹变化组织中增加了阴影缎纹组织;在联合组织中增加了花式凸条,丰富了各种联合组织结构;在复杂组织中补充了以斜纹等组织为基础的管状组织作图;增加了三层、四层组织,角度连锁组织;在纹织物设计中增加了提花原理,介绍了电子提花等新技术;在织物设计部分中补充了织物设计的内容、方法以及毛型织物、麻型织物、丝型织物设计等知识,使内容更加系统和全面,更加适合于教学。另外,章末附有习题,以便于学生练习。

　　本教材第 3 版绪论,第一章,第二章的第一节、第二节、第三节由天津工业大学荆妙蕾修订;第二章的第四节,第三章由中原工学院聂建斌、卢士艳修订;第四章,第五章及附录由西安工程科技学院沈兰萍修订。习题由荆妙蕾、聂建斌、沈兰萍编写。全书由荆妙蕾作最后统稿。

主　编

2004 年 9 月

第 4 版前言

《织物结构与设计》(第3版)在使用过程中受到各院校广泛关注。为了适应我国纺织行业产品向高档化、新型化、多样化和高技术产业用纺织品方向发展,特在此基础上进一步修改与增补,使内容更广泛、系统。作为纺织工程专业主干课程教材,本书既为培养高级纺织工程人员必备的专业知识与技能服务,又为进一步学习某专业方向精深知识打下良好的基础。

教材主要包括"织物组织结构设计与分析""纹织物设计及装造"和"服用织物设计"三大部分内容。教材结合纺织生产实际,内容处理恰当,同时经过多次修订,内容不断更新,教材更加成熟。本教材将纺织工程专业原来的三门课程《织物组织与分析》《日用纹织学》《服用纺织品设计》的内容合成"织物结构与设计"这一完整的课程知识体系,成为纺织工程专业的专业平台课程,为学习后续相关的专业课程和科学研究打下了坚实的基础。本书教学光盘以多媒体形式展示了教材的丰富内容,采用大量的面料模拟图和实样图,体现不同的织物组织结构和面料的风格,便于教师授课和学生复习。

本教材第一章织物组织概述,第二章纬二重组织、表里换层组织、接结线接结双层组织、凹凸组织、多层组织、纬起毛组织,第五章织物设计的形式、色织物主要结构参数设计、精纺毛织物设计等内容由天津工业大学荆妙蕾修订;第一章织物的形成原理,第二章浮松组织、经二重组织、经纬三重组织、管状组织、牙签条、经起毛组织由中原工学院聂建斌、卢士艳修订;第二章飞断斜纹、缎纹变化组织由青岛大学田琳修订;第四章、第五章织物设计的过程、设计的内容以及棉型、毛型、丝型、麻型、化纤织物规格设计实例、新型化纤织物设计由西安工程大学沈兰萍修订;书中专业术语英文翻译由卢士艳、聂建斌完成。全书由荆妙蕾最后统稿,初稿由黄故教授审阅。

本书多媒体课件制作内容第一章、第二章第一节、第二节由荆妙蕾制作;第二章第三节由田琳制作;第二章第四节、第三章由卢士艳、聂建斌制作;第四章、第五章由沈兰萍制作,荆妙蕾最后整理。

限于编者的水平,本书内容可能有不够确切、完整之处,欢迎读者指正。

修订主编
2008 年 2 月

第 5 版前言

《织物结构与设计》（第 4 版）是普通高等教育"十一五"国家级规划教材和国家精品教材，教材经过长期的历史积淀和凝练，多次修订，不断更新，作为纺织专业主干课程使用教材，在纺织院校中具有广泛的影响。《织物结构与设计》（第 5 版）根据专业结构调整和社会需求对内容进行调整、修订，将国际、国内产品开发最新研究成果引入教材，使基础知识和纺织面料设计以及先进纺织技术相结合，体现教材基础性、实践性、综合性与先进性等特点。

教材将织物组织结构设计、装饰纹织物设计和服用纺织品设计整合成"织物结构与设计"完整的知识体系，第 5 版在第 4 版的基础上增加了产业用织物多层复杂组织结构和当前新型服用面料组织结构，更新了服用纺织品设计内容，使其符合国际国内流行面料发展趋势，同时增加了机织物计算机辅助设计的原理及设计实例。教材修订注重织物组织结构图、设计举例与生产实践结合紧密，注重对工科学生的实践能力的培养，使学生在掌握坚实的理论知识的同时，为系统全面地培养学生产品设计研发能力打下基础。本书教学光盘包含了多媒体课件、多种组织结构及织机工作原理动画、织物组织和服用纺织品样品库。在课件中穿插了大量织物组织结构模拟图，便于学生理解其组织结构。面料样品库可帮助学生理解面料外观及风格特点，将织物组织结构与织物设计相结合，提高学习效率，同时增加了教学内容的信息量。

本教材第一章、第二章由天津工业大学荆妙蕾、中原工学院聂建斌、卢士艳修订；第三章由青岛大学田琳修订；第四章、第五章由天津工业大学荆妙蕾修订；第六章由河北科技大学才英杰编写，全书由荆妙蕾最后统稿。

本教材多媒体课件第一章、第二章、第四章、第五章由荆妙蕾、聂建斌、卢士艳修订；第三章由田琳修订；第六章由才英杰制作，荆妙蕾最后整理。

本书第六章在编写过程中得到了浙江大学经纬计算机公司丁一芳老师的大力支持，在此表示感谢。

限于编者的水平，本书内容可能有不够确切、完整之处，欢迎读者指正。

主　编
2013 年 10 月

👉 课程设置指导

本课程设置意义 《织物结构与设计》课程是纺织工程专业根据培养目标设置的专业平台课程,在纺织工程专业的课程设置中占有十分重要的地位。当前,我国进入经济发展新常态,围绕"科技、时尚、绿色"的产业新定位,在科技创新、品牌建设、可持续发展等方面达到了新的高度。为了适应我国纺织行业产品向高档化、新型化、多样化和高技术产业用纺织品方向发展,与国际国内纺织品发展趋势紧密联系,内容涵盖了织物组织与分析、纹织物的装造与设计、服用纺织品设计、计算机辅助设计基本知识四部分内容。该课程设置培养学生具有扎实的纺织工程的专业知识和基本技能,了解学科前沿和发展趋势,具有解决复杂工程问题的能力等方面具有重要的意义。

本课程教学建议 《织物结构与设计》课程可在教学中分成四大部分:

"织物组织与分析"部分作为纺织工程各个专业方向的主干课程,建议授课 50 课时,每课时讲授字数建议控制在 4000 字左右,教学内容包括本书第一、第二章内容。

"纹织物的装造与设计"部分作为纺织品设计与应用专业方向的专业课程,建议授课 20 课时,每课时讲授字数建议控制在 4000 字左右,教学内容可参考本书第三章内容。

"服用纺织品设计"部分作为纺织工程各个专业方向的专业课程,建议授课 30 课时,每课时讲授字数建议控制在 4000 字左右,教学内容包括本书第四、第五章内容。

"计算机辅助设计"部分,建议穿插到前三部分中进行教学,但也可以独立授课,建议授课 15 课时,教学内容是本书第六章内容。

本课程教学目的 通过本课程的学习,学生应系统地掌握三原组织、变化组织、联合组织、复杂组织、大提花组织等各种织物组织的构成方法,理解各种组织结构对织物外观的影响,并掌握对各种组织的织物样品分析和设计织造的基本方法和技能;掌握纹织物基本概念与设计方法,了解纹织设计的内容和过程;掌握典型服用产品的风格特征、品质要求及设计方法;掌握各种风格织物的规格设计与上机工艺计算方法;了解国际国内纺织品流行趋势和科技创新进展。课程重点培养学生根据纺织原料、纱线结构、组织结构等的变化进行服用织物综合分析与设计能力;培养学生利用 CAD 辅助设计软件进行纺织品综合创新设计的预测、模拟与仿真分析以及新产品开发的能力;综合培养学生在所学纺织领域知识的基础上进行纺织面料新产品创新设计的能力。

通过教学使学生坚定理想信念,践行社会主义核心价值观,体会中国传统文化元素的博大精深;强化工程伦理,培养学生爱岗敬业、精益求精的大国工匠精神;激发学生热爱专业、协作创新、科技报国的家国情怀;以纺织强国战略,感受人民对美好生活和科技、时尚、绿色纺织产品的追求,强化学生对我国纺织行业创新发展的担当精神和使命感。

目录

绪论

绪论微课

　　我国的纺织产业是外向型程度很高的产业，也是我国国民经济支柱产业和重要的民生产业。纺织品贸易为国家经济建设积累了宝贵的外汇资金，在国际贸易中享有较强的优势，国际竞争优势明显。当前，我国进入经济发展新常态，中国纺织服装产业正在向"创新驱动的科技产业、文化引领的时尚产业和责任导向的绿色产业"实现转型与提升。中国纺织工业已经形成了全球最大最完备的产业体系。围绕"科技、时尚、绿色"的产业新定位，在科技创新、品牌建设、可持续发展等方面达到了新的高度，已成为当之无愧的世界纺织强国。同时，全球纺织行业已进入创新密集和产业振兴时代，发达国家在纺织业发展中注重增加科技投入，把新材料、信息网络、节能环保、低碳技术、绿色经济等作为新一轮产业发展重点。在新技术革命的驱动下，全球生产和生活方式、创新和发展范式向着数字化、品质化、绿色化、融合化的方向深度转变。为此纺织行业要坚持创新引领，加大人才培养力度，将科技创新驱动作为产业发展的长期战略。

　　现代纺织产品不仅要满足人体生理功能的需要，与生活环境和生态环境相和谐，而且要满足人们对现代生活方式、智能功能化和衣着时尚多样化等多方面的需求。产品创新应以市场需求为导向，开发时尚创意产品、智能科技产品、舒适功能产品、运动功能产品、医疗卫生用功能产品、易护理产品、安全防护产品、健康保健产品和生态环保产品等品类。为使我国纺织行业产品向高档化、新型化、多样化和高技术产业用纺织品方向发展，应加强高仿真、功能性、差别化及高新技术纤维材料、产业用纺织品等关键技术的研发和产业化，开发个性化、时尚化、低碳绿色纺织消费品，提高附加值。产品的风格、性能应符合流行时尚、品质高、功能全。我国的新型纺纱、新型织造、新型染整技术和设备得到较广泛的应用和发展，深加工、精加工、高附加值等高科技含量的产品有较大幅度增加，提高了产品的技术含量、文化含量，以及它所创造的品牌价值，更好地满足国内外市场的需要。

　　根据纺织工程专业的培养目标，本专业培养适应现代纺织科技发展需求的应用型高级专门人才。学生应具备深厚的科学、工程及人文素养，扎实的纺织工程的专业知识和基本技能，了解学科前沿和发展趋势，能够胜任纺织工程专业及相关领域的工作，具备一定的学科交叉知识及解决复杂工程问题的能力，具有良好的创新意识、实践能力和国际视野，并在纺织工程领域某一方面具有专长。从事纺织工程专业的学生必须具备一定的织物组织结构知识和产品综合设计、开发能力，具备产品创新设计能力、市场分析和开拓能力，能够对纺织面料的色彩、图案、织纹、质地、功能、风格等进行综合设计；关注流行信息，了解学科前沿和发展趋势；具有运用计算机辅助设计进行织物综合设计的能力；通过教学课培养学生团队合作、自主学习、实践创新和解决复杂工程问题的能力。因而设置了《织物结构与设计》课程。课程研究的对象是机织物中经纬纱交织的规律和织物设计的内容与方法。通过课堂教学、织物分析试验、小样试织实验和分组练习、综合作业、产品设计计算机上机等环节，使学生做到：

（1）系统地掌握织物组织的基础理论知识，了解各种组织对织物外观的影响，并掌握来样分析技能。

（2）掌握织物设计的原则和方法及小样试织的方法。

（3）掌握利用CAD辅助设计软件进行织物设计的方法。

（4）能够做到理论联系实际，了解流行趋势的变化，关心生产及市场销售信息，注意搜集、分析样品资料，关注纺织科技、时尚发展前沿知识。

（5）了解服用纺织品的风格、性能特征及设计依据，掌握织物设计的形式和内容，并能够借助计算机辅助设计软件对织物进行创新设计。

织物的基本知识概述如下。

一、织物与织物结构

广义的织物（fabric）指的是采用纤维（fiber）或纱线（yarn）按照一定的加工方法形成的片状集合物。根据结构和加工原理的不同，它可分为机织物、针织物、非织造布和其他结构的织物。

由相互垂直排列的两个系统的纱线，在织机上按一定规律交织而成的制品，称为机织物（woven fabric），简称织物。

在织物内与布边平行的纵向（或平行于织机机深方向）排列的纱线称为经纱（线）（warp，warp yarn）。与布边垂直的横向（或垂直于织机机深方向）排列的纱线称为纬纱（线）（weft，filling yarn）。经纱和纬纱在织物中互相浮沉，进行交织以形成织物。

织物结构（fabric construction）一般指织物的几何结构，反映经纬纱线在织物中的几何形态，即经纱和纬纱在织物中相互之间的空间关系。织物结构对织物的机械物理性能有很大的影响，同时会影响织物的外观效应。织物所采用的原料、纱线的线密度、织物密度的配置和经纬纱的交织规律等都是织物结构的参数。

二、织物分类

（一）按构成织物的原料分

1. 纯纺织物（pure raw fabric）　指经纬纱均采用同一种纤维为原料纺成纱织成的织物。包括以下几种类型。

（1）棉织物（cotton fabric）：如细布、府绸、卡其、普通绒布等。

（2）毛织物（wool fabric）：如凡立丁、派力司、贡呢、花呢、麦尔登、女式呢等。

（3）长丝织物（filament yarn fabric）：包括桑蚕丝、柞蚕丝、人造丝、化学纤维等长丝织成的织物。如电力纺、双绉、乔其纱、塔夫绸等。

（4）麻织物（bast fabric）：有苎麻织物、亚麻织物、大麻织物等，如夏布、麻布等。

（5）矿物性纤维织物（mineral fiber fabric）：如石棉防火织物、玻璃纤维织物等。

（6）金属纤维织物（metallic fiber fabric）：如金属筛网等。

2. 混纺织物（combination fabric） 是指用两种或两种以上不同种类的纤维混纺的经纬纱织成的织物。随着化纤生产的发展以及各种新型纤维的出现，混纺产品品种越来越多，混纺织物可以发挥各种纤维的优势，改善面料的风格，丰富其功能。如涤棉（T/C）混纺织物、毛涤（W/T）混纺织物、涤黏（T/V）混纺织物等。

3. 交织物（union fabric） 指经纱和纬纱采用不同的纤维纺成纱交织而成的织物。如蚕丝和人造丝交织的古香缎；棉经、毛纬的棉毛交织物；毛丝交织的凡立丁；丝棉交织的线绨等。

（二）按织物用途分

1. 服用纺织品（wearing fabric） 用于服装的各种纺织面料。如内衣、外衣、裤料、裙子、职业装、休闲装、礼服等。织物可为平素、色织条格、小提花、大提花、印花等。要求织物实用美观，舒适卫生。

2. 装饰用纺织品（decorative fabric） 用于美化室内环境的实用纺织品的总称，即我们常说的家用纺织品。要求舒适、美观、艺术化和功能性相结合。一般可分为地面装饰类、墙面贴饰类、挂帷遮饰类、家具覆盖类、床上用品类、盥洗用品类、餐厨用品类及纤维工艺美术品八大类。如台布、窗帘、沙发布、巾被、床罩、壁挂、贴墙布、地毯等。

3. 产业用纺织品（industrial textiles） 是专门用于各种高性能或高功能要求的纺织品，使用中不以美观而以织物的功能特性为主。我国把产业用纺织品分成十六大类，包括工业、农业、渔业、医疗卫生、科学技术、交通、军工国防、宇航等用途的织物。如宇航服、均压服、原子能防护服、人造血管、人工肌腱、寒冷纱、土工布、滤布等。

（三）按加工方法分

1. 机织物（woven fabric） 在织机上由经纬纱按一定的规律交织而成的织物。其应用最为广泛。

2. 针织物（knitted fabric） 由纱线单根成圈或多根平行纱成圈相互串套，由针织机加工而成的织物。如羊毛衫、内衣、运动衣、棉毛衫等。

3. 编织物（braid） 用若干根纱（或丝、线）相互绞辫而成的织物。如绳和较狭的编织带等。

4. 非织造布（nonwoven fabric） 又称无纺布，由纤维层经过摩擦、抱合、黏合等加工方法构成的片状物、纤网或絮垫。如服装黏合衬、人造毛皮、地毯、篷盖布、土工布、包装材料等。

5. 三维立体织物（three–dimensional woven fabric） 通过特殊的编织技术在三维空间按所需的方向结构编织成块状体、圆筒体等特殊形状的立体机织物。

（四）按织物组织分

1. 原组织织物（elementary weave fabric） 又称基本组织织物，包括平纹组织、斜纹组织和缎纹组织织物。

2. 小花纹组织织物（huckaback weave fabric） 将原组织加以变化或配合而成，包括变化组织织物和联合组织织物。

3. 复杂组织织物（composed weave fabric） 由若干系统的经纱和若干系统的纬纱交织而成，这类组织能使织物具有特殊的外观效应和性能。

4. 大提花组织织物（jacquard fabric） 　又称为纹织物，是利用提花织机织成的织物，一个组织循环纱线数可达到数千根以上。

三、纺织品的新发展

依靠科技创新，我国纺织产业不断做大做强。"科技、绿色、时尚"的特征全面融入纺织产品，其应用价值的提升和附加功能成为产品设计开发的方向。纺织品设计工作涉及纺织原料、纺纱、织造、染整等诸多技术领域，因此具有高技术含量的全方位设计正逐渐成为现代纺织品设计的重要特征。同时，产业用纺织品融入军工国防、医疗卫生、交通、能源、农业等的创新发展；服装、家纺产品的创意设计和品牌战略体现出当代文化创造引领的科技创新特征。服用纺织品除具有良好的穿着舒适性、环保性以及常规功能如防水透湿、防霉防蛀、卫生保健、抗紫外线、抗静电、阻燃外，特殊功能产品日益增多，如变光、变色、心电监控、瘦身、发热服等智能科技产品，医用防护服以及带电作业屏蔽服等。

在服用织物、装饰用织物、产业用织物这三大用途领域中，纺织纤维品种已不仅局限于棉、毛、丝、麻及普通化学纤维，纤维集聚向多元化方向发展。同时，新型天然纤维和化学纤维的应用赋予面料新的风格和性能特征。天然纤维向精加工和深加工方向发展，在保持原有性能的基础上进行改性处理，如彩色棉纤维、彩色羊毛等彩色纤维可以部分避免由于印染造成的纺织品及废水污染，做到无污染、纯天然；改性羊毛纤维如丝光羊毛丝、防缩羊毛生产的毛纺产品均能达到防缩、机可洗效果。产品光泽更亮丽，有丝般光泽，手感更滑糯，有羊绒感。化学纤维向仿真、超真及功能性方向发展，化纤已占到纺织纤维加工总量的 70% 以上，化纤的发展方向为高仿真、功能性、多功能复合等差别化纤维，并向智能化方向发展。根据服装面料、装饰用布和产业用布的发展需求，归纳为十个字：健康、舒适、环保、功能、安全。Tencel（天丝）、莫代尔、大豆纤维、竹纤维的出现改善了纤维的品质，防止纤维在制造过程中对环境产生污染，有利于环保。超细纤维为改造化纤的吸湿、透气、柔软、悬垂性提供了条件；弹性纤维，如美国杜邦的莱卡提高了面料的弹性和穿着舒适性；吸湿排汗纤维具有较高比表面积，表面有众多的微孔沟槽，截面呈多槽孔异形，可以迅速将皮肤表面的湿气或汗水通过芯吸作用传递到纤维外层而蒸发，适宜做运动服。

服装产品向时尚、功能、环保方向发展；服装制造向数字化、智能化发展。仅采用单一原料或两种原料的织物越来越少，多种纤维混纺、交织产品将占主导地位；各种功能纤维开发层出不穷，应用广泛；各种纤维根据不同特点，选择不同的混纺比，可起到优势互补的作用，从而改善了纱线的可纺性，提高了产品的服用性能，并使面料向轻薄化方向发展。当前一些流行的混纺产品少则含有 2～3 种纤维，多则 4～6 种纤维，主要根据不同产品的用途与档次进行配比，以达到改善产品性能的目的。

在织物的纱线和组织结构设计上，纱支、线密度呈现多样化。纱线结构变化多种多样，当前流行的纱线有混色纱、花式纱、粗细纱、雪尼尔纱等。在产品开发时，可采用丝束与膨胀疏体纱相结合；花式纱线与传统纱线相结合；金属纱与天然纤维相结合；粗细纱间隔；单纱、股线相配合；应用强捻纱、包芯纱、包覆纱等赋予织物特殊风格。在组织结构上向多维方向发展。高支高密设计;双层、三层织物结构设计;具有各种表面效果的织物设计等使面料的品种、风格、性能更加丰富,应用领域更加广泛。

此外,由于高附加值产品的开发和应用越来越受到人们的重视,与之相适应的染整加工新技术成为技术开发的又一方向。产品通过各种印染后整理,产生了质的变化,提高了附加值,如磨毛整理使织物细腻;涂层整理使织物防水透气、防油污;形态记忆整理使织物防皱、防缩,达到穿着舒适、机可洗、洗可穿的程度。多种后整理与功能性相结合也是产品的发展趋势。例如,面料和服装的绿色环保性能、抗静电性、抗紫外线性能、阻燃性、保健性、抗菌性、耐污性等各种功能整理赋予了织物强大的生命力。再者,高性能、高功能的新型化学纤维形成了纤维行业的高新产业体系,产品具有高强度、高模量、耐高温性、高感性、高吸湿性、防水透湿性、抗静电及导电性等,涉及机织、针织、非织造织物,在三大用途织物领域中都有广泛的发展前景。

产业用纺织品是技术性纺织品,技术含量高、应用范围广、市场潜力大,其发展水平是衡量一个国家纺织工业综合实力的重要标志。产品原料趋于高性能、生物基、纳米尺度等新型纤维;加工技术趋于多维纺织复合、多元非织造工艺,广泛应用机电一体化技术、微电子技术、自动控制技术等;产品结构除二维织物、多层织物外,还有三向织物、新型复合材料、三维织物等,拓展了新兴产业用纺织品的应用领域。

三向织物、各种新型复合材料、三维织物等在产业用织物领域中发挥了重要的作用。三向织物是由三个系统的纱线互相形成一定的角度而织成,如图 1 所示。根据对三向平纹织物和一般平纹织物的对比实验可知,三向平纹织物的硬挺度和剪切刚度都比在单位面积中有同等数目交织点的一般平纹织物高。因此,三向平纹织物应用于需要疏空而机械性能稳定的场合,用作组合物体的增强材料会取得良好的效果。

图 1　三向平纹结构的织物示意图

复合材料是用适当的方法将两种或两种以上不同性质的材料组合在一起,形成性能比其组合材料更加优异的新型材料。利用纤维、纱线和纺织品(如编织物、非织造布等)作增强材料,高聚物(如树脂、塑料等)作基体材料的复合材料发展迅速,应用广泛。

三维织物又称3D织物,是由三维编织技术加工制作的一种三维立体织物。图 2 所示为一种三轴织物。三维编织技术是用各种方法使织物中的纱线按照构件受力后的应力方向排列成一个整体的新型工艺,目前主要用于三维复合材料预制品的编织。三维编织织物与用平面织物经立体缝合得到的三维织物不同,三维编织织物几乎没有强度相对较弱的结合部,因而削弱了应力集中的现象。三维编织织物的整体性好,可以大幅度提高复合材料的强度和刚度,同

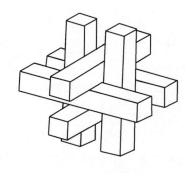

图 2　三轴织物结构

时具有良好的抗冲击性,因此,被广泛应用于航空航天、军工国防、汽车船舶、机械制造、能源、化工等领域。

四、织物的量度

织物具有长、宽、厚和质量几项量度指标。

1. 织物的长度（匹长）　以米为单位。织物的匹长视织物的质量或厚度而定。在生产和运输条件许可且在贸易上没有规定的情况下,织物匹长以较长为宜。这样,可以减少生产过程中的辅助劳动,以提高劳动生产率。中等厚度的织物匹长,多数采用40m左右为一匹。

2. 织物的幅宽　以厘米为单位。织物幅宽应根据织物的用途和生产设备情况而定。

3. 织物的厚度　以毫米为单位。

4. 织物的质量　指每平方米的无浆干燥质量,以克为单位。

织物按其质量可分为轻型、中型、厚重型三种类型。在服装用织物方面,厚重型织物一般用于冬季外衣,轻型织物一般用于内衣和夏季服装。

第一章 织物上机图与织物分析

课件

本章教学目标

1. 掌握织物组织、组织点、组织循环、组织点飞数、平均浮长的概念；掌握组织图、穿综图、穿筘图、纹板图的画法及其之间的关系。

2. 理解织物上机织造的原理，能够根据不同组织判断其穿综方法，绘制上机图。

3. 学会样品分析的方法与步骤，并对来样进行织物规格分析操作。

4. 培养学生热爱专业及以建设纺织创新强国为己任的使命感。

第一节 织物的形成及织物组织概述

一、织物的形成原理

传统的机织物是由经、纬纱在织机上交织形成的,其形成织物的过程如图 1-1 所示:经纱 2 从织轴(weaver's beam)1 上由送经机构送出,绕过后梁(back rest)3 和经停片(drop wires)4,按着一定的规律逐根穿入综框5 的综丝眼6,再穿过钢筘(reed)7 的筘齿(reed-dent);综框5 由开口机构控制,作上下交替运动,使经纱分成两层,形成梭口(shed)8;纬纱 9 由引纬机构引入梭口,由钢筘 7 将纬纱 9 推向织口(fell)10,在织口处形成的织物经胸梁(breast beam)11、卷取辊(take-up roller)12、导布辊 13 卷绕在卷布辊(cloth roller)14 上。

织物的形成及织物
组织概述微课

织造原理动画

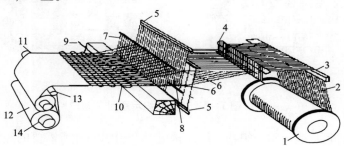

图 1-1 机织物形成原理图

1—织轴 2—经纱 3—后梁 4—经停片 5—综框 6—综丝眼 7—钢筘 8—梭口
9—纬纱 10—织口 11—胸梁 12—卷取辊 13—导布辊 14—卷布辊

综框（综片）是织机开口机构的重要组成部分。综框是由外框和挂在其上的许多综丝构成，综丝中间有孔，以便经纱穿过，如图1-2所示，综框的升降带动经纱上下运动形成梭口。

钢筘是由特制的直钢片排列而成，这些直钢片称筘齿，筘齿之间有间隙供经纱通过。钢筘的主要作用是确定经纱的分布密度和织物幅宽，打纬时把梭口里的纬纱打向织口。

由形成织物的过程可以看出，综框的提升规律，决定着织物的交织规律，在织物中凡是提升的经纱都位于纬纱之上，凡是不提升的经纱都在纬纱之下。

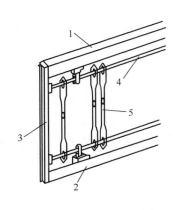

图1-2　综框示意图

1—上综框板　2—下综框板

3—综框横头　4—综丝杆　5—综丝

二、织物组织概述

（一）织物组织的概念与组织循环

在织物中经纱和纬纱相互交错或彼此沉浮的规律叫作织物组织（fabric weaves）。图1-3为织物交织示意图。其中图1-3（a）所示的经纬纱交织方式是经纱沿纬向顺序为一浮一沉，纬纱沿经向顺序为一沉一浮；图1-3（b）所示的经纬纱交织方式是经纱为二浮一沉，纬纱为二沉一浮。当经（纬）纱由浮到沉，或由沉到浮，经纱和纬纱必定交错一次。当经（纬）纱由浮到沉，再由沉回到浮；或由沉到浮，再由浮回到沉，经纱和纬纱进行交织，联结成一体而形成织物。由图1-3可看出，在经纬纱相交处，即为组织点（interlacing point）（浮点）。凡经纱浮在纬纱上，称经组织点（warp interlacing point）（或经浮点）；凡纬纱浮在经纱上，称纬组织点（weft interlacing point）（或纬浮点）。当经组织点和纬组织点浮沉规律达到循环时，称为一个组织循环（repetition of weave，weave repeat unit）（或完全组织）。

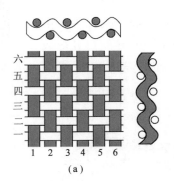
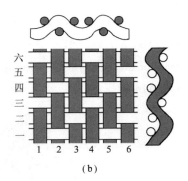

图1-3　织物交织示意图

用一个组织循环可以表示整个织物组织。构成一个组织循环所需要的经纱根数称组织循环经纱数，用R_j表示；构成一个组织循环所需要的纬纱根数称组织循环纬纱数，用R_w表示。组织循环经、纬纱数是构成织物组织的重要参数。如图1-3（a）所示，第3、第4根经（纬）纱分别与第1、第2根经（纬）纱的浮沉规律相同，即第3、第4根经（纬）纱的浮沉规律是第1、第2

根经(纬)纱的重复,其组织循环经(纬)纱数等于2。同理,图1-3(b)中第4、第5、第6根经(纬)纱的浮沉规律是第1、第2、第3根经(纬)纱的重复,其组织循环经(纬)纱数等于3。

在一个组织循环中,当其经组织点数等于纬组织点数时称为同面组织,当其经组织点数多于纬组织点数时称为经面组织,当其纬组织点数多于经组织点数时称为纬面组织。组织循环有大小之别,其大小取决于组织循环纱线数的多少。

(二)织物组织的表示方法

1.组织图表示法 织物组织的经纬纱浮沉规律一般用组织图(weave diagram)来表示。对于简单的织物组织大多采用方格表示法。用来描绘织物组织的、带有格子的纸称为意匠纸(design-paper),其纵行格子代表经纱,横行格子代表纬纱。在简单组织中,每个格子代表一个组织点(浮点)。当组织点为经组织点时,应在格子内填满颜色或标以其他符号,常用的符号有 ■、⊠、▣、◨等。当组织点为纬组织点时,即为空白格子。

在一个组织循环中,纵行格子数表示组织循环经纱数R_j,其顺序是从左至右;横行格子数表示组织循环纬纱数R_w,其顺序是从下至上。图1-4(a)、图1-4(b)分别是图1-3(a)、图1-3(b)的组织图,图中箭矢A和B标出了一个组织循环。图1-4(a)$R_j = R_w = 2$,图1-4(b)$R_j = R_w = 3$。在绘制组织循环图时,一般都以第一根经纱和第一根纬纱的相交处作为组织循环的起始点。

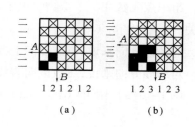

图1-4 方格表示法的组织图

在绘制组织图时应注意一些问题,在画组织图以前应先把组织图的范围用边框画出来,一般标出经纬纱序号,再画组织点。一般情况下,组织图用一个组织循环表示,或者表示为组织循环的整数倍。

2.分式表示法(expressed in the form of a fraction) 适用于较简单的织物,分子表示每根经纱上的经组织点数,分母表示每根经纱上的纬组织点数,即$\dfrac{经组织点数}{纬组织点数}$(缎纹组织除外)。例如图1-4(a)、图1-4(b)组织分别表示为$\dfrac{1}{1}$平纹组织和$\dfrac{2}{1}$斜纹组织。

(三)织物的纵横截面示意图

为了表示织物中经纬纱交织的空间结构状态及纱线弯曲情况,除组织图外,往往还需借助于截面图形象地表示出织物的外观特征,特别是当组织结构较复杂时,截面图尤其有用。

纵向截面示意图是表示沿着织物中某根经纱正中间将织物切断,再将断面向左或向右翻转90°后的剖面视图,其中经纱是连续弯曲的曲线,而纬纱是被切断的圆形。纵向截面示意图一般画在组织图的侧面。

横向截面示意图是表示沿着织物中某根纬纱正中间将织物切断,再将断面向上或向下翻转90°后的剖面视图,其中纬纱是连续弯曲的曲线,而经纱是被切断的圆形。横向截面示意图一般画在组织图的上方或下方。

图1-3(a)、图1-3(b)中组织图的右方和上方分别是各自织物的纵向截面示意图和横向截面示意图。

(四)组织点飞数(shift)

为了了解织物组织的构成,表示织物组织的特点,常用组织点飞数来表示织物中相应组织点的位置关系。除特别指出外,组织点飞数是指同一个系统中相邻两根纱线上相应组织点的位置关系,即相应经(纬)组织点间相距的组织点数。飞数用 S 来表示。沿经纱方向计算相邻两根经纱相应两个组织点间相距的组织点数是经向飞数,以 S_j 表示;沿纬纱方向计算相邻两根纬纱上相应组织点间相距的组织点数是纬向飞数,以 S_w 表示。

图1-5中在第1、第2两根相邻的经纱上,经组织点 B 对于相应的经组织点 A 的飞数是:$S_j=3$;同理,在第1、第2两根相邻的纬纱上,经组织点 C 对于相应的经组织点 A 的飞数是:$S_w=2$。

组织点飞数在一个织物组织中,除大小不同和其数值是常数或变数之外,还与起数的方向有关。

对经纱方向来说,飞数以向上数为正,记符号 +;向下数为负,记符号 -。

对纬纱方向来说,飞数以向右数为正,记符号 +;向左数为负,记符号 -。

图1-6(a)、图1-6(b)、图1-6(c)的组织点飞数见表1-1。

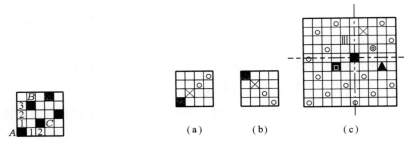

图1-5　飞数示意图　　　　　　图1-6　组织点飞数起数方向示意图

表1-1　组织点飞数表

图1-6	对应■组织点的组织点符号	飞　数	
		经　向	纬　向
(a)	⊠	+1	+1
(b)	⊠	-1	+1
(c)	⊠	+3	+1
	◎	+1	+2
	▲	-1	+3
	⧉	+2	-1
	⬓	-1	-2

注　从广义上说,按 S_j 记组织点飞数时,其纬向飞数必定是 +1 或 -1;按 S_w 记组织点飞数时,其经向飞数必定是 +1 或 -1。在一般情况下,按组织点飞数确定相应组织点位置时,均略去必定是 ±1 的飞数。

实际应用组织点飞数时，一般总是用标准点后面一根纱线上相应的组织点相对于标准点的飞数来表示，因此，相邻两根经纱上相应组织点的纬向飞数总是 1，故通常不需表达出来，只表示经向飞数 S_j 的值。如图 1-6(c) 所示，⊠点相对于■点的 $S_j = +3$，$S_w = +1$；同理，相邻两根纬纱上相应组织点的经向飞数也总是 1，可省略而不表达出来，只表示纬向飞数 S_w 的值。如图 1-6(c) 所示，◎点相对于■点的 $S_j = +1$，$S_w = +2$。

组织点飞数与组织循环纱线数同样是构成织物组织的重要参数，是绘制组织图的依据，根据一根纱线上的经纬纱交织规律及组织点飞数，就可以绘出规则组织的组织图。

（五）平均浮长

在织物组织中，凡某根经纱上有连续的经组织点，则该根经纱必连续浮于几根纬纱之上。凡某根纬纱上有连续的纬组织点，则该根纬纱必连续浮于几根经纱之上。这种连续浮在另一系统纱线上的纱线长度，称为纱线的浮长（floating）。浮长线的长短用组织点数表示。

在经浮长线的地方没有同纬纱交错，同样在纬浮长线的地方没有同经纱交错。因此，在纱线线密度和织物密度相同的两种织物组织中，有浮长线，就会松软，浮长线愈长，织物愈松软。如果两个组织的浮长线数目相同，浮线长的织物比较松软。

在每根经纱和纬纱交错次数相同的组织中，可以用平均浮长来比较不同组织织物的松紧程度。

所谓织物组织的平均浮长（average float），是指组织循环纱线数与一根纱线在组织循环内交错次数的比值。

经纬纱交织时，纱线由浮到沉或由沉到浮，形成一次交错，交错次数用 t 表示。在组织循环内，某根经纱与纬纱的交错次数用 t_j 表示，某根纬纱与经纱的交错次数用 t_w 表示。因此，平均浮长可用下式表示。即：

$$F_j = \frac{R_w}{t_j} \qquad F_w = \frac{R_j}{t_w}$$

式中：$F_j(F_w)$——经（纬）纱的平均浮长；

　　　$t_j(t_w)$——经（纬）纱的交错次数。

第二节　织物上机图

织物上机图微课

一、织物上机图的组成

上机图（looming drafting）是表示织物上机织造工艺条件的图解。仿制、改进或创新设计织物时均需绘制与编制上机图。

上机图是由组织图、穿筘图、穿综图、纹板图四个部分排列成一定的位置而组成。

上机图的布置一般有以下两种形式。

（1）组织图在下方，穿综图在上方，穿筘图在两者中间，而纹板图在组织图的右侧，如图 1-7(a) 所示。

（2）组织图在下方，穿综图在上方，穿筘图在两者中间，而纹板图在穿综图的右侧（或左侧），如图1-7（b）所示。

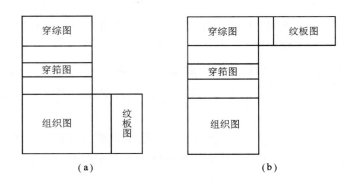

图1-7 上机图的组成及布置

工厂里的上机图，一般不把四个图全画出来，只画纹板图或只画穿综图与纹板图，其他各部分（除组织图以外）用文字说明。

二、上机图的画法

（一）组织图

组织图表示织物中经纬纱的交织规律。组织图的概念与画法在前面组织图表示法中已讲述。

（二）穿综图（drafting plan）

表示组织图中各根经纱穿入各页综片的顺序的图解。穿综方法应根据织物的组织、原料、密度来定。由于织物组织的变化多种多样，因而穿综的方法也各不相同。

穿综图位于组织图的上方。每一横行表示一页综片（或一列综丝），综片的顺序在图中是自下向上（在织机上由织口向织轴方向）排列；每一纵行表示与组织图相对应的一根经纱。如根据组织图已定的某一根经纱穿入某一页（列）综内，可在其经纱纵行与综页（列）横行的相交叉的方格处用符号⊠、■（或用1、2、3…数字）填于穿综图中。

穿综的原则是：浮沉交织规律相同的经纱一般穿入同一页综片中，有时为了减少综丝密度或均衡综片负荷也可穿入不同综页（列）中；而浮沉规律不同的经纱必须分别穿入不同的综页（列）内。各综片穿入的经纱根数应尽量接近，以使综片负荷均匀。此外，每页（列）综丝密度不宜过大，在满足生产的前提下，尽量减少综片数。提综次数多的经纱一般穿入前面综框。穿综规律应尽量简单，便于记忆。

几种常见的穿综方法分述如下。

1. 顺穿法（straight-over draft） 这种方法是把一个组织循环中的各根经纱逐一地顺次穿在每一页综片上，一个组织循环的经纱根数 R_j 等于所需的综片页数 Z。此种方法的穿综循环经纱数 r 也与 R_j、Z 相等，即 $R_j = Z = r$。

图1-8（a）、图1-8（b）、图1-8（c）分别为各种不同组织的顺穿法穿综图。

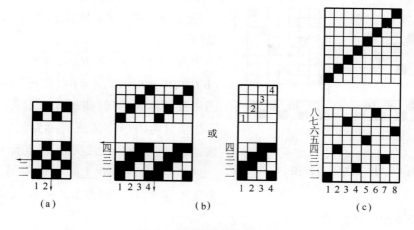

图1-8 穿综图的表示法

从上述可知：不论什么组织，采用顺穿法必须符合 $R_j = Z = r$ 的规律。对于密度较小的简单织物的组织和某些小花纹组织都可采用顺穿法。这种穿综法唯一的缺点是当组织循环经纱根数多时，势必会过多地占用综片，给上机、织造带来困难；优点是操作简便。

2. 飞穿法（skip draw） 当遇到织物密度较大而经纱组织循环较小的情况时，如采用顺穿法，则每片综页上由于综丝密度过大，织造时经纱与综丝过多地摩擦，会引起断头或开口不清，以致造成织疵而影响生产质量。

为了使织造顺利进行，生产中常采用复列式综框（每页综框上有 2~4 列综丝），如图1-9所示，在踏盘开口织机上织造，或者成倍数增加单列式综框的片数，在多臂开口织机上织造。

若采用复列式综框飞穿法，首先要确定采用的综片数，要求等于 R_j 或 R_j 的倍数；然后确定每片综上的综丝列数；再将综丝列数划分为若干组，组数等于综片数；穿综的次序是先穿每组综片中的第 1 列综丝，然后再穿每组中的第 2 列综丝，依此类推。若采用增加单列式综框飞穿法，一般将 2~4 片单列式综框分成一组，共分若干组，组数等于 R_j 或 R_j 的倍数；将经纱依次穿入每组综框的第一页，然后再依次穿入每组综框的第二页，依此类推。采用飞穿法时，$r = Z > R_j$。

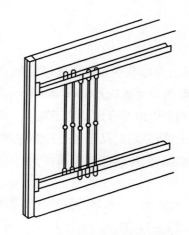

图1-9 复列式综框示意图

飞穿法适用于经密较大，经纱循环数较小的织物。如高密府绸、高密斜纹布等。图1-10（a）为中平布类织物的穿综方法，采用两页复列式飞穿法，$R_j = 2$，$Z = r = 4$；图1-10（b）为高密府绸、细布类织物的穿综方法，采用四页复列式飞穿法，$R_j = 2$，$Z = r = 8$。

3. 照图穿法（cured draft） 在织物的组织循环大或组织比较复杂，但织物中有部分经纱的浮沉规律相同的情况下，可以将运动规律相同的经纱，穿入同一页综片中，这样可以减少使用综

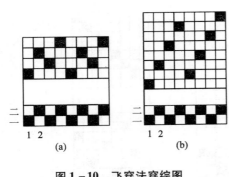

图 1-10　飞穿法穿综图

页的数目。因此，这种穿综方法又可称为省综穿法，这时 $r = R_j > Z$。此法在小花纹织物中广泛采用。

图 1-11（a）中，$R_j = r = 8$，$Z = 4$；图 1-11（b）中，$R_j = r = 12$，$Z = 6$。由图中可看出，组织图中有对称处，穿综图也相应对称，因而把这种穿综法称为山形穿法或对称穿法。采用这种方法，虽然可以减少综片页数，但也有不足之处。

（1）因各页综片上综丝数不同，使每页综片负荷不等，综片磨损也就不一样，如图 1-11（c）所示各页综片所用综丝数就不相等。

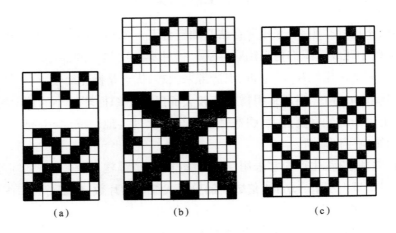

图 1-11　照图穿法穿综图

（2）穿综和织布操作比较复杂，不易记忆。

4. 间断穿法（grouped draft）　实际上是照图穿法的一个特例。图 1-12 所示的织物组织是由两种组织并合成的格子花纹。在确定条格组织穿综时，对第一种组织按其经纱运动规律穿若干个循环以后，又按另一种穿综规律穿综，每一种穿综规律成为一个穿综区，每个区中有各自的穿综循环，称为分穿综循环 p。因此，总穿综循环可依下式计算：

$$r = mp_1 + np_2 + qp_3 + \cdots$$

式中：m、n、q——各区分穿综循环的数目。

图 1-12 中，$p_1 = p_2 = 4$，$m = n = 2$，所以 $r = mp_1 + np_2 = 2 \times 4 + 2 \times 4 = 16$。

图 1-12 所示的穿综方法是穿完一个分穿综循环后，再穿另一个，因此，常称这种穿综方法为间断穿综法。

5. 分区穿法（divided draft）　当织物组织中包含两个或两个以上组织，或用不同性质的经纱织造时，多数采用分区穿法。

图 1-13 所示的织物组织中包含两个不同的组织，同时它们是间隔排列，图中所示的穿综

方法称为分区穿法。即把综分为前后两个区,各区的综页数目,根据织物组织而定。图 1-13 的组织图中,符号⊠与符号■分别代表一种组织。两种组织的经纱按 1:1 相间排列。第一区为 4 页综顺穿法,第二区也是顺穿法,采用了 8 页综。

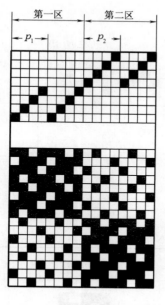

图 1-12 间断穿法穿综图

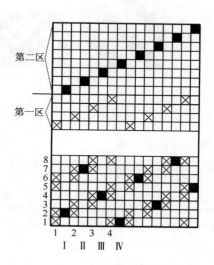

图 1-13 分区穿法穿综图

由上述所举各例可知穿综方法是多样的,要确定穿综方法可从织物组织、经纱密度、经纱性质和操作几个方面综合考虑。操作便利的穿综方法可提高劳动生产率和减少穿错的可能性。

在实际生产中,有的工厂往往不用上述的方格法来描绘穿综图,而是用文字加数字来表示。如图 1-11(c)的穿综方法可写成小花纹织物,用 4 页综,穿法:1、2、3、4、3、2。又如图 1-12 可写成用 8 页综,穿法:$\underbrace{1、2、3、4}_{2次}、\underbrace{5、6、7、8}_{2次}$。

(三)穿筘图(denting plan)

在上机图中,穿筘图位于组织图与穿综图之间。用意匠纸上两个横行表示。在穿筘图中,经纱在筘片间的穿法,是以连续涂绘⊠、■等符号于一横行的方格内表示穿入同一筘齿中的经纱根数,而穿入相邻筘齿中的经纱,则在穿筘图中的另一横行内连续涂绘⊠或■等符号。如图 1-14(a)中穿筘图表示每筘齿内穿两根经纱。

每筘齿内穿入数的多少,应根据织物的经纱密度、线密度及织物组织对坯布要求而定。同一种织物在不同的工厂,可能采用不同的穿入数。

选择小的穿入数会使筘号增大,虽有利于经纱均匀分布,但会增加筘片与经纱间的摩擦而增加断头。如选择大的穿入数,则筘号减小,经纱分布不匀,筘路明显。因此,在选用每筘穿入数时:一般对经密大的织物,穿入数可取大些;色织布和直接销售的坯布,穿入数宜小些;经过后处理的织物,穿入数可大些。但选其数值时,应注意尽可能等于其组织循环经纱数或是组织循

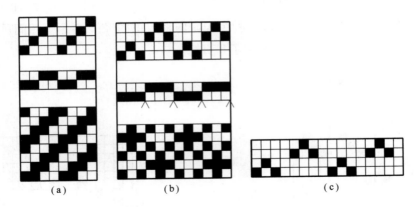

图 1-14　穿筘示意图

环经纱数的约数或倍数。

本色棉布每筘经纱穿入数可参考表 1-2。

表 1-2　本色棉布每筘经纱穿入数

织物品种	织物组织	穿入数	织物品种	织物组织	穿入数
平布		2入	直贡		3入,4入
府绸		2入,4入	横贡		3入,4入
三枚斜纹		3入	麻纱		3入
卡其,哔叽,华达呢		4入			

穿筘方法除用方格法表示外,还可以用文字说明、加括号或横线以及其他方法来表示。

在经纱穿筘中,由于某些织物结构上的要求,常需在穿一定筘齿后,空一个或几个筘齿不穿,习惯称为空筘。空筘也有几种不同的表示方法,简述如下。

(1)在穿筘图中,空筘处以"∧"符号表示,如图 1-14(b)所示。

(2)若工艺表中只画穿综图和纹板图时,空筘可以在穿综图上以空白方格"□"表示,图 1-14(b) 的穿综图就可以画成图 1-14(c)的情况。

（3）在用数字法表示穿综和穿筘方法中，空筘用"0"表示，如图 1 - 14（c）可写成（1210343012103430）3 入。

（四）纹板图（lifting plan）

纹板图，也叫作提综图，是控制综框运动规律的图解。在有梭织机中，它是多臂开口机构植纹钉的依据。在设有踏盘开口装置的织机上，是设计踏盘外形的依据。它在上机图中的位置有两种，因而绘图方法也有两种。

（1）纹板图位于组织图右侧：如图 1 - 15 所示。

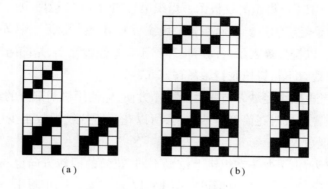

（a）　　　　　　　　　　　（b）

图 1 - 15　纹板图画法

此种方法绘图方便、校对简捷，所以工厂（尤其是色织厂）一般采用此法。此法也适用于各种新型织机。

在图 1 - 15 的上机图的纹板图中，每一纵行表示对应的一页（列）综片，在踏盘开口织机上，每一纵行代表一页踏盘所控制的综片的升降规律。其顺序是自左向右，其纵行数等于综页（列）数。每一横行表示一块纹板（单动式多臂织机）或一排纹钉孔（复动式多臂织机）。其横行数等于组织图中的纬纱根数。纹板图的画法是：根据组织图中经纱穿入综片的次序依次按该经纱组织点交错规律填入纹板图对应的纵行中，图 1 - 15（a）中穿综图是采用顺穿法。因此描绘的纹板图与组织图完全一致。由此可知，采用此种上机图的配置法，当穿综图为顺穿法时，其纹板图等于组织图。这既便于绘图又便于检查核对。

图 1 - 15（b）的穿综图为照图穿法，$R_j = 8$，$Z = 4$，故纹板图的纵行为 4 行。从穿综图上看，经纱 1、2、3、4 是顺穿，5、6、8、7 经纱又分别重复 1、2、3、4 经纱上组织点浮沉的规律，所以将组织图中 1、2、3、4 经纱的组织点浮沉规律依次填入纹板图中 1、2、3、4 纵行上，即为此种组织的纹板图。

在复动式多臂龙头上，弯轴每回转两次转过一块纹板，因此，一块纹板上有两排纹钉孔眼，每排各有十六个孔眼。每排孔眼所钉植的纹钉控制一次经纱开口，纳入一根纬纱，如图 1 - 16 所示。

图 1 - 16 所示为右手车左龙头纹板的钉植法，从下方第一块纹板的第一排孔眼为纹板图中第一根纬纱沉浮规律钉植纹钉之处。第一块纹板的第二排孔眼则是按纹板图中第二根纬纱沉浮规律钉植纹钉之处。第二块纹板则是第三、第四纬钉植纹钉之处，以此类推即可。

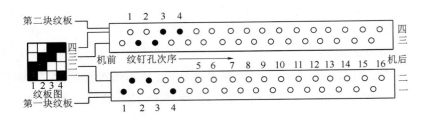

图1-16 右手车左龙头纹板钉植法

图1-16是图1-15(a)组织的纹板图。当织第一纬时，在纹板图中是1、4经纱提起，因在第一纬的1、4方格中是经组织点。因而在第一块纹板的第一排孔眼上，从左向右数第1、第4孔眼应相应地钉植纹钉，以符号●表示。而第一纬浮于2、3经纱之上，是纬组织点，则纹板上第一排孔眼上的2、3孔眼处就不再钉植纹钉，以符号○表示。

在钉植纹钉时，考虑减少经纱开口张力及操作方便，应使用机前部分的纹钉。

由于多臂龙头挂置纹板时花筒只有八个槽，所以花筒所挂纹板数至少应为八块，不够时应使 nR_w 是大于16的偶数。

对于左手车右龙头，由于龙头在织机上位置不同，花筒的回转方向也与右手车不同。因而钉植纹钉的起始方向应与右手车相反即可。图1-17是与图1-16同用一张纹板图钉植的左手车纹板。

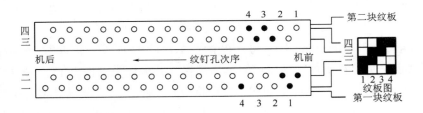

图1-17 左手车右龙头纹板钉植法

（2）纹板图位于穿综图的右侧或左侧：图1-18(a)的纹板图在穿综图右侧，适用于左手车右龙头。图1-18(b)的纹板图在穿综图左侧，适用于右手车左龙头。

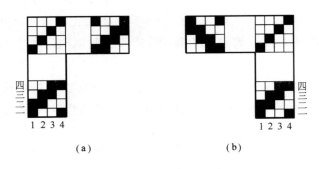

（a）   （b）

图1-18 上机示意图

此种表示方法在纹板图中,横行数表示所控制的综页数,因而与穿综图中综片页数相等。其纵行表示织入相应一根纬纱的纹钉孔,其顺序自内向外。纹板图的绘法是:组织图中各根经纱,对应其所穿入的综页数,按顺时针方向(左手车)或逆时针方向(右手车)转90°后,将其组织点浮沉情况填于纹板图的横行各方格内。经纱提起以符号⊠或■表示,经纱下沉以空格表示。

也可按下述方法填绘:当织第一纬时,1、4经纱应提起,1、4经纱分别穿入1、4综框中,则应在纹板图的第1纵行上第1、第4方格内填入符号■。在织第二纬时,1、2经纱提起,1、2经纱穿入1、2综框中,则应在纹板图的第2纵行的1、2方格中填以符号■。依此类推,即可描绘出所需的纹板图来。

图1–18(b)的纹板图是用于右手车左龙头的。其绘法是在转向时与左手车图1–18(a)相反即得。工厂在使用此种上机图时,也往往只采用穿综图和纹板图,不画组织图。图1–18纹板图的钉植法如图1–19所示。图1–19(a)是图1–18(a)纹板图的钉植法,图1–19(b)是图1–18(b)纹板图的钉植法。

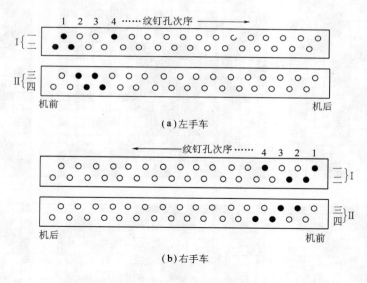

图1–19 纹板钉植法

目前,我国许多生产厂家对织机设备进行更新换代,引进了各种新型织机,可配备各种开口装置。积极式踏盘开口装置最多可带12片综框。采用电子多臂开口装置,最多可带32片综框。例如,开口采用电子多臂机或大提花装置,提综规律可由电脑根据不同的组织结构和穿综方法自动生成。织机上的电脑控制柜,实现电子送经、电子卷取、多色任意选纬等功能。汉字液晶显示,可方便地了解各种织造信息,通过键盘设定和更改工艺参数。电脑控制系统使得驾驭织机更省力,不仅可以保证质量,提高效率,而且有利于增加面料的舒适程度。

三、组织图、穿综图与纹板图的相互关系

组织图、穿综图与纹板图三者是紧密相连的,变动其中一个,便会使其他一个或两个

图同时变动。如图 1 - 20 所示，采用纹板图 1 - 20(c)、穿综图 1 - 20(a)，可得组织图 1 - 20(e)。又如采用纹板图 1 - 20(c)、穿综图 1 - 20(b)，便可得组织图 1 - 20(g)。反过来，如穿综图 1 - 20(a)不变，纹板图由图 1 - 20(c)变为图 1 - 20(d)，则组织图由图 1 - 20(e)变为图 1 - 20(f)。又如采用穿综图 1 - 20(b)不变，纹板图由图 1 - 20(c)变为图 1 - 20(d)，则组织图由图 1 - 20(g)变为图 1 - 20(h)。由此可知，采用不同的穿综图和纹板图，便可织制出不同组织的花纹来。在多臂开口织机上，可用改变纹板图或穿综方法来织制不同组织的花纹织物，而在踏盘开口织机上，可以用改变穿综的方法来织制不同组织的织物。

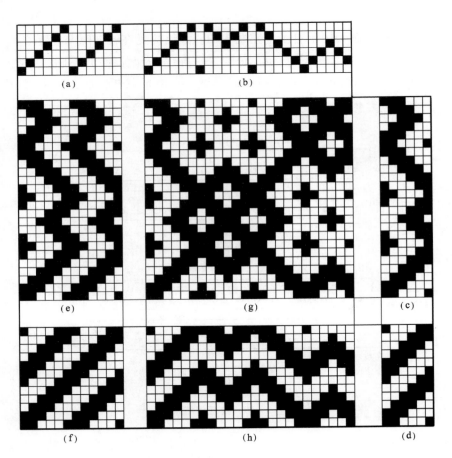

图 1 - 20　组织图、穿综图、纹板图相互关系示意图

已知组织图、纹板图、穿综图三者中的任意两个，即可绘三个图，分述如下。

1. 已知组织图和穿综图，绘纹板图　根据组织图和穿综图绘出纹板图的方法，见前面所述纹板图的画法。

2. 已知组织图和纹板图，绘穿综图　图 1 - 21 中，纹板图的 1、2、3、4 纵行与穿综图的 1、2、3、4 横行相对应。纹板图中第 1 纵行的浮沉规律与组织图中第 1 根经纱的浮沉规律相同，则第一根经纱与纹板图的第一纵行在穿综图上相交于第一页综的第一个方格中（自左向右），在此方格中画上符号"×",表示第一根经纱穿入第一页综。同理,纹板图中的第2纵行与组织图的第3根经纱浮沉规律相同,它们在穿综图中相交于第二页综的第三个方格处,在此方格中画上符号"×",表示第三根经纱穿入第二页综。依此类推,即可求出其余经纱的穿综顺序,画出穿综图。

3.已知穿综图与纹板图,绘组织图 从图1－22的穿综图上看,第一页综在第1与第5个方格中有"■"符号,这表示组织图中第1与第5根经纱的浮沉规律相同,因而均穿入第一页综,它们的浮沉规律与纹板图中表示第一页综的第1纵行相同,然后将纹板图中第1纵行的浮沉规律填在第1、第5根经纱的位置上。同理,穿综图中第二页综上穿入的是组织图中第3与第7根经纱,则将纹板图中对应的第2纵行的浮沉规律填绘于组织图中第3与第7根经纱所在的纵行位置上。依此类推,可以绘出其他经纱的浮沉规律,绘出组织图。

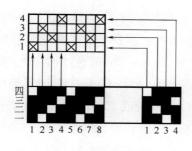

图1－21 绘穿综图

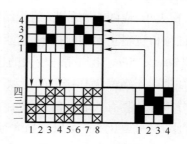

图1－22 绘组织图

第三节 织物分析

由于织物所采用的组织、色纱排列、纱线的原料及线密度、经纬纱线的密度、纱线的捻向和捻度以及纱线的结构和后整理方法等各不相同。因此,形成的织物在外观上也不一样。

为了生产创新或仿样设计产品,就必须掌握织物组织结构和织物的上机技术条件等资料。为此就要对织物结构进行周到和细致的分析,以便获得正确的分析结果,为仿样、改进或创新设计提供理论依据。

织物的分析实验应在日照充足的室内进行实验。准备试样及仪器等,包括扭力天平、密度镜、照布镜、剪刀、医用镊子、意匠纸等。为了获得比较正确的分析结果,在分析前要计划分析的项目和它们的先后顺序,操作过程中要细致,并且要在满足分析的条件下尽量节省布样用料。

机织物来样分析的步骤如下。

一、取样

分析织物时,资料的准确程度与取样的位置、样品面积大小有关,因而对取样的方法应有一定的要求。由于织物品种极多,彼此间差别又大,因此,在实际工作中,样品的选择还应根据具体情况来定。

(一)取样位置

织物下机后,在织物中因经纬纱张力的平衡作用,使幅宽和长度都略有变化。这种变化就造成织物边部和中部以及织物两端的密度存在着差异。另外,在染整过程中,织物的两端、边部和中部所产生的变形也各不相同,为了使测得的数据具有准确性和代表性,一般规定:从整匹织物中取样时,样品到布边的距离不小于5cm,离两端的距离在棉织物上因品种不同而有所差异,一般最短取1.5~3m,在毛织物上不小于3m,在丝织物上3.5~5m。

此外,样品不应带有显著的疵点,并力求其处于原有的自然状态,以保证分析结果的准确性。

(二)取样大小

取样面积大小,应随织物种类、组织结构而异。由于织物分析是项消耗试验,应本着节约的原则,在保证分析资料正确的前提下,力求减小试样的大小。简单组织的织物试样可以取得小些,一般为15cm×15cm;组织循环较大的色织物可以取20cm×20cm;色纱循环大的色织物(如床单)最少应取一个色纱循环所占的面积;对于大提花织物(如被面、毯类),因其经纬纱循环数很大,一般分析部分具有代表性的组织结构即可。因此,一般取20cm×20cm或25cm×25cm。如样品尺寸小时,只要比5cm×5cm稍大也可进行分析。

二、鉴定织物的类别及用途

根据来样判断织物的风格大类,如棉型、毛型、丝型、麻型、化纤仿真型等,初步确定产品的名称和主要用途,对样品分析做到有的放矢。

三、确定织物的正反面

对布样进行分析工作时,首先应确定织物的正反面。

织物的正反面一般是根据其外观效应加以判断。下面列举一些常用的判断方法。

(1)一般织物正面的花纹、色泽均比反面清晰美观。

(2)具有条格外观的织物和配色模纹织物,其正面花纹必然是清晰悦目的。

(3)凸条及凹凸织物,正面紧密而细腻,具有条状或图案凸纹,而反面较粗糙,有较长的浮长线。

(4)起毛织物:单面起毛织物,其起毛绒的一面为织物正面;双面起毛织物,则以绒毛均匀、整齐的一面为正面。

(5)观察织物的布边,如布边光洁、整齐的一面为织物正面。

(6)双层、多层及多重织物,如正反面的经纬密度不同时,则一般正面具有较大的密度或正面的原料较佳。

(7)纱罗织物,纹路清晰、绞经突出的一面为织物正面。

(8)毛巾织物,以毛圈密度大的一面为正面。

多数织物其正反面有明显的区别,但也有不少织物的正反面极为近似,两面均可应用。因此,对这类织物可不强求区别其正反面。

四、确定织物的经纬向

在确定了织物的正反面后,就需判断出在织物中哪个方向是经纱,哪个方向是纬纱,这对分析织物密度、经纬纱线密度和织物组织等项目来说,是先决条件。

区别织物经纬向的主要依据如下。

(1)如被分析织物的样品是有布边的,则与布边平行的纱线便是经纱,与布边垂直的则是纬纱。

(2)含有浆的是经纱,不含浆的是纬纱。

(3)一般织物,密度大的一方为经纱,密度小的一方为纬纱。

(4)筘痕明显的织物,则筘痕方向为织物的经向。

(5)织物中若纱线的一组是股线,而另一组是单纱时,则通常股线为经纱,单纱为纬纱。

(6)若单纱织物的成纱捻向不同时,则 Z 捻纱为经纱,而 S 捻纱为纬纱。

(7)若织物成纱的捻度不同时,则捻度大的多数为经纱,捻度小的为纬纱。

(8)如织物的经纬纱线密度、捻向、捻度都差异不大,则纱线的条干均匀、光泽较好的为经纱。

(9)毛巾类织物,其起毛圈的纱线为经纱,不起毛圈者为纬纱。

(10)条子织物,其条子方向通常是经纱。

(11)若织物有一个系统的纱线具有多种不同线密度时,这个方向则为经向。

(12)纱罗织物,有扭绞的纱线为经纱,无扭绞的纱线为纬纱。

(13)在不同原料交织中,一般棉毛或棉麻交织的织物,棉为经纱;毛丝交织物中,丝为经纱;毛丝棉交织物中,则丝、棉为经纱;天然丝与绢丝交织物中,天然丝为经纱;天然丝与人造丝交织物中,则天然丝为经纱。

由于织物用途极广,因而对织物原料和组织结构的要求也多种多样,因此在判断时,还要根据织物的具体情况进行确定。

五、测定织物的经纬纱密度

在织物中,单位长度内排列的经纬纱根数,称为织物的经纬纱密度。

经纬纱密度的计算单位以公制计,是指 10cm 内经纬纱排列的根数。密度的大小,直接影响织物的外观、手感、厚度、强力、抗折性、透气性、耐磨性和保暖性能等物理机械指标,同时它也关系到产品的成本和生产效率的高低。

经纬密度的测定方法有以下两种。

(一)直接测数法

直接测数法凭借照布镜或织物密度分析镜来完成,密度镜结构如图 1-23 所示。织物密度分析镜的刻度尺长度为 5cm,在分析镜头下面,一块长条形玻璃片上刻有一条红线,在分析织物密度时,移动镜头,将玻璃片上红线和刻度尺上红线同时对准某两根纱线之间,以此为起点,边移动镜头边数纱线根数,直到5cm刻度线处为止。数出的纱线根数乘以2,即为经纬纱的密度值。

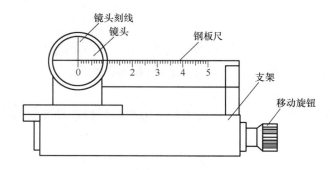

图1-23 密度镜的结构示意图

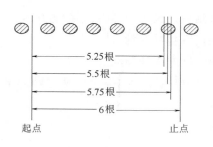

图1-24 计算纱线根数图

在数纱线根数时,要以两根纱线之间的中央为起点,若数到终点时,落在纱线上,超过0.5根,而不足1根时,应按0.75根计算;若不足0.5根时,则按0.25根计算,如图1-24所示。

织物密度一般应测得3~4个数据,然后取其算术平均值作为测定结果。

(二)间接测定法

这种方法适用于密度大、纱线线密度小的规则组织织物。首先经过分析织物组织及其组织循环经纱数(组织循环纬纱数),然后乘以10cm中组织循环个数,所得的乘积即为织物的经(纬)纱密度。

例 沿纬向10cm长度内,检查出织物的组织循环经纱根数为R_j,其组织循环个数为n_j。则:

$$经纱密度 P_j = R_j \times n_j + 余数 \quad (根/10cm)$$

同理,沿经向10cm长度内,检查出织物的组织循环纬纱根数为R_w,其组织循环个数为n_w。则:

$$纬纱密度 P_w = R_w \times n_w + 余数 \quad (根/10cm)$$

(三)拆线法

多用于低特高密或起毛织物。由于低特高密织物不易通过密度镜数清纱线根数,而起毛织物的布面有毛绒,不容易看清纹路,且以双层和多层织物为多,所以用拆线法分析比较适用。具体操作为从试样中取出5cm×5cm,分别数出经、纬纱根数,乘以2即得出织物经纬密度。若试样较小,取样面积也可相应减小,按比例扩大倍数得出织物密度。注意:采用拆线法时,可先测量织物单位面积质量,以免因为拆纱后织物破坏而无法测量。

六、概算织物单位面积质量

织物质量是指织物每平方米的无浆干燥质量。它是织物的一项重要技术指标,也是对织物进行经济核算的主要指标,根据织物样品的大小及具体情况,可分两种试验方法。

1.称量法 用此方法测定织物质量时,要使用扭力天平、分析天平等工具。在测定织物每平方米的质量时,样品一般取 10cm×10cm。面积越大,所得结果就越正确。在称量前,将退浆的织物放在烘箱中烘干,至质量恒定,称其干燥质量,则:

$$m = \frac{g \times 10^4}{L \times b}$$

式中:m——样品每平方米无浆干燥质量,g/m²;

g——样品的无浆干燥质量,g;

L——样品长度,cm;

b——样品宽度,cm。

2.计算法 在遇到样品面积很小,用称量法不够准确时,可以根据前面分析所得的经纬纱线密度、经纬纱密度及经纬纱缩率进行计算,其公式如下:

$$m = \left[\frac{10P_j \times Tt_j}{(1-a_j) \times 1000} + \frac{10P_w \times Tt_w}{(1-a_w) \times 1000} \right] \frac{1}{1+W_\phi}$$

$$= \frac{1}{100} \left[\frac{P_j \times Tt_j}{(1-a_j)} + \frac{P_w \times Tt_w}{(1-a_w)} \right] \frac{1}{1+W_\phi}$$

$$= \frac{1}{100(1+W_\phi)} \left[\frac{P_j \times Tt_j}{(1-a_j)} + \frac{P_w \times Tt_w}{(1-a_w)} \right]$$

式中:m——样品每平方米无浆干燥质量,g/m²;

P_j、P_w——样品的经、纬纱密度,根/10cm;

a_j、a_w——样品的经、纬纱缩率;

W_ϕ——样品的经、纬纱公定回潮率;

Tt_j、Tt_w——样品的经、纬纱线密度,tex。

七、分析织物的组织及色纱的配合

对经纬纱在织物中交织规律进行分析,以求得此种织物的组织结构。在此基础上,再结合织物经纬纱所用原料、线密度、密度等因素,正确地确定织物的上机图。

在对织物组织进行分析的工作中,常用的工具是照布镜、分析针、剪刀及颜色纸等。用颜色纸的目的是为了在分析织物时有适当的背景衬托,少费眼力。在分析深色织物时,可用白色纸做衬托,而在分析浅色织物时,可用黑色纸做衬托。

由于织物种类繁多,加之原料、密度、纱线线密度等因素的不同,所以,应选择适当的分析方法,以使分析工作能得到事半功倍的效果。

常用的织物组织分析方法有以下几种。

1.拆纱分析法 这种方法对初学者适用。此法常应用于起绒织物、毛巾织物、纱罗织物、多层织物和纱线线密度低、密度大、组织复杂的织物。

这种方法又可分为分组拆纱法与不分组拆纱法两种。

(1)分组拆纱法:对于复杂组织或色纱循环大的组织,用分组拆纱法是精确可靠的,现将此法介绍如下。

① 确定拆纱的系统:在分析织物时,首先应确定拆纱方向,目的是为看清楚经纬纱交织状态。因而宜将密度较大的纱线系统拆开,利用密度小的纱线系统的间隙,清楚地看出经纬纱的交织规律。

② 确定织物的分析表面:究竟分析织物哪一面,一般以看清织物的组织为原则。若是经面或纬面组织的织物,以分析织物的正面比较方便,灯芯绒织物分析织物的反面;若是表面刮绒或缩绒织物,则分析时应先用剪刀或火焰除去织物表面的部分绒毛,然后进行组织分析。

③ 纱缨的分组:在布样的一边先拆除若干根一个系统的纱线,使织物的另一个系统的纱线露出 10mm 的纱缨,如图 1−25(a)所示,然后将纱缨中的纱线每若干根分为一组,并将 1、3、5…奇数组的纱缨和 2、4、6…偶数组的纱缨分别剪成两种不同的长度,如图 1−25(b)所示。这样,当被拆的纱线置于纱缨中时,就可以清楚地看出它与奇数组纱和偶数组纱的交织情况。

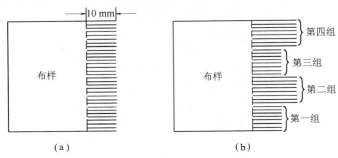

图 1−25　纱缨图

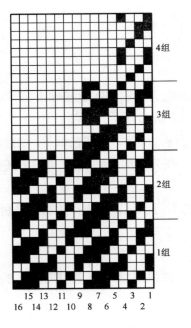

图 1−26　分组拆纱记录示意图

填绘组织所用的意匠纸若每一大格的纵横方向均为八个小格,正好与每组纱缨根数相等,则可把每一大格作为一组,亦分成奇、偶数组,与纱缨所分奇、偶数组对应,这样,被拆开的纱线在纱缨中的交织规律,就可以非常方便地记录在意匠纸的方格上。

例如,某织物的布样,拆的是经纱,每组纱缨是由纬纱组成。从右侧起轻轻拨出第 1 根经纱,它与第一组纬纱的纱缨交织规律是:经纱位于三、四、七、八纬纱之上,与第二组纬纱的纱缨交织规律是:此经纱仍位于三、四、七、八纬纱之上,与第三组纬纱仍以此规律交织。于是将第 1 根经纱与各组纬纱交织的规律,分别填绘在意匠纸各组中的第一纵行上,如图1−26所示。然后再分析第 2 根经纱与各组纬纱交织的情况,并记录在意匠纸的第 2 纵行上,依此类推。当分析到 16 根经纱后,就可得出这块布样的组织和经纬纱循环数,其经纬纱的交织规律已有 2 个循环。

(2)不分组拆纱法:首先选择好分析面,拆纱方向与分组拆纱相同,此法不需将纱缨分组,只需把拆纱轻轻拨入纱缨中,在意匠纸上记录经纱与纬纱交织的规律即可。

2. 局部分析法　有的织物表面局部有花纹,地布的组织很简单,此时只需要分别对花纹和地布的局部进行分析,然后根据花纹的经纬纱根数和地布的组织循环数,就可求出一个花纹循环的经纬纱数,而不必一一画出每一个经纬组织点,需注意地组织与起花组织起始点的统一问题。

3. 直接观察法　有经验的工艺员或织物设计人员,可采用直接观察法,依靠目力或利用照布镜,对织物进行直接观察,将观察的经纬纱交织规律,逐次填入意匠纸的方格中。分析时,可多填写几根经纬纱的交织状况,以便正确地找出织物的完全组织。这种方法简单易行,主要是用来分析单层密度不大、纱线线密度较大的原组织织物和简单的小花纹组织织物。

在分析织物组织时,除要细致耐心外,还必须注意布样的组织与色纱的配合关系。对于本色织物,在分析时不存在这个问题。但是多数织物的风格效应不光是由经纬交织规律来体现,往往是将组织与色纱配合而得到其外观效应。因而,在分析这类色纱与组织配合的织物(色织物)时,必须使组织循环和色纱排列循环配合起来,在织物的组织图上,要标注出色纱的颜色和循环规律。

在分析时,大致有如下几种情况。

(1)当织物的组织循环纱线数等于色纱循环数时,只要画出组织图后,在经纱下方、纬纱左方,标注颜色和根数即可。

(2)当织物的组织循环纱线数不等于色纱循环数时,在这种情况下,往往是色纱循环大于组织循环纱线数。在绘组织图时,其经纱根数应为组织循环经纱数与色经纱循环数的最小公倍数,纬纱根数应为组织循环纬纱数与色纬纱循环数的最小公倍数。

在分析多层复杂组织织物时,需要找出每一个有代表性组织点的属性,因分层点在组织图上出现时很有规律,可以先确定各层分层点的位置,进而确定各根经纬纱的属性,分解出各层织物,最后分析各层的组织;纱罗织物分析时,首先要了解纱罗织物的生产过程和生产工艺,分析织物时应分析织物的反面,要区分出绞经和地经。一个纬纱循环中,当绞经在地经某一侧需要开口的次数多时,起始时该绞经就应该安排在地经的这一侧,据此绘出合理的组织图。

八、测定经纬纱缩率

经纬纱缩率(take-up)是织物结构参数的一项内容。测定经纬纱缩率的目的是为了计算纱线线密度和织物用纱量等。由于纱线在形成织物后,经(纬)纱在织物中交错屈曲,因此织造时所用的纱线长度大于所形成织物的长度。其差值与纱线原长之比值称作缩率,以 a 表示。a_j 表示经纱缩率,a_w 表示纬纱缩率。

$$a_j = \frac{L_{oj} - L_j}{L_{oj}} \times 100\%$$

$$a_w = \frac{L_{ow} - L_w}{L_{ow}} \times 100\%$$

式中:$L_{oj}(L_{ow})$——试样中经(纬)纱伸直后的长度;

　　　$L_j(L_w)$——试样的经(纬)向长度。

经纬纱缩率的大小,是工艺设计的重要依据,它对纱线的用量、织物的力学性能和织物的外观均有很大的影响。

影响缩率的因素很多,织物组织、经纬纱原料及线密度、经纬纱密度及在织造过程中纱线的张力等的不同,都会引起缩率的变化。

分析织物时,测定缩率的方法,一般在试样边缘沿经(纬)向量取 10cm(试样尺寸小时,可量 5cm)的织物长度(即 L_j 或 L_w),并做记号,将边部的纱缨剪短(这样可减少纱线从织物中拨出来时产生意外伸长),然后轻轻将经(纬)纱从试样中拨出,用手指压住纱线的一端,用另一只手的手指轻轻将纱线拉直(给适当张力,不可有伸长现象)。用尺量出记号之间的经(纬)纱长度(即 L_{oj} 或 L_{ow})。这样连续做出 10 个数后,取其平均值,代入上述公式中,即可求出 a_j 和 a_w 之值。这种方法简单易行,但精确程度较差。在测定中应注意以下几点。

(1)在拨出和拉直纱线时,不能使纱线发生退捻或加捻。对某些捻度较小或强力很差的纱线,应尽量避免发生意外伸长。

(2)分析刮绒和缩绒织物时,应先用火柴或剪刀除去表面绒毛,然后再仔细地将纱线从织物中拨出。

(3)黏胶纤维在潮湿状态下极易伸长,故在操作时应避免手汗沾湿纱线。

九、测算经纬纱线密度

纱线线密度(linear density)是指 1000m 的纱线,在公定回潮率时的质量。计算公式如下:

$$Tt = \frac{1000m}{L}$$

式中:Tt——经(纬)纱线密度,tex;

　　m——在公定回潮率时的质量,g;

　　L——长度,m。

纱线线密度的测定,一般有两种方法。

(1)比较测定法:此方法是将纱线放在放大镜下,仔细地与已知线密度的纱线进行比较,最后确定试样的经纬纱线密度。此方法测定的准确程度与试验人员的经验有关。由于做法简单、迅速,所以工厂的试验人员乐于采用此法。

(2)称量法:在测定前必须先检查样品的经纱是否上浆,若经纱是上浆的,则应对试样进行退浆处理。

测定时,从 10cm×10cm 织物中,取出 10 根经纱和 10 根纬纱,分别称其质量;测出织物的实际回潮率;在经纬纱缩率已知的条件下,经纬纱线密度可用下式求出:

$$Tt = \frac{m(1-a) \times (1+W_\phi)}{1+W} \times 1000$$

式中:m——10 根经(或纬)纱实际的质量,g;

　　a——经(纬)纱缩率;

　　W——织物的实际回潮率;

　　W_ϕ——该种纱线的公定回潮率。

各种纱线中纤维公定回潮率见表 1 – 3。

表 1 – 3　各种纱线中纤维公定回潮率

纤 维 种 类	公定回潮率(%)	纤 维 种 类	公定回潮率(%)
棉	8.5	绢丝	11
黏胶纤维	13	涤纶	0.4
精梳毛纱中的毛纤维	16	锦纶	4.5
粗梳毛纱中的毛纤维	15	维纶	5
腈纶	2	丙纶	0
醋酯纤维	7		

十、确定纱线的捻度和捻向

分别确定经纱和纬纱的捻度和捻向。捻向的鉴别,以手指对纱段进行适当退捻,观察纱段中纤维排列情况,呈"Z"形为左捻向;呈"S"形为右捻向。一般单纱呈"Z"捻向;股线中 Z 捻的单纱合股加捻后呈"S"捻向。强捻纱中单纱与股线同捻向。捻度的确定可通过纱线捻度测试仪测定。

十一、确定纱线的纺纱方式

因为纱线的纺纱方式会影响其线密度、强度、毛羽、条干均匀度、光泽等性能,在进行生产之前要初步判断纱线的纺纱方式。

十二、鉴定经纬纱原料

正确、合理地选配各类织物所用原料,对满足各项用途起着极为重要的作用。因此,对布样的经纬纱原料要进行分析。纺织纤维的鉴别是根据面料及纤维的外观特征和内在性质的差异,应用物理或化学方法识别各种纤维,判断纺织品原料成分和混用比例。

1. 织物经纬纱原料的定性分析　分析织物纱线是由什么原料组成,即分析织物是属纯纺织物、混纺织物,还是交织物。鉴别纤维一般采用的步骤是先决定纤维的大类,属天然纤维素纤维,还是属天然蛋白质纤维或是化学纤维;再具体决定是哪一品种。常用的鉴别方法有手感目测法、燃烧法、显微镜法和化学溶解法等,其具体方法与纤维的鉴别方法相同。

手感目测法主要是根据纤维的长短、粗细、卷取、色泽不匀性,含杂及类型,纤维的刚柔性和弹性等,来区分棉、麻、毛、丝及化纤。

燃烧法可以通过纤维接近火焰、在火焰中和离开火焰后的燃烧特征、散发气味以及燃烧后的残留物,将纤维准确地分成三类,即纤维素纤维(棉、麻、黏胶纤维等)、蛋白质纤维(毛、丝等)以及合成纤维(涤纶、锦纶、腈纶等)。纤维的化学组成不同,其燃烧特征也不同,如燃烧速度、延燃情况、气味、灰烬状态等。纯纺织物和纯纺纱的交织物采用燃烧法鉴别效果较好。对于混纺织物尤其是多种原料混纺织物采用燃烧法鉴别较困难。采用燃烧法鉴别时应经纬纱分别燃烧鉴别。

显微镜法是依据纺织纤维的纵横截面特征来识别纤维种类,应用较广泛。各种天然纤维和人造纤维形态特征明显,用生物显微镜放大 150 倍左右进行观察,易于确定纤维种类。但在织物中的纤维因经过机械及化学等工艺加工,在一定程度上会引起纤维结构变化,且合成纤维大多数纵向平滑,横截面呈圆形或椭圆形,不易鉴别纤维种类,要与其他方法相结合。

化学溶解法是根据各种纤维在不同化学试剂中的溶解性能的差异来鉴别纤维。适用于各种纺织纤维,包括染色纤维或混纺纱线及织物,溶解法还可用于分析混纺产品的纤维含量。

2. 混纺织物成分的定量分析　混纺产品的原料分析是纺织生产、商贸、科研工作中经常遇到的工作。随着新型纺织产品的性能要求不断提高,混纺产品可以是两种、三种纤维混纺,甚至是四种、五种等多纤维混纺。分析时经纬纱分别分析。

对于两种纤维混纺的产品:已知纤维类别,根据纤维的溶解性能不同,选择适当溶剂去除其中一种,将不溶解的另一种纤维洗净、烘干、称重,计算纤维的质量百分率,确定纤维含量。对于三种纤维混纺的产品(多种原料的纤维含量分析可以此类推):选取试样,先将其中一种纤维溶解去除,未溶解残渣为另两种纤维含量之和,称重后,可算出已溶解纤维含量;再将剩余纤维中的一种溶解掉,称出未溶解纤维质量,可计算出第二种溶解纤维的含量,第三种纤维的含量可由差值求出。

☞ 思考题

1. 分别说明织物、织物组织、织物结构的含义。

2. 说明组织点、组织循环及组织点飞数的含义。

3. 什么是上机图？它包括哪几部分？各表示的意义是什么？

4. 穿综的原则是什么？主要的穿综方法有哪些？分别适用于哪些织物？

5. 什么是复列式综框？何时要采用复列式综框？

6. 如何确定穿筘图的每筘齿穿入数？

7. 已知组织图和纹板图(习题图 1-1),求穿综图。

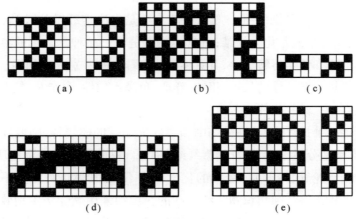

习题图 1-1

8. 已知组织图（习题图1−2），求织物上机图，并说明为何采用此穿综方法。

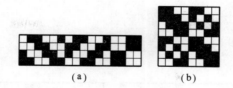

(a)　　　　　　(b)

习题图1−2

9. 画出 ▦ 组织的飞穿法上机图。

10. 已知组织图、穿综图（习题图1−3），求纹板图。

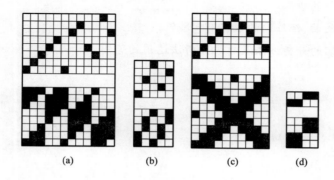

(a)　　　(b)　　　(c)　　　(d)

习题图1−3

11. 已知穿综图、纹板图（习题图1−4），求组织图。

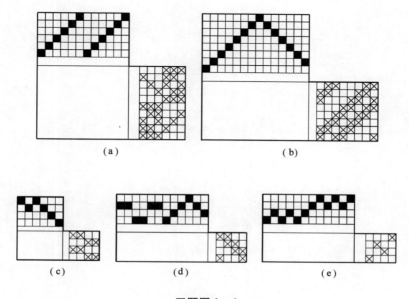

(a)　　　　　　　　(b)

(c)　　　　(d)　　　　(e)

习题图1−4

12. 在纹板图习题图 1 – 5(a)不变的情况下,分别采用习题图 1 – 5(b)、习题图1 – 5(c)的
    穿综图,求组织图。

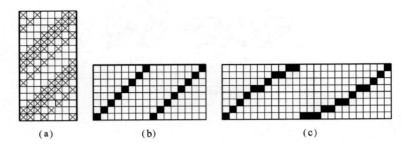

(a)　　　　　　(b)　　　　　　　　　(c)

习题图 1 – 5

13. 试述分析织物的步骤。

14. 确定织物正反面、经纬向的依据有哪些?

15. 说明织物组织的分析方法及拆纱分析法适用的范围。

第二章　织物组织与应用

课件

本章教学目标

1. 掌握三原组织、变化组织、联合组织、复杂组织的基本特征及上机图的画法。

2. 了解各类组织的常用织物及织物外观特点，掌握各类组织的设计要点。

3. 能够识别、判断纺织工程问题的机织物组织结构种类，并进行织物组织设计。

4. 掌握复杂组织的分类、组织结构形成方法及产品用途。

5. 能够根据织物密度设计、织物组织结构等设计织物的上机图并分析其工艺的可行性，完成小样织造，分析样品设计效果。

6. 通过织物组织结构的学习，培养学生树立理想信念、热爱专业、严谨治学、精益求精的工匠精神。

织物组织是纺织品设计中一项很重要的内容，也是织造过程中一项重要的技术条件。改变织物的组织将对织物结构、外观及其力学性能起到显著的影响。在织物组织中最简单的是三原组织，又称基本组织。以三原组织为基础加以变化或联合使用几种组织，可以得到各种各样的组织结构。例如，有的组织能形成小花纹的外观，有的组织可使织物增厚，有的组织通过后整理可以起绒，有的组织能织出毛圈，有的组织能形成孔眼等。

第一节　三原组织及其织物

三原组织模拟图

一、原组织的概念及基本特征

在一个组织循环中，凡同时具有以下条件的织物组织都是原（基本）组织：

（1）组织点飞数是常数，即 $S =$ 常数。

（2）每根经纱或纬纱上，只有一个经（纬）组织点，其他均为纬（经）组织点。

（3）原组织的组织循环经纱数等于组织循环纬纱数，亦即 $R_j = R_w = R$。

三原组织面料库

原组织包括平纹组织（plain weave）、斜纹组织（twill weave）和缎纹组织（satin weave）三种组织。因而称这三种组织为三原组织（three elementary weave），它是各种织物组织的基础。

二、三原组织

（一）平纹组织及其织物

1.平纹组织的组织参数及上机图　平纹组织是所有织物组织中最简单的一种。其组织参数为：

$$R_j = R_w = 2$$
$$S_j = S_w = \pm 1$$

图2-1为平纹组织图。图2-1(a)为平纹织物的交织示意图,图2-1(b)为横截面图,图2-1(c)为纵截面图,图2-1(d)、图2-1(e)为组织图。图2-1(a)中箭头所包括的部分表示一个组织循环。图2-1(d)、图2-1(e)中1和2表示经纱的排列顺序,一和二表示纬纱的排列顺序。

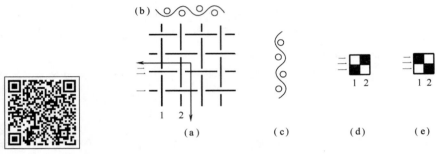

平纹组织及其织物微课　　　　　　　**图2-1　平纹组织图**

在平纹组织的组织循环中,共有两根经纱和两根纬纱。共有 $R_j \times R_w = 2 \times 2 = 4$ 个组织点,其中有两个经组织点,两个纬组织点。在组织循环中,因为经组织点数等于纬组织点数,所以织物正反面的组织没有差异,因此平纹组织属同面组织。

平纹组织可用分式 $\dfrac{1}{1}$ 来表示,其中分子表示经组织点,分母表示纬组织点。习惯称平纹组织为一上一下。

一般画组织图时,均以左下角第一根经纱和第一根纬纱相交的方格作为起始点。当平纹组织起始点是经组织点时,那么所绘得的平纹组织为单起平纹,如图2-1(d)所示;如平纹组织的起始点是纬组织点时,那么所绘得的平纹组织为双起平纹,如图2-1(e)所示。习惯上均以经组织点作为起始点来绘平纹组织图,当平纹组织与其他组织配合时,要注意考虑起始点。

在传统的有梭织机上,在织造经密较小的平纹织物时,可采用两页综的顺穿法,如图2-2(a)所示;一般织造中等密度的平纹织物,如中平布,采用两页复列式综框飞穿法,如图2-2(b)所示;在织经密很大的平纹织物,如细布和府绸时,可采用两页四列式综框,或四页复列式综框用双踏盘织造,如图2-2(c)所示。在新型的无梭织机上,依据织物密度的大小,可以采用两页综、四页综或八页综,均采用顺穿法。

2.平纹组织的应用　平纹组织的经纬纱每间隔一根纱线就进行一次交织,因此纱线在织物

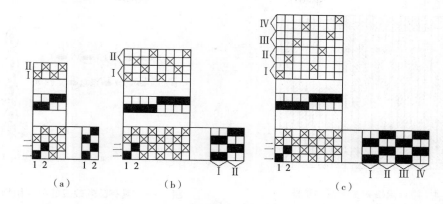

图 2－2 平纹组织织物上机图

中的交织最频繁,屈曲最多,织物挺括、坚牢、平整,因此在织物中应用最为广泛。如棉织物中的细布、平布、粗布、府绸、帆布等;毛织物中的派力司、凡立丁、法兰绒等;化纤织物中的人造棉平布、涤/棉细纺、涤丝纺;丝织物中的塔夫绸、电力纺和麻织物中的夏布、麻布等均为平纹组织的织物。

府绸与平布的区别,主要在于纱线线密度和织物经纬纱的密度不同。平布的经纬纱密度相近,而府绸的纱线线密度低,且经密比纬密大。

3. 特殊效应的平纹组织 从平纹组织组织点的配合来看,经纱、纬纱应同时显露在织物表面,但在实际应用中,由于织物结构中某些参数的变化或织造工艺参数的改变,除了前面介绍的几种织物外,还会形成各种特殊外观效应的平纹织物。

(1)隐条隐格织物:利用不同纱线捻向对光线反射不同的原理,经纱采用不同捻向的纱线,按一定的规律相间排列,在平纹织物表面会出现若隐若现的纵向条纹,形成隐条织物,如图 2－3所示。如果经纬纱都采用两种捻向的纱线配合,则形成隐格效应。在精纺毛织物中常采用这种设计方法,如凡立丁、薄花呢等。

(2)凸条效应的平纹织物:采用线密度不同的经纱或纬纱相间排列织制的平纹织物,表面会产生纵向或横向凸条纹的外观效应。当用两种线密度的经纱相间排列,与一种线密度的纬纱进行交织,将在织物表面呈现纵向条纹纹路。改变不同线密度的经纱排列比,可以得到宽窄不同的纵条纹,如图 2－4(a)所示。当用一种线密度的经纱与两种线密度的纬纱进行交织,织物外观则呈现横条纹效应。改变不同线密度的纬纱排列比,可以得到宽窄不同的横条纹,如图 2－4(b)所示。当采用两种线密度的经纱与纬纱相间排列,织物可以形成凸条格子效应。利用这种设计方法,可以得到仿麻织物效果的服用和装饰织物。

(3)稀密纹织物:平纹织物中利用穿筘变化,即一部分筘齿中穿入的经纱根数多,一部分筘齿中穿入的经纱根数少,或经纱采用空筘穿法,从而改变部分经纱的密度,可获得稀密纹织物。采用此法,可用来改善涤纶织物的透气性。

(4)泡泡纱织物:常采用平纹组织,织物中的经纱分为地经和泡经,呈条形相间排列。织物采用两个织轴织造,两个织轴的送经量不同,地经与泡经的张力就不同。地经送经量少,则纱线张力大,此处织物紧短;泡经送经量多,则张力小,此处织物松长。在打纬力的作用下,泡经与纬

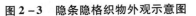

图 2 – 3　隐条隐格织物外观示意图

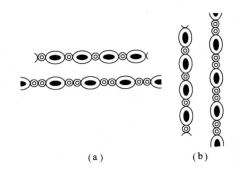

图 2 – 4　具有凸条效应的平纹织物截面图

纱交织时于疏松处产生凹凸，而地经与纬纱交织形成平整的地布，在织物表面就形成了有规律的泡泡状波浪形的绉纹条子。织物常用于夏季面料和童装面料。

（5）起绉织物：采用平纹组织，利用强捻纱织成织物，经后整理加工可以形成起绉效应的织物。例如，棉织物中的绉纱织物是采用强捻纬纱与普通捻度的经纱交织而成的，织物表面形成纵向绉条纹；巴里纱织物经纬纱采用强捻纱织造，织物密度较小，结构稳定，织物轻薄透明，可作夏季面料；丝织物中的绉类产品也多用强捻纱形成各种起绉外观效果，如顺纡绉、柳条绉、双绉等。

（6）烂花织物：烂花织物经纬纱常用涤棉包芯纱，采用平纹组织形成织物后，在设计的花型处做印酸处理，由于涤棉两种原料的耐酸性不同，经整理后，印酸处的棉纤维烂掉，只剩下涤纶长丝，此处织物形成轻薄透明感，而没有印酸处仍保持原状。这样织物的花型轮廓清晰，凹凸立体感强，具有独特的风格，可作服用面料和装饰面料。

此外，当采用不同颜色的经纱和纬纱进行交织时，可以得到绚丽多彩的色织物产品，在生活中普遍应用。

（二）斜纹组织及其织物

1. 斜纹组织的组织参数及表示方法　斜纹组织的特点在于在组织图上有经组织点或纬组织点构成的斜线，斜纹组织的织物表面上有经（或纬）浮长线构成的斜向织纹。斜纹组织的组织参数为：

$$R_j = R_w \geqslant 3$$
$$S_j = S_w = \pm 1$$

斜纹组织一般以分式表示。分子表示在组织循环中每根纱线上的经组织点数，分母表示在组织循环中每根纱线上的纬组织点数，分子分母之和等于组织循环纱线数 R。在原组织的斜纹分式中，分子或分母必有一个等于 1。当分子大于分母时，在组织图中经组织点占多数，称为经面斜纹，如图 2 – 5（a）、图 2 – 5（c）、图 2 – 5（d）所示；当分子小于分母时，组织图中纬组织点占多数，称之为纬面斜纹，如图 2 – 5（b）所示。

图 2 – 5（a）、图 2 – 5（b）、图 2 – 5（c）中任何一个单独组织点飞数均是：$S_j = +1, S_w = +1$；

而图 2 – 5(d)中的单独组织点飞数是:$S_j = -1$,$S_w = -1$。由图 2 – 5(a)、图 2 – 5(b)、图 2 – 5(c)各图可看出,其斜纹方向指向右上方,故称为右斜纹,在表示斜纹组织分式的右侧画一个向右上方的箭头表示斜纹方向,如图 2 – 5(c)为"$\frac{3}{1}\nearrow$",称为三上一下右斜纹。图 2 – 5(d)斜纹方向指向左上方,称为左斜纹,在表示斜纹组织分式的右侧画一个向左上方的箭头表示斜纹方向,如图 2 – 5(d)为"$\frac{3}{1}\nwarrow$",称为三上一下左斜纹。由此可知:当 $S_w = +1$ 时,S_j 是正号为右斜纹,S_j 是负号为左斜纹。

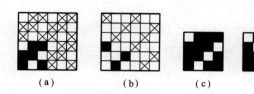

(a) (b) (c) (d)

图 2 – 5 斜纹组织图

斜纹组织及其织物、
缎纹组织及其织物

2. 斜纹组织的绘图方法及上机 斜纹组织的绘图方法比较简单,一般以第一根经纱与第一根纬纱相交的组织点为起始点,按照表示斜纹组织的分式,求出组织循环纱线数 R,圈定大方格,然后在第一根经纱上填绘经组织点,再按飞数逐根填绘即可。即按照斜纹方向,以第一根经纱的组织点为依据,如果为右斜纹,则向上移一格($S_j = +1$)填绘下一根经纱的组织点,如图 2 – 6(a);如果为左斜纹,则向下移一格($S_j = -1$)填绘下一根经纱的组织点。以下各根经纱的绘法依此类推,直至达到组织循环为止。图 2 – 6(b) 和图 2 – 6(c)为两个二上一下斜纹组织图,绘图时,虽第一根经纱上的组织点排列不同,但斜纹方向却是相同的,因而这两个组织图所织成的织物并没有区别。上述的绘图步骤和方法只是对初学者而言。

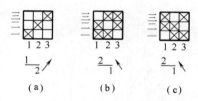

1 2 3   1 2 3   1 2 3

$\frac{1}{2}\nearrow$ $\frac{2}{1}\nwarrow$ $\frac{2}{1}\nearrow$

(a) (b) (c)

图 2 – 6 斜纹组织图画法

织制斜纹织物时,可采用顺穿法,所用综页数等于其组织循环纱线数。当织物的经密较大时,为了降低综丝密度,以减少经纱受到的摩擦,多数采用复列式综框飞穿法穿综,所用综页列数等于组织循环的两倍,每一筘齿中穿入经纱根数为 3 ~ 4 根。

3. 设计斜纹组织应注意的问题

(1)斜纹织物的反织法:在织机上织制原组织斜纹织物时,有正织和反织之分。采用哪一种由实际需要来决定。如 $\frac{3}{1}$ 经面斜纹,采用正织时,易在布面上发现百脚、跳花、纬缩等织疵,便于及时纠正,但开口装置耗电多、不易发现断经、拆坏布容易损伤经纱等;如果采用 $\frac{1}{3}$ 踏盘反织,能节约用电、易发现断经、拆坏布方便,但不易检查百脚、跳花、经缩浪纹等疵点。因此,正反织各有优缺点。当采用反织的织造方法时,必须注意斜纹的方向。例如,欲用反织法织 $\frac{3}{1}\nwarrow$ 纱

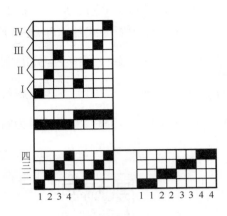

图2-7 斜纹组织反织法上机图

卡其时,则应按$\frac{1}{3}$↗上机,其上机图如图2-7所示。而在踏盘织机上织造时,必须相应改变开口机构中的踏盘。

(2)斜纹组织纱线捻向对织物外观的影响:斜纹织物表面的织纹是否清晰,不仅受纱线线密度和织物经纬密度的影响,还与纱线捻向有密切的关系。织物一般要求斜纹线纹路清晰,所以必须根据纱线的捻向合理地选择斜纹线的方向。

当织物受到光线照射时,浮在织物表面的每一纱线段上可以看到纤维的反光,各根纤维的反光部分排列成带状,称作"反光带"。反光带的倾斜方向与纱线的捻向相反,即反光带的方向与纱线中纤维排列的方向相交。因此,织物中Z(S)捻向的纱线,其反光带的方向向左(右)倾斜。在斜纹织物中,当反光带的方向与织物的斜纹线方向一致时,斜纹线就清晰。对于经面斜纹来说,织物表面的斜纹线由经纱构成;同面斜纹由于经密大于纬密,织物表面的斜纹线也由经纱构成。因此,设计斜向时主要考虑经纱捻向对织物外观的影响。当经纱为S捻时,织物应为右斜纹,反之为左斜纹,如图2-8(a)所示。对于纬面斜纹来说,情况与经面斜纹相反,当纬纱为S捻时,织物应为左斜纹,反之为右斜纹,如图2-8(b)所示。

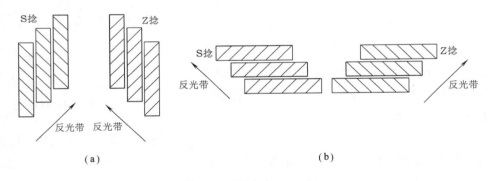

(a) (b)

图2-8 斜纹线倾斜方向与纱线捻向的关系

从上述分析中可以得出结论:只要使构成斜纹线的纱线中纤维排列的方向与织物的斜纹线方向相交,则反光带的方向就与织物斜纹线的方向一致,斜纹线就清晰,反之则不清晰。在实际使用中,一般织物由于经纱质量优于纬纱,同时经密大于纬密,所以经面斜纹织物应用较多。

4.斜纹组织的应用 在斜纹组织中,其R值比平纹组织大,在纱线线密度和织物密度相同的情况下,斜纹织物的坚牢度不如平纹织物,但手感相对较柔软。斜纹织物的可密性比平纹织物大。

斜纹织物表面的斜纹线倾斜角度随着经纬密度的比值而变化,当经纬纱线密度相等时,提高经纱密度,则斜纹线倾斜角度变大。

斜纹组织的织物应用较广泛,一般多为经面斜纹。例如,棉织物中的劳动布(牛仔布),常采用$\frac{3}{1}$斜纹或$\frac{2}{1}$斜纹,斜纹布一般为$\frac{2}{1}\nearrow$,单面纱卡其为$\frac{3}{1}\nearrow$,单面线卡其为$\frac{3}{1}\nearrow$;精纺毛织物中单面华达呢为$\frac{3}{1}\nearrow$或$\frac{2}{1}\nearrow$;丝织物中的里子绸为$\frac{3}{1}\nearrow$。

(三)缎纹组织及其织物

1. 缎纹组织的组织参数及表示方法　缎纹组织是原组织中最复杂的一种组织。这种组织的特点在于相邻两根经纱上的单独组织点相距较远,而且所有的单独组织点分布有规律。缎纹组织的单独组织点,在织物上由其两侧的经(或纬)浮长线所遮盖,在织物表面都呈现经(或纬)的浮长线,因此布面平滑匀整、富有光泽、质地柔软。

缎纹组织有以下组织参数。

(1)$R \geq 5$(6除外)。

(2)$1 < S < R - 1$,并且在整个组织循环中始终保持不变,即为正则缎纹。

(3)R与S必须互为质数。

在缎纹组织的组织循环中,任何一根经纱或纬纱上仅有一个经组织点或纬组织点,而这些单独组织点彼此相隔较远,分布均匀,为了达到此目的,组织循环纱线数至少是5,但6除外。

缎纹组织也有经面缎纹与纬面缎纹之分。

缎纹组织也可用分式表示,分子表示组织循环纱线数R,分母表示飞数S。飞数有按经向计算的和纬向计算的两种,经向飞数用于经面缎纹(satin),纬向飞数用于纬面缎纹(sateen)。图2-9(a)$R = 5$,$S_j = 3$,用$\frac{5}{3}$表示,称五枚三飞经面缎纹。图2-9(b)$R = 5$,$S_w = 2$,称五枚二飞纬面缎纹。

2. 缎纹组织的绘图方法及上机　绘制缎纹组织图时,以方格纸上圈定的$R_j = R_w = R$大方格的左下角为起始点。如果按经向飞数绘图时,就是自起始点(纬组织点)向右移一根经纱(一行纵格)向上数S_j个小格,得第二个单独组织点,然后再在向右移的一根经纱上按S_j找到第三个组织点,依此类推,直至达到一个组织循环为止,如图2-9(a)所示。图2-9(b)是按纬向飞数向上移一根纬纱,按$S_w = 2$所绘制的纬面缎纹组织。

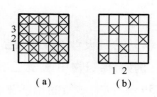

图2-9　缎纹组织图

在其他条件不变的情况下,缎纹组织循环越大,浮线越长,织物越柔软、平滑和光亮,但其坚牢度则越低。

在织制缎纹织物时,多数采用顺穿法。每一筘齿穿入2~4根。

在织机上织制缎纹织物时,也可分正织与反织,两者各有优缺点。如五枚经面缎纹可采用$\frac{4}{1}$踏盘正织,也可采用$\frac{1}{4}$踏盘反织。正织时,产品质量和机械效率都比反织高,但断经、跳纱疵点较难发现。反织时,虽断经、跳纱疵点容易发现,利于及时处理,但产品质量与机械效率都不如正织。

3. 设计缎纹组织应注意的问题

(1)织物密度的选择:由于缎纹组织的单独组织点分布比较均匀分散,浮线长,所以在纱线线密度相同的条件下,织物经纬密度可比平纹织物、斜纹织物密度大。为了突出经面效应,经密应大于纬密,一般情况下,经纬密度之比约为3:2;同理,为了突出纬面效应,纬密应大于经密,经纬密度比约为3:5。

(2)缎纹组织的斜向问题:缎纹组织虽然不像斜纹组织那样有明显的斜向,但织物表面存在一个主斜向,并随飞数的变化而变化。当飞数$S < R/2$时,缎纹组织的主斜向为右斜;当飞数$S > R/2$时,缎纹组织的主斜向为左斜。对于经面缎纹,经密大于纬密,织物表面的斜向是否清晰,决定于经纱的捻向与纹路斜向的配合;而对于纬面缎纹,纬密大于经密,织物表面的斜向是否清晰,决定于纬纱的捻向与纹路斜向的配合。

根据织物的风格不同,织物表面有的要求显示斜向,有的要求不显示斜向。如直贡呢、直贡缎(经面缎)要求贡子清晰,织物表面显示斜向,因此,纱直贡(经纱为Z捻),宜选用$\frac{5}{3}$经面缎,如图2-10(a)所示;棉横贡缎、丝织缎纹要求表面匀整、光泽好,不显示斜向,则采用纬纱为Z捻的$\frac{5}{3}$纬面缎,如图2-10(b)所示。

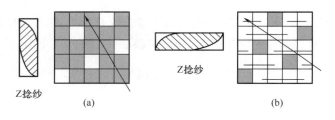

Z捻纱　　　　　(a)　　　　　　　Z捻纱　　　　　(b)

图2-10　缎纹组织的斜向

(3)合理设计纱线的线密度及捻度:根据不同织物的不同风格要求,要合理选择纱线线密度。例如,棉织物中的横贡缎要求织物表面光泽好,织物柔软,宜选用较细的精梳棉纱(如14.5tex),同时纱线的捻度在不影响织造的前提下以小为宜。而精纺毛织物中的贡呢类,要求织物表面显示斜向,手感挺括,纱线常采用较粗的精纺毛纱(如20tex×2)。

4. 缎纹组织的应用　缎纹组织常应用于棉、毛、丝织物设计中。棉织物中有横贡缎,并常用缎纹组织与其他组织配合织成各种织物,如缎条府绸、缎条手帕、缎条床单等。精纺毛织物中有直贡呢、横贡呢、驼丝锦、贡丝锦等。丝织物中有素缎、织锦缎等。

三、三原组织的特征比较

1. 三原组织的平均浮长

在三原组织的织物中,在其他条件(纱线的原料、线密度、织物经纬密度)相同的情况下,对织物的外观、性能特征进行比较。

平纹组织属于同面组织,正反面无差异,$R=2$,组织的浮长线最短,交织最频繁,因此,织物表面光泽较柔和,织物强力好,手感结实挺括;斜纹织物包括经面斜纹和纬面斜纹,组织循环纱线数最小为3,其浮长线比平纹织物长,正面具有明显的斜纹纹路,纹路清晰,反面呈现平纹效应,织物强力不如平纹织物,手感较柔软;缎纹织物包括经面缎纹和纬面缎纹,组织循环纱线数最小为5,织物表面具有明显的浮长线效应,织物表面光泽最好。手感柔滑,强力较差。这也可以通过计算三种织物的平均浮长得到反映。

在三原组织中,$t_j=t_w=2$,$R_j=R_w=R$。则:

平纹组织:$t=2$,$R=2$,$F_j=F_w=1$;

三枚斜纹组织:$t=2$,$R=3$,$F_j=F_w=1.5$;

四枚斜纹组织:$t=2$,$R=4$,$F_j=F_w=2$;

五枚缎纹组织:$t=2$,$R=5$,$F_j=F_w=2.5$;

八枚缎纹组织:$t=2$,$R=8$,$F_j=F_w=4$。

由此可见,在其他条件相同的情况下,三原组织中的平纹最紧密,缎纹最疏松。同理,对于线密度、密度相同的织物,可以用平均浮长的长短来比较不同组织织物的松紧程度。

2. 三原组织纱线的可密性

当不同组织结构的织物经纬纱原料相同、生产工艺相同、纱线线密度相同时,织物在相同长度或宽度范围内能够较多容纳的纬纱或经纱根数用可密性来说明。其中纬纱的可密性应用比较多。图 2－11 是三原组织纬纱可密性的比较,假设在 10 根纬纱排列的长度范围内,且纬纱之间没有缝隙,三原组织可容纳的纬纱根数为:平纹 5 根,三枚斜纹 6 根,5 枚缎纹 8 根。

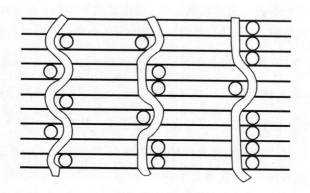

图 2－11　三原组织纬纱可密性比较

第二节　变化组织及其织物

变化组织(derivative weave)是以原组织为基础,加以变化(如改变组织点的浮长、飞数、斜纹线的方向等)而获得各种不同的组织。这些组织

变化组织面料库

统称为变化组织。

变化组织可分为以下三类。

（1）平纹变化组织（plain derivative weave）：包括重平组织（rib weave）、方平组织（basket or hopsack weave）等。

（2）斜纹变化组织（twill derivative weave）：包括加强斜纹（reinforced twill）、复合斜纹（compound twill）、角度斜纹（elongated twill）［急斜纹（steep twill）、缓斜纹（reclining twill）］、曲线斜纹（curved twill）、山形斜纹（pointed twill）、破斜纹（broken twill）、菱形斜纹（diamond twill）、锯齿斜纹（zigzag twill）、芦席斜纹（entwining twill）等。

（3）缎纹变化组织（satin or sateen derivative weave）：加强缎纹（reinforced satin or sateen）、变则缎纹（irregular satin or sateen）等。

平纹变化组织模拟图   平纹变化组织微课

一、平纹变化组织

在平纹组织的基础上，沿着经（纬）纱的一个方向延长组织点，得到重平组织，或经纬两个方向同时延长组织点，得到方平组织。

（一）重平组织

重平组织是以平纹为基础，用沿着一个方向延长组织点（即连续同一种组织点）的方法形成的。沿着经纱方向延长组织点所形成的组织，称作经重平组织（warp rib weave）；沿着纬纱方向延长组织点所形成的组织，称作纬重平组织（weft rib weave）。

图2-12（a）所示为$\frac{2}{2}$经重平组织，它是由平纹组织沿经纱方向延长一个组织点所形成的。沿经纱方向看，经纱与纬纱的交织情况是连续两个经组织点和两个纬组织点，所以称为二上二下经重平组织，通常用分式表示，可写作$\frac{2}{2}$经重平。由图2-12（a）中可看出，$\frac{2}{2}$经重平组织的组织循环经纱数 $R_j = 2$，组织循环纬纱数 $R_w = $ 分子 + 分母 = 2 + 2 = 4。

经重平组织的绘图方法是，首先确定组织循环经纬纱数 R_j 与 R_w，然后勾画图的范围，在第一根经纱上按分式所示的交织规律填绘经组织点，然后在第二根经纱上填绘相反的组织点即成，如图2-12（b）所示。

图2-12（c）为$\frac{3}{3}$经重平组织。

图2-13（a）所示为$\frac{2}{2}$纬重平组织，它是由平纹组织沿纬纱方向延长一个组织点形成的，称为二上二下纬重平组织，也可写作$\frac{2}{2}$纬重平。纬重平组织的构图方法与经重平组织相类似，其 $R_j = $ 分子 + 分母 = 4，$R_w = 2$，画图时沿纬向按分式画即可，如图2-13（b）所示。

图 2 – 13(c)为$\dfrac{3}{3}$纬重平组织。

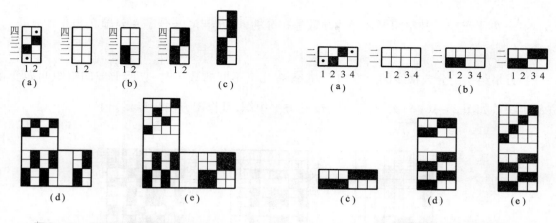

图 2 – 12　经重平组织及其上机图　　　　图 2 – 13　纬重平组织及其上机图

重平组织的织物外观与平纹织物不同,其表面呈现凸条纹。经重平织物表面呈现横凸条纹,纬重平织物表面呈现纵凸条纹。当织物的经纬纱密度和线密度配置适当时,则上述效应更为明显,如织制经重平织物时,以采用较大的经密、较细的经纱和较粗的纬纱为宜。

重平组织的织物上机图,基本上仍保留着平纹织物的上机特点。经重平组织的穿综可以采用顺穿法或飞穿法,以踏盘开口装置织制,如图 2 – 12(d)、图 2 – 12(e)所示;纬重平组织的穿综可采用照图穿法或顺穿法,以平纹开口装置织制, 如图 2 – 13(d)、图 2 – 13(e)所示(纹板图略)。至于穿筘法,一般可采用 2 ~ 4 根经纱穿入一筘齿。

当重平组织中的浮长线长短不同时,称为变化重平组织。图 2 – 14(a)为$\dfrac{2}{1}$变化纬重平组织,图 2 – 14(b)为$\dfrac{2}{1}$变化经重平组织。当织制变化重平组织的织物时,其上机方法与重平织物相类似。

重平组织可用于织制服用织物。如$\dfrac{2}{1}$变化纬重平组织常被用作织制夏季的麻纱织物,$\dfrac{2}{2}$经重平和$\dfrac{2}{1}$变化经重平组织常被用作毛巾织物的地组织。此外,$\dfrac{2}{2}$经、纬重平常作为各种织物的边组织。

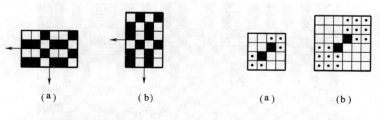

图 2 – 14　变化重平组织　　　　图 2 – 15　方平组织

(二)方平组织

方平组织是以平纹组织为基础,在平纹组织的经纬两个方向延长组织点而成,如图 2 – 15

(a)、图2-15(b)所示。方平组织亦可用分式表示，如图2-15(a)为$\frac{2}{2}$方平组织，图2-15(b)为$\frac{3}{3}$方平组织。其组织循环经纬纱数是相等的，即$R_j = R_w = $分子+分母。

当方平组织的分式横线的上方和下方，各有几个不同的数字时，它所形成的组织叫做变化方平组织。如图2-16(c)为$\frac{1\quad 2\quad 1}{1\quad 1\quad 2}$变化方平组织，其作图方法与步骤如下。

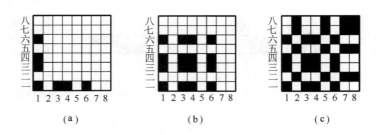

图 2-16 变化方平组织

(1)按分式$\frac{1\quad 2\quad 1}{1\quad 1\quad 2}$确定组织循环经纬纱数$R_j = R_w = $分子+分母=1+2+1+1+1+2=8。

(2)在第1根经纱上按分式填绘组织点，然后再在第一根纬纱上亦按分式填绘组织点，如图2-16(a)所示。

(3)从第一根纬纱上看，凡是有经组织点的经纱均按第1根经纱的浮沉规律填绘组织点，如图2-16(b)所示。

(4)其他经纱均按与第1根经纱相反的浮沉规律填绘组织点，即得出变化方平的组织图，如图2-16(c)所示。

图2-17所示为复杂变化方平组织（花式变化方平组织），织物的外观效应类似麻织物，因此，这类组织用于仿麻织物。因为麻织物纱线条干不均匀，所以，此类组织不要求有很强的规律性，绘图时不能完全按照前面所讲的变化方平组织图的画法来绘制，而应当根据织物的具体要求及上机条件来确定。

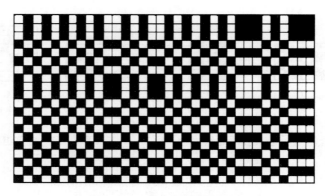

图 2-17 花式变化方平组织

在方平组织中，如果浮长线过长，必然会影响织物的坚牢度。为了克服这个缺点，可以将局部的组织进行变化，例如，在经浮长线上增加纬组织点，或在纬浮长线上增加经组织点。也可以看作是由方平组织和斜纹组织巧妙配合而成。这类组织构成的织物外观由于密集浮长线呈现的凸起，类似麦粒状，所以又叫麦粒组织（barley core weave）。图2-18（a）、图2-18（b）所示是以$\frac{3}{3}$方平组织为基础得到的麦粒组织；图2-18（c）、图2-18（d）所示是以$\frac{4}{4}$方平组织为基础得到的麦粒组织。

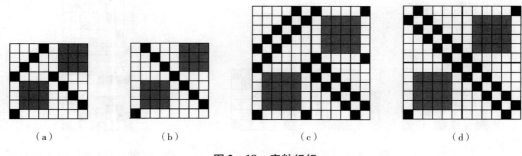

图2-18 麦粒组织

方平组织的穿综、穿筘与重平组织相同。方平组织织物，其外观比较平整，呈现大小相同或不同的方块形花纹。因为经纬浮长线较长，排列有规律，所以，织物表面光泽较好，常用作服用面料，如精纺毛织物中的板司呢（hopsack）、女式呢、仿麻呢等。其中$\frac{2}{2}$方平组织常用作各种织物的布边组织。

二、斜纹变化组织

斜纹变化组织是在原斜纹组织的基础上加以变化得到的。采用延长组织点浮长，改变组织点飞数的数值或方向（即改变斜纹线的方向），或同时采用几种变化方法，可以得到各种各样的斜纹变化组织。斜纹变化组织花型多变，美观大方，可用于织制服用织物及装饰织物等。

斜纹变化组织
微课

（一）加强斜纹

加强斜纹是斜纹变化组织中最简单的一种，是以原组织的斜纹组织为基础，在其组织点旁（经向或纬向）延长组织点而成，如图2-19所示。在加强斜纹的组织图中，没有单独的经（或纬）组织点存在，因此$R \geqslant 4$。

加强斜纹也可用分式表示，分子表示一个组织循环中每根经纱上的经组织点数，分母表示纬组织点数，斜纹线的方向则用箭头表示，图2-19（a）为$\frac{2}{2}\nearrow$，图2-19（b）为$\frac{4}{2}\nearrow$，图2-19（c）为$\frac{2}{4}\nwarrow$。在分式中：如分子大于分母，则此组织的正面，经浮点占优势，称作经面加强斜纹，如图2-19（b）所示；如分

斜纹变化组织
模拟图

子小于分母,则纬浮点占优势,称作纬面加强斜纹,如图2－19(c)所示;如分子等于分母,则称作双面加强斜纹,如图2－19(a)所示。加强斜纹织物的正反面纹路均清晰。

加强斜纹的构图方法,与原组织中的斜纹组织相同。

当织制经密较小的加强斜纹织物时,可采用顺穿法,如图2－19(a)所示。当织制经密较大的加强斜纹织物时,为了降低综丝密度以减少对经纱的摩擦,一般采用飞穿法,如图2－20所示。织制加强斜纹织物时,每一筘齿内穿入的经纱根数一般为2~4根。

图2－19　加强斜纹组织

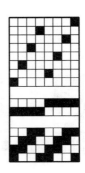

图2－20　加强斜纹的飞穿法

加强斜纹广泛应用于白织及色织物中,如哔叽(serge)、华达呢(gabardine)、双面卡其(reversible drill)等均是$\frac{2}{2}$加强斜纹。另外,斜纹织物的布边组织,也常采用$\frac{2}{2}$加强斜纹。

(二)复合斜纹

复合斜纹是由两条或两条以上粗细不同的、由经(或纬)纱构成的斜纹线组成,如图2－21所示。

复合斜纹也可用分式表示,同样亦用箭头表示斜纹方向,图2－21(a)为$\frac{2\ \ 2}{1\ \ 3}\nearrow$、图2－21(b)为$\frac{5\ \ 1\ \ 1}{1\ \ 2\ \ 1}\nearrow$、图2－21(c)为$\frac{3\ \ 1}{3\ \ 1}\nwarrow$复合斜纹组织。

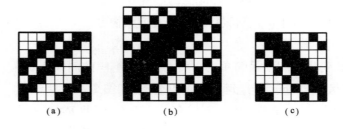

图2－21　复合斜纹

复合斜纹的组织循环经纬纱数 $R_j = R_w =$ 分子 + 分母 ≥5。在绘图时,首先确定组织循环经纬纱数,以图2－21(a)为例,$R_j = R_w = 2 + 2 + 1 + 3 = 8$,然后在第1根经纱上按照$\frac{2\ \ 2}{1\ \ 3}$的次序填绘组织点,其余的经纱则按右斜方向以 $S = +1$ 填绘。

织制复合斜纹织物时,一般用顺穿法较多,穿筘一般亦是 2 ~ 4 根。复合斜纹常被用作其他组织的基础组织。

(三)角度斜纹

在斜纹组织中,当经向飞数 S_j 及纬向飞数 S_w 为 ±1 时,在用方格纸表示的组织图上的斜纹线与纬纱的夹角为 45°,在前面所述的斜纹组织均属此类。但所织成的织物,其斜线的角度往往不是 45°,这与经纬纱的密度比有关,如图 2 – 22 所示。

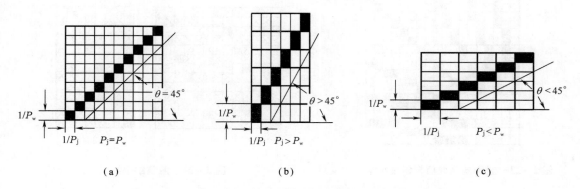

$$(a) \qquad\qquad (b) \qquad\qquad (c)$$

图 2 – 22　P_j / P_w 与斜纹线角度的关系

斜纹倾斜角可用下式表示:

$$\tan\theta = \frac{1/P_w}{1/P_j} = \frac{P_j}{P_w}$$

当 $P_j = P_w$ 时,$\theta = 45°$;$P_j < P_w$ 时,$\theta < 45°$;$P_j > P_w$ 时,$\theta > 45°$。

由此可知:增大 P_j 与 P_w 的比值,可增大斜纹线的倾斜角,但比值不宜太大,太大会影响织物的力学性能与外观效应。

用改变经纬向飞数值的方法,同样也可以达到改变斜纹线倾斜角度的目的。如果增大经向飞数值,得到的斜纹组织斜纹线的倾斜角度 >45°,称为急斜纹组织;如果增大纬向飞数值,得到的斜纹组织斜纹线的倾斜角度 <45°,称为缓斜纹组织。由此可知,斜纹线的倾斜角度与 S_j 成正比,与 S_w 成反比,即 $\tan\theta = S_j / S_w$,如图 2 – 23 所示,如果同时考虑经纬纱的密度与经纬纱的飞数对织物表面斜纹线倾斜角度的影响,则:

$$\tan\theta = \frac{P_j \times S_j}{P_w \times S_w}$$

1. 急斜纹组织　急斜纹组织常采用复合斜纹作为基础组织,$|S_j| > 1$。绘制组织图的步骤为:

(1)计算组织循环纱线数:

$$R_j = \frac{\text{基础组织的组织循环经纱数}}{\text{基础组织的组织循环经纱数与 } S_j \text{ 的最大公约数}}$$

$$R_w = \text{基础组织的组织循环纬纱数}$$

(2)画出组织图的范围,并在第一根经纱上按照分式的规律填绘组织点。

(3)按照 S_j 的规律画其他的组织点,完成组织图。

图 2 - 24(a)为以 $\dfrac{5}{1}\dfrac{5}{2}$↗复合斜纹为基础组织,经向飞数 $S_j = 2$ 的急斜纹组织,$R_j = \dfrac{13}{13 \text{ 与 } 2 \text{ 的最大公约数}} = \dfrac{13}{1} = 13$,$R_w = 13$。图 2 - 24(b)为以 $\dfrac{4}{3}\dfrac{4}{2}\dfrac{1}{2}$↗为基础组织,经向飞数 $S_j = 2$ 的急斜纹组织,$R_j = 8$,$R_w = 16$。

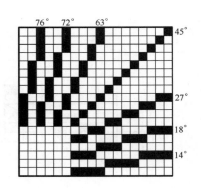

图 2 - 23　经纬向飞数值与斜纹线角度的关系

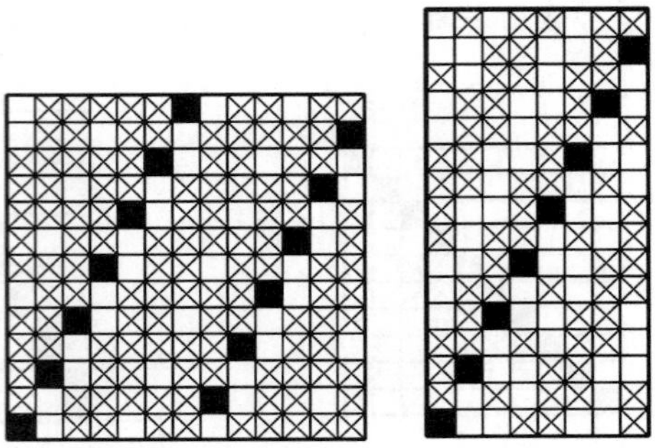

图 2 - 24　急斜纹组织

急斜纹组织一般应用于棉织物中的粗服呢、克罗丁等,在精纺毛织物中应用较广泛,如礼服呢、马裤呢、巧克丁等,分别如图 2 - 24(a)、图 2 - 25(a)、图 2 - 25(b)所示。

2. 缓斜纹组织　缓斜纹组织的作图方法与急斜纹组织类似,但 $|S_w| > 1$。绘制组织图的步骤为:

(1)计算组织循环纱线数:

$$R_j = \text{基础组织的组织循环经纱数}$$

$$R_w = \frac{\text{基础组织的组织循环纬纱数}}{\text{基础组织的组织循环纬纱数与 } S_w \text{ 的最大公约数}}$$

(2)画出组织图的范围,并在第一根纬纱上按照分式的规律填绘组织点。

(3)按照 S_w 的规律画其他的组织点,完成组织图。

图 2 - 26 为缓斜纹组织,其基础组织为 $\dfrac{6}{3}\dfrac{1}{3}$↗,$S_w = 3$。

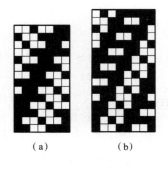

(a)　　　　(b)

图 2 - 25　急斜纹组织的应用

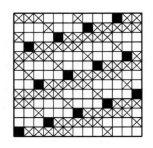

图 2 - 26　缓斜纹组织

（四）曲线斜纹

在角度斜纹中，如使经（或纬）向飞数成为一个变数，则斜纹线必然呈现曲线形外观。当飞数增加时，斜纹线的倾斜角增大；反之，斜纹线的倾斜角减小。如变化经向飞数 S_j 的数值，则构成经曲线斜纹；变化纬向飞数 S_w 的数值，则构成纬曲线斜纹。

绘制曲线斜纹时，飞数的值是可以任意选定的，但必须注意以下几点。

（1）使 $\sum S_j$ 等于 0 或为基础组织的组织循环纱线数的整数倍。

（2）最大飞数必须小于基础组织中最长的浮线长度，以保证曲线的连续。

图 2-27 为以 $\frac{4\quad1\quad1}{3\quad1\quad3}$ 复合斜纹为基础组织，按下列经向飞数的变化顺序绘制的经曲线斜纹。

$S_j = 2,2,2,1,1,1,1,0,1,0,0,1,0,0,0,1,0,0,1,0,1,1,1,1,2,2,2,2$。

如果同时变化经纬向飞数 S_j、S_w 的数值和方向，所构成的曲线斜纹，其弯曲形状就更为多种多样。图 2-28 是仍以 $\frac{4\quad1\quad1}{3\quad1\quad3}$ 复合斜纹为基础组织，但按下列经向飞数的数值和方向的变化顺序绘制的经曲线斜纹。

$S_j = 2,2,1,1,0,1,0,0,1,1,0,1,1,1,-1,-1,-1,0,-1,-1,0,0,-1,0,-1,-1,-2,-2$。

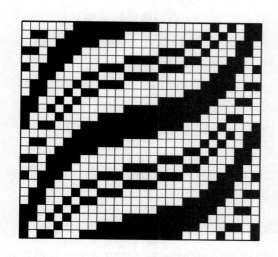

图 2-27 变化经向飞数数值的曲线斜纹

图 2-28 变化经向飞数值和方向的曲线斜纹

经曲线斜纹的作图方法也是首先确定组织循环纱线数，组织循环经纱数 R_j = 变化的经向飞数 S_j 的个数，组织循环纬纱数 R_w = 基础组织的组织循环纱线数。然后在第 1 根经纱上按照基础组织填绘组织点，其余各根经纱依次按照规定的飞数 S_j 逐根填绘即可。

织制经曲线斜纹组织，可采用照图穿法，综页数等于基础组织所需的综页数。

纬曲线斜纹的作图方法与经曲线斜纹相似。

曲线斜纹组织常用于织制装饰织物及服用织物等。

（五）山形斜纹

山形斜纹是以斜纹组织作为基础组织，然后变化斜纹线的方向或变化飞数符号，使斜纹线

图 2-29　经山形斜纹

的方向一半向右斜,一半向左斜。用这种组织织出的织物纹路与山形相似。

山形斜纹可按山峰指向的不同,分为经山形斜纹和纬山形斜纹两种。如所得山形斜纹的山峰指向经纱方向,称作经山形斜纹,如图 2-29 所示;如山峰指向纬纱方向,称作纬山形斜纹,如图 2-30 所示。经山形斜纹的 $S_w = +1$,而斜纹线右斜的一侧 $S_j = +1$,斜纹线左斜的一侧 $S_j = -1$。纬山形斜纹的 $S_j = +1$,而斜纹线右斜的一侧 $S_w = +1$,斜纹线左斜的一侧 $S_w = -1$。

1. 经山形斜纹　图 2-29 所示为经山形斜纹(vertical pointed twill)。由图中可看出,它是以斜纹线方向改变前的第 1 根及第 K_j 根经纱作为对称轴,在它左右对称位置的经纱,其组织点浮沉规律相同。由此可得出构图方法。

图 2-29(a)是以 $\frac{3}{2}\frac{1}{2}$ 斜纹为基础组织,$K_j = 8$ 的经山形斜纹。其作图步骤为:

(1)计算经山形斜纹的组织循环纱线数:

组织循环经纱数 $R_j = 2K_j - 2 = 2 \times 8 - 2 = 14$;

组织循环纬纱数 $R_w =$ 基础组织的组织循环纱线数 $= 8$。

(2)画出组织图的范围,并标出 K_j 的位置。

(3)在第 1 根到第 K_j 根经纱按顺序填绘基础组织。

(4)从第($K_j + 1$)根经纱开始,按与基础组织的 S_j 符号相反的方向填绘组织点,即原 $S_j = +1$,现改为 $S_j = -1$ 填绘。直至画完一个完全组织。

图 2-29(b)是以 $\frac{2}{2}$ 斜纹为基础组织,$K_j = 6$ 的经山形斜纹。

在织制经山形斜纹织物时,采用山形穿法,所用综页的数目取决于基础组织的组织循环经纱数或斜坡长度 K_j(当 K_j 小于基础组织的组织循环经纱数时)。

在经山形斜纹中,不同方向的斜纹线长度相同,即 K_j 值不变。如果在一个组织循环中改变 K_j 值,使斜纹线长短不同,就得到了变化经山形斜纹组织,如图 2-30 所示。

经山形斜纹组织应用较广泛,常用于棉

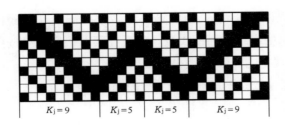

图 2-30　变化经山形斜纹组织

织物中的人字呢、床单布及毛织物中的大衣呢、女式呢、花呢等。

2. 纬山形斜纹 纬山形斜纹（horizontal pointed twill）是以斜纹线方向改变前的第 K_w 根纬纱作为对称轴，在它上、下对称位置的纬纱，其组织点浮沉规律相同。则组织循环经纱数 R_j = 基础组织的组织循环纱线数。

组织循环纬纱数 $R_w = 2K_w - 2$。

其构图方法与经山形斜纹相似。

图 2－31 是以 $\dfrac{1}{1}\dfrac{2}{1}\dfrac{2}{1}$ 斜纹为基础组织，$K_w = 8$ 绘制的纬山形斜纹。

织制纬山形斜纹时，可采用顺穿法。

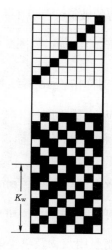

图2－31 纬山形斜纹

（六）破斜纹

破斜纹由左斜纹和右斜纹组成，它和山形斜纹的不同点在于左右斜纹的交界处有一条明显的分界线，在分界线两边的纱线，其经纬组织点相反，亦即在改变斜纹线方向的地方，组织点不相连续，而呈间断状态，一般称此界线为断界。

破斜纹分为经破斜纹和纬破斜纹两种，断界与经纱平行的称作经破斜纹，断界与纬纱平行的称作纬破斜纹。等宽度的经破斜纹的组织循环经纱数 $R_j = 2K_j$，组织循环纬纱数 R_w = 基础组织的组织循环纬纱数。

绘制破斜纹组织时，作图方法与山形斜纹相类似，所不同的地方是在断界的右半部，不仅斜纹线的方向要改变，同时与断界左边对称位置的纱线，其经纬组织点必须相反，亦即把经组织点改成纬组织点，把纬组织点改成经组织点。这种绘图方法，称为"底片翻转法"。如此绘制的破斜纹组织的断界明显。图 2－32（a）是以 $\dfrac{2}{2}$ 斜纹为基础组织，用 $K_j = 2$ 绘制的破斜纹。图 2－32（b）是以 $\dfrac{3}{3}\dfrac{1}{2}\dfrac{2}{1}$ 斜纹为基础组织，用 $K_j = 6$ 绘制的破斜纹。

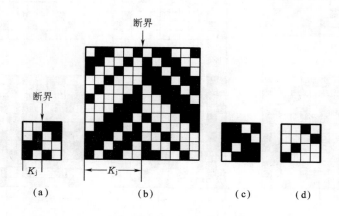

图2－32 破斜纹

有的破斜纹组织在断界处并不呈底片翻转的关系，只是改变了斜纹线的方向，如图2-32(c)、图2-32(d)所示。图2-32(c)是以$\frac{3}{1}$斜纹为基础组织，图2-32(d)是以$\frac{1}{3}$斜纹为基础组织，分别称作$\frac{3}{1}$破斜纹和$\frac{1}{3}$破斜纹，统称作四枚破斜纹。因为这两种组织具有缎纹组织的外观效应，也称作四枚不规则缎纹。与变化经山形斜纹组织类似，如果在一个组织循环中改变K_j值，使斜纹线长短不同，就得到了变化破斜纹组织。

织制破斜纹时，一般采用照图穿法。

破斜纹织物具有较清晰的人字纹效应，因此较山形斜纹应用普遍。一般用于棉织物中的线呢、床单布及毛织物中的人字呢等。$\frac{3}{1}$或$\frac{1}{3}$破斜纹组织在棉毛织物中应用较为广泛，常被用于织制服用织物及毯类等织物。

（七）菱形斜纹

菱形斜纹是山形斜纹的进一步发展，在其组织图中具有粗细相同或不同的斜纹线构成的菱形图案。菱形斜纹是循序采用经山形斜纹和纬山形斜纹的绘制方法形成的。构图方法如下［图2-33(a)］。

(1)首先选定基础组织。图2-33(a)是以$\frac{2}{2}$斜纹作为基础组织。

(2)确定K_j、K_w：图2-33(a)$K_j=4$，$K_w=4$（K_j与K_w可相等，也可不等）。则按照公式$R_j=2K_j-2=6$，$R_w=2K_w-2=6$，由此画出组织图的范围。

(3)根据K_j、K_w，画菱形斜纹的基础部分，如组织图中位于左下角以符号"■"表示。

(4)按照山形斜纹的画法，先画出经山形斜纹。如符号⊠。

(5)以第K_w根纬纱为对称轴，画出其余部分。如符号⊡。

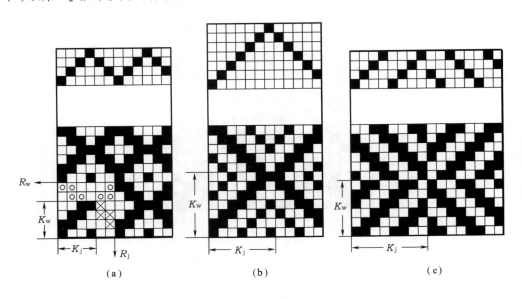

图2-33 菱形斜纹

图 2 – 33（b）所示是以 $\dfrac{2}{2}\dfrac{1}{2}\nearrow$ 为基础组织，$K_\mathrm{j} = K_\mathrm{w} = 7$ 构成的菱形斜纹。

菱形斜纹组织亦可由经破斜纹和纬破斜纹联合而成，如图 2 – 33（c）所示。

在织制菱形斜纹时，采用山形穿法。

菱形斜纹一般应用于织物中的各种花型设计，如毛织物中的花呢类织物。按照菱形斜纹组织的绘图原理，改变其基础组织，可以得到各种变化菱形斜纹，花型更加美观，如图 2 – 34 所示。

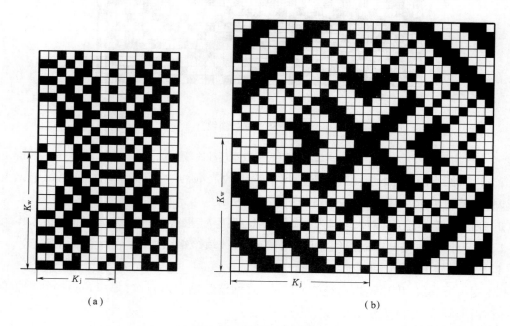

（a）　　　　　　　　　　　　　（b）

图 2 – 34　变化菱形斜纹

（八）锯齿形斜纹

锯齿形斜纹也是由山形斜纹进一步变化而成的。山形斜纹各山峰之顶位于同一水平线（或铅直线）上，而在锯齿形斜纹中则不然，各山峰的峰顶处在一条斜线上，各山形连接成锯齿状。在方格纸上，每一齿顶高（或低）于前一齿顶的方格数称为锯齿飞数。

图 2 – 35 是以 $\dfrac{2}{1}\dfrac{1}{2}$ 斜纹为基础组织，斜纹线变换方向前的纱线根数 $K_\mathrm{j} = 9$，锯齿飞数 = 4（即每一锯齿的起点高于前一锯齿起点的方格数为 4），绘制经锯齿形斜纹，其构图方法如下。

（1）计算组织循环经纬纱数 R_j、R_w：在计算 R_j 之前，首先须计算一个锯齿内的经纱数 = $(2K_\mathrm{j} - 2)$ – 锯齿飞数 = $(2 \times 9 - 2) - 4 = 12$。

$$锯齿数 = \frac{基础组织的组织循环纱线数}{基础组织的组织循环纱线数与锯齿飞数的最大公约数}$$

$$= \frac{6}{6 \ 与 \ 4 \ 的最大公约数} = \frac{6}{2} = 3$$

$$R_\mathrm{j} = 锯齿数 \times 每一个锯齿内的经纱根数 = 3 \times 12 = 36$$

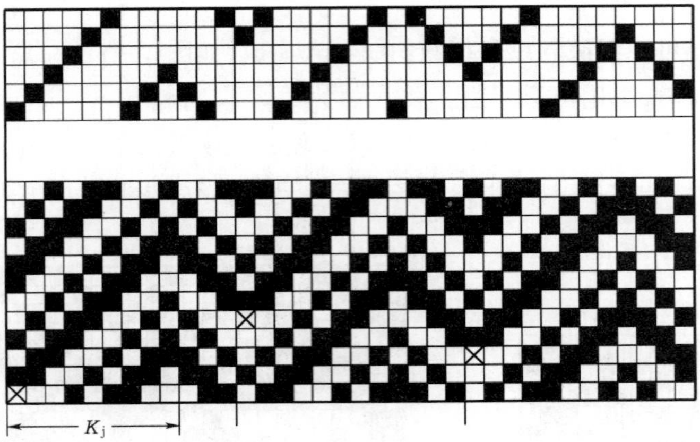

图 2 – 35　锯齿斜纹

R_w = 基础组织的组织循环纱线数 =6

（2）在方格纸上画出组织图的范围及每个锯齿的范围,并按照锯齿飞数画出每个锯齿第 1 根经纱的起始组织点,如图 2 – 35 中符号⊠所示。

（3）在已确定的组织循环范围内,从第 1 根到第 K_j 根经纱按顺序填绘基础组织。从第 $(K_j + 1)$ 根经纱开始,按与基础组织相反方向的斜纹线填绘组织点,直至一个锯齿画完。

（4）按照同样方法,绘制其他各锯齿。

上述锯齿形斜纹,齿顶是指向经纱方向的,故称作经锯齿形斜纹;如齿顶指向纬纱方向,则称作纬锯齿形斜纹,作图方法类似经锯齿形斜纹。

织制经锯齿形斜纹,一般采用照图穿法;织制纬锯齿形斜纹,可用顺穿法。

锯齿形斜纹用于服用织物及装饰织物等。

（九）芦席斜纹

芦席斜纹也是变化斜纹线的方向,由一部分右斜和一部分左斜组合而成,其图形外观好像编织的芦席,故称作芦席斜纹,如图 2 – 36 所示。构图方法如下[以图 2 – 36(a)为例]。

（1）确定组织循环的大小:首先确定基础组织,一般是以双面加强斜纹为基础组织,图 2 – 36(a)是以 $\frac{2}{2}$ 加强斜纹为基础组织。

然后确定同一方向的平行斜纹线的条数,图 2 – 36(a)是两条。

组织循环纱线数 $R_j = R_w$ = 基础组织的组织循环纱线数 × 同一方向的平行斜纹线条数 = $4 \times 2 = 8$。

（2）把组织循环沿经向分为相等的两部分,然后在左半部从左下角开始,按基础组织描绘第一条斜纹线,如图 2 – 36(a)中符号■所示。

（3）在右半部,从第一根斜纹线的顶端向上移动基础组织的连续组织点数[图 2 – 36(a)中为2],以此作为起点,向下画相反方向的斜纹线,如图 2 – 36(a)中符号▨所示。

（4）画其他各条右斜的斜纹线,其长度与第一条斜纹线一样长,且对前一条斜纹线按基础组织的组织点规律向右下方移动两根纬纱作如图 2－36(a)中所绘符号回组织点,使左右斜纹线不连续即可。

(5)同理,描绘其他左斜纹线,其组织点位于前一斜纹线向右上方移动两根纬纱的距离,如符号⊠所示。

图 2－36(b)是以$\frac{2}{2}$加强斜纹为基础组织,同一方向的斜纹线为四条绘制的芦席斜纹组织;图 2－36(c)是以$\frac{3}{3}$加强斜纹为基础组织,同一方向的斜纹线为三条绘成的芦席斜纹组织。

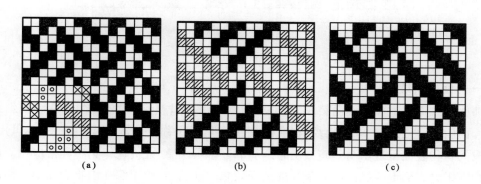

(a)　　　　　　　　(b)　　　　　　　　(c)

图 2－36　芦席斜纹

芦席斜纹组织一般用于服装及装饰织物。

(十)螺旋斜纹

螺旋斜纹(corkscrew twill)又叫作捻斜纹,是以起点不同的两个相同斜纹组织,或 R_j、R_w 相同的不同斜纹组织为基础,经纱(或纬纱)按 1∶1 相间排列而构成。如果配以两种不同颜色的纱线,效果更加明显。

选择两种基础组织时,要注意使构成的捻斜纹组织中各相邻的经(纬)纱上经纬组织点大部分相反,这样配制成的组织,奇数和偶数经纱(或纬纱)所组成的斜纹线可以互相分离,使织物外观呈现螺旋纹路。螺旋斜纹可以分为经螺旋斜纹和纬螺旋斜纹。按经纱顺序配制而成的是经螺旋斜纹,按纬纱顺序配制而成的是纬螺旋斜纹。经螺旋斜纹的组织循环经纱数等于基础斜纹组织的组织循环经纱数的和,组织循环纬纱数等于基础斜纹组织的组织循环纬纱数。图 2－37(a)为基础组织相同,起点不同的经螺旋斜纹;图 2－37(b)、图 2－37(c)为基础组织不同,R 值相同的经螺旋斜纹。

经螺旋斜纹也可以看作是将基础组织循环纱线数 R 分成两个数。当 R 为奇数时,两数相差1;当 R 为偶数时,分成两数相等和两数相差 2 的两组数。例如,R＝7,则将 7 分成 4 和 3,得到两个相同的基础组织:$\frac{4}{3}$↗,绘制的经螺旋斜纹如图 2－37(a)所示。如果 R＝8,可将 8 分成 4 和 4 一组数,得到的基础组织为:$\frac{4}{4}$↗和$\frac{1}{3}\frac{3}{1}$,绘制的经螺旋斜纹如图 2－37(b)所示。

将经螺旋斜纹转过 90°就得到了纬螺旋斜纹。其作图方法与经螺旋斜纹类似。

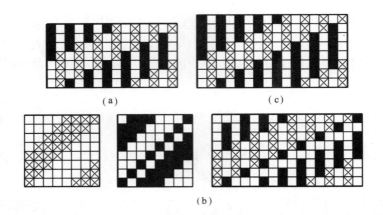

图 2－37　经螺旋斜纹组织

(十一)阴影斜纹

由纬面斜纹逐渐过渡到经面斜纹,或由经面斜纹逐渐过渡到纬面斜纹,或由纬面斜纹逐渐过渡到经面斜纹,再过渡到纬面斜纹,得到的斜纹变化组织称作阴影斜纹(shaded twill)。这种组织构成的织物表面呈现由明到暗或由暗到明的光影层次感,在提花织物中经常应用。经阴影斜纹组织在织物表面形成纵向阴影条纹的渐变效果,纬阴影斜纹组织在织物表面形成横向阴影条纹的渐变效果。

阴影斜纹的绘图方法是:以一个原组织的纬面斜纹组织为基础,其组织循环纱线数为 $R_{基}$,由纬面斜纹过渡到经面斜纹的过渡段数为 $(R_{基}-1)$,则经阴影斜纹的组织循环经纱数 $R_{j}=R_{基}\times(R_{基}-1)$,组织循环纬纱数 $R_{w}=R_{基}$(纬阴影斜纹与其相反)。将 R_{j} 分成 $(R_{基}-1)$ 组,每 $R_{基}$ 根纱线为一组,在第一组内填绘基础组织,然后从第二组开始,依次在每个 $R_{基}$ 循环内顺序递增经组织点的个数,直到画完一个组织循环为止。

图 2－38(a)是以 $\dfrac{1}{5}\nearrow$ 为基础组织的经阴影斜纹组织,图 2－38(b)是纬阴影斜纹组织,图 2－38(c)是由纬面斜纹逐渐过渡到经面斜纹,再过渡到纬面斜纹得到的经阴影斜纹组织。

其组织循环经纱数为 $R_{j}=R_{基}\times(2R_{基}-4)+2$。

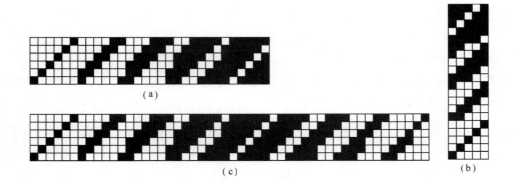

图 2－38　阴影斜纹组织

（十二）夹花斜纹

夹花斜纹（figured twill）是在斜纹组织中配以方平、重平或其他小花纹组织，使织物外观活泼、优美，增加花色品种，夹花斜纹的基础组织常为加强斜纹组织。

在绘制夹花斜纹时，应先绘一个主斜纹线，然后在空白处填入适当的组织。必须注意主体斜纹线与填绘的各个组织点不能相互接触，以免花纹不清晰，即至少空一个纬组织点。还要注意第一根经纱与最后一根经纱的衔接，要保证组织连续。图 2－39 为夹花斜纹组织。

此外，夹花斜纹也可以看成在原斜纹线上减少组织点，使其构成小花纹，但是要注意不能破坏主斜纹线。

图 2－39　夹花斜纹组织

（十三）飞断斜纹

飞断斜纹（skip twill）组织是以一种或两种斜纹为基础组织，按基础斜纹填绘数根经纱（或纬纱）后，再飞跳过一定数量的经纱（或纬纱）；或按一种基础组织填绘数根纱线后，再填绘一定数量的另一基础组织的纱线。两部分斜纹的交界处斜纹线断开，形成断界。经过几次填绘和飞跳，直到画完一个组织循环。

飞断斜纹分经飞断斜纹和纬飞断斜纹，斜纹断界与经纱平行的称作经飞断斜纹，斜纹断界与纬纱平行的称作纬飞断斜纹。

图 2－40（a）是以 $\frac{4}{4}\nearrow$ 为基础组织，按基础组织经纱填绘 6 根飞跳 3 根，再填 2 根飞跳 3 根，直至形成一个组织循环的经飞断斜纹。

图 2－40（b）是以 $\frac{3}{2}\frac{1}{2}\nearrow$ 为基础组织，按基础组织经纱填绘 3 根飞跳 4 根形成的经飞断斜纹。

图 2－40（c）是以 $\frac{2}{1}\frac{2}{3}\nearrow$ 和 $\frac{3}{2}\frac{1}{2}\nearrow$ 为基础组织，按两种斜纹经纱交替填绘 4 根经纱飞跳绘成的经飞断斜纹组织。

织制经飞断斜纹一般采用照图穿法，纬飞断斜纹采用顺穿法。

飞断斜纹在毛织物中应用于花呢类织物。

三、缎纹变化组织

缎纹变化组织多数采用增加经（或纬）组织点、变化组织点飞数或延长组织点的方法。通常经面缎纹采用经向飞数，纬面缎纹采用纬向飞数。

缎纹变化组织微课

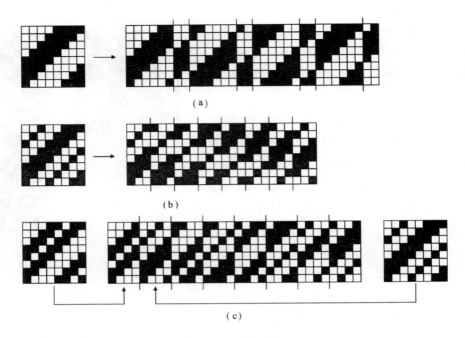

图 2 − 40　经飞断斜纹组织

(一)加强缎纹

加强缎纹是以原组织的缎纹组织为基础,在单个经(或纬)组织点四周添加单个或多个经(或纬)组织点而形成的。

图 2 − 41(a)、图 2 − 41(b)均为八枚五飞的纬面加强缎纹,图 2 − 41(a)为在原来单个组织点■的右侧添加一个组织点⊠而成,图 2 − 41(b)为在原来单个经组织点的左上方添加一个组织点而成。这种形式的加强缎纹,一般用于刮绒织物,因增加经组织点后,再经过刮绒,可防止纬纱的移动,同时也能增强织物牢度。图 2 − 41(a)的组织图和穿综图两侧为该组织的布边组织图和穿综图。

图 2 − 41(c)为十一枚七飞的纬面加强缎纹,是在原来单个经组织点的右上方添加三个组织点而成。采用此图织制时,若配以较大的经密,就可以获得正面呈斜纹而反面呈经面缎纹的外观,故称作缎背华达呢(satin back gabardine)。这种组织常在精纺毛织物中采用。

图 2 − 41(d)为八枚三飞纬面加强缎纹,是在原来单独组织点的右上方添加三个组织点得到的。此类加强缎纹能使织物表面呈现经向或纬向的小型花纹,外观犹如花岗岩之花纹,故又将此类组织称作花岗石组织。因该组织表面呈斜方块状,兼有方平和斜纹的双重特征,故又称作斜纹色子贡。此组织一般用于毛织物的精纺面料。

图 2 − 41(e)为十枚七飞纬面加强缎纹,是在原来单独经组织点周围各添加一个经组织点,使其纵向经浮长和横向正、反面纬浮长均等于 3,呈十字形状。由于该类组织的织物手感柔软,外观呈海绵状,故称其为海绵组织。在织制海绵组织的织物时,若采用较小捻度的粗特纱时,织物吸水性好,常用作衣料、毛巾织物等。

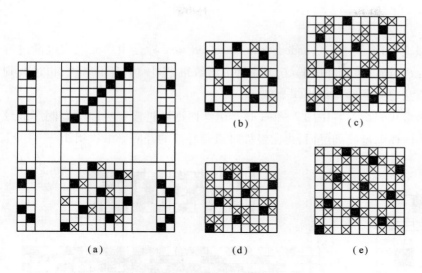

缎纹变化组织模拟图

图 2-41　加强缎纹

（二）变则缎纹

在本章第一节的缎纹组织中，曾指出缎纹组织的 R 和 S 必须互为质数，即当 R 与 S 有公约数时，不能作出缎纹组织。如当 $R=6$ 时，可作为飞数的有 2、3、4 三个数，而这三个数和 6 都有公约数，所以 $R=6$ 根本不能构成正则缎纹。但由于设计及织造时的具体情况，有时必须采用六枚缎纹时，则在一个组织循环中，飞数就只能是变数，如图 2-42（a）所示，其纬向飞数 S_w 是 4、3、2、2、3、4，这种缎纹称为变则缎纹。四枚缎纹亦如此，飞数只能是变数。

又如七枚缎纹，不管采用什么飞数值，所构成的缎纹组织，其组织点分布都不太均匀。如想得到组织点分布较为均匀的七枚缎纹，那么，采用变则缎纹较为合适，如图 2-42（b）所示。

有时为获得特殊的织物外观，也须采用变则缎纹，图 2-42（c）、图 2-42（d）、图 2-42（e）就是单独组织点按特殊要求排列的八枚纬面变则缎纹组织。

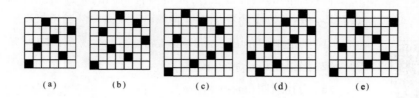

图 2-42　变则缎纹

（三）重缎纹

延长缎纹组织的纬（或经）向组织循环根数，也就是延长组织点的经向（或纬向）浮长所得的组织称作重缎纹组织（enlargement satin or sateen weave）。图 2-43（a）所示是扩大 $\dfrac{5}{2}$ 经面缎纹的纬向循环根数，称作 $\dfrac{5}{2}$ 经面重纬缎纹组织，在手帕织物中应用广泛。图 2-43（b）所示为经纬向重缎纹。

（四）阴影缎纹

与阴影斜纹组织类似，阴影缎纹组织（shaded satin or sateen weave）是由纬面缎纹逐渐过渡到经面缎纹，或由经面缎纹逐渐过渡到纬面缎纹，或由纬面缎纹逐渐过渡到经面缎纹，再过渡到纬面缎纹得到的。作图方法也与阴影斜纹组织类似。

图2-44为五枚阴影缎纹组织。其中图2-44（a）是由纬面逐渐过渡到经面的经阴影缎纹组织，图2-44（b）是由纬面逐渐过渡到经面，再由经面过渡到纬面的经阴影缎纹组织。

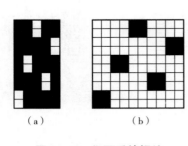

图2-43　经面重纬缎纹

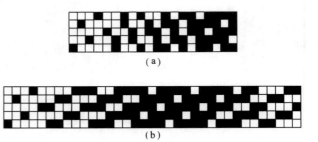

图2-44　阴影缎纹

第三节　联合组织及其织物

联合组织模拟图

联合组织面料库

联合组织（combined weave）是将两种或两种以上的组织（原组织或变化组织），按各种不同的方法联合而成的新组织。构成联合组织的方法是多种多样的，可能是两种组织的简单合并，也可能是两种组织纱线的交互排列，或者在某一组织上按另一组织的规律增加或减少组织点等。按照各种不同的联合方法，可获得多种不同的联合组织，其中应用较广且具有特定外观效应的有如下几种：

（1）条格组织（stripe and check weave）。

（2）绉组织（crepe weave）。

（3）透孔组织（mesh weave）。

（4）蜂巢组织（honeycomb weave）。

（5）浮松组织（huckaback weave）。

（6）凸条组织（cord weave）。

（7）网目组织（linear zigzag weave or spider weave）。

（8）平纹地小提花组织（plainback dobby weave）。

（9）配色模纹组织（colour and weave effect）。

一、条格组织

条格组织是用两种或两种以上的组织并列配置而获得的。由于各种不同的组织,其织物外观不同,因此,在织物表面呈现了清晰的条或格的外观。条格组织广泛应用于各种不同的织物,如服装用织物、被单、手帕、头巾等。在条格组织中,以纵条纹组织的应用最为广泛。

(一)纵条纹组织

当两种或两种以上的组织左右并列时,各个不同的组织各自形成纵条纹,称作纵条纹组织(vertical stripe weave),如图2-45(a)、图2-45(b)、图2-45(c)所示均为纵条纹组织。

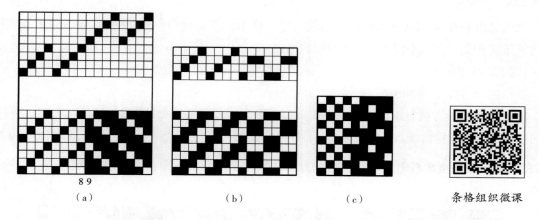

（a） （b） （c） 条格组织微课

图2-45 纵条纹组织

纵条纹组织在两条纹的分界处,要求界限分明。因此,在确定纵条纹组织时,在分界处的相邻两根经纱的组织点应尽量配置成"底片翻转法"的关系,即应使其经纬组织点相反,如图2-45(a)所示的第8、第9根经纱。这就要求在确定每一个纵条纹的经纱数时,必须注意交界处相邻两根经纱交织点的配置关系,如图2-45(b)所示,右边的纵条纹为$\frac{2}{2}$方平组织用6根经纱,左边的纵条纹,经纱数如采用8根,就不能满足此要求,只能采用9根或5根经纱才能使交界处配合好。有时,由于选用的组织不能达到这个要求,则可在交界处添加一根另一组织或另一颜色的纱线,但应注意,以不增加上机的复杂性为原则。

在设计纵条纹织物时,必须注意所采用的各种组织的交错次数不要差异太大,否则将造成经缩的显著不同,而使织物表面松紧不一致。如遇这种情况,可采用两个经轴织造,但采用此法会增加上机的复杂性,同时也受设备的限制,所以在实际生产中应尽量避免。如采用下述方法可以顺利进行织造,则可不采用两个经轴织造。即用调整经纱密度的方法,使交错次数较少的那部分经纱具有较大的经密,交错次数较多的那部分经纱具有较小的经密,如图2-45(c)所示,缎条部分的经密比平纹条的经密大得多。目前,某些缎条府绸缎条部分的经密几乎大1倍。有时亦采用变化织前准备工序中经纱张力的办法,以解决经纱松紧不一致的问题。在织前准备工序中,对交错次数较少的那部分经纱,给予较大的张力,使其预伸长;对交错次数较多的那部分经纱,给予较小的张力,以此均衡经纱的需要量,而获得良好的纵条纹织物。

纵条纹组织的组织循环经纱数，是各纵条中经纱数之和。而每一纵条纹中的经纱数，随条纹的宽度、经纱密度及所采用的组织而定。确定条纹经纱数时，首先以每一纵条纹的经纱密度乘以每一纵条纹的宽度，初步得出每一纵条纹的经纱数，然后再加以修正（尽量把每个纵条纹的经纱数修正为各纵条纹组织循环经纱数的整数倍）。最后确定每一纵条纹的经纱数，这时应同时考虑条纹的界限分明。

纵条纹组织的组织循环纬纱数，是各纵条纹所采用的组织循环纬纱数的最小公倍数。

在织制纵条纹织物时，可采用间断穿综法，如图 2 - 45(a) 所示，或用照图穿综法，如图 2 - 45(b) 所示。

纵条纹组织在棉、毛、丝织物中应用较广泛。横条纹组织较少单独应用，其作图原则及方法均与纵条纹相似，只是以不同组织横向配置而已。

（二）方格组织

方格组织有以下两种情况。

1. 方格组织　方格组织（square check weave）是利用经面组织和纬面组织两种组织沿经向和纬向成格形间跳配置而成。其特点是：处于对角位置的两部分，配置相同的组织。如图 2 - 46 所示，在组织图左下角和右上角位置的组织为 $\frac{1}{3}\nearrow$，左上角和右下角位置的组织为 $\frac{3}{1}\nwarrow$。

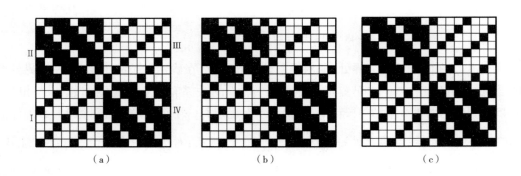

(a)　　　　　　　　　　(b)　　　　　　　　　　(c)

图 2 - 46　方格组织

在绘制这类组织时，也应注意分界处界线分明，即分界处相邻两根纱线上的经纬组织点必须相反。因此作图时，一般可把组织图分成四个部分，如图 2 - 46(a) 所示，然后先在左下角 I 部分填绘基础组织，其他三个部分可按"底片翻转法"绘制，且使位于对角位置的两相同组织的起始点一样，这样，可使位于对角线的两相同组织的组织点连续，其织物外观整齐美观。图 2 - 46(a)、图 2 - 46(b) 符合此要求。但图 2 - 46(c) 却不然，位于对角位置的相同组织，绘图的起始点不一样，破坏了图案的连续性，影响了织物的外观。

欲使位于对角位置的相同组织的组织点连续，则可按下列方法决定绘制组织的起始点位置：即观察基础组织的经纱，从中找出两根相邻经纱的单独组织点（一般用纬面组织求作）与上、下边缘距离相等的两根纱线，来作为组织循环最靠左边和右边的两根经纱的组织点配置。

如图 2-47(a)所示的基础组织为 $\dfrac{5}{2}$ 纬面缎纹,在箭矢 A—A 处,第 2、第 3 根经纱的组织点离上、下边缘距离相等,用它绘出的方格组织如图 2-47(b)所示。同样也可以观察基础组织的纬纱,从中找出两根相邻纬纱的单独组织点与左、右边缘距离相等的两根纱线,作为组织循环最靠上边和下边的两根纬纱的组织点配置,如图 2-47(a)箭矢 B—B 所示。用第四、第五两根纬纱作为组织循环的上下两根纬纱的组织点配置,用它所绘制的方格组织也是图 2-47(b)(其他组织不一定)。图 2-47(c)是用 $\dfrac{8}{3}$ 纬面缎纹、图 2-47(d)是用 $\dfrac{8}{5}$ 纬面缎纹分别作为基础组织,用上述方法绘制的方格组织。

方格组织格子的大小可以是相等的,也可以是不相等的,甚至可以由大小方格的模纹绘制大型方格组织。图 2-47(b)即是用不相等的格形组成的组织图。

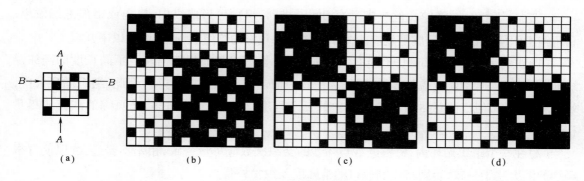

| (a) | (b) | (c) | (d) |

图 2-47　组织点连续的方格组织

除上述方格组织以外,有的仅成格形间跳配置(处于对角位置)而成的组织,织物外观为方格花型,如图 2-48 所示,也称作方格组织。

2. 格子组织　格子组织(check weave)是由纵条纹组织及横条纹组织联合构成的方格花纹,如图 2-49 所示,即为采用此种组织构成的手帕织物,图中 b、b′ 表示条边组织,其中纵条 b 为 $\dfrac{3}{1}$ 破斜纹,横条 b′ 为 $\dfrac{1}{3}$ 破斜纹,a、c 表示地组织,采用平纹。

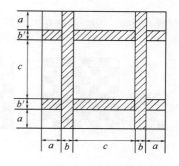

图 2-48　方格组织

这类组织的作图原则及方法与纵条组织基本相似。织制时,由于形成纵向的条纹 b 是单一组织,故所需综页要根据纵条 b 的组织来决定,图 2-49 中纵条 b 的组织为 $\dfrac{3}{1}$ 破斜纹组织,采用四页综。纵条 a 和 c 所需综的页数,等于布地组织的组织循环经纱数与横条 b′ 的条边组织循环经纱数的最小公倍数。如图 2-49 所示,布地为平纹,条边为 $\dfrac{1}{3}$ 破斜纹组织,则这两个组织的组织循环经纱数的最小公倍数为

图 2-49　格子组织

4，即纵条 a 和 c 部分采用四页综。因此，织制图2-49所示的手帕，用八页综采用间断穿综法即可。这种组织在实际生产中应用较广，如手帕、头巾、被单及服装用织物等，均常采用。

二、绉组织

由于织物组织中不同长度的经纬浮长线，在纵横方向错综排列，使织物表面形成分散且规律不明显的细小颗粒状外观效应，这种使织物呈现绉效应的组织称为绉组织。它所形成的织物表面反光柔和，手感柔软，有弹性。

绉组织微课

织物起绉的方法有多种，例如，利用物理、化学方法对织物进行后处理，使织物表面形成纵向、横向或不同花型的绉效应；利用织造时不同的经纱张力织缩率不同，使织物表面形成纵向起泡外观；利用捻向不同的强捻纱相间排列，再经过后整理，织物表面形成凹凸的起绉感；利用高收缩涤纶长丝与普通纱相间隔排列，织物可形成纵向、横向或格形泡绉效果；利用绉组织使织物表面形成绉效应。为了形成效果较好的绉组织，必须注意以下几点。

（1）织物表面的经纬组织，不能有明显的斜纹、条子或其他规律出现。不同长度的经纬浮线配置得越复杂，越能掩盖其规律性，那么织物表面起绉的效果就越好。因此，组织循环大些，效果就会较好，但应注意尽量减少生产中的复杂程度，如综页不宜过多，每页综的载荷应尽量相近。

（2）在一个组织循环内，每根经纱与纬纱的交织次数应尽量一致，相差不要过大，以使每根经纱的缩率趋于一致，否则将影响梭口的清晰度及织物外观。

（3）在组织图上，经（或纬）浮线不宜过长，不应有大群相同的组织点（经或纬组织点）集中在一起，以免影响起绉效果。

现将常用的构成绉组织的方法介绍如下。

（一）增点法

以原组织或变化组织为基础，然后按另一种组织的规律增加组织点构成绉组织。图2-50（a）即为在平纹组织的基础上，按$\frac{1}{3}$破斜纹的规律增加经组织点而构成的绉组织。它的作图方法是先在 8×8 的范围内画平纹组织，然后再在奇数经纱和偶数纬纱相交处，按$\frac{1}{3}$破斜纹填绘经组织点而成。图2-50（b）是在八枚三飞加强缎纹的基础上，按$\frac{1}{3}$破斜纹的规律增加经组织点而成。

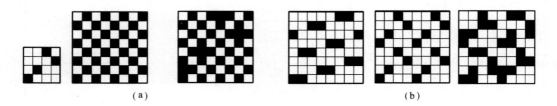

（a）   （b）

图2-50 增点法构成的绉组织

（二）移绘法

采用此法绘制绉组织时，是将一种组织的经（或纬）纱移绘到另一种组织的经（或纬）纱之间。在移绘时，两种组织的经纱可采用 1∶1 的排列比，也可采用其他排列比。图 2-51（c）为由图 2-51（a）、图 2-51（b）两种组织的经纱按 1∶1 的排列比绘成的绉组织。采用此法绘制的绉组织，当经纱排列比为 1∶1 时，其组织循环经纱数为两种基础组织的组织循环经纱数的最小公倍数乘以 2，组织循环纬纱数等于两种基础组织的组织循环纬纱数的最小公倍数。图 2-51（d）为常用的一种小绉纹组织。

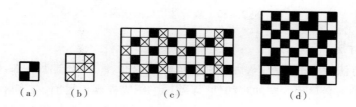

（a）　　（b）　　　　（c）　　　　　　　（d）

图 2-51　移绘法构成的绉组织

（三）调整纱线次序法

用这种方法绘制绉组织时，一般是以变化组织为基础组织，然后变更基础组织的经（纬）纱排列次序而成。图 2-52（a）是以 $\frac{2}{1}\frac{1}{2}\frac{1}{1}$ 急斜纹组织为基础，采用 1、4、2、1、3、4、2、3 的经纱排列次序绘制成的绉组织；图 2-52（b）是以 $\frac{2}{1}\frac{1}{2}$ 斜纹组织为基础，先按照 1、3、6、2、5、1、4、6、3、5、2、4 的经纱顺序进行调整，然后再按照 6、2、1、5、4、3、1、6、5、3、2、4 的纬纱排列次序绘成的绉组织。

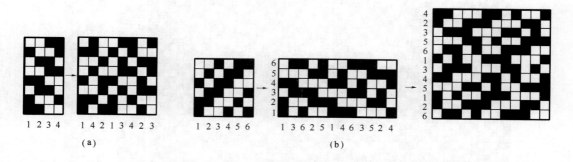

1 2 3 4　　　1 4 2 1 3 4 2 3

（a）

1 2 3 4 5 6　　　1 3 6 2 5 1 4 6 3 5 2 4

（b）

图 2-52　调整同一种组织的纱线排列次序构成的绉组织

（四）旋转法

以一种组织为基础经旋转合并而成，其构成方法如图 2-53 所示。图 2-53（a）为确定的基础组织，将其依次逆时针旋转，分别得到组织图 2-53（b）、图 2-53（c）、图 2-53（d），再将这四个组织按照图 2-53（e）的顺序排列，得到绉组织图 2-53（f）。在选择基础组织时，一般选同面组织或每根纱线上经纬组织点相近的组织，同时组织循环不要太大，因为经旋转合并后组织循环经纬向各扩大了1倍,使所用的综页数增加,给上机带来一定的困难,因此,基础组织组织循环纱线数一般以小于6为宜。

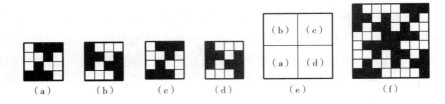

图2-53 旋转法构成的绉组织

(五)省综设计法

由上述各种方法绘制的绉组织,因受到综页数的限制,组织图都不太大,因此,织物表面经纬纱的交织情况必然会呈现一定的规律性,以致影响织物外观。目前,在实际生产中,为了获得较好的起绉效果,采用扩大组织循环的省综设计方法,这种方法可按下面作图原则及方法设计。

(1)确定所需采用的综页数。综页数可根据生产实际情况来确定,为了确保生产能顺利进行,一般综页数不宜太多,如图2-54所示为6页综。

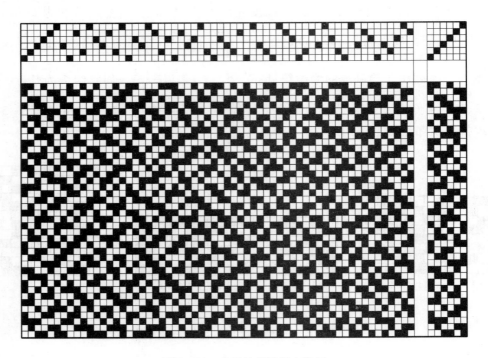

图2-54 省综法绉组织上机图

(2)确定组织循环图的范围。一般组织循环经纱数最好是综页数的整数倍,组织循环纬纱数不要与组织循环经纱数相差太多。如图2-54所示组织循环经纱数 $R_j = 6 \times 10 = 60$,组织循环纬纱数 $R_w = 40$。

(3)确定每次提升的综页数。一般采用每织一纬提升3页,即从6页综框中,每次开口提升

3 页。经过组合：$C_6^3 = \dfrac{6 \times 5 \times 4 \times 3 \times 2 \times 1}{3 \times 2 \times 1 \times 3 \times 2 \times 1} = \dfrac{6 \times 5 \times 4}{3 \times 2 \times 1} = 20$，即共有 20 种

提综方案。由此可以得到纹板图的提综方案图，不同交织规律的经纱根数有 6 根，而不同交织规律的纬纱根数有 20 根，如图 2－55 所示。

（4）确定每页综的提升规律，即纹板图。在确定纹板提综图时应注意以下几点。

① 每根经纱上的连续经（或纬）组织点不要太多。一般以不超过两个组织点为佳。

② 每根经纱的交织次数应尽量一致。

③ 每根经纱上的经组织点数与纬组织点数尽量相等。

图 2－55　纹板图的提综方案图

（5）画穿综图（以图 2－54 为例）：可首先把组织循环经纱数分成若干组，每一组的经纱数等于综页数。如图 2－54 中，组织循环经纱数为 60，综页数为 6，所以可分成十组，每组 6 根经纱。然后第一组按 6 页综顺穿法穿综，其他九组按 6 页综的不同排列顺序穿综。如第二组的穿综顺序为 3、1、5、2、6、4，第三组为 3、5、2、6、1、4……直至穿完。在确定穿综顺序时，应注意每根纬纱上连续的纬（或经）组织点数不要过多，一般最好不要超过 3 个组织点，同一页综必须最少间隔 3 根经纱。

在绘制穿综图时，有些绉组织，不一定完全按照上述方法，但必须注意在一个穿综循环中，每页综穿入的经纱数应尽量相同，并且在一个穿综循环中，穿入每页综的经纱应尽量分散开，不要过于集中。

图 2－56 所示为绉纹呢组织。这种组织是根据绉组织的外观效应，将若干个基础组织的纬纱组织点，按不同的起始点、起讫方向以及不同的排列比组合而成。从图 2－56 的纹板图中可看出：这种组织的基础组织的纬纱是由 $\dfrac{3}{3}\dfrac{1}{1}$ 和

$\dfrac{2}{3}\dfrac{2}{1}$ 两种组织的组织点规律按 2∶2 的排列比、

不同的起始点和起讫方向组合而成。如第一、第

二、第五、第六……纬是以 $\dfrac{3}{3}\dfrac{1}{1}$ 组织为基础组

织，但第一纬以第 3 经为起始点向右填绘组织点，

而第二纬以第 6 经为起始点向左填绘组织点；又

如第三、第四、第七、第八……纬是以 $\dfrac{2}{3}\dfrac{2}{1}$ 为基

础组织，第三纬以第 5 经为起始点向右填绘组织

点，而第四纬以第 7 经为起始点向左填绘组织点

等。它的穿综图只有两组，组织循环纬纱数只有

16 根，如果加大 R_w 和增加变化穿综次序的组数，

可扩大组织循环，削减组织点的规律性。

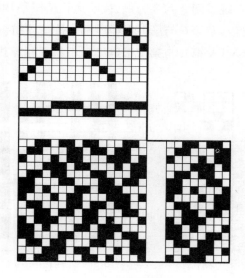

图 2－56　绉纹呢组织

图2-57 树皮绉组织的
部分纹板图

树皮绉织物也是采用省综设计法得到的一种起绉织物。织物表面具有由经浮长线构成的自然弯曲变化的树皮绉花纹效果。为了达到自然逼真的效果，组织纹路必须达到凹凸不平、长短不一、粗细不同、有直有斜的要求。因此，组织循环纱线数不能太小，如可以选择$R_j = 104$，$R_w = 156$。在绘制纹板图时，要先选择综页数。因为纹路要求有直有斜，所以不能过少，一般可以选择14页综，即12页地综，2页边综。它的纹板图上有长的经浮长线与紧组织（一般为平纹组织）相互配合，可以采用$\dfrac{5}{1}$与$\dfrac{1}{1}$的组织规律表现。部分纹板图如图2-57所示。

由上可知，构成绉组织的方法虽然多种多样，但无论采用哪一种方法绘制绉组织，都必须注意所形成的绉组织，其织物表面起绉的效果如何，如效果不良，可用改变基础组织或作图等方法改进。

绉组织在各种织物中都有应用。在棉色织物中用得较多，在毛织物、化纤织物、化纤混纺织物及丝织物中都有应用。

三、透孔组织

透孔组织织成的织物，其表面具有均匀分布的小孔。由于这类织物的外观与复杂组织中由经纱相互扭绞而形成孔隙的纱罗织物类似，因此又称作假纱组织（mock leno weave）或模纱组织，但是织物外观孔眼的稳定性不如纱罗组织。

（一）织物外观孔隙形成的原因

现以图2-58为例，说明透孔组织织物孔隙的形成原因。由图2-58可看出，第3与第4根经纱及第6与第1根经纱都是按平纹组织和纬纱相交织，其经纬组织点相反，因此第3与第4根经纱及第6与第1根经纱就不易互相靠拢。另外，在第二与第五根纬纱浮长线的作用下，使第1、第2、第3根经纱向一起靠拢，第4、第5、第6根经纱也向一起靠拢，因此在第3与第4根经纱之间及第6与第1根经纱之间，形成纵向的缝隙。同理，在第三与第四根纬纱之间及第六与第一根纬纱之间形成横向缝隙。这样就使织物表面出现了孔眼，如图2-58（b）所示，○处为孔眼位置。

（二）简单透孔组织

绘制简单的透孔组织，第一步要确定其组织循环纱线数，简单透孔组织的$R_j = R_w$，并且为偶数，常见的有$R = 6$、$R = 8$、

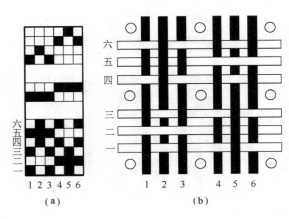

图2-58 透孔组织孔隙的形成

$R=10$、$R=14$ 几种。第二步在意匠纸上画出组织图的范围,并把 R_j、R_w 分别分成两组。第三步在组织图的左下角填绘基础组织,使得连续的浮长线分别构成"十"字、"井"字、"田"字形。第四步按照底片翻转的关系画出其余的组织点。图 2 – 58(a)、图 2 – 59(a)、图 2 – 59(b)、图 2 – 59(c)分别为 $R=6$、$R=8$、$R=10$、$R=14$ 的透孔组织。

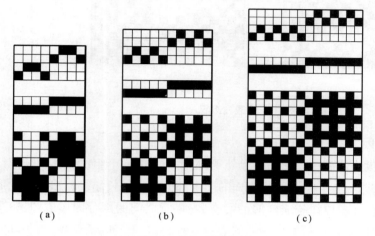

透孔组织微课

图 2 – 59　简单透孔组织

　　这种组织浮长线的长度对孔眼大小有很大的影响,浮长线越长,织物表面形成的孔眼越大。但是浮长线太长,织物将过于松软,会影响织物的服用性能,同时织物表面过于粗糙。因此,服用面料的浮长线一般小于 5 个组织点。

　　在织制透孔组织时,密度不宜太大,否则透孔效果不明显。为了增加孔眼效果,在穿箸时应将每组经纱穿入同一箸齿内,如图 2 – 58 与图 2 – 59 所示,甚至在每组经纱之间空出 1～2 个箸齿。纬向可采用间歇卷取的方法,使每组纬纱间有空隙。简单透孔组织一般采用四页综的间断穿法。

(三)花式透孔组织

　　简单透孔组织在织物表面形成满地规则的细小孔隙,花型较单一。在实际生产及应用中,常采用其他组织与透孔组织联合构成各种花型优美的花式透孔组织。透孔组织的小单元可以按照各种几何图形与平纹组织相配合,构成花式效果。在设计花式透孔组织时,应注意组织循环不宜太小,以免花型效果不明显。图 2 – 60 所示为两种花式透孔组织。

　　透孔组织一般可做夏季薄型服用面料,织物多孔、轻薄、凉爽、易于散热。当采用化纤为原料时,可以弥补织物透气性差的缺点。此外,还可用于织制幕布,其组织的浮长线较长,但织物密度较大,孔眼较小,图 2 – 59(c)即为其中的一种。

四、蜂巢组织

　　从简单蜂巢组织织物的外观可以看出,其表面具有规则的边高中低的四方形凹凸花纹,状如蜂巢,故称为蜂巢组织。

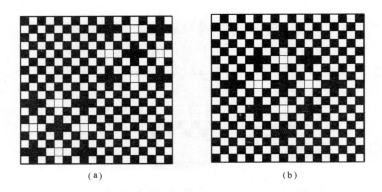

（a） （b）

图2-60 花式透孔组织

（一）织物外观形成的原因

此类组织织物之所以形成边部高中间凹的蜂巢外观，是因为它的一个组织循环由长浮线和短浮线组成，两者逐渐过渡相间配置。蜂巢织物表面的凸出部分是由经长浮线和纬长浮线形成的，经长浮线构成纵向的岭脊，纬长浮线构成横向的岭脊，纵横脊之间的部分即形成凹槽，这种四周凸起，中间凹下的织物表面效果形似蜂巢。如图2-61所示，对于经向长浮线，由于其交织点少，织缩率小，经浮长线的长度必然经向隆起，如图2-61（c）、图2-61（d）经向截面图所示，形成经向岭脊；同理，对于纬向长浮线，由于其交织点少，纬向织缩率小，纬浮长线的长度必然纬向拱起，如图2-61（a）、图2-61（b）纬向截面图所示，形成纬向岭脊。

在平纹组织处，其织物表面是凸起还是凹下，可分两种情况。在图2-61所示的蜂巢组织图中的甲处，其位于经向岭脊和纬向岭脊的交会处，把此处平纹带起，形成织物表面的凸起；相反，在蜂巢组织图中的乙处，其位于经向岭脊和纬向岭脊之间，把此处的平纹从反面带起，形成织物表面的凹下。因为经纬浮长线是由长到短逐渐过渡到平纹组织，所以织物表面的凹凸程度也是逐渐过渡，形成蜂巢的外观。

图2-61（a）~图2-61（d）为蜂巢组织的截面图，由截面图也可看出蜂巢组织外观的形成。图2-61（a）、图2-61（b）是织物横截面图（第一纬、第五纬）；图2-61（c）、图2-61（d）是织物纵截面图（第1经、第5经）。

从图2-61（a）与图2-61（d）中可看出第一纬处于最高位置（织物正面）。从图2-61（b）与图2-61（c）可看出第1经处于最高位置（织物正面）。因此，第1经与第一纬交叉处高而凸起（即图2-61中的甲部分）。从图2-61（a）与图2-61（d）可看出第5经处于最低位置（织物正面）。从图2-61（b）与图2-61（c）可看出第五纬处于最低位置（织物正面）。因此，第5经与第五纬交叉处低而凹下（即图2-61中乙部分）。

（二）简单蜂巢组织的作图

绘制简单的蜂巢组织时，以单独组织点的菱形斜纹为基础（常采用的是以$\frac{1}{4}$斜纹或$\frac{1}{5}$斜纹为基础组织的菱形斜纹）。菱形斜纹的斜纹线把整个组织分成四个部分，如图2-62（a）所示。然后在其相对的两个三角形内（上和下两部分或左和右两部分）填绘经组织点，在填绘时，

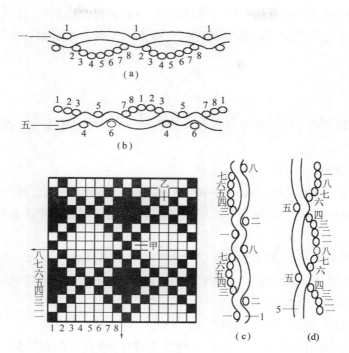

蜂巢组织微课

图 2-61 蜂巢组织图

必须与原来的菱形斜纹之间空一个组织点,这样就构成了简单蜂巢组织,如图 2-62(b)所示。

简单蜂巢组织的组织循环纱线数的计算方法与菱形斜纹相同,在织制时,也可采用山形穿法。

(三)变化蜂巢组织

变化蜂巢组织的作图原理与简单蜂巢组织相似,但必须保证在菱形斜纹对角线构成的四部分中,一组对角部分为经组织点,而另一组对角部分为纬组织点,这样才能形成蜂巢外观。图 2-63为几种变化蜂巢组织。

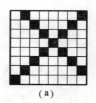 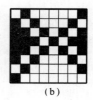

(a)   (b)

图 2-62 简单蜂巢组织的作图

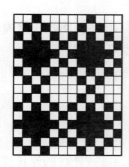  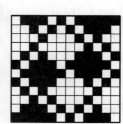

图 2-63 变化蜂巢组织

用蜂巢组织所织成的织物比较松软,所以棉织物具有较强的吸水性,常用以织制洗碗巾、床毯等。在服用织物中常采用简单蜂巢组织或变化蜂巢组织与其他组织(如平纹组织)联合,以形成各种花型效果。

五、浮松组织

浮松组织是由紧密的平纹组织和具有较长的浮长线的松软组织组合而成,可分为规则浮松组织和变化浮松组织。

(一)规则浮松组织

如图2-64所示,规则浮松组织(standard huckaback weave)由四个部分组成,两个对角区域组织相同。其中的一个对角区域是平纹组织,另一个对角区域是具有浮长线的组织。其作图的方法与步骤如下。

(1)确定组织循环纱线数:组织循环经纱数 R_j 和组织循环纬纱数 R_w 可以相等,也可以不等,但是 R_j 和 R_w 必须是奇数的两倍。如图2-64(a)所示为 $R_j = R_w = 10$,如图2-64(b)所示为 $R_j = 10,R_w = 6$ 的浮松组织。

(2)画出组织范围,将组织图分成四等份。

(3)填绘组织点:在组织图的一个对角内填绘平纹组织,在组织图的另一个对角区域填绘"井"或"廾"带有浮长线的组织。

规则浮松组织的穿综图可采用分区间断穿法,在每一区里采用照图穿法,如图2-64所示。

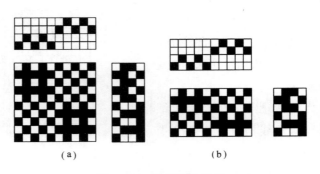

(a)　　　　　　　　　(b)

图2-64　规则浮松组织

(二)变化浮松组织

变化浮松组织(modified huckaback weave)如图2-65所示,组织循环纱线数为偶数,织物表面由平纹、经浮长线、纬浮长线组合而成,对角部分可以相同也可以不同。

浮松组织织物表面风格粗犷、松软,适合作浴巾、床罩以及陶瓷和玻璃的揩布等。

六、凸条组织

(一)简单凸条组织

使织物正面产生纵向、横向或倾斜方向的凸条,而反面则为纬纱或经纱的浮长线组织,称作凸条组织。凸条组织是由浮线较长的重平组织和另一种简单组织联合而成。其中简单组织起固结浮长线的作用,并形成织物的正面,故称作固结组织。如固结纬重平的纬浮长线,则得到纵凸条纹;固结经重平的经浮长线,则得到横凸条组织。在凸条组织中,作为基础组织的重平组织,其浮长线的长度不宜少于四个组织点,因为浮线太短,凸条就不会太明显。固结组织比较简单,常用的有平纹、$\frac{1}{2}$斜纹、$\frac{2}{1}$斜纹等组织,其中以平纹固结的凸条组织,在实际生产中应用较为广泛。在绘制凸条组织时,应使重平组织的浮长线所包含的组织点数为固结组织的组织循环纱线数的整数倍。因用平纹固结的纵凸条组织较为常见,下面就以平纹固结为例,说明凸条组织的作图方法及其外观形成原理。

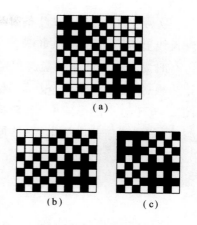

图2-65　变化浮松组织

图2-66是以$\frac{6}{6}$纬重平为基础组织,平纹为固结组织的纵凸条组织,其作图方法及步骤如下。

(1)计算组织循环经纬纱数:

$$R_j = 基础组织的组织循环经纱数 = 12$$

$$R_w = 基础组织的循环纬纱数 \times 固结组织的组织循环纬纱数 = 2 \times 2 = 4$$

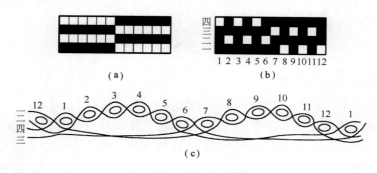

图2-66　凸条组织的作图

(2)在组织循环的范围内,绘制$\frac{6}{6}$纬重平,如图2-66(a)所示。

(3)以固结组织填绘在基础组织的纬浮长线上,如图2-66(b)所示。

由图2-66(c)横截面示意图中可看出,此类组织所以形成凸条的织物外观,主要在于第6、第7根经纱及第1、第12根经纱处,组织点有交错,织物在该处显薄而凹下,其他部分在织物背面有纬浮长线,促使经纱相互靠拢并叠起,固结组织在该处松厚而隆起,形成凸条。

(二)增加凸条效应的方法

凸条的隆起程度受基础组织浮长线及纱线张力的影响,同时也受织物密度的影响。浮长线长,凸条隆起程度显著;增加凸条组织中构成织物浮长线的那一系统纱线的张力,凸条显著。织物密度大,特别是显现凸条纹的那一系统纱线密度大,凸条效应明显。

在实际生产中,对于纵凸条组织来讲,往往把两条同样长的纬浮长线靠拢在一起,然后再在纬浮长线上填绘固结组织,如图2-67(a)所示。

有时为了增加凸条的隆起程度,在两凸条之间加入两根平纹组织的经纱,如图2-67(b)中第7根、第8根及第15根、第16根经纱,或在凸条的中间加入几根较粗的纱线作为芯线,如图2-67(c)中的第4根、第5根及第14根、第15根经纱即是芯线。由织物的横截面图中可看出,芯线位于凸条的下面,纬浮长线的上面,并未与任何一根纬纱相交织,它只起衬垫作用,故可使用较差的原料。

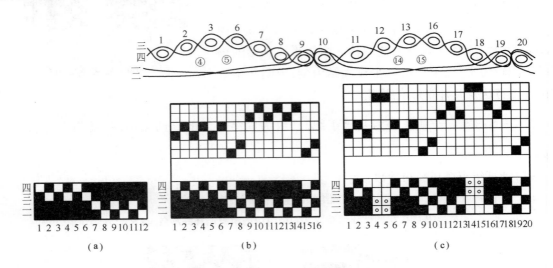

图2-67 增加凸条效应的方法

(三)凸条组织织物上机要点

在织制凸条组织的织物时,一般采用间断穿法。交织点较多的平纹组织及固结组织宜穿入前面的综页中,芯线可穿入后面的综页中,如图2-67(c)所示。当织制带有芯线的纵凸条织物时,应采用两个织轴。

从图2-66及图2-67中可看出,纵凸条组织经组织点的数目远远超过纬组织点的数目,因此为了节省动力起见,可采用反织法。

如果基础组织为经重平组织,平纹组织固结织物正面的经浮长线,便可形成横凸条组织。如图2-68所示,它是以$\frac{6}{6}$经重平组织为基础组织,平纹为固结组织,在绘制组织图时,将两条同样长的经浮长线靠拢,然后再以平纹固结此经浮长线,并在两凸条间加入四根平纹组织的纬纱而形成。

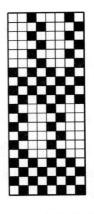

图2-68 横凸条组织

（四）花式凸条组织

凸条组织除了横凸条、纵凸条组织外，还可以构成斜向凸条、横纵联合凸条、菱形凸条等花式凸条组织。无论哪一种变化方法，凸条组织都是由基础组织和固结组织构成的。

在斜凸条组织中，织物反面的浮长线呈斜向排列，即其基础组织为加强斜纹，可以由纵凸条组织变化而成，也可以由横凸条组织变化而成，分别如图2−69（a）、图2−69（b）所示。联合凸条组织如图2−69（c）所示。菱形凸条组织的基础组织是以加强斜纹为基础的菱形斜纹组织，如图2−69（d）所示。

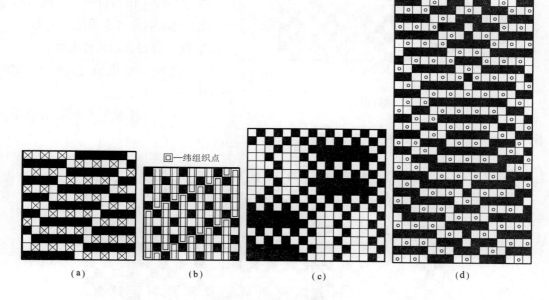

□—纬组织点

图2−69 花式凸条组织

凸条组织常用于棉织物中的灯芯布，组织称作灯芯条组织，如图2−70所示，还可用于毛织物中的凸条花呢等。

七、网目组织

网目组织的织物常以平纹为地组织，每间隔一定的距离，有曲折的经（纬）浮长线浮于织物表面，形状如网络，故称作网目组织。

图2−70 灯芯条组织

（一）网目组织织物外观形成的原因

如图2−71所示为由网目经纱曲折而成的经网目组织的组织图。是由平纹组织及曲折的第4和第10根经纱构成织物的表面。其织物外观的形成，主要是由于第4根及第10根经纱浮在构成平纹组织的第二至第六根纬纱上面。在第一根纬纱与第4至第10根经纱交织处呈纬浮长线，因此，在第一根纬纱处将第4根经纱与第10根经纱拉向一起并靠拢；同样，第七根纬纱在第10至下一个组织循环的第4根经纱处也是呈纬浮长线，同样将第10根经纱与下一个组织循环的第4根经纱拉向一起并靠拢，由此促使第4根和第10根经纱曲折，其外形如图2−71中右

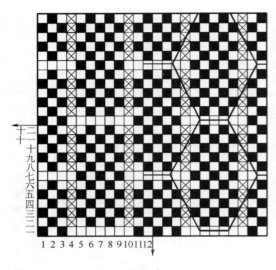

图 2 - 71　经网目组织

半部的粗黑线所示。

图 2 - 72 是由网目纬纱曲折而形成的纬网目组织。在织物表面呈纬纱曲折的外形，如图中右半部的粗黑线所示。其外观效应的形成原理与经网目组织相似。

图 2 - 71 中第一、第七根纬纱在织物表面存在纬浮长线，对第 4、第 10 两根经纱有拉拢作用，这两根纬纱叫作牵引纬，而被拉拢的两根经纱叫作网目经。若网目纱是经（纬）纱，则牵引纱必定为纬（经）纱。

（二）简单网目组织的作图方法

以平纹组织为地组织，经网目组织的作图方法为：

（1）根据织物外观要求确定组织循环大小，例 $R_j = 12$，$R_w = 12$，如图 2 - 71 所示。

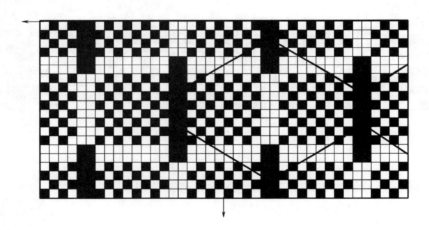

图 2 - 72　纬网目组织

（2）在组织循环内先作平纹组织。

（3）确定网目经与牵引纬的位置，一般两根网目经和两根牵引纬之间应分别隔开五根以上的奇数纱线，使网目效果明显。同时，若选偶数序号的经纱为网目经，则应选奇数序号的纬纱为牵引纬。图 2 - 71 中，经纱 4 和经纱 10 为网目经，纬纱一和纬纱七为牵引纬。

（4）在网目经上增加经组织点，使其除牵引纬上为纬组织点外，其他均为经组织点，形成网目经上的经浮长线；同时，在牵引纬上去掉部分经组织点，即将两网目经之间的经组织点去掉，形成纬浮长线。这样就完成了经网目组织的组织图。

根据网目组织的构成原理，可以设计出各种各样不同外观的变化网目组织。如图 2 - 73 所示，图 2 - 73（a）为顺方向曲折的经网目组织，图 2 - 73（b）为长短经网目组织。

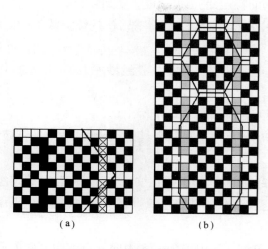

图2-73 变化网目组织

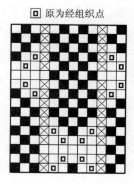

□ 原为经组织点

图2-74 取消部分经组织点的网目组织

（三）增加网目效应的方法

为突出网目组织经纬纱的曲折效应，在组织图上，可在被拉拢经纱的牵引纬浮线的曲折处，取消一部分经纬纱的交织点，如图2-74所示。同样，可在被拉拢纬纱的牵引经浮线的左右，取消一部分经纬纱的交织点。也可用粗的纱线做网目经纬纱，或采用双经（或多经）、双纬（或多纬）的网目经纬纱，如图2-74所示。甚至可采用与地部不同颜色的网目纱线，均将起到良好的效果。

织制网目组织时，两网目经纬纱间至少要间隔5根地经，并且在穿筘时要将网目经纱夹在地经中间穿入同一筘齿中，否则效果不好。

网目组织常与其他组织联合用于织制服装用织物。

八、平纹地小提花组织

在平纹地上配置各种小花纹，就构成了平纹地小提花组织。小花纹可以由经浮长线构成，即经起花组织；也可以由纬浮长线构成，即纬起花组织；或经纬浮长线联合构成。还可以由透孔、蜂巢等组织起花纹。花纹形状多种多样，可以是散点，也可以是各种几何图形，花型分布可以是条型、斜线、曲线、山形、菱形等。

这类织物要求外观细洁、紧密、不粗糙，花纹不能太突出，从织物整体上看，应以平纹地为主，适当加入小提花组织。在实际应用中，此类织物多数是色织物，可适当配一些花式线。当经纬纱原料相同时，常采用经起花，因为一般织物经密大于纬密，经纱质量也比纬纱好，采用经起花能使花纹清晰。平纹地小提花织物是薄型织物中的主要类型之一，应用非常广泛。

在设计时应注意以下一些问题。

（1）花、地组织配合时，花、地交接要清楚，使花纹清晰不变形，所以，平纹地小提花的浮长线以单数为宜。

（2）起花部分的浮长线不要太长，一般经纱浮长不超过3个组织点，最多用5个组织点；纬纱浮长线可稍长些。否则会失去组织细洁、紧密的特点，织物牢度也会受到影响。

（3）设计花型时用综页数不能超过织机的最大容量，为了便于织造，所用综页数不能太多，一般控制在12页以内。

（4）起花部分的经纱与平纹的交织次数不要相差太大，一般经纱平均浮长应控制在1～1.3，以保证用单轴织造，减少工艺的复杂性。

（5）每次开口提综数尽可能均匀，因此花型配置应相对均匀分散。

（6）因起花部分只起点缀的作用，所以织物的密度一般可与平纹组织相同，采用平筘穿法，不用花筘。

设计这类组织时，要先确定织物花纹纹样，起花方法，再根据花纹尺寸、经纬密度，确定组织循环纱线数，最后在平纹组织地的基础上改变起花部分的某些组织点，使之形成花纹。下面举例说明平纹地小提花组织的花型构成。

图2-75及图2-76是以经浮线形成的小花纹。其中图2-75为向一个方向倾斜的四个不连接的短斜线所形成的小花纹，在布面上分散布置。外观如图2-75（b）所示，图2-75（a）为组织图。

图2-76是由经浮线形成的菱形小提花，且连续配置成直条纹，其外观如图2-76（b）所示，图2-76（a）为组织图。

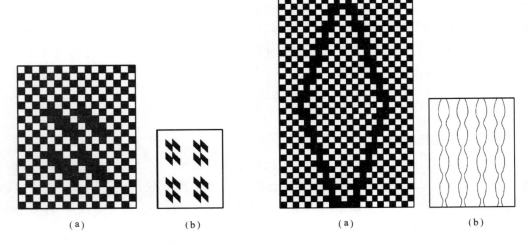

(a)　　　　　　(b)　　　　　　　　　　(a)　　　　　　(b)

图2-75　平纹地经浮线小提花组织（一）　　**图2-76　平纹地经浮线小提花组织（二）**

图2-77是以纬浮线起花，图2-77（b）为其织物外观，图2-77（a）为组织图。

图2-78是由经纬浮线联合组成的花纹。图2-78（b）是织物外观，图2-78（a）为图2-78（b）中起花部分的组织图。

图2-79是在平纹地上形成的变化菱形花纹，由于该组织由经纬浮长线形成明暗不同的特殊外观。若采用不同色纱织造，织物能呈现出不同的色彩花纹。

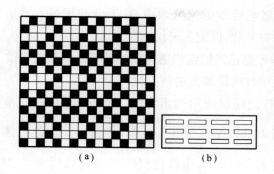

（a）　　　　　　（b）

图2－77　平纹地纬浮线小提花组织

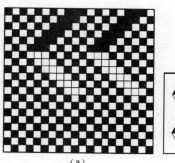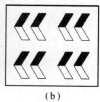

（a）　　　　　　（b）

图2－78　平纹地经纬浮线联合小提花组织

图2－79　平纹地变化菱形小提花组织

九、色纱与组织的配合——配色模纹组织

采用两种或两种以上的色纱与组织相配合，在织物表面可产生由不同颜色构成的花纹图案，称作配色模纹。这说明织物的外观不仅与组织结构有关，而且与经纬纱的颜色配合有关，它们能使织物的外观更加丰富多彩。

色纱与组织配合时，所得织物的花型图案是多种多样的，而且具有较强的立体感。它在棉、毛、丝、麻、化纤等各种织物中，应用均较广泛。如与其他工艺相结合，则可得到更为优美的花色品种。

配色模纹组织
微课

采用两种或两种以上的色纱与组织相配合，在织物表面可产生由不同颜色构成的配色模纹。各种颜色经纱的排列顺序简称作色经排列顺序，色经排列顺序重复一次所需的经纱数称作色经循环。各种颜色纬纱的排列顺序简称作色纬排列顺序，色纬排列顺序重复一次所需的纬纱数称作色纬循环。配色模纹的大小应等于色纱循环和组织循环的最小公倍数。

配色模纹可用意匠纸分成四个区来表示，如图2－80所示。图中左上方的Ⅰ区表示组织

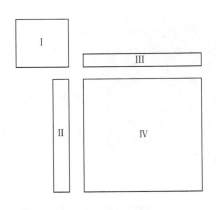

图2-80　配色模纹绘制分区图

图，左下方的Ⅱ区表示各色纬纱的排列顺序，右上方的Ⅲ区表示各色经纱的排列顺序，右下方的Ⅳ区表示所形成的织物外观，即配色模纹图。

（一）根据已知的组织图和色纱循环绘制配色模纹

配色模纹的绘制方法与步骤：

（1）首先确定所用的组织图、色经循环和色纬循环。如图2-81所示，采用$\frac{2}{2}$↗组织，色经、色纬的排列顺序均为2A4B2A，所以色经循环及色纬循环均为8，则配色模纹循环等于8。

（2）在分区图的相应位置内绘制组织图、色经及色纬的排列顺序，并在配色模纹循环内填绘组织图，如图2-81（a）所示。

（3）根据色经的排列顺序，在相应色经（■符号）的纵行内的经组织点处，涂绘色经的颜色，如图2-81（b）所示。同样在相应色纬（■符号）横行的纬组织点处，涂绘色纬的颜色，如图2-81（c）所示。

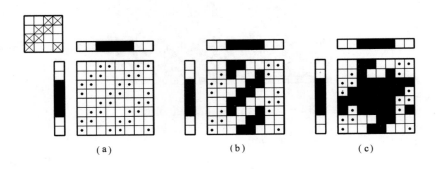

（a）　　　　　　　　（b）　　　　　　　　（c）

图2-81　配色模纹的绘制方法

应该指出的是：配色模纹图上的满格色点，只表示某种颜色的经浮点或纬浮点所显示的效应，并非组织图中所表示的经纬纱交织情况。由配色模纹图的绘制可以看出，织物组织、经纬色纱排列与配色模纹图密切相关，改变组织图或色纱排列，模纹图也会随之变化。图2-82所示为织物组织、色纱排列与配色模纹图的关系。

（二）已知色纱循环和配色模纹绘制组织图

当仿制一块织物，已知其配色模纹图和色纱循环，想确定织物组织时，则先应根据配色模纹图和色纱循环，分析组织图中每一个组织点的性质。现以配色模纹图2-83为例说明之。由图2-83（a）中一个模纹循环和色纱循环可知第1根经纱与第一、第三两根纬纱相交处，无论是经组织点还是纬组织点，均显A色，即这两个组织点可以是经组织点，亦可以是纬组织点，对配色模纹图都无影响，在图2-83（b）中以符号▣表示。同样第3根经纱与第一、第三根纬纱相交

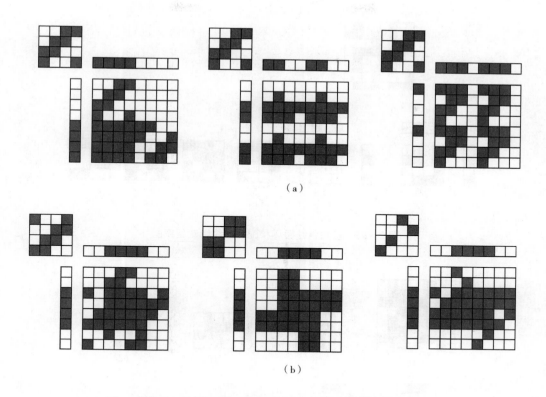

（a）

（b）

图2-82　织物组织、色纱排列与配色模纹图的关系

处均显 A 色及第2、第4根经纱与第二、第四根纬纱相交处,均显 B 色,因此也都以符号·表示。据图2-83(a)中的配色模纹,可知第1根经纱与第二根纬纱相交处应显 A 色,从已知的第1根经纱为 A 色,第二根纬纱为 B 色,可以断定这个组织点是经组织点,在图2-83(b)中以符号⊠表示。同样,第2根经纱与第三根纬纱,第3根经纱与第四根纬纱,第4根经纱与第一根纬纱,也都必须是经组织点,在图2-83(b)中均以符号⊠表示。同理,第1根经纱与第四根纬纱,第2根经纱与第一根纬纱,第3根经纱与第二根纬纱,第4根经纱与第三根纬纱相交处,都必定是纬组织点,在图2-83(b)中以符号□表示。然后,根据图2-83(b)可作出几个组织图,如图2-83(c)、图2-83(d)、图2-83(e)、图2-83(f)所示,至于采用哪个组织图,可根据织物的具体要求及上机条件来选择。

（三）已知配色模纹确定色纱排列和组织图

因为色织物的外观与所采用的配色模纹密切相关,所以在设计由配色模纹形成的色织物时,常常要先考虑配色模纹,然后根据配色模纹确定色纱排列顺序及组织图。其方法与步骤如下。

1.根据配色模纹图,一般可先确定色纬排列顺序　图2-84(a)为由"□"——A 色和"■"——B 色构成的配色模纹,取其中的一个模纹循环,如图2-84(b)所示,然后确定色纬的排列顺序。在配色模纹中每根纬纱的颜色,一般以每根纬纱上相同颜色的组织点数占优势的颜色定为该根纬纱的颜色。在图2-84(b)中因第一根及第四根纬纱的 A 色组织点占优势,所以

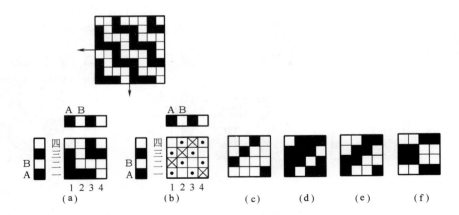

图2-83 已知色纱循环和配色模纹绘制组织图

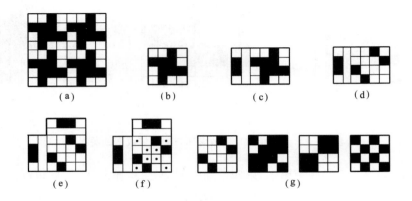

图2-84 已知配色模纹确定色纱排列和组织图

第一根及第四根纬纱选用A色纱线;而第二根及第三根纬纱,因B色的组织点占优势,所以第二根及第三根纬纱选用B色纱线。在逐根确定纬纱的颜色时,可同时按顺序将纬纱的颜色标在配色模纹的左侧,如图2-84(c)所示。

2. 确定必然的经组织点 根据已确定的色纬排列顺序,观察配色模纹图中每根纬纱上的每个组织点的颜色,以确定哪个组织点必然是经组织点及该组织点的颜色。凡是与所观察的纬纱颜色不同的组织点必然是经组织点,且其颜色必然与配色模纹中相应组织点颜色相同。如图2-84(c)所示的色纬排列顺序中,第一根纬纱是A色,而在配色模纹图中第一根纬纱与第2根经纱交织的组织点是B色,说明这个组织点应是B色的经组织点。又如第二根纬纱是B色,而在配色模纹中第二根纬纱与第1根经纱交织的组织点是A色,说明这个组织点应是A色的经组织点。其余依此类推而得图2-84(d)。

3. 确定色经的排列顺序 当必然经组织点画出以后,首先检查每根经纱上所有的必然经组织点的颜色是否相同,如果每根经纱上的必然经组织点都只有一种颜色,即说明原来确定的色纬排列顺序是正确的,而且每根经纱的颜色也就由该根经纱上的必然经组织点的颜色决定了。

因此,可把各根经纱的颜色填绘在配色模纹图的上方,即为色经的排列顺序,如图 2 - 84(e)所示。如在必然经组织点图中,某根经纱上有两种或多种颜色的必然经组织点,则说明原来确定的色纬排列顺序不正确,需重新确定色纬排列顺序。

4.分析配色模纹图中每个组织点的性质并确定组织图　当色纬排列顺序图、必然经组织点图和色经排列顺序图确定以后,就可以确定除必然经组织点以外的其余组织点的性质,即哪些必须是纬组织点,哪些既可以是经组织点也可以是纬组织点。在确定各组织点以后,就可以确定组织图。其确定方法参见前例所述。

(四)配色模纹的种类

根据组织和色纱排列的变化可以得到各种花型外观的配色模纹图,总结起来常用的有以下几种。

1.条形花纹　这种花纹是由两种或两种以上的色纱在织物中排列成纵向或横向的条纹。图 2 - 85 举例说明了几种条形花纹的配色模纹。

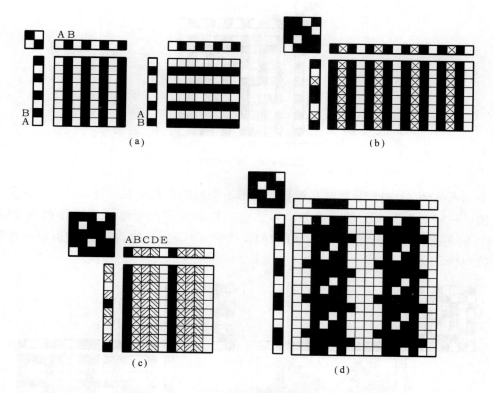

图 2 - 85　条形花纹

图 2 - 85(a)为纵向条纹,是由平纹组织、色经与色纬排列均为 1A1B 配合形成的;如果色纬排列顺序改为 1B1A,则形成横向条纹。

图 2 - 85(b)为采用 $\frac{3}{1}$ 破斜纹组织,色经排列为 1A1B1A1C,色纬排列为 1A1B1C1A 形成的三色纵条纹。

观察图2－85(a)的组织图、色纱排列与配色模纹图,可知当经纬纱采用相同颜色时,具有如下规律:欲形成纵向条纹,则每根经纱可以沉于相同颜色的纬纱下面,但必须浮于其他颜色的纬纱上面。同理,欲形成横向条纹,则每根纬纱可以沉于相同颜色的经纱下面,但必须浮于其他颜色的经纱上面。图2－85(c)是采用$\frac{5}{3}$经面缎纹组织,经纱排列顺序为1A1B1C1D1E,欲得到五种颜色的纵向条纹,按上述规律可求得纬纱的排列顺序为1A1C1E1B1D。

图2－85(d)也是采用$\frac{3}{1}$破斜纹组织,但组织的起点与图2－85(b)不同,色经排列为2A4B2A,色纬排列为1A2B1A,形成变化的纵条纹效果。

2. 梯形花纹 它是由纵向条纹与横向条纹交错联合构成的,花纹呈梯形排列。如图2－83所示,同一种配色模纹可以采用不同的组织构成。图2－86也是一种梯形花纹,其组织为$\frac{2}{1}\nearrow$,经纬色纱排列为1A1B。

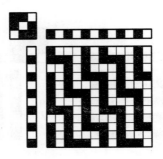

图2－86 梯形花纹

3. 小花点花纹 这种配色模纹在织物表面形成明显的有色小花点花纹效果。如图2－84所示。图2－87(a)为较大的小花点花纹,它的组织采用绉组织,色纱排列为2A4B2A。图2－87(b)是采用绉组织,色纱排列为1B2A1B得到的小花点花纹,花型外观近似小鸟眼睛的形状,所以又称作鸟眼花纹。

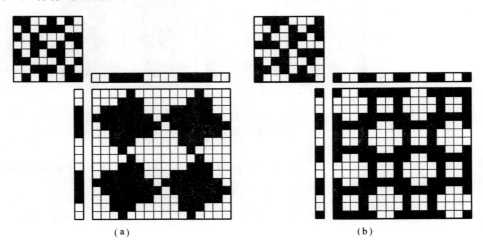

(a)   (b)

图2－87 小花点花纹

4.犬牙花纹　如图 2－88(a)所示,它是采用 $\frac{2}{2}$ ↗ 组织,色纱排列为 2A4B2A 构成的。图 2－88(b)改变了组织的起点,色纱排列改为 4B2A,其配色模纹循环色纱数为 12。

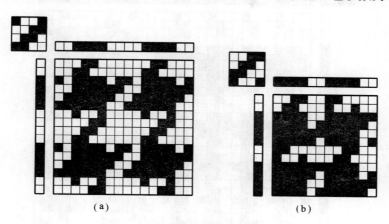

图 2－88　犬牙花纹

5.格子花纹　格子花纹多数是由纵条纹和横条纹配合而成。图 2－89(a)是由平纹组织形成的格子花纹;图 2－89(b)是以绉组织为基础,色纱排列为 4A4B 形成的格子花纹;图 2－89(c)是由 $\frac{2}{2}$ ↗ 组织形成的格子花纹。

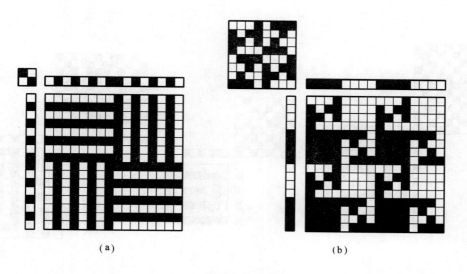

图 2－89

6.回字形花纹　利用对称的组织结构,色纱排列为 1A1B 可以形成各种回字形纹样。如图 2－90 所示。

7.其他花纹图案　除上述的几种花型外,还可以设计出很多花型图案,织物外观效果千变万化,更加美观。如图 2－91 所示。

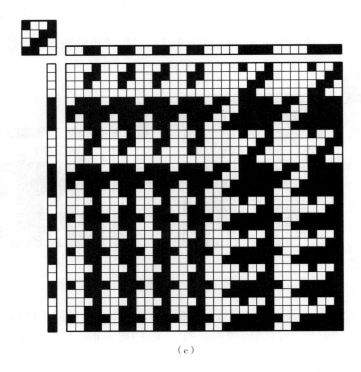

（c）

图 2 – 89　格子花纹

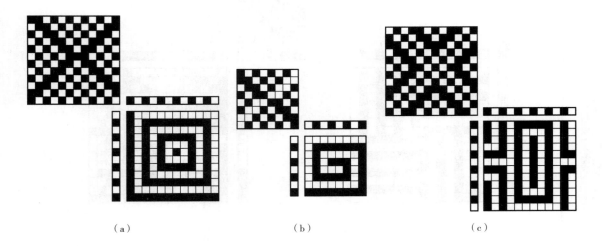

（a）　　　　　　　　　　（b）　　　　　　　　　　（c）

图 2 – 90　回字形花纹

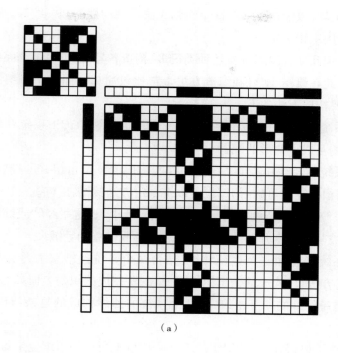

（a）

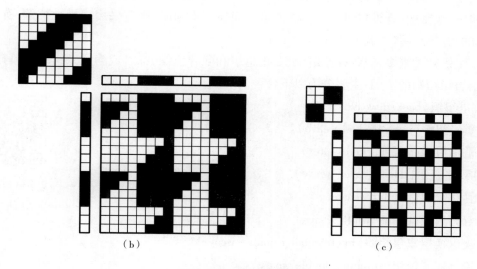

（b）   （c）

图 2−91　配色模纹图

第四节　复杂组织及其织物

复杂组织模拟图

一、复杂组织的概念和分类

　　在复杂组织（composed weave）的经纬纱中，至少有一种是由两个或两个以上系统的纱线组成。这种组织结构能增加织物的厚度而表面细致，或改善织物的透气性而结构稳定，或提高织物的耐磨性而质地柔软,或能得到一些简单织物无法得到的性能和模纹等。这种组织多数应用于服用、装饰和产业用织物之中。

原组织、变化组织和联合组织等虽然种类很多,构造各异,但都由一个系统的经纱和一个系统的纬纱所构成,因此在绘图、上机和织造方法上都比较简单。而复杂组织的纱线系统比较复杂。复杂组织的主要构成方法如下。

(1)利用若干系统经纱和一个系统纬纱或一个系统经纱和若干系统纬纱构成。在织物中各系统经纱或纬纱相互成重叠形的配置。

(2)利用若干系统的经纱和若干系统的纬纱所构成的复杂组织,可以制成两层或两层以上的织物,层与层之间根据需要可以分开,也可以按一定方法接结在一起。

(3)利用另一系统的经纱或纬纱与地组织构成复杂组织,这些经纱或纬纱在织造或整理过程中被割开或部分被割开。割开的纱头在织物表面形成竖立的毛绒。

(4)利用两个系统经纱和一个系统纬纱,结合两个系统经纱张力差异和送经量大小的不同,并配合特殊打纬方法,以构成复杂组织,这种组织所制成的织物表面具有毛圈。

(5)利用两个系统经纱的相互扭绞,和一个系统的纬纱构成的复杂组织,所制成的织物表面具有稳定的孔眼。

从上述各种方法可以得知,复杂组织的织造要比以上所讲的组织复杂得多。当复杂组织的经纱在缩率、线密度、纤维材料或上机张力等方面显著不同时,则应采用双织轴装置,有的还需使用特殊的综、经纱张力调节装置等。

复杂组织种类繁多,但各种原组织、变化组织和联合组织,都可成为复杂组织的基础组织。根据复杂组织结构的不同,主要分为以下各种。

(1)重组织(backed weave)。

① 重经组织(warp-backed weave)。

② 重纬组织(weft-backed weave)。

(2)双层组织(double-layer weave)。

① 管状组织(tubular weave)。

② 双幅组织(double width weave)。

③ 表里换层双层组织(interchanging double weave)。

④ 接结双层组织(stitching double weave)。

(3)多层组织(multi-layer weave)。

① 三幅组织(treble width weave)。

② 表里换层三层组织(interchanging treble weave)。

③ 接结三层组织(stitching treble weave)。

④ 四层组织 (four-ply weave)。

⑤ 角度联锁多层组织(angle-interlock weave)。

(4)凹凸组织(pique weave)。

(5)起毛组织(pile weave)。

复杂组织面料库

① 纬起毛组织（weft pile weave）。

② 经起毛组织（warp pile weave）。

（6）毛巾组织（terry weave）。

（7）纱罗组织（gauze and leno weave）。

二、重组织

重组织又可分为重经组织和重纬组织。重经组织是由两个或两个以上系统的经纱与一个系统的纬纱交织而成,重纬组织是由一个系统的经纱与两个或两个以上系统的纬纱交织而成。纱线在织物中呈重叠状配置,不需采用线密度高的纱线就可以增加织物厚度与质量,又可使织物表面细致,并可使织物正反面具有不同组织、不同颜色的花纹。

重组织在织物设计与生产中,有以下几方面的作用。

（1）可织成双面织物,包括正反面具有相同组织、相同色彩的同面织物及不同组织或不同色彩的异面织物。在丝织物的平素织物中用得较多,如双面缎等。

（2）可织成表面具有不同色彩或不同原料所形成的色彩丰富、层次多变的花纹织物。如提花织物中的织锦缎、古香缎、留香绉等。

（3）由于经纱或纬纱组数的增加,不但能够美化织物的外观,而且在织物的重量、厚度、坚牢度以及保暖方面均有所改善。

在日常生产中,使用较多的重组织有:经二重组织、局部使用经二重的经起花组织及经三重组织;纬二重组织、局部使用纬二重的纬起花组织及纬三重组织。

（一）经二重组织

经二重组织（warp backed weave）由两个系统经纱,即表经和里经与一个系统纬纱交织而成。其表经与纬纱交织构成织物正面,称作表面组织,里经与同一纬纱交织构成织物反面,称作反面组织,反面组织的里面在织物内部称里组织❶。经二重组织多数用以织制较厚的高级精梳毛织物,有时用以织制经起花织物。

经二重组织微课

1. 设计经二重组织时,主要需掌握下列原则

（1）表面组织与里组织的选择:经二重组织织物正反两面均显经面效应,其基础组织可相同或不相同,但表面组织多数是经面组织,反面组织也是经面组织,因此,里组织必是纬面组织。

（2）为了在织物正反两面具有良好的经面效应,表经的经组织点必须将里经的经组织点遮盖住,这必须使里经的短经组织点（短浮长线）配置在左右表经的两个经浮长线之间。即避免里组织的短经组织点与表组织的短纬组织点并列,否则里经组织点会被表纬组织点阻挠,不能与表经形成重叠效应。如图 2-92 所示,表组织为 $\dfrac{3}{1}$ 右斜纹,里组织为 $\dfrac{1}{3}$ 右斜纹。图 2-92（a）为表、里组织点的正确配合方式,表经可以遮盖里经;图 2-92（b）为错误的配合方式,里经

---

❶ 有的书籍称"里组织"为"里组织的反面组织",它的里组织本书中称作反面组织。

组织点一侧为表经的纬组织点，因此不能被表经所遮盖。此外，每一根纬纱要和两个系统的经纱相交织，应使纬纱的屈曲均匀且尽可能小，可以通过经纬向截面图观察其配置是否合理。

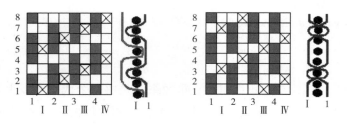

图2-92　经二重组织表、里经组织点的配合

（3）表里经纱排列比，根据织物质量及使用目的而确定。一般常用的排列比为1:1或2:1。当表里经纱线密度与密度相同时，可采用1:1的排列比，若仅仅为了增加织物厚度与质量，则可采用原料较差、线密度较高的里经纱线，此时可采用2:1的排列比。

（4）经二重组织的组织循环纱线数的确定：当表里经的排列比为$m:n$，表面组织的组织循环纱线数为R_m，里组织的组织循环纱线数为R_n时，则经二重组织的组织循环纱线数R_j可按下式计算：

$$R_j = \left(\frac{R_m \text{与} m \text{的最小公倍数}}{m} \text{与} \frac{R_n \text{与} n \text{的最小公倍数}}{n} \right) \text{的最小公倍数} \times (m+n)$$

例如，某经二重组织，表里经纱排列比为2:2，$R_m=3$，$R_n=4$，则：

$$R_j = \left(\frac{3 \text{与} 2 \text{的最小公倍数}}{2} \text{与} \frac{4 \text{与} 2 \text{的最小公倍数}}{2} \right) \text{的最小公倍数} \times (2+2)$$

$$= \left(\frac{6}{2} \text{与} \frac{4}{2} \right) \text{的最小公倍数} \times 4 = 24$$

经二重组织的组织循环纬纱数R_w等于表里组织的组织循环纬纱数的最小公倍数。

2. 绘制经二重组织的方法　在绘制复杂组织时，不可能同时绘出织物表里两系统纱线的交织情况，因此假设表里经纱位于同一平面上。

绘图步骤为：

（1）确定表组织和里组织。设织物的表组织为$\frac{3}{1}$↗，如图2-93（a）所示；反面组织为$\frac{3}{1}$↖，则里组织为$\frac{1}{3}$↗，如图2-93（b）所示。表、里经纱为1:1排列。

（2）根据表组织确定里组织的起点。为了使织物的正面和反面都不显露出另一系统经纱的短经浮点，可以借助表组织确定里组织的起点。在表组织上用箭头标出里组织经纱的位置，如图2-93（c）所示。根据"里经的短浮线要配置在相邻表经两浮长线之间"的原则，并结合里组织的规律重新确定起始点，如图2-93（d）所示，图中符号◙代表里组织的经组织点，得到新的里组织如图2-93（e）所示。

（3）计算组织循环纱线数。根据表、里组织和表里经纱排列比确定。

组织循环经纱数$R_j = 4 \times 2 = 8$

组织循环纬纱数 $R_w = 4$

（4）在一组织循环范围内，按表里经纱排列比划分表里区，并用数字分别标出。阿拉伯数字 1、2、3…为表经纱，罗马数字Ⅰ、Ⅱ、Ⅲ…为里经纱。如图2－93(f)所示。

（5）表经与纬纱相交处填入表面组织，里经与纬纱相交处填入里组织，所得组织图如图2－93(g)所示。

（6）图2－93(h)为纵向截面图，图2－93(i)为横向截面图，用以检查组织的配置情况。

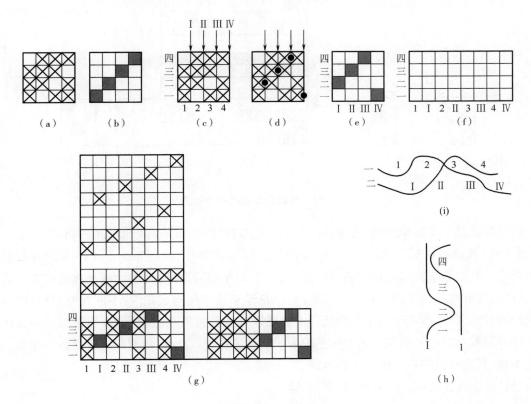

图2－93　经二重组织

3. 经二重组织的上机要点　图2－94(g)所示为上机图。

（1）当经二重织物表里经纱不同或考虑张力差异较大，则采用分区穿法。所用综页数等于基础组织循环纱线数之和，因为表经的提综次数较多，故表经宜穿入前区综页内，而里经则穿入后区内。如经纱相同，且表里组织较简单，可采用顺穿法。

（2）因为经二重组织经密较大，为了使织物表面不显露接结痕迹，一组表里经纱必须穿入同一筘齿内，以便表里经纱相互重叠。当表里经纱排列比为1：1时，按经密可2根（1表1里）、4根（2表2里）或6根（3表3里）穿入一筘齿中；当表里经纱排列比为2：1时，可3根（2表1里）或6根（4表2里）穿入一筘齿中。

（3）一般经二重织物采用单轴织造，但当表里经纱在原料、强度、缩率等方面显著不同时，可采用双织轴织造。

图 2-94 所示为某异面经二重织物的上机图。其表组织为$\frac{2}{2}$方平组织，如图 2-94(a)所示；里组织为$\frac{1}{3}$破斜纹，如图 2-94(b)所示，表、里经纱的排列比为 2:1。

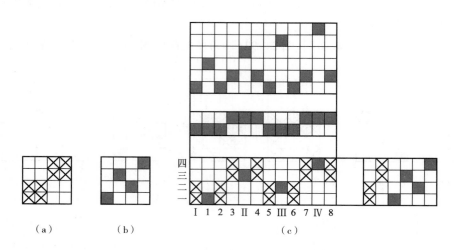

图 2-94　异面经二重组织上机图

织制异面经二重组织织物，可采用廉价的里经，以达到既增厚又降低成本的目的。

4.（特）经起花组织　局部采用经二重组织的经起花组织(warp-figured weave)，起花部分的组织是按照花纹要求在起花部位由两个系统经纱（即花经和地经）与一个系统纬纱交织。起花时，花经与纬纱交织使花经浮在织物表面，利用花经浮长变化构成花纹；不起花时，该花经与纬纱交织形成纬浮点，即花经沉于织物反面。起花以外部分为简单组织，仍由地经与纬纱交织而成。这种局部起花的经起花织物大多呈现条子或点子花纹。此外，尚有起花部位遍及全幅的经起花织物，其花经分布在全幅形成满地花。

设计经起花组织时，主要应掌握下列原则。

（1）起花组织与地组织的选择：

① 经起花部位的织物由经组织点构成。根据花型要求，一般织物经纱浮长线的组织点数，少至一个，多达五个，甚至更多。当经起花部位经向间隔距离较长，即花经在织物反面浮线较长时，则容易磨断而使织物不牢固，故需间隔一定距离加一经组织点，即与纬纱交织一次，这种组织点称接结点。

② 地组织的选择可按照织物品种、花型要求而确定。当织物品种要求厚实时，则地组织往往采用变化组织、联合组织等；有些薄织物如府绸、细纺采用经起花组织，其地组织多数采用平纹。

为了花型突出，要求地布平整，地组织的浮线不干扰花经的长短浮线。花经的接结点要视花型的要求进行合理的配置。当花经接结点与两侧地经组织点相同时，即均为经组织点，则接结点可不显露；当花经接结点一侧与地组织的组织点相同时，则接结点轻微显露；当花经接结点与两侧地组织的组织点均不相同时，即两侧地经均为纬组织点，则接结点会暴露出来。但也有不少织物就利用接结点的显露，给予合理配置，构成花型的一部分，如构成一种衬托的隐条纹，增加花型的层次和立体感。这在经起花织物上是常见的。

经起花织物地组织多数采用平纹组织,因为平纹组织交织点多,地布易平整,且平纹均为单独组织点,无论花型大小,都易于使花经的浮线与接结点配合。

③ 花经与地经排列比,可根据花型要求、织物品种而确定。常用的排列比为 1:1、1:2、2:2、1:3 等,根据花型要求也可采用一种以上的排列比。

④ 花型配置的大小及稀密,应考虑美观、坚牢与织造条件等,如起花经浮线过长,则会影响织物的坚牢度。

如某棉型织物,其花型为纵向两个散点排列。图 2-95(a)是部分组织图,仅为织物花型的一部分,该组织要求接结点不显露于织物表面。

图 2-95(a)中符号■表示起花组织,其起花经纱浮长为 4,由三根花经构成,与地经相间排列,符号⊡表示花经的接结点,符号⊠表示地组织,为凸条组织(如图中标出的 8 根经纱)。该地组织将花经接结点遮盖住。从图中可以看出,由于起花经纱两侧的地组织经浮较长,故影响花经排列,使起花效果不如平纹地组织。

又如某织物,花型为经向散点排列,地组织为平纹,起花组织花经纱接结点要求细小地散布于点子之间,组成花型的一部分,其织物的部分组织图如图 2-95(b)所示。

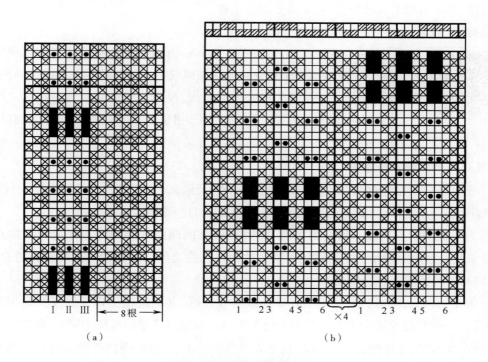

图 2-95 经起花织物组织

图 2-95(b)中符号同前例,起花组织经纱浮长为 3,地组织为平纹,花经接结点仅一侧与地组织相同,故微显露于织物表面组成花型的一部分。

质地薄爽的织物多数采用平纹地组织,起花组织根据花型要求而定,不少织物不仅利用花经纱浮线长短不一构成各种花纹,而且还合理配置接结点组成花型的一部分。如图 2 - 96 (a)为平纹地组织、满地花型的经起花色织府绸的组织图和穿综图。也有些织物,花经采用平纹地组织起花,将花经配以色经、粗经来突出起花效果。如图 2 - 96 (b) 为某色织涤/棉织物上机图,其地组织为平纹,花经采用比地经粗的色纱,利用平纹接结点构成花型。

(2) 经起花组织的上机:

① 穿综采用分区穿法。一般地经纱穿在前区,使开口清晰,起花组织经纱穿入后区,其中花纹相同的经纱穿入同一区内。

② 穿筘时,一般将花经夹在地经中间,如图 2 - 95 (b) 中穿筘图所示,并穿入同一筘齿中;或使花经穿入数为地经穿入数的 1 倍,如此穿法便于花经浮起。

③ 经起花组织经纱张力的处理。当起花组织与地组织的交织点数相差很大时,则花经与地经的张力就不一样。花经张力小易造成织造困难,如果采用双轴织造,则花经与地经可分别卷在两个织轴上,张力可分别处理,这样,能使花型清晰,织造顺利,但织轴的卷绕长度较难控制,而且布机操作也麻烦。如两种组织的平均浮长差异不大时,则可采用单织轴织造,只要在准备、织造工序中采取适当措施,如整经时对花经加大张力,进行预伸,以减少花经在织造过程中因受力而伸长。当绘制织物组织时,尽量使花组织与地组织的交织次数接近,酌情采用预伸等措施,这样,仍可采用单织轴织造,减少设备改装工作。

(二) 纬二重组织

纬二重组织微课

纬二重组织 (weft backed weave) 由相同或不相同的两个系统纬纱即表纬和里纬,与一个系统经纱交织而成。表纬与经纱交织构成表面组织,里纬与同一经纱交织构成反面组织,反面组织的里面为里组织。纬二重组织应用较多,通常用于织制毛毯、棉毯、厚呢绒、厚衬绒等,也有用于织制产业用织物,如工业用滤尘布等。

1. 设计纬二重组织的原则

(1) 表面组织与里组织的选择:纬二重组织的织物正反两面均显纬面效应,其基础组织可相同或不同,但表面组织多是纬面组织,反面组织也是纬面组织,因此里组织必是经面组织。

(2) 为了在织物正反面具有良好的纬面效应,表纬的纬浮线必须将里纬的纬组织点遮盖住,这必须使里纬的短纬浮长配置在相邻表纬的两浮长线之间。经纬纱之间配置是否合理,可通过纵向与横向截面图进行观察。

(3) 表里纬排列比的选择,取决于表里纬纱的线密度、基础组织的特性以及织机梭箱装置的条件等。一般常用的排列比为 1∶1、2∶1 或 2∶2 等。如织物正反面组织相同时,如里纬纱为线密度高的纱线,表里纬排列比可采用 2∶1;若表里纬纱线密度相同,则排列比采用 1∶1 或 2∶2。

(4) 纬二重组织的组织循环纱线数的确定与经二重组织相同,即上述适用于经纱的原则,在此适用于纬纱。

2. 绘制纬二重组织的方法

(1) 确定表组织和里组织。该织物正反面均为 $\frac{1}{3}$ 斜纹的纬二重组织,表里纬纱的排列比

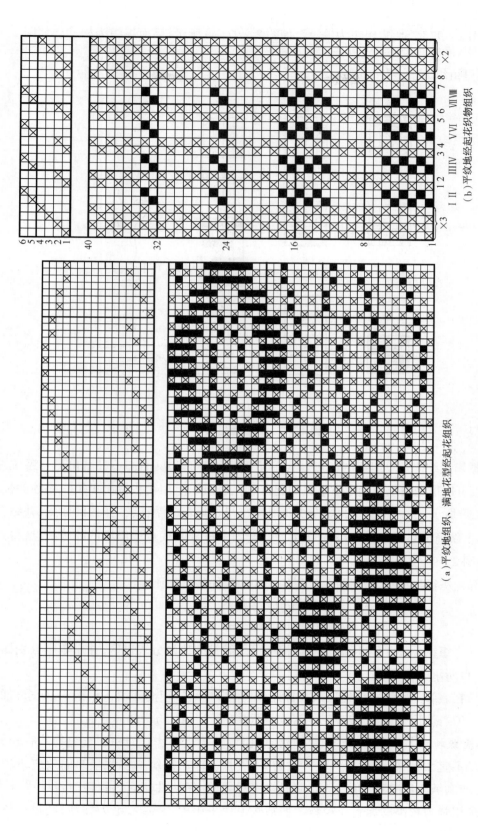

图 2 - 96 经起花色织府绸的组织图及穿综图

为 1:1。如图 2-97 所示,表组织为 $\dfrac{1}{3}\nearrow$,如图 2-97(a) 所示,反面组织为 $\dfrac{1}{3}\nwarrow$,如图 2-97

(b) 所示;则里组织为 $\dfrac{3}{1}\nearrow$。

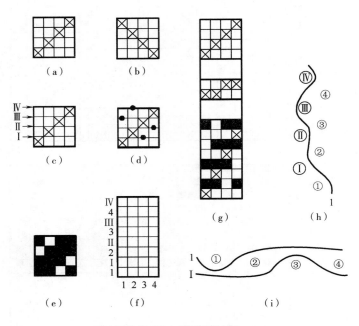

图 2-97　纬二重组织

（2）根据表组织确定里组织的起点。为了使织物的正面和反面都不显露出另一系统纬纱的短纬浮点,可以借助表组织确定里组织的起点。在表组织上用箭头标出里组织纬纱的位置,如图 2-97(c) 所示。根据"里纬的短浮线要配置在相邻两表纬浮长线之间"的原则,并结合里组织的规律重新确定起始点,如图 2-97(d) 所示,图中符号 ◉ 代表里组织的纬组织点,得到新的里组织如图 2-97(e) 所示。

（3）计算组织循环纱线数。根据表、里组织和表里纬纱排列比确定。

$$组织循环经纱数\ R_{j}=4$$
$$组织循环纬纱数\ R_{w}=4\times2=8$$

（4）在一个组织循环 4 经 8 纬范围内,按表里纬纱排列比划分表里区,并用数字分别标出,如图 2-97(f) 所示。

（5）然后在表纬与经纱相交处填入表面组织,里纬与经纱相交处填入里组织,所求得的组织图如图 2-97(g) 所示,图 2-97(h) 为经向截面图,图 2-97(i) 为纬向截面图。

3. 纬二重织物的上机要点　纬二重织物上机时,采用顺穿法。因纬二重织物需有较大的纬密,故经密不宜太大,每筘齿穿入数一般为 2~4 根。纬二重织物多数呈纬面效应,按其用途施以起毛或刮绒等后整理工序,从而使织物手感柔软,保温性好。因织造时经纱受外力作用大,故可采用强力较高的原料作经纱。如某些毛毯采用棉为经纱,毛为纬纱,经过后整理,毛纱盖住了棉纱。某些棉毯、衬绒织物，经纱采用较细的优质棉纱，而纬纱可用线密度较高且价廉的棉纱。

某工业用滤尘布，经纬纱均为棉纱，表面组织为 $\dfrac{2}{2}\nwarrow$，反面组织为 $\dfrac{1}{3}\nearrow$，里组织为 $\dfrac{3}{1}\nwarrow$，表里纬纱排列比为 2∶2，绘出的织物组织如图 2–98 所示。

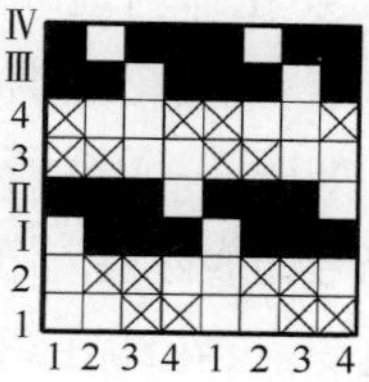

又如某棉毯，其经纱为棉纱，织物正反面均为 $\dfrac{1}{3}$ 破斜纹的纬二重组织，纬纱排列顺序为 1 甲 1 乙，织物组织采用表里交换纬二重组织。如图 2–99 所示，图 2–99（a）为表组织，图 2–99（b）为里组织。在织物上可以显示出三种颜色，如：

1～4 经的组织显甲色，即甲色纬纱浮线在织物表面；

5～8 经的组织显乙色，即乙色纬纱浮线在织物表面；

9～12 经的组织显甲乙色，即 1 纬、Ⅰ 纬与 3 纬、Ⅲ 纬有甲乙两根

图 2–98　滤尘布组织

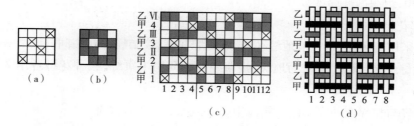

（a）　　（b）　　　　　（c）　　　　　　　　（d）

图 2–99　表里交换纬二重组织

纬纱浮在织物表面。与此同时，2 纬、Ⅱ 纬与 4 纬、Ⅳ 纬在织物反面也显甲乙色。图 2–99（c）为纬二重组织的组织图，织物外观显色效果示意图如图 2–99（d）所示。

大型花纹毯类的织物组织，可根据花型将显某色的地方，填入显该色的组织。

4.（特）纬起花组织　纬起花组织（weft-figured weave）是由简单的织物组织，再加上局部纬二重组织构成的。纬起花组织的特点是按照花纹要求在起花部位起花，其起花部位是由两个系统纬纱（即花纬和地纬）与一个系统经纱交织而形成花纹。起花时，花纬与地纬交织，花纬浮线浮在织物表面，利用花纬浮长构成花纹；不起花时，该花纬沉于织物反面，正面不显露。起花以外部位为简单组织，仍由地纬与经纱交织而成。为了使纬起花组织花纹明显，起花纬纱往往用鲜亮的颜色。此组织大多用以织制色织提花与薄型织物等。

设计纬起花组织时，主要原则如下。

（1）起花组织与地组织的选择：

① 纬起花部位，织物由花纬与经纱交织，花纬的纬浮长线构成花纹，根据花型要求，一般织物纬纱浮长为 2～5 根。织物表面起花部位往往是比较少的，当纬起花部位在纬向的间隔距离较长（花纬在织物反面浮长较长），对织物坚牢度及外观有一定的影响时，就要每隔四五根经纱，安排一根经纱用于接结该沉下去的纬纱。接结时，该经纱沉于花纬的下方，称接结经。

② 地组织多采用平纹，地布平整，花纹突出。接结经与地纬交织时，其接结组织点虽然难免要露于织物表面，但接结经的色泽与线密度常和地经相同，所以对织物外观无显著影响。

③ 花纬在织物正面起花时，浮长不宜过长，如花型需要浮长较长时，就利用地经中的一根，在织物正面压抑花纬浮长，一般由接结经旁边的一根地经来完成。常用花纬浮长以三四根为宜。

有时为了仿照结子线效果，常利用纬起花组织。

④ 花纬与地纬的排列比，按花型要求、织物品种来定。采用 2∶2、2∶4、2∶6 等多种排列比。

⑤ 纬起花组织的组织循环纱线数的确定原则，与经起花组织相同。

如图 2－100 所示，符号 ▣ 表示花纬浮在织物表面的浮长，均为两根纬纱并列，花纬浮长为 4；符号 ▣ 表示花纬沉于织物反面，故地经必须全部提起；符号 ▪ 表示接结经纱与地纬交织时的经组织点，花纬在织物背面的浮长较长，如果没有接结经在背部接结，那么织物反面浮长将很长，图 2－100 中第 5、第 10、第 15、第 20、第 25、第 30 根经纱为接结经纱，接结经与地纬以 $\frac{1}{2}$ 交织。在起花部分，花纬与地纬排列比为 2∶2，地经与接结经排列比为 4∶1。起花部分的组织循环经纱数 $R_j = 30$，组织循环纬纱数 $R_w = 20$。

（2）纬起花组织的上机：

① 穿经采用分区穿法，一般地综在前，起花综在后，接结经综在中间。图 2－100 中起花部分共用 11 页综织造，其中 1～4 为地综，接结经在中间用 1 页综，三种花型各用 2 页综，共需采用 6 页综。

② 接结经与相邻经纱穿入同一筘齿中。

有时为了突出花纬，可在起花部位采用停卷装置。

此外，还有一些纬起花组织，在织物起花时，花纬纬浮长线浮于织物表面构成花纹；不起花时，花纬不沉于织物背面而是与经纱按一定规律交织，地纬与经纱交织形成地组织。这种组织随起花组织与地组织的不同，也有很多种形式。

经纬起花组织可同时应用于一个品种，如手帕、线呢等。

（三）经三重组织

经三重组织（warp three backed weave）一般用于丝织物当中。经三重组织是由三组经纱（表经、中经、里经）与一组纬纱重叠交织而成。

经三重组织构成原理与经二重相同，但必须考虑三组经纱的相互遮盖，三者之间必须有相同的组织点，因此，一般表层组织选经面组织，里层组织选纬面组织，中层组织选双面组织，表经、中经、里经的排列比一般选 1∶1∶1。其完全组织循环经纱数等于基础组织经纱循环数的最小公倍数与排列比之和，其完全组织循环纬纱数等于基础组织纬纱循环数的最小公倍数。

图 2－101 所示为同面经三重的上机图及经向剖面图，图 2－101（a）为 $\frac{3}{1}$↗斜纹作表层组织，图 2－101（b）为 $\frac{2}{2}$↗斜纹作中层组织，图 2－101（c）为 $\frac{1}{3}$↗斜纹作里层组织，表、中、里经纱排列比为 1∶1∶1，其上机图如图 2－101（d）所示，其经向截面图如图 2－101（e）所示。

经三重组织的穿综图一般采用分区穿法。

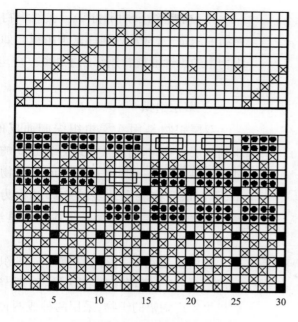

图 2 – 100 纬起花织物组织图

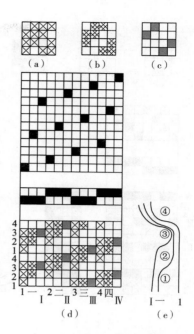

图 2 – 101 经三重组织

（四）纬三重组织

纬三重组织（weft three backed weave）是由一组经纱与三组纬纱（表纬、中纬、里纬）重叠交织而成。

纬三重组织构成原理与纬二重相同，但必须考虑三组纬纱的相互遮盖，三者之间必须有相同的组织点。

绘制纬三重组织的方法如下：

（1）确定基础组织：原组织、变化组织及联合组织均可作为表纬、中纬及里纬的基础组织。

（2）确定表纬、中纬、里纬的排列比，一般均为1:1:1。

（3）确定组织循环纱线数：

当表纬：中纬：里纬的排列比 =1:1:1 时

$$R_w = 三个基础组织纬纱循环数的最小公倍数 \times (1+1+1)$$

当表纬：中纬：里纬的排列比为 $b:z:l$ 时

$$R_w = \left(\frac{R_表 与 b 的最小公倍数}{b} 与 \frac{R_中 与 z 的最小公倍数}{z} 与 \frac{R_里 与 l 最小公倍数}{l} \right) 的最小公倍数 \times (b+z+l)$$

图 2 – 102 所示为纬三重组织上机图及纬向剖面图。图 2 – 102（a）为 $\frac{1}{3}\nearrow$ 为表组织；图 2 – 102（b）为 $\frac{2}{2}\nearrow$ 为中间组织；图 2 – 102（c）为 $\frac{3}{1}\nearrow$ 为里组织。表、中、里纬排列比为1:1:1，图 2 – 102（d）为其上机图，图 2 – 102（e）为纬向截面图。

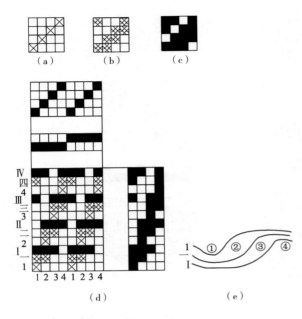

双层组织微课

双层组织动画

纬三重组织采用顺穿法。在丝织物和粗纺毛织物中,常常用到纬三重组织。如丝织物中的织锦缎就常用纬三重组织。

三、双层组织

双层织物是用双层组织织制而成的。织制双层织物时,有两个系统各自独立的经纱和纬纱,在同一机台上分别形成织物的上、下两层。在表层的经纱和纬纱称为表经、表纬,在里层的经纱和纬纱称为里经、里纬。

利用双层组织可得到:使用一般织机(非圆形织机)便可织制管状织物;用窄幅织机可生产阔幅的织物;采用两种或两种以上的色纱作表里经纬纱,且按一定几何图案交替更换表里层位置,由此构成配色花纹;利用双层组织接结在一起,还可以增加织物的厚度和质量。

双层组织的织物种类繁多,根据其上下层连接方法的不同可分为:

(1)连接上下层的两侧构成管状织物。

(2)连接上下层的一侧构成双幅或多幅织物。

(3)在管状或双幅织物上,加上平纹组织,可构成各种袋织物。

(4)根据配色花纹的图案,使表里两层作相互交换而构成表里换层织物。

(5)利用各种不同的接结方法,使两层织物紧密地连接在一起,构成接结双层织物。

双层组织较多地应用在毛织物上,如毛织物中的厚大衣呢及工业用呢的造纸毛毯等。在棉织物中也逐渐采用,如双层鞋面布,原是采用表里两层各自分开织造,再行胶合,现在可一次织成,这种双层交织鞋面布,既省工又省料。采用双层交织鞋面布还能使鞋的服用性能,如透气性、坚牢度、耐磨性等都有一定的提高。

双层组织还较广泛地用于织制水龙带,医学上的人造血管也采用该组织。

(一)双层组织的织造原理及组织结构

双层组织的织物表里重叠,从织物正反两面分析,都只能观察其一部分,为便于说清其构成原理,设想将下层织物移过一定距离,画在表层空隙之间,表达出两层的结构。

如图2-103所示,为正反两面都是平纹组织的双层织物示意图(设想将下层织物向右移过一定距离)。图中表、里经和表、里纬的排列比均为1:1。

织造双层组织时,按投纬比例依次织制织物的上、下层。织上层时,表经按组织要求分成上

下两层与表纬交织,而里经全部沉于织物下层与表纬并不交
织;织下层时,即里纬投入时,表经纱必须全部提起,里经按组
织要求分成上下两层与里纬进行交织,而表经与里纬并不
交织。

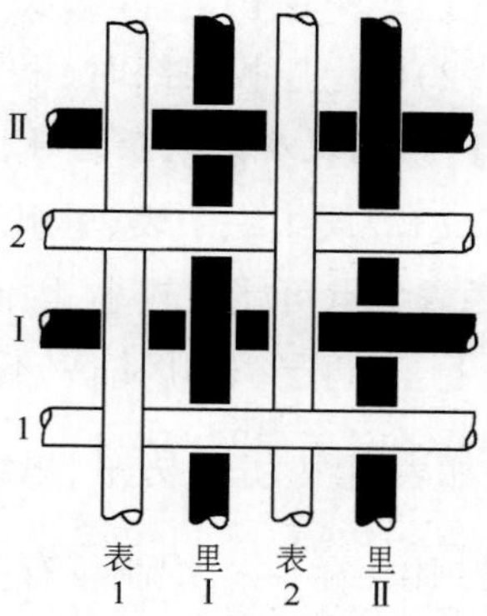

图2-104表示平纹双层织造的提综情况,表经穿1、2页
综,里经穿3、4页综。提综情况如下:

织第一纬:织上层,投表纬1,里经沉于下面,第1页综上
升,如图2-104(a)所示;织第二纬:织下层,投里纬Ⅰ,表经全
部提起,第3页综上升,如图2-104(b)所示;织第三纬:织上
层,投表纬2,里经沉于下面,第1页综下降,仅第2页综仍留
在上升位置,如图2-104(c)所示;织第四纬:织下层,投里纬
Ⅱ,表经全部提起,第4页综上升,如图2-104(d)所示。

由图可知双层织造时:

Ⅱ
2
Ⅰ
1
表 里 表 里
1 Ⅰ 2 Ⅱ

图2-103 双层织物示意图

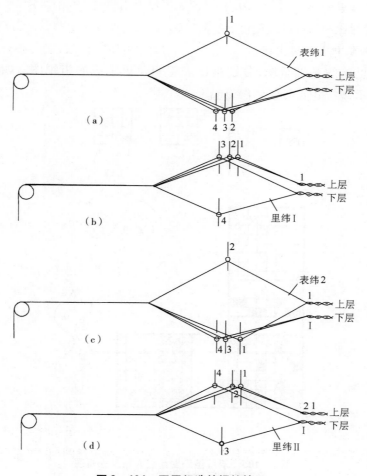

图2-104 双层织造的提综情况

（1）织下层投里纬时，表经必须全部提起。

（2）织上层投表纬时，里经必须全部留在梭口下部。

1. 织制双层组织织物时，必须首先确定的因素

（1）双层组织中表、里组织的确定，不如二重组织严格，因是两层独立的织物，除不同色泽外，暴露疵点可能性较小，因而表、里两层可用各不相同的组织，但必须使两种组织交织数接近，以免上、下两层织物因缩率不同而影响织物平整。

如表组织为 $\frac{2}{2}$ 方平，里组织为 $\frac{2}{2}\nearrow$，组织性质就比较接近。但如表组织为平纹，里组织为缎纹，则织缩不一，织制就有些困难。

（2）表经与里经的排列比，与采用的经纱线密度、织物的要求有关。如表经细里经粗，表里经排列比可采用2∶1；如表里经线密度相同，一般采用1∶1或2∶2；又如织物的正面要求紧密，反面要求稀疏一些，在表里经采用相同线密度的情况下，表里经的排列比可采用2∶1；若要求织物的正反面紧密度一致，则表里经排列比可采用1∶1或2∶2。

（3）同一组的表里经穿入同一筘齿内，以便表里经上下重叠。

（4）表里纬投纬比与纬纱的线密度、色泽有关。

2. 双层组织的组织图绘图步骤

（1）确定表、里层的基础组织，分别画出表组织及里组织的组织图。如图2－105(a)、图2－105(b)所示，表、里组织均为平纹组织。

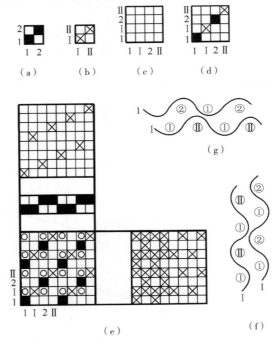

图2－105 双层组织图绘图方法及上机图

（2）确定表、里经纬纱排列比，如图2－105(c)所示，表经∶里经＝1∶1，表纬∶里纬＝1∶1。

（3）按经二重组织和纬二重组织，根据组织循环纱线数的计算公式，分别求出经纬纱线循环数。图2-105中：

$$R_j = 2 \times (1+1) = 4$$
$$R_w = 2 \times (1+1) = 4$$

（4）按照表里经纱的排列比、表里纬纱的投纬比，决定组织图中表经、里经、表纬、里纬，并分别注上序号。如图2-105（c）所示，图中1、2…分别表示表经与表纬，Ⅰ、Ⅱ…分别表示里经与里纬。

（5）把表层组织填入代表表组织的方格中，把里层组织填入代表里组织的方格中，如图2-105（d）所示。

（6）由于是双层织造，织里纬时表经必须全部提起，因此描绘组织图时要注意表经与里纬相交织的方格中，必须全部加上特有的经组织点。如图2-105（e）中以符号▣所示。这些经组织点是双层织物组织结构的需要，称为分层点或提升符号。图2-105（e）为双层组织的上机图。

设计穿综图、纹板图与单层组织方法相同。穿综时，一般采用表经穿在前页综，里经穿在后页综的分区穿法。

（二）管状组织

连接双层织物组织的两边缘处即成管状织物的组织。

管状组织可用以织制水龙带、造纸毛毯、圆筒形的过滤布和无缝袋子及人造血管的管坯等织物。

管状组织动画

1. 管状织物的设计要点

（1）管状织物应选用同一组织作为表、反面的基础组织，里组织为反面组织的反面组织。在满足织物要求的前提下，为了简化上机工作基础组织应尽可能选用简单的组织。

管状织物的基础组织可按以下两种情况确定。

① 要求管状织物折幅处组织连续，则应采用纬向飞数 S_w 为常数的组织作为基础组织，如平纹、纬重平、斜纹、正则缎纹等均可。

② 如果对管状织物折幅处组织连续的要求不严格时，则可采用 $\frac{2}{2}$ 方平，$\frac{2}{2}$ 破斜纹，$\frac{1}{3}$ 破斜纹等作为基础组织。

（2）管状组织表、里层经纱的排列比通常为 1:1，表、里纬投纬比应为 1:1。

（3）管状织物的总经根数的确定：总经根数的确定影响到管状织物的表层和里层相连处组织的连续性。

① 根据管状织物的用途和要求确定管状织物的半径 r，再根据半径计算管幅 W，假如管状织物的单层经密为 P_j，那么管状织物的总经根数 M_j 可通过计算得到。

$$W = \frac{2\pi r}{2} = \pi r$$

$$M_j = 2WP_j$$

② 为确保织物折幅处连续，其总经根数需要进行修正。

$$M_j = R_j Z \pm S_w$$

式中:M_j——总经根数;

　　R_j——基础组织的组织循环经纱数;

　　Z——表、里层基础组织的个数;

　　S_w——基础组织的纬向飞数。

例如,用平纹组织作为管状织物的基础组织,其总经根数按上式计算应当是奇数。又如当基础组织为$\dfrac{2}{2}$纬重平,以$S_w = 2$计算。如是$\dfrac{5}{3}$纬面缎纹,则以$S_w = 3$来计算。

从左向右投第一纬时,S_w取(－)号;从右向左投第一纬时S_w取(＋)号❶。如果是从左向右投第一纬,管状组织的表层组织图右侧并不呈现完整的组织循环,组织图会从右侧延续到下层组织;如果是从右向左投第一纬,管状组织双层组织的表层组织图左侧并不呈现完整的组织循环,组织图会从左侧延续到下层组织。

(4)管状组织表组织与里组织的配合:当表层组织已经选定,且经纱的总根数也已算出,其里组织可按所选定的表层基础组织和总经纱数,从管状织物的横截面图中加以确定。

如图 2－106 所示是以平纹组织为基础组织的亚麻水龙带管状组织的上机图。

图 2－106(a)为管状织物表层的纬纱与表层的经纱相交织的组织图。

图 2－106(b)为管状组织里层的纬纱与里层的经纱相交织的组织图。

图 2－106(c)为管状织物的上机图。

图 2－106(d)为管状织物 $M_j = 7$ 的横向截面图。其总经根数 $M_j = R_j \times Z - S_w = 2 \times 4 - 1 = 7$ 根(为了绘出管状织物的横向截面图,设 $Z = 4$)。

图 2－107 所示是以$\dfrac{2}{2}\nearrow$为基础组织的管状组织的上机图。

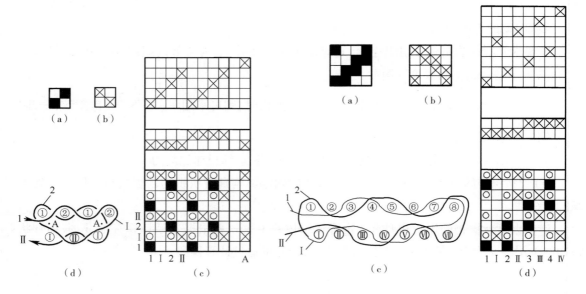

图 2－106　管状组织上机图　　　　图 2－107　以斜纹组织为基础的管状组织的上机图

❶ 适用于表、里组织互为底片翻转关系的组织。

图 2−108 所示是以 5 枚缎纹为基础的管状组织的上机图。

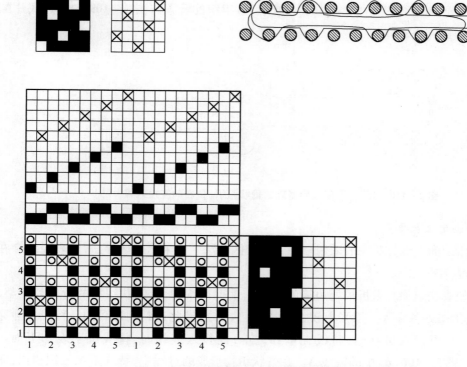

图 2−108　以缎纹组织为基础的管状组织上机图

例如,某一管状织物的设计意图为:表组织采用 $\frac{2}{1}$ 右斜纹。要求总经根数为 10 根左右,即 $R_j = 3 , S_w = +1$。

方案一:第一纬自左向右投梭,则取组织循环个数为 4, $M_j = 3 \times 4 - 1 = 11$。

如图 2−109 所示,图 2−109(a)为表组织,图 2−109(b)为采用底片反转法得到的里组织,根据投纬方向、表组织和总经根数,可作出相应的截面图,如图 2−109(c)所示,再根据截面图可得到合理配置的里组织,如图 2−109(d)所示,将表、里组织按 1∶1 配置,可作出管状组织的组织图如图 2−109(e)所示。

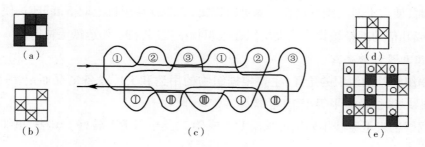

图 2−109　以 $\frac{2}{1}$ 右斜纹为基础的管状组织(自左向右投入第一纬)

方案二:第一纬自右向左投梭,则取组织循环个数为3,$M_j = 3 \times 3 + 1 = 10$。

如图2-110所示,图2-110(a)为根据投纬方向、表组织和总经根数作出的截面图,由该图可确定合理配置的组织图如图2-110(b)所示,该组织的配置与图2-109中经过底片翻转法而得到的里组织完全相同。

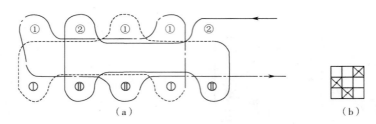

(a)   (b)

图2-110 以$\frac{2}{1}$右斜纹为基础的管状组织(自右向左投入第一纬)

2. 管状织物的上机要点

(1)管状组织的穿综方法一般采用顺穿法或分区穿法。如采用分区穿法,则表经纱穿在前区,里经纱穿在后区。

(2)为了使管状织物左右折幅处边缘的经纱密度保持均匀,使管状织物的折幅处平整,所以在布身左右折幅处各穿入一根张力较大的特线(边线),借此达到上述目的。特线单独穿在独立的综页内。当投入里纬时,特线在里纬之上;而投入表纬时,特线沉于表纬下面。如图2-106(c)、图2-106(d)中的特线A。在管状织物形成的过程中,特线不织入织物内,而是夹在表、里层之间。在织物下机时,可以将特线抽出。特线的粗细随管状织物的经纱线密度与密度不同而改变。

如当织物的经纬密度很大,且纱线的线密度较高,经纱张力很大,以及对布的折幅处平整要求较高,而布幅却较狭,并且使用特线不能达到要求时,可以用"内撑幅器"来替代特线。"内撑幅器"为一舌状的铁片,其截面与管状织物的内幅相符合,活装在筘上能作上下滑动。上机时,内撑幅器在表经和里经之间,而在打纬时则能插入管状织物内,以使边缘平整。

(三)双幅组织

在窄幅织机上生产幅度宽一倍或两倍……的织物,必须以双幅或三幅……组织来织造。织制双幅织物时,使上下两层织物仅在一侧进行连接,当织物自织机上取下展开时,便获得比上机幅度大一倍或几倍的阔幅织物。这类组织在毛织物中应用较多,如造纸毛毯等。

1. 双幅组织设计的要点

(1)双幅织物基础组织的选择,主要根据织物的用途和工厂设备情况而定,一般以简单组织如平纹、斜纹、缎纹及方平等组织应用较多。

(2)双幅织物表里经纱排列比可采用1:1或2:2,其中以1:1较好。其表、里纬纱排列比必须是2:2。

(3)双幅织物组织循环经纱数与组织循环纬纱数,取决于织物的层数、基础组织的组织循环纱线数及基础组织的复杂程度(不仅采用简单组织,也有采用经二重、纬二重、双层组织等)。

(4)双幅织物组织图的描绘方法,除了纬纱的投入次序与双层组织不同之外,其余均与双层织物相同。如图2-111所示(基础组织为平纹组织),图2-111(a)为组织图与穿综图,图2-111(b)为横截面图。

图中的 A 与 B 是织双幅织物的特有经线。A 为特线,它比布身的经纱粗,用以改善折幅处的织物外观,不与纬纱交织。B 称为缝线,用以将织机上下两层织物缝在一起,使织物在织机上平整,下机后缝线需拆掉,不妨碍布幅的展开。

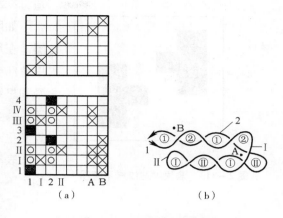

图2-111 双幅织物组织图

图2-112为某双幅织物。表里经纱排列比为1:1,上机时左侧连接,右侧有布边,第一纬自右向左投入;表里纬纱的投纬次序为里1、表2、里1,图2-112(a)为织物组织图,图2-112(b)为穿综、穿筘图。为了防止上下层连接处(即折幅处)幅度收缩后经纱过密,采用在织物连接处减少每筘齿内的经纱穿入数及采用线密度较高的特线,并空一个筘齿。

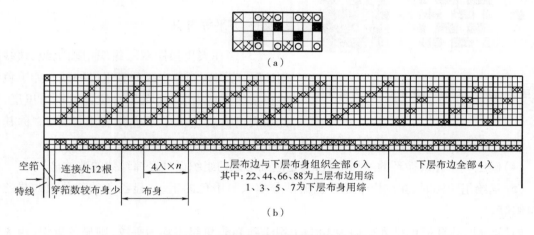

图2-112 某双幅织物的组织图、穿综图

2.双幅织物的上机要点

(1)双幅织物上下两层所用的纱线原料、线密度、织物组织等均应相同,因此,可以应用单只织轴进行织造。

(2)双幅织物织造时,采用一只梭子或多只梭子均可。

(3)穿综可以采取分区穿法或顺穿法,分区穿法经纱的张力较为均匀。

(四)表里换层双层组织

表里换层双层组织的织制原理与一般双层组织相同,这种组织仅以不同色泽的表经与里经、表纬与里纬,沿着织物的花纹轮廓处交换表里两层的位置,使织物正反两面利用色纱交替织

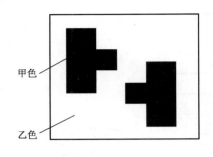

图 2-113 表里换层纹样示意图

造,形成花纹,同时将双层织物连接成一整体。

如图 2-113 所示是表里交换双层组织的纹样示意图。在甲色图案处(图中深色几何图案),由甲色经和甲色纬分别作表经和表纬,而乙色经和乙色纬分别作里经和里纬;在乙色图案处(图中浅色地部),由乙色经和乙色纬分别作表经和表纬,而甲色经和甲色纬分别作里经和里纬,从而形成正反面颜色相反的花型图案。

表里换层组织表里经纬纱的线密度、原料、颜色等均可不一。因此,如各种因素配合恰当,则可织出各种花式的服用或装饰织物。图 2-114 为不同色纱表里交换外观效果图。

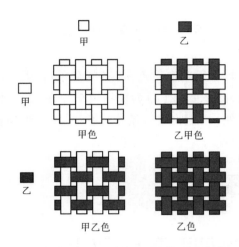

图 2-114 不同色纱表里交换外观效果图

表里换层组织设计要点如下。

(1)先设计纹样图。

(2)选定表里组织的基础组织。一般采用简单的组织作为表里换层织物的基础组织。这样可以少用综,便于上机,常用的基础组织有平纹、$\frac{2}{2}$斜纹及$\frac{2}{2}$方平等组织。

(3)当在表里换层双层组织中确定经、纬纱排列比时,应当用颜色来区分表里经纬纱。如甲色经纬在某位置是表层,而在另一位置就换为里层,因此在表里换层组织中不应称表里经纬,应称其色泽。表里换层双层组织的经纬纱排列比,可采用1∶1、2∶2或2∶1等。

(4)确定一个花纹循环的经纬纱数,应是基础组织的组织循环经纬纱数的整数倍。

(5)描绘组织图时,在纹样中显甲色的部分填入显甲色的组织,显乙色的部分填入显乙色的组织等。

如果经纱、纬纱颜色排列比均为1∶1(1甲1乙),表里组织均为平纹,则显色组织(由表经和表纬在织物表层上所显现颜色的组织叫显色组织)如图 2-115 所示,图中"■"表示表层组织点,"⊠"表示里层组织点。

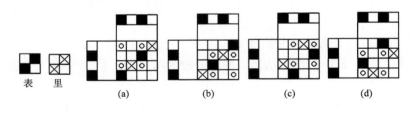

表里换层组织微课

图 2-115 表里换层的显色组织

图 2 – 115(a):甲经甲纬构成表层,显甲色;图 2 – 115(b):乙经乙纬构成表层,显乙色;图 2 – 115(c):乙经甲纬构成表层,显乙甲色;图 2 – 115(d):甲经乙纬构成表层,显甲乙色。

如图 2 – 116 所示的纹样为甲乙两色换色方块,如图 2 – 116(a)所示:方块 A 显甲色,方块 B 显乙色。

A 或 B 每一正方形中代表表里经各 4 根、表里纬各 4 根,因此,在一个花纹循环中,组织循环纱线数:$R_j = R_w = 2 \times (4 \times 2) = 16$。图 2 – 116(b)为填绘的组织图,其中 1、2、3…表示甲色经或甲色纬,Ⅰ、Ⅱ、Ⅲ…表示乙色经或乙色纬;图 2 – 116(c)为经向截面图;图 2 – 116(d)为纬向截面图。

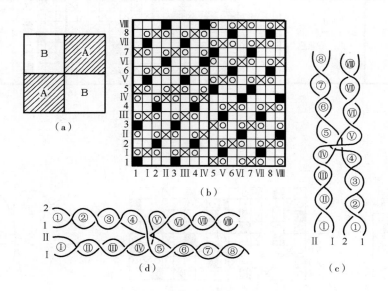

图 2 – 116　方块纹样表里换层组织

又如某织物纹样和结构如图 2 – 117 所示,各部分所呈现的颜色如图中所注。其色经排列为:灰 16,然后灰 2、白 2 相间重复 3 次;色纬排列为灰 16,然后灰 2、白 2 相间重复 2 次,如图 2 – 117(a)所示:

第Ⅰ部分:灰经灰纬成单层平纹组织。

第Ⅱ部分:白经灰纬作表层组织,织物正面成白灰色。灰经灰纬作里层组织,织物反面成灰色。

第Ⅲ部分:灰经白纬作表层组织,织物正面成灰白色,灰经灰纬作里层组织,织物反面成灰色。

第Ⅳ部分:白经白纬作表层组织,织物正面成白色,灰经灰纬作里层组织,织物反面成灰色。

表里交换组织在服用、装饰用纺织品中应用较多。常见的毛织物中的牙签条就是采用表里换层组织。牙签条形成原理为:不同捻向的纱线相间排列,利用其在织物表面反光的不同,形成隐条效果,采用表里换层组织,在织物表面形成隐条和细沟纹。如图 2 – 118 中(a)所示,纹样 A 和 B 各代表 Z 捻经纱 2 根,S 捻的经纱 2 根,纬纱采用两种不同捻向的纱线 1S1Z 相间排列。表、里基础组织均为平纹,按其纹样所绘制的组织图如图 2 – 118(b)所示,经纱排列为 1Z1S,纬纱排列为 1S1Z,图 2 – 118(c)为纬面截面图。

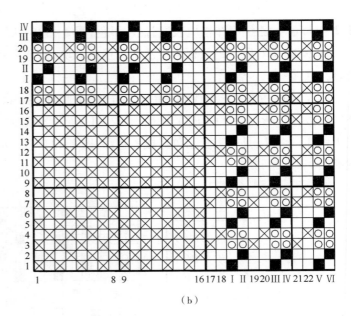

（a）

（b）

图2-117　表里换层纹样图

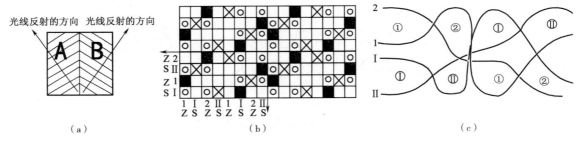

（a）　　　　　　　　（b）　　　　　　　　（c）

图2-118　牙签条织物

利用表里换层组织也可设计配色模纹花型。如图2-119所示为两种表里换层配色模纹组织，如图2-119（a）所示为条形花纹，如图2-119（b）所示为小花点花纹。

表里换层组织，穿综采用分区穿法。表里经纱或甲乙色经纱分别穿入前后两区的综页内。

（五）接结双层组织

接结双层组织微课

双层组织的表里两层紧密地连接在一起的织物称为接结双层织物，其组织称为接结双层组织。

这种组织在毛、棉织物中应用较广，一般常用它织制厚呢或厚重的精梳毛织物、正反面两用织物、家居织物以及鞋面布等。

1. 接结双层组织表里两层的接结方法

（1）在织表层时，里经提起和表纬交织，构成接结，称为"下接上接结法"或称"里经接结法"。

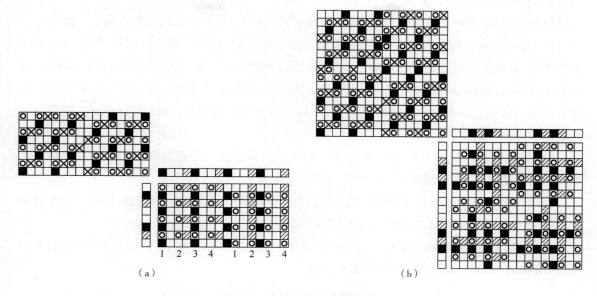

图2－119 表里换层配色模纹组织

（2）在织里层时，表经下降和里纬交织，构成接结，称为"上接下接结法"或称"表经接结法"。

（3）在织表层时，里经提起与表纬交织，同时在织里层时表经下降与里纬交织共同构成织物的接结，这种接结方法称为"联合接结法"。

（4）在表经纱和里经纱之间，另用一种经纱与表里纬纱上下交织，把两层织物连接起来，这种接结方法称为"接结经接结法"。

（5）在表纬纱和里纬纱之间，另用一种纬纱与表里经纱上下交织，把两层织物连接起来，这种接结方法称为"接结纬接结法"。

上述五种接结方法，其中"下接上接结法"和"上接下接结法"，由于用里经或表经自身接结，表层和里层接结，故经纱屈曲较大，张力大，两种经纱缩率不同，容易影响织物外观，甚至使织物不平整，在表里层颜色不同时，若接结不妥会产生漏底现象。目前生产以采用"下接上接结法"为多。

当采用"接结经接结法"或"接结纬接结法"时，用纱量增加，并且"接结经接结法"的接结经来往于两层之间，张力较大，织造时常用两只织轴，所以较少采用。

2. 设计接结双层组织应注意的问题

（1）接结双层组织的表里基础组织可相同，也可不同，大多采用原组织或变化组织。当表层和里层的组织不相同时，则首先确定表层的组织，然后根据织物要求再确定里层的组织。

（2）表里经纬纱排列比的确定，应考虑织物的用途、织物表里层的组织、纱线线密度和经纬纱的密度等因素。故表里经纱的排列比一般有1:1、2:1、3:1等。而表里纬纱的排列比有1:1、2:1、3:1、2:2、4:2等。

（3）接结双层组织的组织循环经纱数 R_j 及组织循环纬纱数 R_w 的确定，是根据表里基础组织的组织循环经纱数、纬纱数与表里经纬纱的排列比而计算的。计算方法可参照求经纬二重织物的组织循环纱线数的计算方法(此法不适用接结经双层组织及接结纬双层组织,因为接结经双层组织的 R_j 还需加上接结经数值,接结纬双层组织的 R_w 还需加上接结纬数值)。

(4)接结双层组织除表里组织外,尚需确定接结点组织,选择接结点组织时,要求表里两层结合牢固,且接结点不能露于织物表面,因而必须做到接结点分布均匀。接结点分布的部位,对织物正面而言:如接结点是经组织点,则应位于表经长浮线之间;如是纬组织点,则应在表纬长浮线之间。接结点分布方向,如表组织为斜纹一类有方向性的组织,接结点分布方向应与表组织的斜纹方向一致。

(5)接结双层组织的上机:穿综可采用顺穿法或分区穿法。穿筘时每一筘齿的穿入数应根据织物的性质而不同,一般每筘齿的穿入数为 2~10 根。

当织物表里经纱的原料、线密度、组织、密度均相同时,可以采用一只织轴,但当两种经纱所用的线密度或组织等不同时,则必须使用两只织轴。

3."下接上法"接结双层组织　现以双层交织鞋面布说明"下接上法"接结双层组织(back warp stitching double weave)的组织图描绘方法。

双层交织鞋面布以 $\frac{2}{2}$ 方平为表组织[图2-120(a)], $\frac{2}{2}$ 斜纹为里组织[图2-120(b)],表、里经纱排列比为1:1,投纬次序为里1、表2、里1。

根据表里基础组织及表、里经纬纱的排列比,求得双层组织的组织循环经纬纱数 $R_j = R_w = 4 \times 2 = 8$。

在8经8纬的范围内,分别标出经纬序数,以1、2、3、4…表示表经、表纬,以Ⅰ、Ⅱ、Ⅲ、Ⅳ…表示里经、里纬,如图2-120(c)所示。

表经、表纬交织处填绘表组织以符号■表示,里经、里纬交织处填绘里组织以符号⊠表示。并且绘出投入里纬时,所有表经纱都要提起的组织点,如图2-120(e)中符号▣所示。

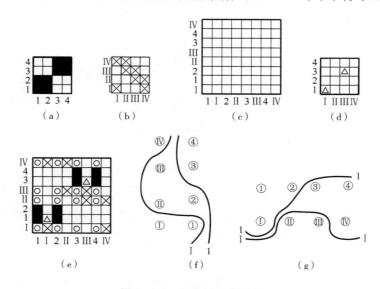

图2-120　双层交织鞋面布

再按图 2 - 120(d)中符号☑所示投入表纬时里经提起，即表纬与里经交织，把两层织物连接起来，所绘得的组织图为图 2 - 120(e)。

图 2 - 120(f)为经向截面图，图 2 - 120(g)为纬向截面图。

图 2 - 121 所示为双层毛呢的组织图。其中，图 2 - 121(a)为表层的基础组织$\dfrac{2}{1}\nearrow$；图 2 - 121(b)为里层的基础组织$\dfrac{1}{2}\nearrow$；图 2 - 121(c)为接结组织采用"下接上法"；图 2 - 121(d)为组织图与穿综图；图 2 - 121(e)为该组织的经向截面图；图 2 - 121(f)为该组织的纬向截面图。

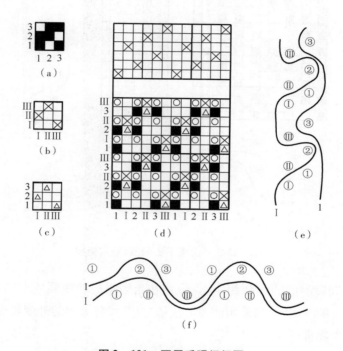

图 2 - 121　双层毛呢组织图

4. "上接下法"接结双层组织　图 2 - 122(d)为"上接下法"接结双层组织(face warp stitching double weave)上机图，图 2 - 122(a)为表组织，图 2 - 122(b)为里组织，图 2 - 122(c)为接结组织，图中符号☑表示投入里纬时表经不提起，即表示表经的取消点，故纹板图中没有填绘此种组织点。图 2 - 122(d)为组织图与穿综图，图 2 - 122(e)为该组织的经向截面图，图 2 - 122(f)为该组织的纬向截面图。

5. "联合接结法"双层组织　"联合接结法"双层组织(combined stitching double weave)是同时用上述两种接结方式构成，即将里经与表纬接结的同时，又将表经与里纬接结。接结点要求分布均匀。

6. 接结线接结双层组织　采用接结线接结双层组织(extra thread stitching double weave)要求接结经或接结纬在一个组织循环中与上下两层纬(经)纱交织，将两层连接在一起，不显露在织物正反面。接结经(或纬)的根数在一个组织循环中至少要比表里纱线少一半。

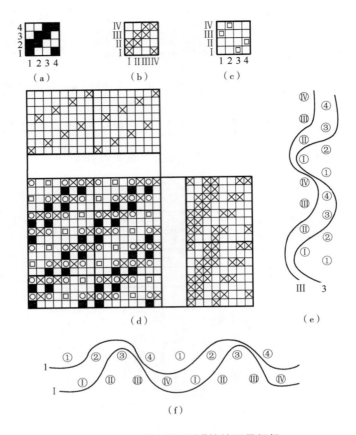

图 2 – 122 "上接下法"接结双层组织

"接结经法"与"接结纬法"双层组织,仅应用在当表里层纱线颜色不同,且色差很大,或织物的里层用线密度高的纱线时,如采用前述的接结方法,织物表面的外观将受到损害,所以特设一种经线或纬线对织物进行接结。

(1)接结经法(extra warp stitching):在表里经之间再加入一个系统的经纱,分别与表、里纬上下交织,连接上下两层。接结经在表纬之上,里纬之下进行接结。

接结经纱因与上下两层交织,屈曲度大,因此在织造时需用双织轴;由于接结点不显露在织物正反面。接结点配置时应按照:接结经与表纬的接结点(经组织点)应配置在左右两表经浮长线之间;与里纬的接结点(纬组织点)宜配置在左右两根里经在反面的经浮长线之间,从正面看为连续的纬组织点。

图 2 – 123 为接结经法双层组织的作图方法。表组织为 $\frac{2}{2}\nearrow$,里组织为 $\frac{1}{3}\nearrow$,经纱排列顺序为 1 表 1 里 1 接结经,纬纱排列顺序为 1 表 1 里。

(2)接结纬法(extra weft stitching):在表里纬之间再加入一个系统的纬纱,分别与表、里经上下交织,连接上下两层。接结纬在表经之上,里经之下进行接结。

接结纬纱因与上下两层交织,屈曲度大,因此在织造时需用另一把梭子;由于接结点不显露

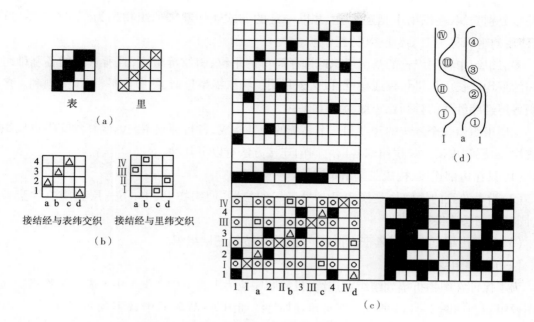

图 2-123　接结经接结法双层组织上机图

在织物正反面,接结点配置时应按照:接结纬与表经的接结点(纬组织点)应配置在上下两表纬纬浮长线之间;与里经的接结点(经组织点)宜配置在上下两根里纬在反面的纬浮长线之间,从正面看上下里纬上宜为经组织点。

图 2-124 为接结纬法双层组织的作图方法。表组织为 $\frac{2}{2}\nearrow$,里组织为 $\frac{3}{1}\nearrow$,经纱排列顺序为 1 表 1 里,纬纱排列顺序为 1 表 1 里 1 接结纬。

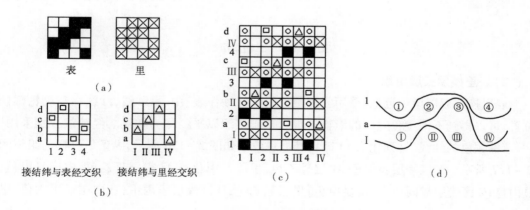

图 2-124　接结纬接结法双层组织上机图

四、多层组织

随着产业用纺织品的不断发展,多层织物越来越得到重视。由三个系统(或多个系统)的经纬纱分别交织,在织物中相互重叠,并以一定的方式连接起来的织物称为三层(或多层)织物,使用的组织称为三层(或多层)组织。

多层组织中各层织物的基础组织应选择简单的平纹、斜纹等组织,且所选用的各基础组织之间的平均浮长应尽量相等或接近,以保证每层织物织缩率近似,使布面平整,织造顺利。多层组织各层经纬纱线的排列比一般为1:1:1…

三层组织由三个系统的经纱和三个系统的纬纱构成,各自独立系统的经纬纱交织形成织物的表层、中层和里层。三层组织各层之间的连接方法有以下几种。

(1)只在边部连接,构成三幅组织。

(2)沿着花纹的轮廓处交换表、中、里三层的位置,使织物上、中、下三层利用色纱交替织造,同时将三层连接在一起。

(3)利用接结点将三层紧密连接在一起,形成接结三层组织。

(一)三幅组织

为了保证在织物折幅处组织点连续,投纬顺序应为1表1中2里1中1表。织物横截面示意图及组织图如图2-125所示。在折幅处加特线如图2-125(c)中A、B所示。

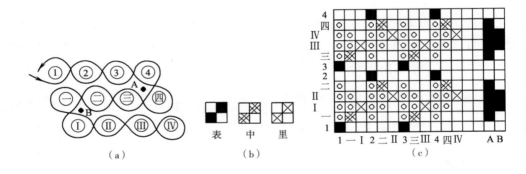

图2-125 三幅织组织

(二)表里换层三层组织

与表里换层双层组织近似,采用三种颜色的经纬纱作表、中、里纱线,纱线在花纹轮廓处交换位置,可以得到不同颜色效应的织物外观。基础组织以平纹最为常见。经纬纱分别采用甲、乙、丙三种颜色的纱线,排列比为1:1:1,其显色效果如图2-126所示,纵条形纹样的组织图如图2-127所示。A区表层显甲色,中层显乙色,里层显丙色;B区表层显乙色,中层显甲色,里层显丙色;C区表层显丙色,中层显甲色,里层显乙色;D区表层显丙甲色,中层显甲丙色,里层显乙色。

(三)接结三层组织

接结三层组织的接结方法有:中接表、里接中(即下接上);表接中、中接里(即上接下);表接中、里接中(即上、下接中);中接表、中接里(即中接上、下);接结线接结法。

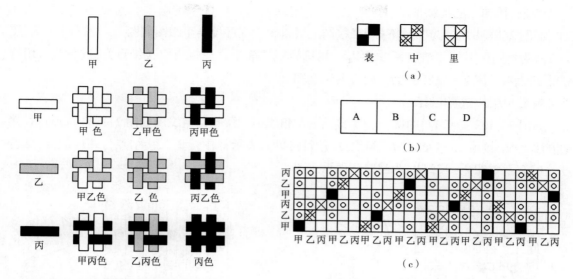

图2-126 表里换层三层组织显色效果

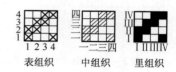

图2-127 表里换层三层组织图

下面以 $\frac{2}{2}$↗ 斜纹为基础组织研究其结构的四种情况，表、中、里组织及编号如图2-128所示。经纬纱线排列比均为1表1中1里。

例1 接结三层组织Ⅰ

如图2-129所示为"下接上"接结三层组织。三层接结组织图如图2-129(a)所示，分层点用符号"⊡"表示，接结方法为"中接表""里接中"，接结点均为经组织点，"▲"为中接表的接结点；"△"为里接中的接结点。图2-129(b)为经向截面示意图。

例2 接结三层组织Ⅱ

如图2-130所示为"上接下"接结三层组织。三层接结组织图如图2-130(a)所示，接结方法为"表接中""中接里"，接结点均为纬组织点，用符号"⊡"表示。图2-130(b)为经向截面示意图。

图2-128 三层组织的基础组织

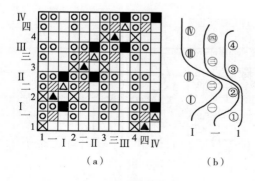

图2-129 接结三层组织Ⅰ

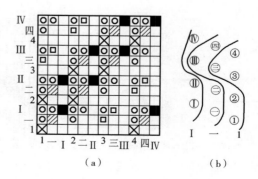

图2-130 接结三层组织Ⅱ

例3　接结三层组织Ⅲ

如图2-131所示为"上、下接中"接结三层组织。三层接结组织图如图2-131(a)所示,接结方法为"表接中",接结点为纬组织点,用符号"▣"表示;"里接中",接结点为经组织点,用符号"◪"表示。图2-131(b)为经向截面示意图。

例4　接结三层组织Ⅳ

如图2-132所示为"中接上、下"接结三层组织。三层接结组织图如图2-132(a)所示,接结方法为"中接表",接结点为经组织点,用符号"▲"表示;"中接里",接结点为纬组织点,用符号"▣"表示。图2-132(b)为经向截面示意图。

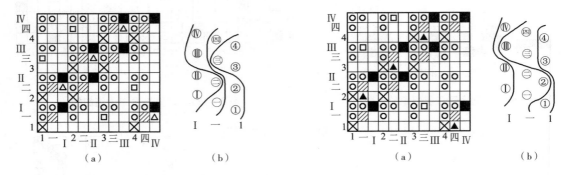

图2-131　接结三层组织Ⅲ　　　　　　图2-132　接结三层组织Ⅳ

(四)四层组织

四层组织是由四个系统的经纱和四个系统的纬纱构成,各自独立系统的经纬纱交织形成织物的表层、中一层、中二层、里层。

同三层组织一样,四层组织在实际应用中,往往接结在一起,下面研究两例接结四层组织。

例1　松式接结四层组织

如图2-133所示,所有各层组织均为$\frac{2}{2}\nearrow$。经纬纱排列顺序为1表1中一1中二1里。

接结方法为:表层接中一层,中一层接中二层,中二层接里层,组织循环数 $R_j = R_w = 16$。图2-133(a)为各层组织图,图2-133(b)为四层接结组织图,图2-133(c)为经向截面示意图。

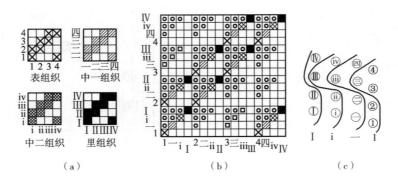

(a)　　　　　　　　(b)　　　　　　　　(c)

图2-133　松式接结四层组织

例 2　紧密接结四层组织

如图 2 – 134 所示，是以平纹组织为基础组织的紧密接结组织，常用来织制带状之物，这种织物的纬密一般较小。基础组织如图 2 – 134（a）所示，四层组织组织图如图 2 – 134（b）所示。在织造时，打纬顺序为 1 表、1 中一、1 中二、1 里、1 里、1 中二、1 中一、1 表。织物的接结方法为表接中一，中一接中二，中二接里，组织图中的接结点为纬组织点，用符号"回"表示；中一接表，中二接中一，里接中二，接结点为经组织点，用符号"▲"表示。图 2 – 134（c）为经向截面示意图。

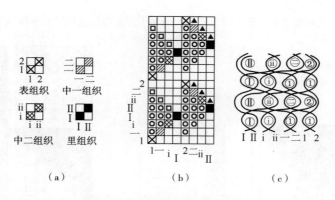

图 2 – 134　紧密接结四层组织

（五）多层机织物组织设计

在产业用纺织品中，往往需要设计超过 2 层甚至多达 10 余层的机织物，而这些多层机织物的各层组织结构多数情况下相同，因此，找到一种能快速、准确地描绘各层组织相同的多层机织物组织图的方法很有必要。

1. 设计方法描述　下面以一个各层组织相同的多层机织物为例来说明多层机织物设计的新方法。

（1）确定所需设计织物组织的层数为 n。得出 n 层组织的子组织 A_1 和 A_2，A_1 和 A_2 的组织循环数 $R_j = R_w = n$，且各根经纱的连续经组织点分别为：

$A_1 : n、n-1、n-2、\cdots、2、1；A_2 : n-1、n-2、\cdots、2、1、0$。

图 2 – 135 所示为四层组织的子组织 A_1 和 A_2。

（2）选择各层机织物组织，如平纹、斜纹等。

把子组织 A_1 和 A_2 分别取代所选组织的经组织点和纬组织点，即可得出一个多层机织物的组织图。图 2 – 136 所示为不含接结点的四层平纹，如图 2 – 136（a）所示；四层斜纹组织图，如图 2 – 136（b）所示。

2. 公式的应用　如设计一个以平纹组织为基础的九层机织物，利用上述方法，很容易得出其组织图，如图 2 – 137 所示。图 2 – 137（a）为基础组织平纹组织，图 2 – 137（b）为九层子组织，图 2 – 137（c）为九层机织物组织图。

（a）A₁　（b）A₂

图2-135　四层机织物子组织图

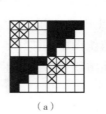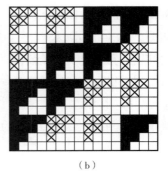

（a）　　　　　　　　　（b）

图2-136　不含接结点的四层平纹和四层斜纹组织图

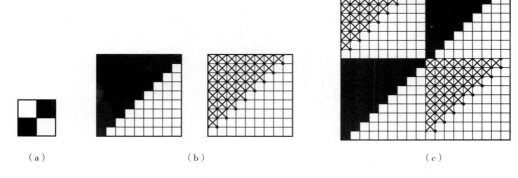

（a）　　　　　　　（b）　　　　　　　（c）

图2-137　以平纹为基础的九层机织物

3. 接结多层织物　单纯的多层织物没有实际应用价值，在产业用纺织品领域，往往把多层织物按不同的方法进行接结，以增加其厚度或形成蜂窝状结构。有了多层织物的组织图，清楚组织图中各个经纬纱所在的层数，增加经组织点即形成"下接上"，去除经组织点即形成"上接下"的接结结构。如图2-138所示的下接上织物组织，其紧密接结增加织物的厚度；图2-139所示的下接上织物组织和图2-140所示的截面示意图，可以看出，二层经纱和一层纬纱接结，四层经纱和三层纬纱接结，三层经和二层纬、五层经和四层纬接结，图中 n 的大小决定了蜂窝组织中蜂窝的大小，其变化接结形成三维蜂窝复合材料的机织物加强材料。

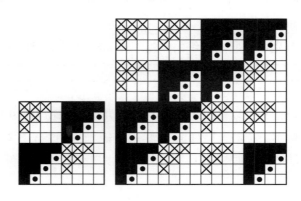

图2-138　下接上多层接结织物组织图

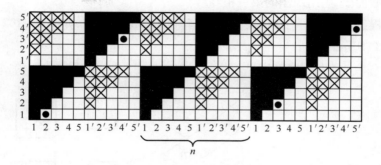

图 2 – 139　下接上多层变化接结织物组织图

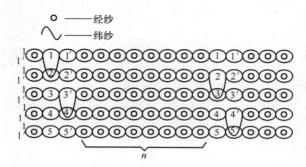

图 2 – 140　下接上多层变化接结织物截面示意图

（六）角度联锁多层组织

角度联锁多层组织分经纱角度联锁组织与纬纱角度联锁组织，因经纱角度联锁更有实际意义，这里仅介绍经纱角度联锁组织。

经纱角度联锁组织有一个系统的经纱和多个系统的纬纱，经纱和各层纬纱成角度依次交织，如图 2 – 141 所示。

经纱角度联锁组织的构成步骤如下：

（1）确定所需织物的层数，如图 2 – 142（a）、图 2 – 142（b）、图 2 – 142（c）所示分别为二层、三层、四层。

（2）分别画出纵向截面图，如图 2 – 142（a）、图 2 – 142（b）、图 2 – 142（c）所示。

（3）计算经纬纱完全组织循环数，R_j、R_w 和经向飞数 S_j。

计算公式为：

$$R_j = P（层数） + 1$$
$$R_w = R_j \times P = P(P + 1)$$
$$S = P$$

最长浮线 $f_m = 2P - 1$

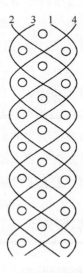

图 2 – 141　经纱角度联锁多层组织

（4）由纵向截面图，画组织图的第一根经纱。

（5）由第一根经纱组织图与经向飞数 S_j，画其他各经纱组织图，如图 2–142（d）、图 2–142（e）、图 2–142（f）所示。

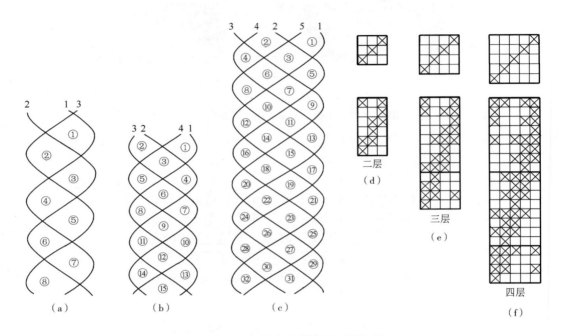

图 2–142　经纱角度联锁组织的构成

经纱角度联锁组织采用顺穿法。

这种组织不仅增加了织物的厚度，还具有易于变形的特点，同时，在传统织机上可以织造，因此，在产业用纺织品领域具有广阔的应用前景。

五、凹凸组织

（一）凹凸组织的组织特征

凹凸组织织物的经纱分为地经和缝经两个系统。表面的立体效应是由于地经和缝经的张力不同而在织物表面形成横向凸条或其他花纹图案。

织物中花型凸起部分是由密度较大、纱线线密度较小的经纬纱（地经、地纬）交织成平纹组织，其背后具有纱线线密度与张力均较大的经纱（缝经）浮长线，在平纹与缝经之间经常有粗特纬纱（芯纬）填充，以增加凸起效果。缝经与地纬的交织处形成织物正面的凹下部分。

（二）织物分类

1. 简单凹凸组织　简单凹凸组织（simple pique weave）由两个系统的经纱和一个系统的纬纱构成。地经与纬纱交织形成平纹组织；缝经与纬纱交织浮、沉于织物的正反面。当缝经浮于织物的正面时，此处凹下；当缝经沉于织物的反面时，此处凸起。织物外观呈现横向凸出条纹。图 2 – 143 为某简单凹凸组织上机图,在图 2 – 143(a)中,1、2、3、4 为地经;a、b 为缝经,图 2 – 143(b)为纵向截面示意图。

夏季轻薄型面料可以采用无芯纬的凹凸组织,织物反面的缝经浮长线不要太长,以体现织物的轻薄感,原料采用细支羊毛、毛涤混纺纱、毛麻混纺纱或化学纤维,纱线线密度较低,织物紧度较低,风格设计接近于麻型织物。

2.复杂凹凸组织 在复杂凹凸组织(compound pique weave)中,纬纱分为地纬与芯纬两个系统。地经(即表经)与地纬(即表纬)交织成平纹组织形成织物的正面;缝经与地纬交织按照花纹的要求浮沉于织物的正面或反面;芯纬不显露于织物

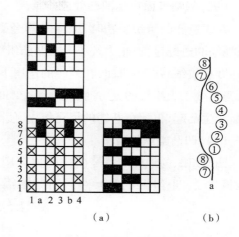

图 2 – 143 简单凹凸组织

表面,它与缝经的配置有两种方法:一是在缝经之上,地经之下,不与任何经纱交织,只起填充作用,即松背凹凸组织;二是芯纬与缝经做适当交织,以固结缝经在织物反面的纬浮长线,即紧背凹凸组织。芯纬的衬垫使凹凸效果更加明显,并且可以增加织物的厚度和重量,在原料选择时可以采用质地较差、较粗的纱线,以节约成本。

图 2 – 144 为松背凹凸组织,其中一、二纬为芯纬;图 2 – 145 为紧背凹凸组织,图 2 – 145(a)为芯纬与缝经作部分交织,芯纬接结缝经,缩短了缝经在织物反面的经浮长线,使织物坚牢;图 2 – 145(b)为芯纬与缝经作全部交织。

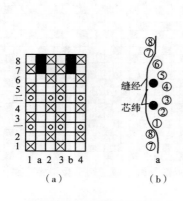

图 2 – 144 松背凹凸组织

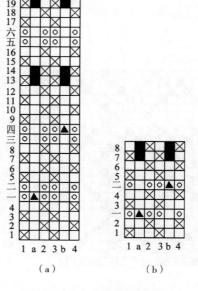

图 2 – 145 紧背凹凸组织

(三)织物表面产生凹凸效应的原因

在织造凹凸组织织物时,地经与缝经必须分别卷绕于两个织轴上,缝经的送经量小,张力大;地经的送经量大,张力较小。在凹凸组织的平纹部分,地经与地纬交织次数多,又由于地经地纬纱线较细易产生弯曲,在缝经的作用下,产生凸起。与地经纱相比,缝经线张力大,有拉拢力,当其处于表组织的上方时,与地纬交织时便把纬纱拉下产生凹痕,而处于表组织的下方时,布面产生凸起,再配合芯纬的填充作用,使凸出的花纹更加明显。

(四)凹凸组织的绘图

凹凸组织的地经与缝经的排列比多用 $2:1$,地纬与芯纬的排列比一般为偶数,常用 $4:2$,$6:2$ 或 $2:2$。地组织一般为平纹。其组织循环纱线数为:

$$R_j = 地、缝经排列比之和 × 纹样纵格数$$
$$R_w = 地、芯纬排列比之和 × 纹样横格数$$

绘组织图时,首先在 R_j、R_w 范围内标出纱线顺序,按纹样要求将低凹部分范围画出;然后在地经与地纬交织处画平纹组织,在地经与芯纬交织处加组织点,在低凹部分的缝经与地纬相交处画经组织点。若芯纬与缝经作适当交织(固结)则在凸起部分的缝经与芯纬相交处按固结组织要求填组织点。

(五)具有花型效果的凹凸组织

在设计具有一定花型效果的凹凸组织织物时,首先要设计凸起的花纹轮廓,在意匠纸上绘出纹样图,确定地经与缝经、地纬与芯纬的排列比,并构成一个单元,意匠纸上的每个小方格代表一个经纬纱排列比单元,以有符号的方格表示缝经在地纬之上的凹下部分,空白处表示凸起部分。例如,要设计一如图 $2-146(a)$ 所示的菱形图案,取其中一个花型循环为 $12×12$(图中粗

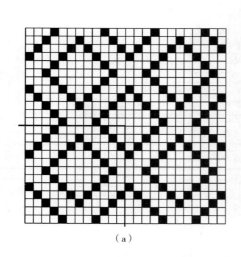

(a)

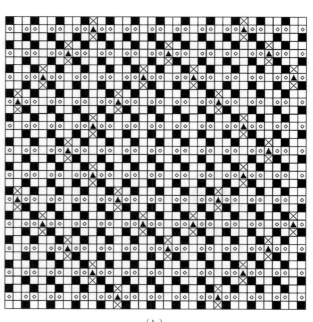

(b)

图 2 −146 菱形图案的凹凸组织

实线标出），作为织物组织循环的基础组织。设地经与缝经的排列比为2:1，地纬与芯纬的排列比也为2:1，则每个小方格所代表的小单元为3根经纱与3根纬纱，此组织的组织循环为36×36。组织图如图2-146（b）所示。

　　波形凹凸组织是比较复杂的一种组织结构，要使织物表面产生波浪形的立体凹凸纹样，不能单纯根据意匠纸上的纹样图案设计，还必须利用缝经与地纬的交织技巧，使凹下与凸起部分合理配合，从而在织物表面产生波浪形凹凸纹样。图2-147（a）为一种设计方法。在这种组织结构中，芯纬与缝经做适当交织，以固结织物反面的浮长线。在组织图的左半部分，缝经a、b、c与地纬1、2、3、4按照简单的花型进行交织，在织物表面形成凹下的部分，地纬5、6、7、8与地经按照平纹交织，形成凸起部分；组织图右半部分的情况与左边相反，将组织图连接扩大成若干循环，则在织物表面形成横向波浪形凹凸花纹。图2-147（b）的构成方法类似于图2-147（a），但波形图案更加美观。在纱线的色彩设计上，如果地经、地纬采用一种颜色的纱线，缝经采用另一种颜色的纱线，则织物表面的波浪效果更加明显，同时在花型凹下处显示出各种色织效应，使织物花型更加丰富多彩。

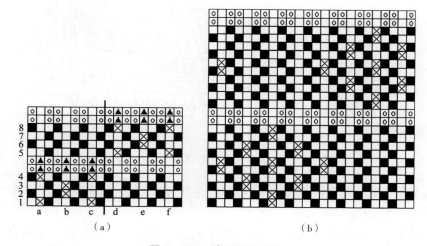

图2-147　波形凹凸组织

六、起毛组织

（一）纬起毛组织

　　利用特殊的织物组织和整理加工，使部分纬纱被切断而在织物表面形成毛绒的织物称为纬起毛织物。这类织物一般是由一个系统的经纱和两个系统的纬纱构成的，两个系统的纬纱在织物中具有不同的作用。其中一个系统的纬纱与经纱交织形成固结毛绒和决定织物坚牢度的地布，这种纬纱称为地纬；另一个系统的纬纱也与经纱交织，但以其纬浮长线被覆于织物的表面，而在割绒（或称开毛）工序中，其纬纱的浮长部分被割开，然后经过一定的整理加工后形成毛绒，这种纬纱称为毛纬（或称绒纬）。

　　绒纬起毛方法有两种。

(1)开毛法:利用割绒机将绒坯上绒纬的浮长线割断,然后使绒纬的捻度退尽,使纤维在织物表面形成耸立的毛绒。灯芯绒、纬平绒织物是利用开毛法形成毛绒的。

(2)拉绒法:将绒坯覆于回转的拉毛滚筒上,使绒坯与拉毛滚筒做相对运动,而将绒纬中的纤维逐渐拉出,直至绒纬被拉断为止。拷花呢织物的起绒方法则是利用拉绒法来起毛的。

纬起毛织物根据其外形,常见的有灯芯绒、花式灯芯绒(提花灯芯绒)、纬平绒和拷花呢等。

1. 灯芯绒织物 灯芯绒(corduroy)(又称条子绒),具有手感柔软、绒条圆润、纹路清晰、绒毛丰满的特点,由于穿着时大都是绒毛部分与外界接触,地组织很少磨损,所以坚牢度比一般棉织物有显著提高。这种织物由于其固有的特点、色泽和花型的配合,外表美观大方,成为男女老少在春、秋、冬三季均适用的大众化棉织物,可制成衣、裤、帽、鞋等,用途广泛。

(1)灯芯绒织物构成的原理:图2-148为灯芯绒的结构图。地纬1、地纬2与经纱以平纹组织交织成地布,在一根地纬织入后,织两根毛纬a、b,毛纬的浮长如图中所示为五个纬组织点,毛纬与5、6两根经纱(称压绒经或绒经)交织,毛纬与绒经的交织处称为绒根。

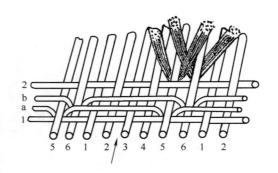

灯芯绒组织微课 　　　　　图2-148　灯芯绒织物的结构图

割绒时,由2和3经纱之间进刀把纬纱割断,经刷绒整理后,绒毛耸立,成条状排列在织物表面。

图2-149为灯芯绒割绒的原理示意图,图中的圆刀按箭头方向旋转。未割坯布按箭头方向向前运行,导针插入坯布长纬浮线之下,并间歇向前运动。

这时导针有两个作用:

① 把长纬浮长线绷紧,形成割绒刀槽。

② 使刀处于刀槽中间。

(2)灯芯绒织物的分类:按织物外观所形成的绒条阔窄不同,可分为细、中、粗、阔及粗细混合、间隔条等类别。每25mm中有9~11条绒条的为中条,11条以上的为细条,20条以上为特细条,6~8条为粗条,6条以下的为阔条。间隔条灯芯绒指粗细不同的条型合并或部分绒条不割、偏割以形成粗细间隔的绒条。

按使用经纬纱线的不同,可分为全纱灯芯绒、半线(线经纱纬)灯芯绒。

按提综形式的不同,可分为提花灯芯绒与一般灯芯绒。

按后整理方法的不同,可分为印花灯芯绒与染色灯芯绒两类。

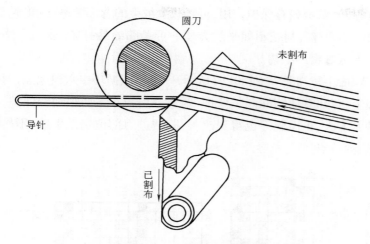

灯芯绒割绒动画

图 2 - 149 灯芯绒割绒原理图

按使用原料的不同,有纯棉灯芯绒、富纤灯芯绒、涤/棉灯芯绒及维/棉灯芯绒等,而以纯棉品种为多。

(3)灯芯绒织物组织结构:

① 经纬纱线密度及密度的确定:灯芯绒织物一般采用线密度适中的纱线织制,由于纬密比经密大得多,一般灯芯绒经向紧度为 50% ~ 60%,纬向紧度为 140% ~ 180%,经向紧度为纬向紧度的 1/3 左右,因而在织造时打纬阻力很大,经纱所承受的张力与摩擦程度都很大,为了减少经纱断头率,经纱多数采用股线或捻系数较大、强力较好的单纱。纬纱线密度与织物密度有关,如纬纱线密度小时,纬密相应增加,织物毛绒稠密,固结较牢。灯芯绒织物经纬密度必须配合恰当,否则影响毛绒稠密及绒毛固结坚牢程度。如在组织相同的条件下,经密增加,则毛绒短而固结坚牢、织物手感厚实。反之经密减少,则毛绒长而松散、坚牢度差、织物手感较软。

目前工厂中生产的灯芯绒织物,其经纬紧度的配合如下表:

品 种	平纹地	斜纹地	平纹变化	$\frac{2}{2}\nearrow$ 地	纱灯芯绒
经向紧度(%)	47.17	44.77	61.9	47.09	47.17
纬向紧度(%)	144.6	185.78	144.6	234.36	158.88

②灯芯绒地组织的选择:地组织的主要作用是固结毛绒及承受外力,常用的地组织有平纹、$\frac{2}{1}$斜纹、$\frac{2}{2}$斜纹、$\frac{2}{2}$纬重平、$\frac{2}{2}$经重平及平纹变化(双经保护)组织等。

不同地组织对织物手感、纬密大小、毛绒固结程度和割绒工作影响较大。

地组织不同,绒根露出部位也不同,对毛绒固结程度有显著影响。平纹地、V 形固结的灯芯绒组织如图 2 - 150(a)所示。绒条抱合紧密,绒条外观圆润,底布平整;正面耐磨情况好,交织点多,纬纱密度受限制,手感较硬;但绒根在背部突出,经受外力摩擦后,绒束移动,容易脱毛。

$\frac{2}{1}$斜纹地 V 形固结的灯芯绒组织,如图 2 - 150(b)所示。一个组织循环中四根地经,两根压绒经,压绒经背部有地纬纬纱浮长,对绒根有保护作用,可以减少绒束的背部摩擦,改善脱毛,但正面耐磨情况较差,底布不如平纹平整,割绒不如平纹方便。可是纬纱易打紧,成品手感柔软,常用于织制比较厚实、柔软、毛绒紧密的织物。

平纹变化地 V 形固结的灯芯绒组织,如图 2 – 150(c)所示,一个组织循环中六根地经,两根压绒经,绒根在 7,8 两根压绒经上,背部有地纬纬浮长保护,两旁分别受 6,1 两根地经保护,压紧绒纬改善了背部脱毛,且经纱紧度大,正面脱毛也得到改善,割绒进刀部位仍是平纹,不妨碍割绒。其他部分仍保持平纹组织的特点。

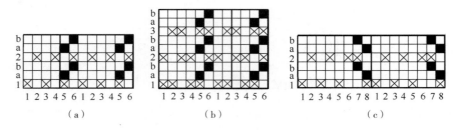

图 2 – 150　灯芯绒不同地组织的比较

③绒纬组织的选定:选定绒纬组织需考虑三个方面,即绒根的固结方式、绒纬浮长的长短及绒根分布的情况。

a. 绒根固结方式是指绒纬与绒经的交织规律,其固结方式有 V 形和 W 形两种。

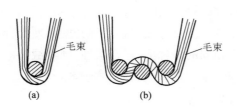

图 2 – 151　绒纬的固结方式

V 形固结法(V-type binding)也称松毛固结法,即绒纬除浮长外,仅与一根压绒经交织。如图 2 – 151(a)所示。每一绒束的绒根在一根压绒经上,呈 V 形,故称 V 形固结法。采用 V 形固结,绒纬与压绒经交织点少,纬纱容易打紧,有可能提高织物纬密,绒纬割断后,绒面抱合效果好,绒面没有沟痕,但受到强烈摩擦后容易脱毛,故适用于绒毛较短,纬密较大的中条、细条灯芯绒。

W 形固结法(W-type binding)也称紧毛固结法,绒纬除浮长外,与三根或三根以上压绒经交织。如图 2 – 151(b)所示。每一绒束的绒根植在三根经纱上,成 W 形固结,故称 W 形固结法。采用 W 形固结,绒纬与压绒经交织点多,纬纱不易打紧,织物纬密受限制,毛绒抱合度差,而且综页提升次数多,生产较困难,但毛绒固结牢度好。常用于织制要求绒纬固结牢固但对绒毛密度要求不高的细条灯芯绒。对阔条灯芯绒则多采用 W 形与 V 形固结混合使用,取长补短,利于改善毛绒抱合度及减少脱毛现象。

b. 绒根分布情况与安排。

绒根散开布置,如图 2 – 152(a)所示。这种布置方法对阔灯芯绒较为适宜。每束绒毛长短差异小,绒根分布得比较均匀,整个绒条平坦。

绒根分布中间多,两边少,如图 2 – 152(b)所示,各束绒毛长短参差,形成绒条的绒毛中间高,两侧矮。

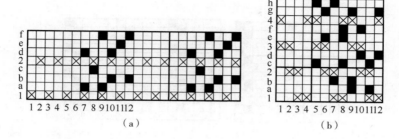

图 2 - 152　灯芯绒绒根分布情况

c.绒纬浮长的长短在一定经密下,决定了毛绒的长短和绒条的阔窄。

在地组织相同时,绒纬浮长越长,毛绒高度越高,绒条也比较阔。所以粗阔条灯芯绒,要求绒纬浮长较长,但绒纬浮长过长,割绒后,容易露底,因此粗阔条灯芯绒不能单增加绒纬浮长长度,还需合理地安排绒根分布的位置。

毛绒的高度可按以下公式进行计算:

$$h = \frac{c}{2 \times \dfrac{P_j}{10}} \times 10 = \frac{50c}{P_j}$$

式中:h——毛绒高度,mm;

　　P_j——经纱密度,根/10cm;

　　c——绒纬浮长所越过的经纱根数。

④ 地纬与绒纬排列比的选择。地纬与绒纬排列比可根据灯芯绒的外观要求及织物的坚牢度来定。地纬与绒纬的排列比一般有 1∶2、1∶3、1∶4、1∶5,其中以 1∶2、1∶3 为多数,最好不要超过1∶5,因为比例过大,用纱量就会增加并影响织物的内在品质。在织物线密度、密度、组织相同的条件下,地纬与绒纬比值大,则毛绒密度大,织物柔软性好,保暖性及绒毛外观质量均能得到改善,但纬向强力低,毛绒固结差。

2.花式灯芯绒　花式灯芯绒的织制除组织有所不同外,其他都参照一般灯芯绒。花式灯芯绒多数在多臂机上进行织制,大花纹灯芯绒要在提花机上织造。

设计花式灯芯绒可以从下述几方面着手。

(1)使织物表面一部分起绒,一部分不起绒,由地布和绒条相互配合,形成各种几何图形花纹。

设计时,先确定花型布局,绒条宽窄,起绒和不起绒部位的大小,然后根据经纬纱密度的比值,确定一个组织循环内纵向绒条数和纬纱数,再分别填绘组织图。但要注意不论起绒或不起绒部位,纵横向都必须是灯芯绒基本组织的整数倍,以保持绒条的完整。不起绒部位的组织处理方式有以下两种。

① 织入提花法。不起绒部分在原灯芯绒浮长部位以经重平组织点填绘。经重平组织有三根纬纱组织点相同,使纬纱能打得紧,由于绒纬和地经交织点增加,割绒时导针越过这部分,没

穿入布内,所以绒纬不被割断,这一部分不起绒毛,称为经重平法。如图2-153(a)所示,图中右下角经重平部分不起绒。

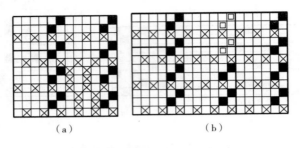

图2-153 花式灯芯绒示意图

设计这种花式灯芯绒时,还应注意提花部位不宜过长,根据经验一般纵向不起花部分不超过7mm,过长会引起跳刀、戳洞等弊病。不起绒与起绒部位的比例,基本是1:2,以起绒为主,否则不能体现灯芯绒组织的特点,而且不起绒部位加长后,因绒纬与地经交织点多,织物紧密,易造成织造困难。

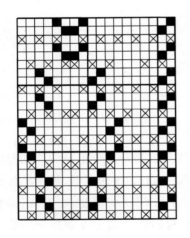

图2-154 改变绒根布局的花式灯芯绒

②飞毛提花法。如图2-153(b)所示,对不起绒部位的组织点处理,可在原灯芯绒组织的基础上,取消一部分绒根(图中回符号表示取消的绒根),使绒纬浮长穿过绒经跨两个组织循环,在割绒时,两导针中间的一段绒纬即被两端剪断,由吸绒装置吸去,所成灯芯条除绒条部分外,提花部分地布完全露出,形成凹凸花型,立体感较强。

(2)改变绒根的布局,使绒束长短发生变化。如图2-154所示,绒根位置不在一条纵线上,绒纬浮长不一,经割绒、刷绒后,绒条有高有低如鱼鳞状。

(3)配合不同的割绒方式,以获得不同的外观效应。同一品种,割绒方式不同,所得效果也不同。

偏割,如阔条灯芯绒用导针使割绒部位不在绒条正中,便可形成常见的阔窄条(间隔条)灯芯绒,间隔条阔窄比例一般控制在3:7或4:6。

细条、特细条灯芯绒,如图2-155所示。由于条型细,可采用两次割绒,先割单数行,再割双数行,也有采用一次割绒的。绒毛可采用W形固结,以减少脱毛。

3. 纬平绒 纬平绒(weft plain velvet)的特点是:织物的整个表面被覆着短而均匀的毛绒,绒毛平整不露地。图2-156(a)所示为纬平绒的构造图,地组织为平纹,地纬与绒纬的排列比为1:3,图中1、2为地纬,a、b、c为绒纬,经过开毛后形成毛束,图中箭矢方向为开毛位置。图2-156(b)为纬平绒的组织图。

纬平绒绒纬的组织点彼此叉开,这样有利于增加纬纱密度。绒纬以V形固结在经纱上,各绒纬被两根地经夹持,在开毛时,按照图中箭矢位置依次开毛,以便形成均匀紧密的平绒。

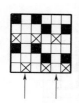

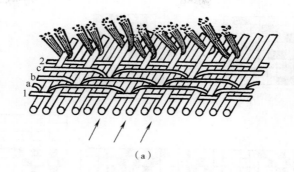

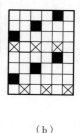

图 2 – 155　特细条灯芯绒组织 　　　　　图 2 – 156　纬平绒构造图和组织图

4. 拷花呢织物　拷花呢织物(embossed fabric)是由位于其表面上的纬浮长线,经缩呢拉绒,松解成纤维束,再经剪毛与刷绒,使纤维毛绒凸起,织物手感柔软,且具有良好的耐磨性能。拷花呢的结构设计如下。

(1)决定织物中毛绒分布的花纹轮廓,即织物的外观效应。

(2)正确选择绒纬浮长。绒纬浮长的长短应以纤维在拉绒及松解之后,其两端能被组织点牢固地夹持为原则,否则拉绒时,毛绒不牢,织物外观发秃,质量损失率增大。绒纬浮长一般为浮于 3 ~ 12 根经纱之上,最好至少浮于 5 根经纱之上。绒纬的浮长取决于经密、底布经纬纱的线密度、绒纬的线密度、毛绒的高度等因素。

(3)绒纬组织的确定。轻型拷花呢组织多采用按缎纹方式分配绒纬组织,织物的毛绒均匀分布在织物表面,底布完全被毛绒所覆盖。如图 2 – 157(a)所示,绒纬组织是由八枚加强纬面缎纹所构成,每根绒纬浮于 6 根经纱之上,并被两根经纱成"V"形所固结。图 2 – 157(b)为按"W"形所固结的绒纬组织。

织物具有斜线凸纹的拷花呢的绒纬分布,如图 2 – 157(c)所示,形成人字斜线。采用斜纹分布的绒纬组织时,需使纬浮点多于或等于经浮点,否则不是毛绒覆盖不足,便是毛绒与经纱固结点太长,遮盖不住底布。

此外,尚有以某种模纹分布绒纬组织的拷花呢,如图 2 – 157(d)为其中一例。描绘绒纬组织时,先在意匠纸上绘出所设计的模纹图,然后在该图上用符号标出绒纬组织。本例以符号■标出毛纬组织。

(4)地纬与绒纬的排列比。一般地纬与绒纬排列比有下列几种:

单层织物,地纬:绒纬分别为 1:1、1:2、2:1、2:2;重组织织物,地纬:绒纬分别为 1:2、1:1、2:2;双层布织物,表:里:绒分别为 1:1:1、1:1:2。

对地纬与绒纬排列比的选择主要取决于纱线线密度及毛绒密度。为了使毛绒丰满优美,那么,当地纬与绒纬排列比为 1:1 或 2:2 时,应选择纱线线密度较大的绒纬;为了毛绒稠密,当选用地纬与绒纬排列比为 1:2,且绒纬线密度宜小些;为了提高织物的耐磨性,或当绒纬线密度大于地纬时,应采用 2:1 的地纬绒纬排列比。

(5)拷花呢底布组织的选择。最常用的底布组织有平纹、$\frac{2}{1}$ 斜纹、4 枚破斜纹等。用于重

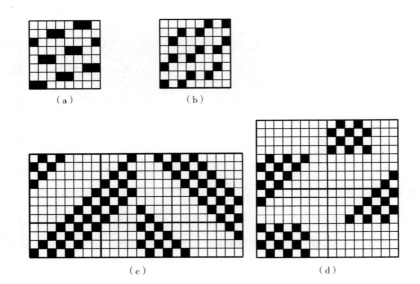

图 2 −157　拷花呢绒纬分布举例

组织织物的基础组织有$\frac{2}{1}$斜纹、$\frac{3}{1}$斜纹及 4 枚破斜纹等。用于双层底布的基础组织有:表层为$\frac{2}{1}$斜纹、$\frac{3}{1}$斜纹、平纹和 4 枚破斜纹等;里层为平纹、$\frac{2}{1}$斜纹、$\frac{3}{1}$斜纹和$\frac{2}{2}$破斜纹等。

在重组织或双层底布中,绒纬仅与表经相交织,故绒纬也分布在表经之上。

底布组织的选择与纬纱排列比密切相关,如当地纬与绒纬的排列比为 1∶2,底布为单层时,为了防止织物过分松散,底布应采用平纹组织为宜。但当地纬与绒纬的排列比为 1∶1 或 2∶2时,底布仍为单层,则底布采用斜纹组织为好。因为斜纹组织获得的密度比平纹组织大得多,所以可保证所需的纬密。

图 2 −158 所示拷花呢组织的地组织为经二重组织,其表组织为$\frac{3}{1}\nearrow$,里组织为$\frac{1}{3}\nearrow$,如图 2 −158(a)所示,绒组织为加强缎纹,绒根均匀分布,如图 2 −158(b)所示,地纬∶绒纬 = 1∶2。因为绒根只固结在表经上,绒经为 8 根,所以表经有 8 根,里经有 8 根,则 R_{j} = 16;R_{w} = $R_{w地}$ + $R_{w绒}$ = 4 + 8 = 12,组织图如图 2 −158(c)所示。

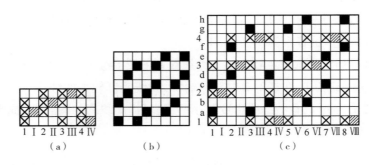

图 2 −158　拷花呢组织

图 2 - 159 所示为某羊绒拷花大衣呢的组织图与穿综图。

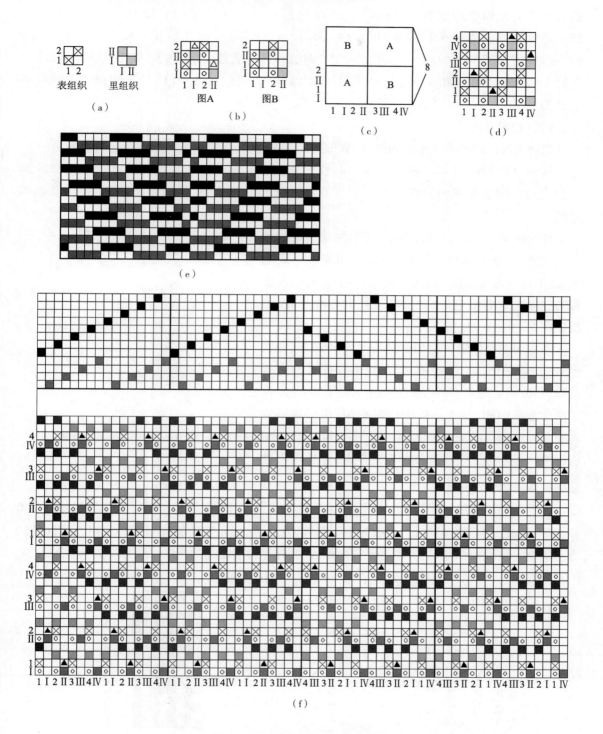

图 2 - 159　羊绒拷花大衣呢组织

织物地组织采用接结双层组织,表组织、里组织如图 2 - 159(a)所示,表、里经、纬纱的排列比均为1:1,按照图2-159(b)中的 A、B 二分图设计成基础组织,并按照图2-159(c)的安排扩大后作为此织物的地组织,如图2-159(d)所示;绒组织如图2-159(e)所示。拷花呢组织的经纱排列为(1 Ⅰ 2 Ⅱ 3 Ⅲ 4 Ⅳ)×4,(4 Ⅲ 3 Ⅱ 2 Ⅰ Ⅳ)×4;纬纱排列顺序为1 里 1 表 2 绒。因为绒组织的组织循环经纱数为 32,而绒纬只与表经交织,因此,有 32 根表经,32 根里经。拷花呢组织的 $R_j=64$;$R_w=16$ 绒 $+16$ 地 $=32$。图2-159(f)为羊绒拷花大衣呢的上机图。

(二)经起毛组织

织物表面由经纱形成毛绒的织物,称作经起毛织物,其相应的组织称作经起毛组织。

这种织物是由两个系统的经纱(即地经与毛经),与同一个系统的纬纱交织而成。地经与毛经分别卷绕在两只织轴上。起绒方法有杆织法起绒、双层织制法起绒、经浮长通割起绒。

杆织法起绒是在织造过程中,将起绒杆当成纬纱织入,经纱浮在起绒杆上形成毛圈,经切割后形成毛绒,或不切割形成毛圈的表面,如图2-160所示起绒杆的直径决定着绒毛的高度,起绒杆有各种号数,可根据需要选用。

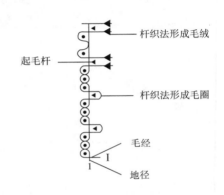

图2-160 杆织法起绒示意图

在双层织制法中其地经纱分成上下两部分,分别形成上下两个梭口,纬纱依次与上、下层的梭口进行交织,形成两层地布,两层地布间隔一定距离,毛经位于两层地布中间,与上下纬纱同时交织,两层地布间的距离等于两层绒毛高度之和,如图2-161所示,织成的织物经割绒工序将连接的毛经割断,形成两层独立的经起毛织物。

经浮长通割起绒,如图2-162所示,组织的构成原理和设计要点与纬浮长割绒组织基本类似,其割绒是沿幅宽方向进行,一般为手工割绒,效率低,但是它能够在普通的织机上用简单的方法织制起绒织物,一旦机械割绒研究取得成功,经浮长通割起绒组织将获得广泛的使用。

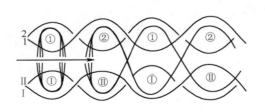

图2-161 经起毛组织织物织造示意图

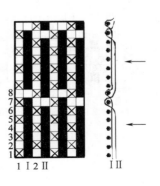

图2-162 经浮长通割起绒

根据织物表面毛绒长度和密度的不同,经起毛织物可分为平绒与长毛绒两大类。

经起毛组织的双层织造由于开口和投入纬纱的方法不同,分为单梭口织造法和双梭口织造法两种。

如图2-163所示,图2-163(a)为单梭口织造,图2-163(b)为双梭口织造。

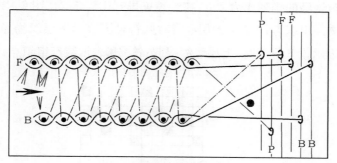

（a）单梭口织造

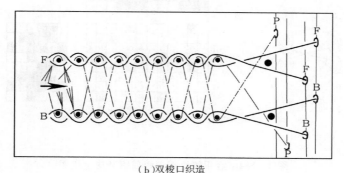

（b）双梭口织造

图2-163 经起毛单、双梭口织造示意图

P—毛经综框 F—上层地经综框 B—下层地经综框

单梭口织造法是织机的曲拐轴每回转一转形成一个梭口,投入一根纬纱。而双梭口织造法是当织机的曲拐轴回转一转能同时形成两个梭口,并同时投入两根纬纱。此类织物由于织物表面的毛绒与外界摩擦,因此其耐磨性能好,且织物表面绒毛丰满平整,光泽柔和,手感柔软,弹性好,织物不易起皱,织物本身较厚实,并借耸立的绒毛组成空气层,所以保暖性好。

平绒织物适宜制作妇女、儿童秋冬季服装以及鞋、帽料等。此外,还可用作幕布、火车坐垫、精美贵重仪表和装饰品盒里的装饰织物及工业用织物。

长毛绒织物适于制作男女服装,多数为女装和童装的表里用料、帽料、大衣领等。近年来,还发展用于沙发绒、地毯绒、皮辊绒及汽车和航空工业用绒等。

1. 经平绒织物 经平绒织物(warp plain velvet fabric)的特点在于该织物具有平齐耸立的绒毛且均匀被覆在整个织物表面,形成平整的绒面。绒毛的长度约2mm。

目前,经平绒织物大多采用平纹组织作为地组织,能使织物质地坚牢,绒毛分布均匀,且能改善绒毛的丰满程度。

　　绒经的固结方式以 V 形固结法为主,因为这种固结方式可以获得最大的绒毛密度,使绒面丰满。

　　地经与绒经的排列比一般有 2:1 和 1:1 两种。

　　如图 2-164 所示为某经平绒组织单梭口织造法的上机图。这种平绒织物上下两层地布均为平纹组织。地经与绒经的排列比为 2:1,纬纱表里排列比为 2:2。图 2-164 中:a、b 为绒经,符号■表示上层织物经组织点;1、2 为上层经、纬纱,符号⊠表示下层织物经组织点;Ⅰ、Ⅱ 为下层经、纬纱,符号◎表示投入里纬时,上层经纱提起;符号▲表示绒经组织点。

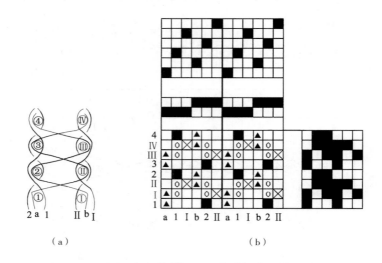

图 2-164　经平绒组织单梭口织造法上机图

　　穿综一般采用分区穿法,绒经张力小穿在前区;表经地经穿在中区;里经地经穿在后区。

　　穿筘时,必须注意绒经与地经在筘齿中的排列位置。因为绒经的张力小,地经张力大,如果绒经在筘齿中被夹在地经中间,那么绒经很容易被地经夹住而影响正常的开口运动,造成绒面不良,因此,绒经在筘齿中的位置以靠筘齿边为宜。

　　因地经张力比绒经大很多,所以采用双轴织造。一般用两把梭子织造,分别织上下层,否则割绒后会造成毛边。

　　2. 长毛绒织物　长毛绒织物(plush fabric)在毛织产品中属精纺产品,因为其工艺流程中的毛条制造与纺纱均同精纺。

　　普通长毛绒织物一般地布均用棉经、棉纬,而毛绒采用羊毛。近年来,由于化纤原料发展很快,所以毛绒使用的纤维不仅是羊毛、马海毛,而且还使用化纤原料如腈纶、黏胶纤维、氯纶等,尤其是氯纶,因有热缩性能,故成为制造人造毛皮的常用原料。

　　(1)长毛绒织物的组织结构。

　　① 地布组织。长毛绒织物是双层织制法,其上下两层地布一般可采用平纹、$\frac{2}{2}$ 纬重平及 $\frac{2}{1}$ 变化纬重平等。

② 毛经固结组织应根据产品的使用性能和设计要求来确定。如要求质地厚实、绒面丰满、立毛挺、弹性好的织物,多数采用四梭固结组织。如要求质地松软轻薄,则可采用组织点较多的固结组织。若要求绒毛较短且密、弹性好、耐压耐磨时,多采用二梭、三梭固结组织。毛绒高度随产品的要求而定,一般立毛织物毛绒高度为 7.5～10mm。

③ 地经与毛经的排列比一般多采用 2∶1、3∶1 及 4∶1 等。

(2)长毛绒织物组织图的描绘。以长毛绒织物为例,比较经起毛织物单、双梭织造法上机图的描绘方法。

① 单梭口织造法:图 2-165(a)为上机图(采用混合梭口),图 2-165(b)为纵向截面图,图 2-165(c)为地组织图。这种长毛绒织物,毛经采用三梭固结法,地组织为 $\frac{2}{2}$ 纬重平,地经与毛经的排列比为 4∶1。图中:符号■表示上层经纱或毛经在上层纬纱之上;符号⊠表示下层经纱在下层纬纱之上;符号▣表示投下层纬纱时,上层经纱提起;符号◺表示毛经在下层纬纱之上。

又如图 2-166 所示(图中符号与图 2-165 相同),图 2-166(a)为四梭固结的长毛绒组织、图 2-166(b)为纵向截面图、图 2-166(c)为上下层地组织图。

② 双梭口织造法:为了便于与单梭口织造法的上机图对比,仍用上例说明。由于采用双梭口投梭法,组织图应改为如图 2-167、图 2-168 所示。

图 2-167 为三梭固结双梭口长毛绒织物上机图,图 2-168 为四梭固结双梭口长毛绒织物上机图。图中:符号■表示上层经纱或毛经在上层纬纱之上;符号⊠表示下层经纱在下层纬纱之上;符号◺表示毛经在下层纬纱之上;符号▣表示上层经纱在下层纬纱之上;符号□表示各种经纱在纬纱之下。

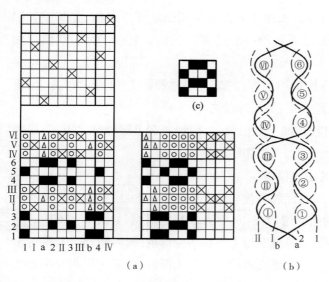

图 2-165　三梭固结长毛绒织物上机图

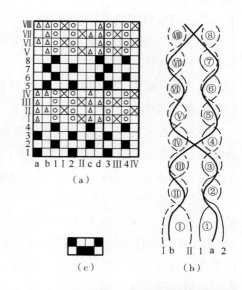

图 2-166　四梭固结长毛绒织物的组织图

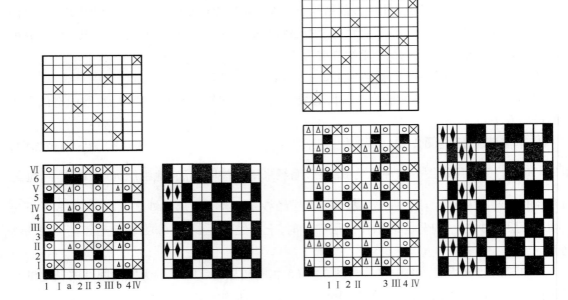

图 2−167　三梭固结双梭口长毛绒织物上机图　　　图 2−168　四梭固结双梭口长毛绒织物上机图

因为双梭口的上下层经纱同时运动，所以提综图是依组织图上下层各一纬为提综图的一横行（相当于一纬）。

图 2−167 中：1、2、3、4 四根上层地经穿在 3、4、5、6 四页综内，在经纱上部形成上层梭口；Ⅰ、Ⅱ、Ⅲ、Ⅳ四根下层地经穿在 7、8、9、10 四页综内，在经纱下部形成下层梭口。梭口位置虽有高低，但梭口高度与织普通织物的一样。

双层双梭口织物采用双梭口织造法时，开口机构绝大部分采用凸轮开口机构，尤其是采用 W 形固结的双层双梭口织造的长毛绒织物，是无法用一般的多臂织机织制的，为此，双层双梭口织物的纹板图即是提综图。

符号■表示上、下层地经及毛经在各自梭口的上方位置（上层地经在上、下层纬纱之上；下层地经在上层纬纱之下，下层纬纱之上；毛经在上、下层纬纱之上）。

符号日表示上、下层地经及毛经在各自梭口的下方位置（上层地经在上层纬纱之下，下层纬纱之上；下层地经在上、下层纬纱之下；毛经在上、下层纬纱之下）。

符号◆表示毛经在上、下层纬纱之间的中间位置。

双层织造法经起毛织物的绒毛密度与织物经纬密度、地绒经纱排列比、绒毛固结方式和绒经组织有关。如果绒经与上下层中一半的纬纱进行交织，称为半起毛组织，如图 2−169（a）所示，前面介绍的各中组织图均为半起毛组织；如果绒经与上下层中全部的纬纱进行交织，称为全起毛组织，如图 2−169（b）所示。因此，对于一组绒经同种固结方式而言，全起毛组织比半起毛组织的绒毛密度大一倍。

3. 经灯芯绒　经灯芯线（warp corduroy）是采用双层织造的。毛经和地经与仅有地经组成相间配置，织后将双层割开，即得到具有经向条子的绒面。这种织物与纬灯芯绒相比，由于结构上的特点,更具有耐磨、耐穿、不易脱毛、生产率高等优点,但条子花型变化不多,绒毛平而不圆,并有露地等缺点。

七、毛巾组织

毛巾织物的毛圈是借助于织物组织及织机送经打纬机构的共同作用所构成。织制毛巾织物需要有两个系统的经纱(即毛经与地经)和一个系统纬纱交织而成。地经与纬纱构成底布成为毛圈附着的基础,毛经与纬纱构成毛圈。毛经与地经的排列比一般为 $1:1$,也有 $2:1$、$1:2$ 等。毛巾织物的基础组织一般采用 $\frac{2}{1}$ 或 $\frac{3}{1}$ 变化经重平或 $\frac{2}{2}$ 经重平等组织。毛巾织物按毛圈分布情况可分为双面毛巾、单面毛巾及花色毛巾三种。双面毛巾是织物正反两面都起毛圈;单面毛巾仅在织物一面起毛圈;花色毛巾是在织物表面的某些部分根据花纹图样形成毛圈或由色纱线显色的不同,形成各种花纹图案。

毛巾织物具有良好的吸湿性、保温性和柔软性,适宜作面巾、浴巾、枕巾、被单、浴衣、睡衣、床毯和椅垫等。为了使毛巾织物具有良好的物理性能,一般采用棉纱织制,但在个别情况下,如装饰织物可根据用途选用其他纤维的纱线(如人造丝、腈纶等)。

(一)形成毛圈的过程

由毛组织与地组织的结构,再加钢筘的特殊打纬运动,形成毛圈的过程说明如下。

如图 2-170 毛巾织物纵截面图所示(图中实线 1、2 表示地经,虚线 a、b 表示毛经)。

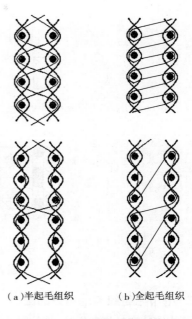

(a)半起毛组织　　(b)全起毛组织

图 2-169　双层织造法的绒经组织

毛巾打纬动画

毛圈形成原理动画

当投入第一、第二两根纬纱时打纬动程较小,这时,筘前进到离织口若干距离处,并不与织口接触,而与织口之间形成一条空档,这种打纬动程较小的打纬称短打纬。当投入第三根纬纱之后,筘将这三根纬纱一并推向织口,这时筘的打纬动程为全程,这种打纬动程为全程的打纬称长打纬。由于第一、第二根纬纱在张紧地经的同一梭口内,因此,当筘推动第三根纬纱时,能同时推动第一、第二两纬纱一齐向前,因这时毛经已与第一、第二两纬交织,第三纬带着与之相交织的毛经一齐沿着张紧的地经向织口移动。这样,毛经在被固定于底布中的同时,又在织物表面上形成毛圈。

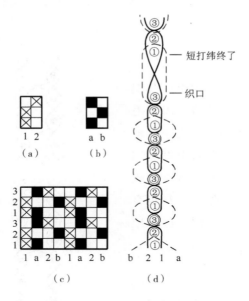

图 2 - 170   三纬双面毛巾

(二)毛巾毛组织与地组织的配合

为了使纬纱容易打向织口,打纬阻力以小为宜;为使毛经被夹持牢固及纬纱在织口容易被推紧而不反拨,这些都与毛、地组织的配合有密切关系。

三纬毛巾的毛、地组织均为$\frac{2}{1}$变化经重平,如图 2 - 170(a)、图 2 - 170(b)所示,但它们的起点不一样。地组织与毛组织的配合可有三种情况,如图 2 - 171 所示。现从三个方面进行分析比较如下。

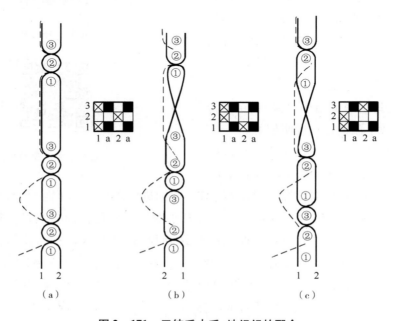

图 2 - 171   三纬毛巾毛、地组织的配合

（1）打纬阻力：为了易于将纬纱打向织口，希望打纬阻力小些。图2－171（a）的打纬阻力最大，因为长打纬时三根纬纱与地经纱已上下交织，同时，三根纬纱夹持毛经纱将沿着张力很大的地经滑动，其阻力必然是最大的。图2－171（b）和图2－171（c）的打纬阻力差不多。

（2）对毛经的夹持：从长打纬时纬纱对毛纱的夹持力大小来看，图2－171（a）中纬纱1与纬纱2、纬纱2与纬纱3之间均有地经纱交叉，因此，纬纱对毛经纱的夹持力小；在图2－171（b）中，纬纱2与纬纱3虽能将毛经纱夹住，但纬纱1与纬纱2之间夹持力小，将导致毛圈不齐；在图2－171（c）中，其配合情况为：纬纱1与纬纱2在同一梭口，故容易靠紧并能将毛经纱牢牢夹住。

（3）纬纱反拨情况：从纬纱反拨情况来看，图2－171（a）的情况是：由于纬纱3与纬纱1的梭口相同，当长打纬后，筘后退时，纬纱3易于反拨后退；在图2－171（b）情况下，纬纱3的反拨情况虽不会像图2－171（a）那样严重，但筘后退后，会使纬纱2与纬纱3之间的夹持力减退；而图2－171（c）的配合，即使纬纱3后退也不致影响纬纱1与纬纱2之间对经纱的夹持力，所以毛圈大小也不会变化。

综合以上分析，可知图2－171所示的三种毛、地组织的配合方式以图2－171（c）的情况最好。目前，工厂中均采用图2－171（c）的配合方式。

图2－170与图2－171（c）相比较，它们的地组织均相同，但毛组织经纱循环不同。在图2－171（c）中，毛组织经纱循环为1根，故毛经纱只在织物一面形成毛圈，所以称单面毛巾；在图2－170中，毛组织循环为两根，可在织物正反两面形成毛圈，故称双面毛巾。

当地组织为$\frac{2}{1}$变化重平时，称为三纬毛巾组织；当地组织为$\frac{3}{1}$变化重平或$\frac{2}{2}$重平时，称为四纬毛巾组织。根据品种要求和产品轻重来决定采用哪一种，如采用$\frac{2}{2}$重平组织为地组织的四纬毛巾组织，可采用三次短打纬，一次长打纬进行织制，如图2－172所示，图2－172（a）为组织图，图2－172（b）为纵向截面图。

图2－173是以$\frac{2}{1}$变化重平为地组织，毛经纱用两种色纱相间排列构成两色表里交换的双面格子毛巾织物的上机图，根据纹样要求并配以不同的色泽可构成多种形式的花纹。

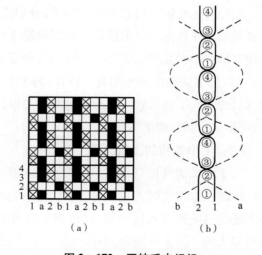

图2－172　四纬毛巾组织

（三）地经与毛经的排列比及毛圈高度

地经与毛经的排列比（地经∶毛经）有∶1∶1，称单单经单单毛；1∶2，称单单经双双毛；2∶2，称双双经双双毛。

此外，还有地经为单双相间排列的，称为单双经双双毛。

毛巾织物的毛圈高度由长短打纬相差的距离来决定，毛圈高度约等于长短打纬相隔距离的

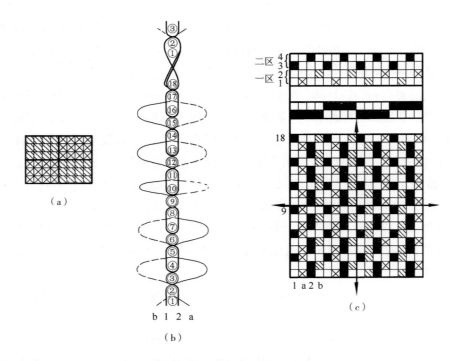

图 2 - 173 表里交换双面格子毛巾织物上机图

一半。

地经与毛经因上机张力差异很大,分别绕在两个织轴上,地经的上机张力大,一般比毛经的上机张力大 4 倍左右。毛经送出量对地经送出量的比例,决定毛圈的高度,工厂中称毛长倍数,简称毛倍。不同品种对其有不同要求,如手帕为 3:1,面巾与浴巾为 4:1,枕巾与毛巾被为 4:1~5:1,螺旋毛巾的毛圈高度较长,为 5:1~9:1,这种毛巾经刷毛等后整理可使毛圈呈螺旋状,织物紧密,手感柔软。还有一种割毛毛巾,织好后将一面毛圈割断,再通过刷毛等后整理工序,可形成平绒织物的外观。

（四）毛巾织物的上机要点

为了形成清晰梭口,穿综时,毛经穿入前区,地经穿入后区。

织制毛巾织物时,筘号不宜太高,因毛经纱很松,筘号过高会增加织造困难。穿筘时将相邻一组地经与毛经穿入同一筘齿内,如毛经与地经的排列比为 1:1,则将相邻的 1 根地经和 1 根毛经穿入同一筘齿。同理,当排列比为 1:2 或 2:1 时,每筘齿应穿入相邻的三根经纱。

根据毛巾织物的用途和织机的筘幅,在织机上可以竖织,也可以横织,一般面巾以竖织为多,枕巾则以横织为多。

因毛巾织物对吸湿性和柔软性有较高的要求,因此,主要地经纱采用棉单纱,毛经纱的捻度也应较一般织物为小。

八、纱罗组织

纱罗组织的特点是:织物表面具有清晰匀布的纱孔,经纬密度较小,织物较为轻薄,结构稳定,透气性良好。适于作夏季衣料、窗帘、蚊帐、筛绢以及产业用织物等。此外,还可用作阔幅织机织制数幅狭织物的中间边或无梭织机织物的布边。

纱罗织物经纬纱的交织情况与一般织物不同。纱罗织物中仅纬纱是相互平行排列的,而经纱则由两个系统的纱线(绞经和地经)相互扭绞,即织制时,地经纱的位置不动,而绞经纱有时在地经纱右方、有时在地经纱左方与纬纱进行交织,纱孔就是由于绞经作左右绞转,并在其绞转处的纬纱之间有较大的空隙而形成的。

纱罗组织是纱组织和罗组织的总称。

纱组织:当绞经每改变一次左右位置,仅织入一根纬纱,如图2-174(a)、图2-174(b)所示。

罗组织:当绞经每改变一次左右位置,织入三根或三根以上奇数的纬纱,如图2-174(c)所示。

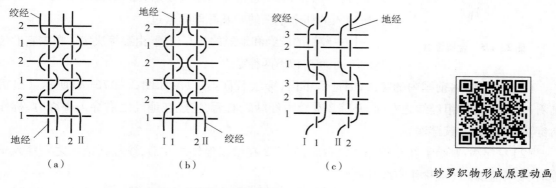

图2-174 纱罗组织示意图

在纱罗组织中,根据绞经与地经绞转方向的不同可分为两种:绞经与地经绞转方向一致的纱罗组织称作一顺绞,简称顺绞,如图2-174(a)所示。绞经与地经绞转方向相对称的纱罗组织称作对称绞,简称对绞,如图2-174(b)所示。

此外,根据绞经在纬纱的上面或下面,又分为上口纱罗和下口纱罗。上口纱罗的绞经永远位于纬纱之上,下口纱罗的绞经永远位于纬纱之下。图2-174(a)、图2-174(b)为上口纱罗。

纱组织或罗组织又可和各种基本组织联合,形成各种花式纱罗组织。

纱罗织物扭绞形成的原理如下。

1. 绞综 纱罗织物的绞经和地经之所以能够扭绞,在于织造这种织物时,使用了特殊的绞综装置和穿综方法,有时还配合辅助机构。

织制纱罗织物的绞综有线制的和金属钢片制的两种。目前我国以使用金属绞综为主,线综只有在织制大提花纱罗织物时才使用。图2-175所示为一副金属绞综,它由左右两根基综丝和一片半综(骑综)组成。每根扁平钢基综丝由两薄片组成,它的中部有焊接点将两薄钢片联为一体。半综的每一支脚伸入一片基综上部两薄片之间,并由基综的焊接点托持。基综这样的构造是为了不管哪个基综丝提升时,半综都能跟随上升(除用半综织制纱罗织物以外,我国尚有用成排的带孔针综相互横动起绞的织造纱罗的方法,用以织造密度不大的蚊帐用布)。

图2-175　金属绞综

图2-175所示为下半综,它可使绞经与地经扭绞,织制成上口纱罗;如果使用上半综(半综两脚向上),即可织制成下口纱罗。现除特殊需要以外,都使用下半综起绞的方法。因为上半综操作不便,妨碍观察经纱和处理断头,并且影响采光,故以下半综为例说明纱罗织造的基本方法。

2. 穿经方法　纱罗织物的穿经方法与一般织物不同,其绞经除需穿入半综综眼外,还要穿过后综(也有在织纱组织时,省去后综改用张力调节杆代替)。

纱罗织物的地经和绞经是成组出现的,每一个绞组可以由若干根绞经与若干根地经组成(一个绞组的经纱至少包括一根地经和一根绞经)。绞组中,绞经与地经的穿法如下:绞经穿过后综后还要穿入半综综眼,地经穿过地综以后,必须再从同一绞组的绞经所穿入的那个半综的两基综丝间通过。

同一绞组的绞经和地经的相互位置,由穿综决定。根据它们位置的不同,可有以下两种穿法。

(1)右穿法:目前国内的穿法,因地区不同,穿法名称不一样,如图2-176(a)所示,(自机前看)基综1在绞组经纱之左前,基综2在绞组经纱之右后,绞经在地经之右穿入半综时,称作右穿法(或称作左绞穿法)。

(2)左穿法:基综1在绞组经纱之右前,基综2在绞组经纱之左后,绞经在地经之左穿入半综时,称作左穿法(或称作右绞穿法)。

3. 纱罗织物的起绞　根据半综在地经的左侧或右侧上升,分普通梭口、开放梭口与绞转梭

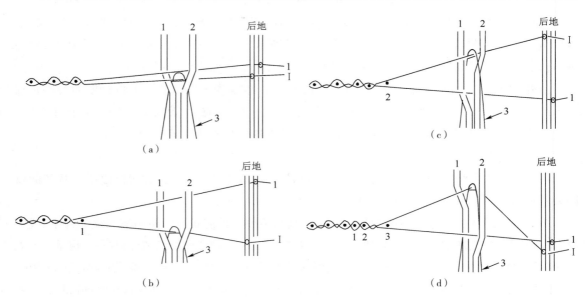

图2-176　纱罗织物各种梭口的形成

口。图 2-176(a)所示为平综时经纱的位置,图中绞经 I 在地经 1 的右侧;图 2-176(b)为普通梭口,只有地综升起;图 2-176(c)为开放梭口,这时基综 2 上升,半综 3 随基综 2 上升,绞经在地经右侧升起,绞经与地经没有扭绞;图 2-176(d)为绞转梭口,这时基综 1 上升,半综随基综 1 上升,绞经从地经下面扭转到地经左侧升起。由上可知,绞经的相互扭绞是开放梭口与绞转梭口互相交替形成的。

图 2-176 所示绞经与地经的相互位置与纬纱交织所形成的织物结构如图 2-177 所示。

织入第一纬,形成普通梭口,地综上升。

织入第二纬❶,形成开放梭口,基综 2 与后综上升。

织入第三纬,形成绞转梭口,基综 1 上升。

根据上述三种梭口的变化,再加上绞经与地经穿入基综左右位置不同,以及一个绞组中的绞经、地经根数不同和组织的不同,可以形成各式各样的花式纱罗组织。

4. 纱罗组织图的描绘 纱罗组织的方格表示法与普通织物不同,因为在纱罗组织中,绞经时而在地经之左,时而在地经之右,所以纱罗组织的绞经应在地经的两侧各占一个纵格,图 2-178(a)、图 2-178(b)、图 2-178(c)即为图 2-174(a)、图 2-174(b)、图 2-174(c)的组织图。其中符号■表示绞经的组织点,符号⊠表示地经升起的组织点。

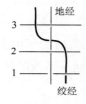

图 2-177 纱罗三种梭口形成示意图

图 2-178 纱罗组织表示法

5. 纱罗组织的上机

(1)纱罗织物的穿综图:穿综图上用两横行表示两页基综,基综 1 在前,基综 2 在后,如图 2-179 中表示基综处符号■所示。图 2-179(a)均采用右穿法。图 2-179(b)为对穿法,图中左侧 I,1 绞组为右穿法,右侧 II、2 绞组为左穿法。右穿法绞经在地经之右穿入半综,所以在表示绞经的右面纵格位置对着后综的横格中填入符号。同理,左穿法则在左面纵格填入符号,地经的表示法是对着穿入一绞组中间地经纵格中地综横格处填入符号即可。在两绞经所占用的两纵格之间的纵格行数要视一个绞组中地经根数来定,如一个绞组有三根地经,则一个绞组共占用 5 纵行,中间 3 纵行为画地经穿经图和组织图的地方。

纱罗织物穿综时要分两步进行。

第一步,先将绞经和地经分别穿入普通综框,即地经穿入地综,绞经穿入后综。如绞经在地经之右时,先穿地经,后穿绞经;如绞经在地经之左时,则先穿绞经,后穿地经。

第二步,当绞转梭口提起基综 1 在两基综之间将绞经、地经引向前方时,由前基综 1 之右

---

❶ 有些地区或工厂,开放梭口提起基综 1 和后综,绞转梭口提起基综 2。

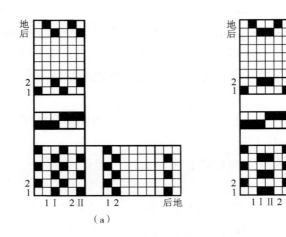

图 2-179　纱罗组织上机图

（右穿法）[或前基综 1 之左（左穿法）]将绞经穿入半综孔眼。地经亦按同样方向穿过两基综的间隙。

　　为了保证开口的清晰度,减少断经,绞综应在前面的综页,平纹或其他组织的综页在中,后综、地综在最后。根据实践,绞综与地综的间隔至少为两页综,以 4~5 页综为宜。尤其是地经和绞经都在同一个织轴上的品种,在设计穿综顺序时更应注意。

　　（2）穿筘:每一绞组必须穿在同一筘齿中,否则将不能进行织造,有时为了加大纱孔突出扭绞的风格,采用空筘法或花式筘穿法。在纱罗织物的穿综图中,穿在同一筘齿的代表一个绞组,不代表纱线根数。

　　（3）纱罗织物的绞经与地经缩率不同,有时差异很大。根据产品的规格,在绞经与地经缩率相差不大的情况下,尽可能使用一个织轴进行织造,最多不宜超过两个织轴。

　　（4）纱罗织物平综时,应使地经稍高于半综的顶部,以便绞经纱在地经之下左右绞转。如图 2-176(a)所示的平综位置。因为在纱罗织物织造过程中,绞经张力变化较大,为防止两页基综交替上下时将地经嵌于半综和基综之间,影响绞经在地经下方通过,有时,可以在织机上装置一套张力调节机构,随时调节绞纱的张力,以基本保持绞经在上层开口或下层开口时张力一致,使经纱形成清晰梭口。还可利用张力调节杆,将绞经压向下方,使绞经纱与地经纱的扭绞点在地综综丝眼之下,这样可防止因两种经纱在扭绞时相互摩擦而造成断头。

　　一般张力调节装置均用多臂机的最后一片提综臂来控制其运动。

　　图 2-180 为某花式纱罗组织的结构及上机图,该织物布面呈现对称绞形成的横排小圆孔,两排孔之间有一段为七纬纱罗组织的平纹。第 1 综为基综 1,第 2 综为基综 2,第 3 综为后综,第 4、第 5 两综用于操纵地经织平纹组织。如果绞经用较粗的纱线,则圆孔更加明显,且可减少断头。

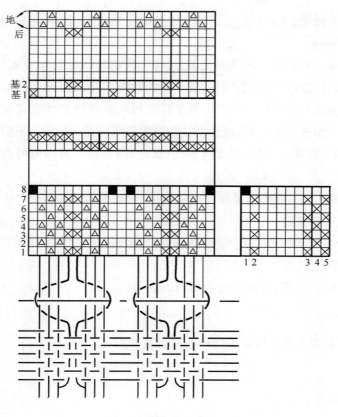

图 2 – 180　花式纱罗

第五节　设计与试织简单组织织物

在纺织面料设计及生产中,根据面料的品种和用途,选择合适的原料和纱线,设计织物组织以及织物的经纬密度和上机图,利用小样织机可以织造面料样品,用于仿样、改进和创新设计中。

设计与试织简单组织织物是在实验室将纱线依据一定的上机工艺方法形成面料小样的过程,其目的与要求是:①初步了解织物设计的知识,掌握小样工艺计算的方法;②掌握制织小样的操作方法;③进一步理解上机图的意义和各图之间的关系;④通过对所织小样的分析,理解影响织物外观的因素。⑤培养学生严谨治学的工作态度,增强实践动手能力,树立安全意识和社会责任感。

一、设计内容

(一)设计织物组织

首先根据书后附录确定织物品种,然后根据设计意图确定地组织和布边组织,画出组织图。

(二)设计配色

根据设计的织物效果,选择相应颜色的纱线并确定经向和纬向的色纱排列。

(三)设计织物规格

1. 确定纱线规格 根据织物风格的要求,选择相应的纱线原料和线密度;注意对于经纱来说,应尽量选择强力好、捻度适中、毛羽少、条干好的股线,以满足织造要求。

2. 确定经纬纱密度 P_j 和 P_w 经纬纱密度对织物风格及物理性能有重要的影响。经纬纱密度的确定应综合考虑纱线的原料、线密度及织物组织等因素。通常,当选用的纱线较粗,刚性较大,或组织的交织点较多时,纱线密度应小些;反之,应大些。具体值可参照附录中的类似产品确定。

3. 确定织物幅宽 L 一般要求小样幅宽在 $10 \sim 15\text{cm}$ 范围内即可。

(四)设计上机工艺参数

1. 确定筘号 N 筘号是钢筘的一项规格指标,表示钢筘单位长度内的筘齿数。它通常有公制和英制两种表示方法。

(1)公制筘号:钢筘上每 10cm 长度内的筘齿数,即:

$$N_{公} = \frac{齿}{10\text{cm}}$$

(2)英制筘号:筘齿上每 2 英寸长度内的筘齿数,即:

$$N_{英} = \frac{齿}{2\text{ 英寸}}$$

它们的换算关系为:

$$N_{英} = 0.508 N_{公}$$

(3)筘齿的计算:

$$N_{公} = \frac{P_j(1 - a_w\%)}{b}$$

式中:b——每筘齿穿入经纱数,一般为 $2 \sim 4$ 根/齿。

a_w——纬纱织缩率,一般为 $3\% \sim 7\%$,具体可参照附录类似品种确定。

注意:计算所得的 $N_{公}$ 数值要根据实验室现有钢筘规格予以修正,修正方法如下:参照计算值 $N_{公}$ 在现有筘号中选取相近的筘号 $N'_{公}$,并代入 $P_j = \frac{N'_{公} \times b}{1 - a_w\%}$ 计算。若 P_j 在合理范围内,则所选筘号可行;若 P_j 超出合理范围,可改变 b 值后重新计算 $N_{公}$。

2. 确定总经根数 Z 计算公式为:

$$Z = 地经根数 + 边经根数 = \frac{P_j}{10} \times L + 边经根数\left(1 - \frac{地经纱每筘齿穿入数}{边经纱每筘齿穿入数}\right)$$

注意:公式中的边经根数及边经纱每筘齿穿入数应在布边设计时加以确定;计算所得的地经根数应修正为地经每筘齿穿入数的整数倍。

(五)布边设计

1. 布边的作用 锁住纬纱和边侧的经纱。保持织物的完整、平直;增强织物在加工中承受外力作用的能力;美化织物,满足贸易要求。

2.边组织的要求　边组织与地组织的经向织缩率应相近,以保证布边平直;两侧的布边都应锁住,不能出现散边现象;尽量不另加边综,便于织造过程容易操作。

常用边组织有平纹、$\frac{2}{2}$重平、$\frac{2}{2}$斜纹、$\frac{2}{2}$方平等;以$\frac{2}{2}$方平组织为布边时为使两侧布边均被锁住,应调整两侧布边组织的起始点,并注意投梭方向,如图2-181所示。

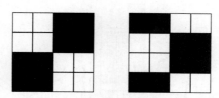

（a）一侧的$\frac{2}{2}$方平边组织　（b）另一侧的$\frac{2}{2}$方平边组织

图2-181　$\frac{2}{2}$方平边组织图

3.边经的密度设计　边经纱的密度大小依地经纱密度而定:当$P_{j地}$较小时,$P_{j边} > P_{j地}$;当$P_{j地}$较大时,$P_{j边} = P_{j地}$;当$P_{j地}$很大时,$P_{j边} < P_{j地}$。

4.边经根数的确定　每侧布边的经纱根数为边经穿综循环数及边经每筘齿穿入数的公倍数。常见的配置为:12×2根、16×2根、18×2根。

二、小样试织过程

（一）主要设备及工具

小样机、整经板、穿综勾、插筘刀、纱剪、筒子纱。

（二）操作步骤及方法

1.整经　将所选用的纱线在整经板上呈"8"形型缠绕,如图2-182所示。每往复一次为两根经纱。相邻的经纱必须在整经板的绞棒之间交叉(称作分绞),以确保经纱的排列顺序按照设计要求。按上述操作至整经根数等于总经根数时,用绞绳穿入绞棒的位置,打活结,然后将一端经纱剪开。

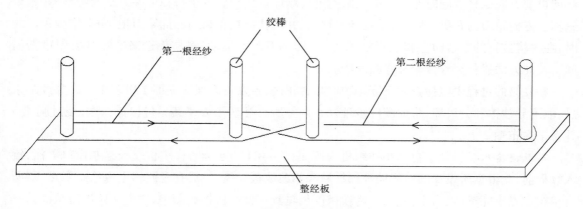

绞棒

第一根经纱　　　　　第二根经纱

整经板

图2-182　整经板及绕纱示意图

2. 上机 图 2-183 为小样织机结构简图。将整好的经纱一端系于经轴 9 上，另一端（经纱被剪开的一端）绕过后梁 8、导纱棒 6，用两根分绞棒 7 穿入经纱的分绞处，并将导纱棒与分绞棒固定于机架 1 上，便于进行穿经操作。

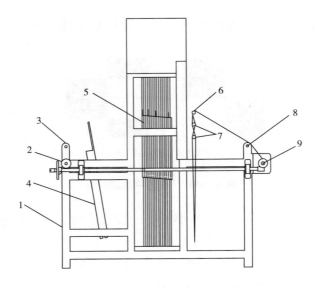

图 2-183 小样织机结构简图

1—机架　2—卷布轴　3—胸梁　4—筘座　5—综框　6—导纱棒　7—分绞棒　8—后梁　9—经轴

3. 穿经 将所需要的综框 5 提起，同时取下筘座 4，穿经的顺序由左至右，先穿综，再穿筘。方法如下：

（1）穿综：右手持穿综钩，手势如握笔，钩口向下。左手按穿综图的要求取综丝，右手将钩穿入综丝眼后，左手由两根分绞棒之间顺序拉出一根经纱至钩下，勾过综丝眼。按此方法操作至所有的经纱穿入各自的综丝眼。

（2）穿筘：将所选用的钢筘固定在筘座上，并将筘座水平放置于机架上，右手握住经纱束前端向机前方向拉直。同时左手在综丝眼附近按顺序取出根数等于每筘齿穿入数的经纱，并送至钢筘上方插筘刀的右侧，然后右手放开经纱束，并握住挂在筘齿间的插筘刀把，向上推到顶。此时，左手将拉直的经纱向左移动至插筘刀上，插筘刀向下运动，将左手送来的经纱束勾过筘齿间。按此方法操作至经纱全部穿筘完毕。

在穿筘的过程中应检查一下穿综顺序是否正确，若发现有误应立即予以改正。待穿经结束后，取下导纱棒和分绞棒，将前端经纱理顺并调整所有经纱张力使其尽量保持一致，绕过胸梁 3 并系于卷布轴 2 上。

4. 数据输入 以某半自动小样织机为例，图 2-184 所示为小样织机纹板绘制窗口界面，输入纹板前，先根据所设计的组织循环纬纱数来修改纹板长度，然后在意匠格上点绘组织点，待所有组织点点绘完毕，点击下传按钮，将纹板图传输到小样织机控制器中，即可开始进行织造。

图 2-185 所示为小样织机监视界面，可实时查看当前所织造的纹板位置，以及已织造的纬纱数，同时可对小样织机进行开口、综平、上一梭、下一梭等操作控制。

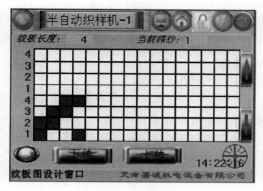

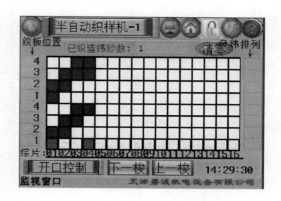

图 2 - 184　纹板绘制窗口　　　　　　图 2 - 185　监视窗口

5. 小样织造

（1）小样机的操控。踏下脚踏开关，打开梭口，将卷绕着纬纱的纬管穿过梭口，纬纱的张力要适当。然后扳动筘座，用钢筘将纬纱推至织口。再次踩下脚踏开关，使经纱形成下次梭口。如此循环往复即可实现织造。随着织造的进行，织口向机后方向移动，梭口变小。当小到不便投纬时，可闭合梭口，摇动机前右侧的送经手轮，使经轴送出经纱，然后转动卷曲轴将布卷入，直到织口位置适当，经纱张力适当为止。

（2）纬密控制。试织出一定长度的布样后，应用照布镜观察纬密是否符合设计的要求，若纬密偏大，应减轻打纬力；反之，应加大打纬力。

（3）下机。使机器处于综平的位置，关闭设备开关。剪下布样，取下钢筘，清除机器上剩余的纱线，清点工具与器材。

（三）织物分析

实测织物小样的经密、纬密、经纬纱织缩率和幅宽，观察织物组织和外观风格。将以上各项与设计内容对比，找出差距，分析影响因素及形成原因。

思考题

1. 什么是三原组织，构成三原组织的条件是什么？

2. 画出平纹组织的顺穿法及飞穿法的上机图，说明采用不同穿综方法的原因。

3. 举例说明几种特殊效应的平纹织物及形成原因。

4. 绘制 $\dfrac{1}{3}\nwarrow$，$\dfrac{2}{1}\nearrow$ 的上机图。

5. 采用 S 捻的股线织制 $\dfrac{3}{1}$ 斜纹组织织物，试画出上机图（要求反织）。

6. 试作 10 枚缎纹构成的所有可能的缎纹组织图。

7. 比较平纹、$\dfrac{2}{1}$ 斜纹和 5 枚缎纹组织的平均浮长，并说明三原组织的松紧差异。

8. 试绘制 $\dfrac{2}{3}$ 及 $\dfrac{4}{3}$ 变化经重平组织的组织图。

9. 试作 $\dfrac{2}{2}\dfrac{1}{1}$ 及 $\dfrac{4}{2}$ 变化纬重平组织的上机图,要求综框的负荷尽量相同。

10. 试作 $\dfrac{3}{2}\dfrac{1}{2}$、$\dfrac{3}{2}\dfrac{2}{1}\dfrac{1}{1}\dfrac{1}{3}$ 变化方平组织的组织图。

11. 织制 $R_j = R_w = 4$ 的半线斜纹织物,可以选择几种较合理的组织?试作组织图。

12. 说出组织循环等于 5 的所有可能的复合斜纹组织,并用分式表示。

13. 试作下列加强斜纹的组织图。

(1) $\dfrac{2}{3}\nearrow$

(2) $\dfrac{3}{5}\nearrow$

(3) $\dfrac{4}{3}\nwarrow$

14. 分别绘制下列急斜纹组织图。

(1) $\dfrac{5}{1}\dfrac{3}{1}\dfrac{4}{3}\nearrow$ 为基础组织,$S_j = 2$;

(2) $\dfrac{5}{3}\dfrac{1}{3}\dfrac{1}{3}\nwarrow$ 为基础组织,$S_j = -3$。

15. 已知某织物的基础组织为 $\dfrac{5}{2}\dfrac{1}{2}\dfrac{1}{1}\nearrow$,经纬纱密度为 126 根/10cm $\times$ 72 根/10cm,其斜纹线倾斜角度为 74°,试作织物的组织图($\tan74° = 3.5$)。

16. 绘制以 $\dfrac{4}{1}\dfrac{1}{1}\dfrac{1}{1}\dfrac{5}{4}\nearrow$ 为基础,织物经纬密度近似,斜纹线倾斜角度为 63° 的急斜纹组织上机图。

17. 绘制以 $\dfrac{4}{3}\nwarrow$ 为基础,$S_w = -2$ 的缓斜纹组织图。

18. 说明影响角度斜纹倾斜角度的因素有哪些?

19. 在设计曲线斜纹的飞数值时,应注意哪些问题?

20. 以 $\dfrac{3}{2}\dfrac{1}{2}\nearrow$ 为基础组织,按下面经向飞数的变化作曲线斜纹,S_j 为 1,1,0,1,0,1,0,1,0,0,-1,0,-1,0,-1,0,-1,-1。

21. 按照下列已知条件,绘制经山形斜纹组织的上机图。

(1)基础组织为 $\dfrac{3}{2}\dfrac{1}{2}$,$K_j = 8$;

(2)基础组织为 $\dfrac{2}{2}\dfrac{1}{1}$,$K_j = 9$。

22. 按照下列已知条件,绘制纬山形斜纹组织的组织图。

(1)基础组织为 $\dfrac{3}{1}\dfrac{1}{2}$,$K_w = 10$;

（2）基础组织为 $\dfrac{2\quad2}{1\quad3}$，$R_{\mathrm{w}}=14$。

23. 以 $\dfrac{2\quad2\quad1}{1\quad2\quad2}$ 斜纹为基础组织，以12根经纱构成右斜，9根经纱构成左斜，6根经纱构成右斜，9根经纱构成左斜的规律排列经纱，绘制经山形斜纹组织的组织图。

24. 按照下列已知条件，绘制破斜纹组织的上机图。

（1）基础组织为 $\dfrac{1\quad3}{1\quad3}$，$K_{\mathrm{j}}=8$；

（2）基础组织为 $\dfrac{2\quad2\quad1}{1\quad2\quad2}$，$K_{\mathrm{j}}=5$。

25. 以 $\dfrac{4}{4}$ 斜纹组织为基础，设计一个变化破斜纹组织。

26. 按照下列已知条件，绘制菱形斜纹组织的上机图。

（1）基础组织为 $\dfrac{3\quad1}{1\quad3}$，$K_{\mathrm{j}}=8$，$K_{\mathrm{w}}=8$（要求交界处清晰）；

（2）基础组织为 $\dfrac{2\quad1}{3\quad2}$，$R_{\mathrm{j}}=14$，$R_{\mathrm{w}}=14$。

27. 按照下列已知条件，绘制锯齿斜纹组织的组织图。

（1）基础组织为 $\dfrac{2\quad1}{3\quad2}$，$K_{\mathrm{j}}=8$，$S_{\mathrm{j}}=4$；

（2）基础组织为 $\dfrac{3\quad2}{2\quad2}$，$K_{\mathrm{j}}=6$，$S_{\mathrm{j}}=3$。

28. 以 $\dfrac{2}{2}$ 斜纹为基础组织，作同一方向斜纹线为四条的芦席斜纹组织图。

29. 以 $\dfrac{3}{3}\nearrow$ 和 $\dfrac{3\quad1}{1\quad1}\nearrow$ 为基础组织，绘一个经螺旋斜纹组织。

30. 以 $\dfrac{4\quad1}{3\quad8}\nearrow$ 为基础组织，设计一个夹花斜纹组织。

31. 以 $\dfrac{3\quad4\quad4}{1\quad3\quad3}\nearrow$ 为基础组织，用减少经组织点的方法，设计一个夹花斜纹组织。

32. 绘制7枚变则缎纹的组织图。

33. 判断习题图 2-1 所示各个组织的基础组织及构成方法。

（a）
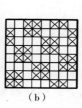
（b）
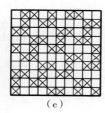
（c）
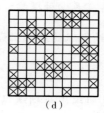
（d）

习题图 2-1

34. 说明重缎纹组织和阴影缎纹组织各应用于什么织物中?

35. 说明缎背华达呢织物的组织构成及织物外观特点。

36. 以 $\frac{2}{2}\nearrow$、$\frac{2}{2}$ 经重平和 $\frac{2}{2}\nearrow$ 为基础组织,设计一个纵条纹组织。

37. 某纵条纹组织的织物,$P_j = 230$ 根/10cm。第一条宽 2cm,采用 $\frac{2}{2}\nearrow$ 组织;第二条宽 1.5cm,采用 $\frac{2}{2}$ 方平组织。试画出该织物的上机图。

38. 以下列组织为基础,分别作方格组织图。方格组织的 R_j、R_w 自选。

(1) 以 $\frac{3}{1}$ 斜纹为基础组织;

(2) 以八枚缎纹为基础组织。

39. 按照书中图 2-49 的格子组织,设计一个格子花型织物。已知条件如下:

条纹宽度(cm)	条纹密度($P_j = P_w$)(根/10cm)	条纹组织
$a = 8$	350	平纹组织
$b = 2$	700	6 枚不规则缎纹
$c = 16$	350	平纹组织

试求:(1) R_j 和 R_w;(2) 穿综说明和纹板图。

40. 在平纹组织(10×10 范围内)的基础上,按照 $\frac{5}{2}$ 纬面缎纹组织的规律增加组织点,设计一个绉组织。

41. 以 $\frac{1}{2}$ 斜纹组织为基础,增加适当的组织点,设计一个绉组织($R_j = R_w = 6$)。

42. 以 $\frac{2}{2}$ 经重平和 $\frac{1}{2}\nearrow$ 为基础组织,经纱的排列比为1:1,用移绘法作绉组织的上机图。

43. 以 $\frac{3}{2}\frac{1}{2}\nearrow$ 为基础组织,采用调整经纱次序的方法构成一个绉组织。

44. 用旋转法构作一个绉组织,基础组织自选,并说明应注意的问题。

45. 说明利用省综设计法设计绉组织的步骤,并计算采用 8 页综设计时,如果每次提升 4 页,共有多少种提综方案。

46. 在平纹组织的基础上设计一个花式透孔组织,花型纹样为 $\frac{5}{3}$ 纬面缎纹,每小格代表 6 根经纬纱。

47. 以 $\frac{1}{5}$ 斜纹为基础组织,绘蜂巢组织的上机图,并说明织物外观形成的原因。

48. 设 $R_j = 24$,$R_w = 8$,以 $\frac{2}{2}\nearrow$ 为固结组织,试绘凸条组织的上机图。

49. 以 $\dfrac{8}{8}$ 经重平和纬重平组织为基础,平纹组织为固结组织,按照习题图2-2的纹样图绘制纵、横联合凸条组织(甲区和乙区各代表经纬纱16根)。

50. 利用反织法绘制纵凸条组织的上机图,基础组织为 $\dfrac{4}{4}$ 纬重平,固结组织为平纹。要求凸条效应明显。

51. 判断习题图2-3各个组织的名称,并说明织物外观的特点。

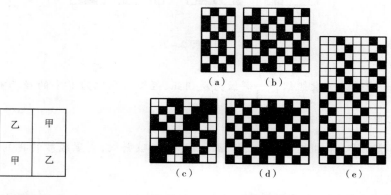

(a)　(b)

(c)　(d)　(e)

习题图2-3

习题图2-2

52. 以平纹组织为基础作一网目组织, $R_j = 12$, $R_w = 16$。要求含有两根对称形的网目经。

53. 分析习题图2-4的两种网目组织,哪一种效果好,为什么?

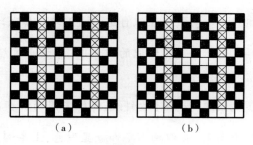

(a)　(b)

习题图2-4

54. 试设计一个平纹地经纬起花小提花组织的组织图,并画出穿综图和纹板图花形效果如习题图2-5所示。

55. 试作以 $\dfrac{2}{2}$ 为基础组织, $K_j = 4$ 的破斜纹,色经色纬排列均为4A4B4A4C的配色模纹图。

56. 已知组织图如习题图2-6,色经排列为4A4B,色纬排列为4A4B,求配色模纹图。

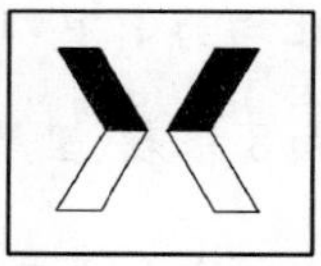

习题图2-5　　　习题图2-6

57. 已知色纱排列和配色模纹如习题图2-7所示,求作组织图(要求至少画四个不同的组织)。

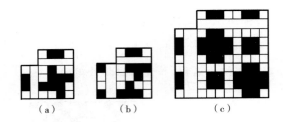

习题图 2-7

58. 试作$\frac{4}{2}$↗斜纹为表组织,$\frac{5}{1}$斜纹为反组织,经纱排列比为1:1 的经二重组织上机图及其经向截面图。

59. 某经二重组织,表组织为$\frac{2}{2}$方平,里组织为$\frac{1}{3}$破斜纹,表里经纱的排列比为2:1,试作织物组织图。

60. 简述在经起花组织中花经纱接结点的一般处理方法。

61. 已知纬二重组织的表组织和反组织均为$\frac{1}{3}$破斜纹,表、里纬纱排列比为1:1,试作织物上机图及纬向截面图。

62. 某纬二重织物,表组织为$\frac{3}{3}$↗,里组织自选,表、里纬纱排列比为1:1,试作出组织图。

63. 试完成如习题图2-8所示纬起花组织的组织图,每隔4根经纱设1根接结经,地组织为平纹。

64. 某纬二重织物其表、反组织均为$\frac{1}{3}$破斜纹,纬纱采用两种颜色织造,排列顺序为1甲1乙。该织物$R_w = 16, R_j = 4$。在织物下半部分显甲色,上半部分显乙色。试绘该织物的上机图。

65. 试作以$\frac{2}{1}$↗为基础组织的管状织物上机图及纬向截面图。

66. 某管状织物基础组织为$\frac{2}{2}$斜纹组织,要求经纱总数大于2倍基础组织经纱循环数,织造时第1纬自右向左投入表层,试作该织物的上机图及纬向截面图。

67. 以4枚不规则缎纹为基础组织,试作双幅织物的上机图及纬向截面图。

68. 试作以平纹为表、里层的基础组织,经纬纱排列比均为1甲:1乙的表里交换双层组织。花纹如图$\begin{array}{|c|c|}\hline 乙 & 甲 \\\hline 甲 & 乙 \\\hline\end{array}$,每小方格分别有8根表、里经纱和8根表、里纬纱。

69. 以5枚缎纹为基础组织,试作表里换层组织及其经纬向截面图,其纹样如图$\begin{array}{|c|c|}\hline 乙 & 甲 \\\hline 甲 & 乙 \\\hline\end{array}$,每区

分别由表、里各 10 根经纱和纬纱组成,表、里经与表、里纬排列比均为 1:1。

70. 某表里换层双层组织的基础组织为平纹,表、里经及表、里纬排列比均为 1 白 1 黑,其纹样如习题图 2-9 所示,试作该组织图。

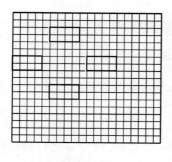

习题图 2-8　　　　　　　　习题图 2-9

71. 已知表组织为 $\dfrac{3}{3}\nearrow$,里组织为 $\dfrac{2}{1}\nearrow$,表、里经纬纱排列比均为 2:1,试作"下接上"双层接结组织的上机图和经纬向截面图。

72. 以平纹为表组织, $\dfrac{2}{2}\nearrow$ 为里组织,表、里经纬纱排列比均为 1:1,选用八枚缎纹作为"下接上"的接结组织,试作其上机图和经纬向截面图,并说明遮盖情况是否良好?

73. 某双层织物,表、里组织均为 $\dfrac{2}{2}\nearrow$,采用"上接下"法,表、里经纬纱排列比均为 1:1,试作该织物组织图。

74. 已知某粗梳大衣呢织物的表组织如习题图 2-10(a)所示,里组织如习题图 2-10(b)所示,表、里经纬纱排列比均为 1:1,试用"上接下"法作出该织物的上机图及经纬向截面图,接结组织自选。

75. 某双层织物,表面组织及里组织均为 $\dfrac{2}{2}\nearrow$,采用"联合接结法",表、里经纬纱排列比均为 1:1,试作该织物上机图及经纬向截面图。

76. 已知双层组织的组织图如习题图 2-11 所示,试说明表、里组织及接结方法。

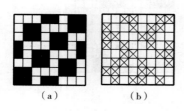

（a）　　　（b）

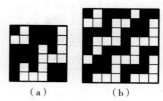

（a）　　　（b）

习题图 2-10　　　　　　　习题图 2-11

77. 试比较平纹地灯芯绒组织和双经保护灯芯绒组织的优缺点,并说明双经保护灯芯绒组织具有保护作用的原因。

78. 试比较灯芯绒绒根 V 形固结和 W 形固结的优缺点。

79. 以 $\dfrac{2}{1}\nearrow$ 为地组织，地纬与绒纬之比为 $1:2$，$R_j=6$，绒根固结方式为 V 形，试作灯芯绒织物的组织图。

80. 已知地组织为 $\dfrac{2}{2}$ 纬重平，绒根用复式 V、W 形固结，地纬与绒纬之比为 $1:2$，绒根的固结位置自己决定，试作灯芯绒组织图，并标出割绒位置。

81. 以平纹为地组织，$\dfrac{1}{5}\nearrow(S_w=2)$ 为绒组织，地纬与绒纬排列比为 $1:3$，试作平绒组织的上机图，并标出割绒位置。

82. 某长毛绒织物，以 $\dfrac{2}{2}$ 纬重平为地组织，绒经 W 形固结，绒经与地经排列比为 $1:4$，每个组织循环中有 2 根绒经纱，绒经均匀固结，上下层投梭比为 $3:3$，采用双层单梭口全起毛织造方法，试作该织物的上机图及经向截面图。

83. 以 $\dfrac{2}{2}$ 纬重平为地组织，绒经 W 形固结，半起毛单梭口，双层织造，上下层投纬比为 $4:4$，地经与绒经排列比为 $2:2$，试作长毛绒组织的上机图及经向截面图。

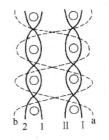

习题图 2－12

84. 已知某长毛绒织物的经向截面图如习题图 2－12 所示，试作出该织物合理的上机图。

85. 试作双双经双双毛三纬双面毛巾的上机图，并简述毛圈形成的必要条件。

86. 按图示纹样 $\begin{array}{|c|c|}\hline 乙 & 甲 \\\hline 甲 & 乙 \\\hline\end{array}$，其中甲、乙各代表不同的色区，每区由 4 根毛经纱、4 根地经纱和三个全打纬（三个打纬循环）组成，地经：毛经 $=1:1$，试作表里换层的异色花式三纬毛巾的组织图和经向截面图。

87. 如习题图 2－13 所示为纱罗织物组织图，试作上机图，并画出相应的结构图。

88. 某厂生产的纱罗织物的组织图、穿筘图如习题图 2－14 所示，试作出该织物的上机图。

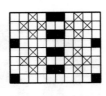

习题图 2－13

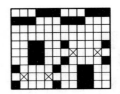

习题图 2－14

89. 某接结三层织物，表、中、里组织均为 $\dfrac{2}{2}\nwarrow$，经纬纱排列比为 1 表、1 中、1 里，接结方法如下，试作该织物组织图及经纬向截面图。

（1）接结方法为："中接表""里接中"；

（2）接结方法为："表接中""中接里"；

（3）接结方法为："表接中""里接中"；

（4）接结方法为："中接表""中接里"。

90. 某接结四层织物，表、中一、中二、里组织均为平纹，试作该织物的组织图及截面图（接结方法为里接中二，中二接中一，中一接表）。

91. 试做五层经纱角度联锁织物的组织图及纵剖面图。

第三章　纹织物的装造与设计

课件

本章教学目标

1. 掌握纹织物、装造、通丝、目板的基本概念和提花机各构件编号与排列顺序。

2. 掌握纹织物装造设计的过程,包括意匠纸的选用与计算,意匠图的画法及纹板的轧法与编排,并理解影响织物设计的因素。

3. 能够运用纹织 CAD/CAM 设计系统进行织物创新设计。

4. 培养学生创新意识、创新精神和工程能力。

第一节　概述

一、纹织物

前面几章所讨论的是各种小花纹组织及其织物的结构,其花纹的大小与复杂性,常常受综页数的限制。如果在织物组织中,不同交织规律的经纱数在 16~20 根以上,就不能在多臂机上织制,需要采用每根经纱单独运动的提花机进行织造。在提花机上织造的织物组织称为大提花组织。大提花组织中一个组织循环的经纱数可以多达几千根至一万多根,所以常称提花组织为大花纹组织,所织成的织物称为纹织物(jacquard fabric)。大提花组织大多是用一种组织为地部,以另一种组织显出花纹图案。但也有用不同的表里组织,不同颜色的经纱和纬纱,使之在织物上显出彩色的大花纹。

根据织物的结构,大提花组织可分为简单与复杂两大类。凡用一种经纱和一种纬纱,选用原组织及小花纹组织构成花纹图案的组织称为简单大提花组织。经纱或纬纱的种类在一种以上,配列在多重或多层之中的组织均称为复杂大提花组织。如毛巾组织、绒毯、起绒组织、纱罗组织,单独构成或与其他组织相互配合而成大花纹组织,均属复杂大提花组织。

纹织物的组织是千变万化的。当选择了不同的花部与地部组织,以不同的颜色或纤维的经纬纱,并配合以适当的经纬纱线密度和密度,就能织出各种不同风格的纹织物。

二、提花机龙头及编号

欲明了提花织物的形成,必须首先弄清纹板上针孔的顺序与经纱排列顺序的相互关系和提花机(jacquard machine)的装造(上机)方法,也就是纹板孔、横针、竖针、目板孔、经纱与意匠图的编号次序。

提花机龙头的每根竖针 a(图 3-1)的下端,挂一根首线 b。每根首线穿过提花龙头的底板孔,在其下端挂有龙头钩(首线钩)c。通丝 d 挂在龙头钩上。每根通丝穿过目板孔后,下面系以辫带线(或下垂线)e、综丝 f 和下锤 g。

以图 3-1(右手织机)说明。大提花组织图(大提花意匠图)上的经纱序号是自右向左排列,纬纱序号自下向上排列。提花机装造编号按提花机花筒在提花龙头的左侧为例。为了简化,图中的装造编号以 8 行竖针龙头为例。

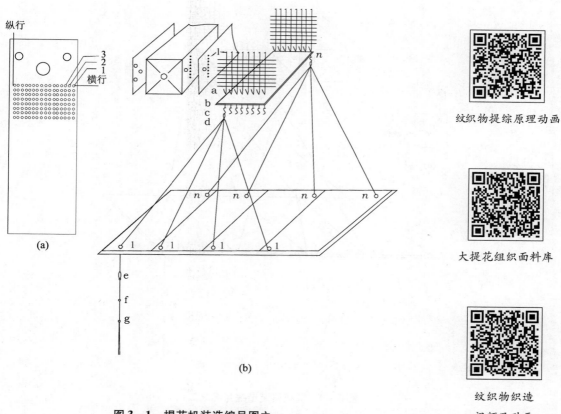

图 3-1　提花机装造编号图之一

纹织物提综原理动画

大提花组织面料库

纹织物织造
视频及动画

纹板孔的编号如图 3-1(a)所示,纵向的孔称"纵行"(有的地区称为列),纵行数自右向左编号,横向的孔称"横行"(有的地区称为行),横行数自上向下编号,第一横行右端为第一孔,末横行最左端一孔为最后一孔(以 n 表示)。纹板轧孔时是按照意匠图上每一纬的第一经(意匠图右侧第一格)作为纹板轧孔的第一孔进行轧孔。

横针和竖针的编号与控制其运动的纹板孔的编号相同。横针第一根在提花机龙头的最前一横行的最上一根,最后一根在最后一横行的最下一根。竖针第一根为最前一横行自左侧数第一根,最后一根为最后一横行的自右侧数第一根。目板孔的编号次序有以下两种。

（1）如图3-1所示，目板上的第一孔位于每段目板最左一行最前方一孔，最后一孔位于每段目板最右一行的最后方一孔。这种目板孔的编号顺序在我国应用较广，因为意匠图右面第一纵格所操纵的经纱在机上为最左面一根，而意匠图左面末格，所操纵的经纱在机上为右侧花纹的最右面一根，所织制物在机上，其布面的花纹方向和意匠图相反。

（2）如图3-2所示，编号顺序是：目板上第一孔位于每段目板最右边一行最前方一孔，最后一孔位于每段目板最左一行的最后方一孔。这种目板孔的编号所织织物在机上，其布面的花纹方向和意匠图相同。

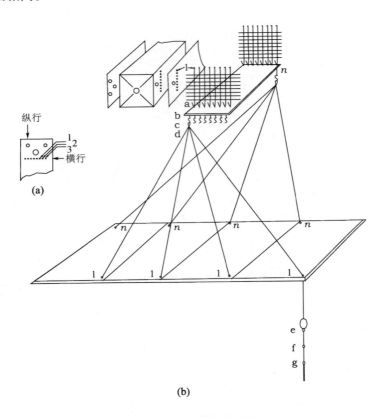

图3-2　提花机装造编号图之二

为了减轻提花龙头的负载，当织物组织中的纬浮点多于经浮点时，宜采用正面向上的织造方法；凡织造经浮点多于纬浮点的织物组织，宜采用织物正面向下的上机方法。

提花机也像一般织机一样，根据其开关柄的位置分为左手车和右手车。右手车开关柄在机器的右侧，而花筒则在机器的左侧；左手车则与右手车相反。在我国的毛织机上，织文字边所用的提花龙头与上述不同，提花龙头也分左右手，但其花筒横在织机的前侧。

左手织机的纹织物装造编号方法，在我国有很多种不同的顺序，在明确了图3-1和图3-2右手车编号系统的情况下，左手车的编号较易了解，在此不再赘述。

提花机龙头的位置应当使其中心对准织机的中央（即布幅的中心线）。龙头前后位置的中心应对准目板中心(以穿过目板上的最前第一列孔的通丝,不碰筘帽为准)。如此装置可减少两侧通丝与目板孔的摩擦不匀。提花龙头安装的高度要适中,在织造幅度较大的织物时,龙头的安装高度应适当增加,以减少两侧通丝与目板孔的摩擦。此外,在提花机龙头下装置与竖针的纵行平行的玻璃棒,其数目为纵行数加1,使每纵行竖针下的通丝在两根玻璃棒之间通过,以使综丝升降高度一致。

三、提花机龙头规格

提花机龙头的大小是以竖针数的多少来区分的。用号数(俗称口数)表示。普通提花机竖针纵行数有4、8、12、16几种。竖针行数的多少随提花机号数不同而异。我国常用的提花机龙头规格如表3-1所示(沿织机前后方向称"纵")。

表3-1　常用提花机龙头规格

号　数	花筒分段	竖针纵行数	竖针横行数	总针数	缺针数	实有针数	纹板形式
100	1	4	26	104	—	104	非连续纹板
400	2	8	28 + 27	440	8	432	
1000	3	12	28 + 30 + 28	1032	16	1016	
1200	3	16	28 + 28 + 28	1344	24	1320	
1400	3	16	31 + 32 + 31	1504	24	1480	
2400	4	16	38 + 38 + 38 + 38	2432	32	2400	
1344	3	8	—	1344	—	1344	连续纹板
1344 ×2	3 ×2	16	—	2688	—	2688	

图3-3为1400口提花机纹板的样板。从图中可以看出该龙头的纹板上有6个栓孔(大孔)将纹板分为三段,共有横行数31+32+31 = 94(每横行16孔),其中有12行是残行。每个栓孔占有4个针孔的位置,故共缺针孔24根。所以,提花机纹板的样板一共可容1480针孔,通常称为1400口。

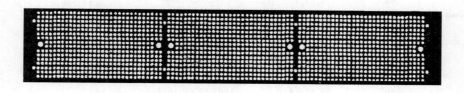

图3-3　1400口提花机纹板的样板

表3-2列出了目前常用的电子提花机的型号,主要为史陶比尔和博纳斯两家全球著名提花机龙头生产企业的数据,所有数据均摘自官方网站。由于电子提花机的更新很快,此表仅供参考。

表3-2　当前电子提花机常用规格型号

公司	型号	列数	纹针数	使用范围
史陶比尔 Staubli	N4L		80,128	羊毛或棉织成的名牌服装的布边和织物上织造定制商标
	CX172/182		64,80/96,192	布边和织物上织上定制边字商标
	LX12/32/62	8	192/448/896	商标,装饰带,工业用带,丝带或女式内衣用的弹性带
	SX	16	1408/2688	毛巾织物,装饰布,丝绸面料,挂毯,服装面料,汽车座椅布和产业用布
	LX/LXL/LXXL	16	3072,4096,5120,6144/6144,8192,10240,12288,14336/12800,15360,17920,20480,23040,25600	家具装饰布,壁毯,丝绸织物,服装面料,汽车座椅布,产业用布和气囊
	LXM	16	2688,5376	毛圈织物,家具装饰布,丝绸织物或服装面料
	SX V/LX V/LXL V		2688/3072－5120*/6144－14336**	绒织物
	LX2493	24	6720,8448***	地毯,绒织物,产业用布
博纳斯 Bonas	Ji2	10,12,14	1920,2304,2688	家纺装饰面料,时装面料,圈绒,簇绒地毯
	Ji5	12,14,16,18,20	3456,4032,4608,5184,5760	
	Si3	12,14,16	2304,2688,3072	
	Si4	12,14,16	3456,4032,1608	
	Si5	18,20	5184,5760	
	Si6	12,14,16	4608,5376,6144	
	Si7	22,24	6636,6912	
	Si8	12,14,16	5760,6720,7680	
	Si9	20,22,24	1680,8848,9216	
	Si11	20,22,24	7680,10560,11520	
	Si14	20,22,24	11520,12672,13824	
	Si16	20,22,24	13440,14784,16128	
	Si18	20,22,24	15360,16896,18432	
	Si19	30,32	17280,18432	
	Si21	28,30,32	18816,20160,21504	
	Si25	30,32	23040,24576	

公司	型号	列数	纹针数	使用范围
博纳斯 Bonas	Si27	34，36	26112，27648	家纺装饰面料,时装面料,圈绒,簇绒地毯
	Si31	34，36	29376，31104	
	H3D		16128	三维、多层技术织物

注　1. ＊联合使用2台提花机时,最大针数可达28672针;＊＊联合使用2台提花机时,最大针数可达51200针;＊＊＊联合使用4台提花机时,最大针数可达33792针。

2. 史陶比尔官网提花织造模块网址:https://www.staubli.com/zh－cn/textile/textile－machinery－solutions/jacquard－weaving/。

3. 博纳斯官网 https://www.bonas.be/zh－hant/huodong。

四、提花机龙头开口的基本原理

(一)单动式上开口提花机工作原理

我国纺织业应用最普遍的是单动式上开口提花机,它结构简单,造价低廉,修理方便,但转速较低,图3－4为其提花龙头工作原理示意图。

该提花机的开口机构主体是许多副纹针和一个装有多把提刀的刀箱,每一副纹针都包括一根横针7和一根竖针1,竖针1综平时搁于托针棒5上,其上端的弯钩应处在提刀2上方3～4mm,横针7有一个凹头,每根竖针均处于对应的凹头内,花筒9可以在提花机左侧、右侧或前后侧。工作时,把纹板12套在花筒上,每织一纬,花筒向横针靠压一次,然后翻转过一块纹板。当纹板上有孔眼时,横针的头端伸进纹板上相对的孔眼,此时提刀上升时,就带动竖针上升,从而带动其下吊的综丝上升,即穿入该综丝的经纱上升,形成织物的经组织点。如果纹板上该处无孔,纹板推动横针后退,通过横针的凹头推动竖针后退,这时竖针上端的弯钩脱离了提刀上升线,就不能随提刀上升,它所控制的经纱也就在综平处不动。这样被提升和不提升的经纱就形成了梭口。提刀下降,梭口闭合,这时在综丝下吊着的铅锤作用下,拉动综丝及经纱回落原处。图3－4中横针板主要起定位作用,保证横针和纹板上的孔一一对应。

纹板根据意匠图而轧制,某处有孔,则指令对应的纹针带动经纱提升,形成经组织点,反之,则形成纬组织点。提花机纹针数的多少表示它能控制经纱的多少。

(二)连续纹板复动式提花机原理

复动式提花机开口原理,如图3－5所示。1、2为两组交替运动的提刀,双钩竖针7立于搁针板12上,与之对应的横针6上的两凸头控制着竖针的升降。在横针的前端有辅助横针5,分别与竖探针4一一对应,8为推针格,它的多排推刀对着相对的辅助横针。连续纹板13套在花筒3上。织机每引入一梭,纹板纸转过一行。若纹板某处有孔,该处竖探针4下降,对应的辅助横针的前端也下降,推针格准时向右运动,与对应的辅助横针错开,从而使相对应的横针6保持不动,与其相配的双钩竖针7也不动(保持前一为纬形态);反之,若纹板某处无孔,探针下降受阻,推针格会把辅助横针向右推动,从而使横针向右移动。横针6的凸头又推动配对的竖针;如该竖针原在高位,则使其脱离停针刀10,待提刀1下降时,该竖针随之下降;如该竖针原在低

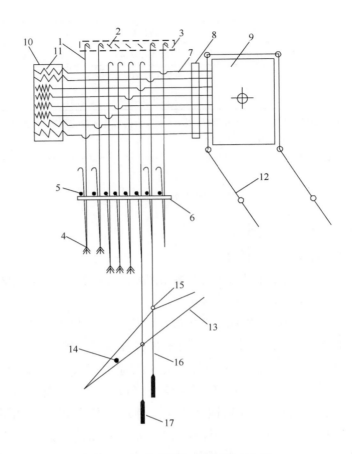

图 3-4 提花龙头工作原理示意图

1—竖针 2—提刀 3—提刀箱 4—龙头绳(首线) 5—托针棒 6—托格 7—横针 8—横针板 9—花筒
10—弹簧箱 11—弹簧 12—花板(纹板) 13—经纱 14—纬纱 15—综丝眼 16—综线 17—铅锤

位,则使其脱离提刀的上升作用线,即不被提升。停针刀 10 可起这样的作用:如果前一纬被提升,第二纬依然提升,横针不动,则二纬间竖针凸头 11 搁在停针刀上不随提刀下降。这样减少了不必要的运动,成为全开口形式。

(三)电子提花机原理

电子提花机自 1983 年问世以来,迅速占领纺机市场。电子提花机型号很多,电子纹针提升的原理也各具特色,但它们都为复动式全开口提花机,没有外在纹板和花筒。它的选针机构是许多个电磁阀。每一个电磁阀下都有一副挂钩,挂钩下可挂通丝。出于行业习惯,可把挂钩和相应的电磁阀称为一枚电子纹针。图 3-6 为电子提花机及附件的布局示意图。它最主要的附件是机头控制器,把纹织 CAD 纹板文件用磁盘或联网输入该控制器,立即能指挥提花机织造。它的信息量很大,能存储多个纹织文件,可随时调用并在机上修改。它还能提供各种生产统计数据,为管理的现代化创造了条件。

下面介绍两种主要机种的电子纹针提升原理。

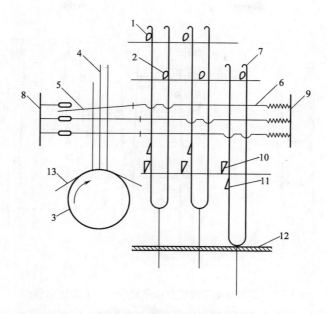

图 3-5　连续纹板复动式提花机原理示意图

1,2—提刀　3—花筒　4—竖探针(辅助竖针)　5—辅助横针　6—横针　7—双钩竖针
8—推针格　9—回针弹簧箱　10—停针刀　11—竖针凸头　12—搁针板　13—连续纹板

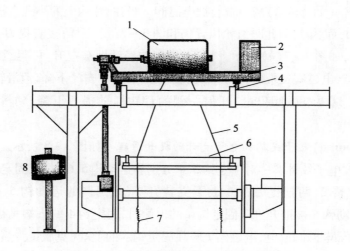

图 3-6　电子提花机及附件的布局示意图

1—提花机(龙头)　2—供电箱　3—机器底座　4—可作调节的支撑　5—通丝
6—目板　7—回综弹簧　8—控制器

1. 英国博纳斯(Bonas)电子提花机电子纹针的提升原理　如图 3-7 所示。

提刀 a、b 受织机主轴传动而做上下往复运动,下部有凸头的片钩 A、B 被提刀上顶随之运动。片钩 A、B 由弹性薄钢片做成,它的下端和穿过动滑轮组 3 的上皮带 2 相连,下皮带 4 穿过下滑轮,一端在固定点 5 处,另一端有挂钩可挂通丝。如果电磁阀 1 没有电,片钩 A、B 交替升

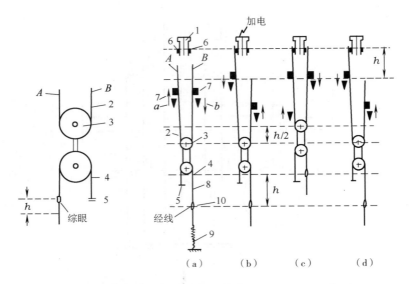

图 3 − 7 博纳斯电子提花机电子纹针的提升原理示意图

1—电磁阀 2—上皮带 3—动滑轮组 4—下皮带 5—固定点 6—挂钩 7—凸台 8—综丝
9—弹性回综 10—综眼 *A*,*B*—片钩 *a*,*b*—左右提刀 *h*—经纱开口高度

降,但动滑轮在原处不动,如图 3 − 7(a)所示;但当电磁阀 1 接到信号后放电,如图 3 − 7(b)所示,此时某上升的片钩(如片钩 *A*)的上端会被电磁阀 1 吸住,片钩上的小孔会挂在挂钩 6 上,使片钩 *A* 不再随提刀 *a* 而下降,但此时滑轮位置仍和图 3 − 7(a)一样;接着提刀 *b* 推动片钩 *B* 上升,才带动滑轮上升,如图 3 − 7(c)所示,滑轮下控制的经纱即被提升,可得经组织点。如果下一纬继续是经组织点,电磁阀又带电,片钩 *B* 也被吸住,提刀 *b* 自己下降,但滑轮不会下降;如果下一纬是纬组织点,只要电磁阀停电,任何一侧的片钩即随提刀下降,动滑轮也将下降,如图 3 − 7(d)所示。

2.史陶比尔(Staubli)电子提花机电子纹针的提升原理 如图 3 − 8 所示。

史陶比尔的一枚电子纹针有一对固定钩 3、4 分别和运动钩 5、6 对应,固定钩上端对着电磁阀 1,并连有两个弹簧 2,两把提刀 7、8 上下交替升降,把两侧的运动钩 5、6 交替上推。在图 3 − 8(a)中,当运动钩 6 被推升进入固定钩 4 的内侧时,固定钩 4 的下端稍被撑开,上端向电磁阀 1 靠压,此时如果电磁阀放电,电磁阀 1 吸住固定钩 4 的上端(克服了弹簧 2 的弹力),使下端张开更大,活动钩不能和固定钩相扣,将随提刀 8 下降,动滑轮 9 不动。如果连续放电,另一侧情况相同,挂钩将一直处于下方不动,所得为纬组织点;而在图 3 − 8(b)中,当运动钩 5 的头端进入固定钩 3 的内侧后,由于电磁阀不放电,弹簧 2 会把固定钩上端推开,它的下端就勾住了运动钩 5;但此时滑轮还在底部,只有当另一侧提刀 8 带着运动钩 6 上升时,滑轮才随之上升,从而带动经纱提升,得经组织点,如图 3 − 8(c)所示。如果后一纬经纱依然提升,电磁阀继续不放电,两个活动钩都将被勾住,两把提刀独自升降;如果后一纬此经纱不再提升,则电磁阀放电,提刀上升时使固定钩下端张开,运动钩将随之下降,如图 3 − 8(d)所示。图中 *h* 为开口高度。

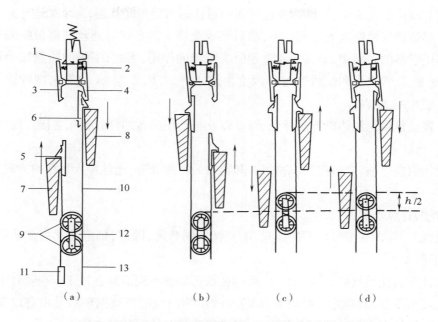

图3-8 史陶比尔电子提花机电子纹针的提升原理示意图

1—电磁阀 2—弹簧 3,4—固定钩 5,6—运动钩 7,8—提刀 9—动滑轮

10—上绳索 11—固定点心 12—连接件 13—下绳索

从上面的介绍中可知,博纳斯提花机的选针原理是:电磁阀通电—电子纹针提升—得到经组织点;电磁阀不通电—电子纹针不提升—得到纬组织点。

史陶比尔提花机的选针原理是:电磁阀通电—电子纹针不提升—得到纬组织点;电磁阀不通电—电子纹针提升—得到经组织点。虽然它的通电结果刚好和博纳斯相反,但通过一个转向器,即取得和博纳斯相同的效果。相比之下,史陶比尔电子提花机耗电量更小。

除了上述两家外,德国格罗斯(Grosse)公司的电子提花机也具有独到的设计,我国的电子提花机也有多家公司试制成功,有的已进入批量生产阶段。

电子提花机的挂钩轻巧,运转快速平稳,所耗能量很小,目前转速为300～1200r/min,可以相配任何高速织机。全开口形式使它们在织制经面织物时,不用反面上机,选择正反面上机的原则只是如何更好地控制产品质量。

电子提花机可以方便地增加纹针数,也可以两台合并使用。它使用电子纹板,是纹织 CAD 和 CAM 的良好结合。电子提花机为纹织物设计和织制提供了极为广阔的前景。

第二节　提花机装造

纹织物的装造是指按提花意匠设计的要求所进行的一系列的上机工作。

首线悬挂在竖针的下端,用以连接龙头钩(也称吊综钩)。为了耐磨,首线大多用麻线制成。通丝的上端挂于龙头钩,下端则穿过目板的目孔后与辫带线相连,为增加通丝的耐磨性,常经过涂蜡。辫带线穿过综丝的上端孔眼,然后结成圈环。在平综时通丝在辫带线圈环中打结。下锤挂在综丝下端的孔眼中,下锤的质量起回综装置的作用,因此,下锤的质量按经纱原料、线密度、经纱密度、经纱张力和织机速度等因素来定。例如,织造 28tex 中等密度的棉织物,下锤的质量为每根 8.4g 左右。

穿吊装置就是指龙头钩以下的通丝、综丝以及与其相连各部分的相互连接方法以及目板的穿法。

在纹织物织造之前,应根据其织物组织和花纹的特性,确定通丝穿入目板的方式。

一、通丝的计算及准备

在提花机上,挂在一根竖针下的通丝,随竖针一同升降,因此,每把通丝与普通织机上一页综的作用相同。

每根竖针下所挂通丝数,随纹织物内幅的花纹循环数不同而异。挂于一根竖针上的通丝根数应等于花纹循环数(对称形花纹应乘以 2)。纹织物内幅的花纹循环数是由花纹循环大小来定。纹织物的花纹有全幅独花和多花之分,又有对称形与非对称形之别。

图 3 - 9 通丝捻把

若已知花纹的纬向宽度,则花纹数等于织物内幅宽度除以花纹宽度。一般纹织物全幅内的花数多取整数,如果不是整数,而有破花时,每把通丝的根数不等,应把余花部分均分在织物幅面的左右两侧。

在将通丝穿入目板之前要把挂在一根竖针上的通丝捻结成把,如图 3 - 9 所示。

通丝的把数随所需竖针数来决定。纹织物所需纹针数随纹样宽度和经纱密度来确定。即:

通丝把数 = 所需竖针数 = 纹样宽×经密 = 布身经纱数/花纹循环数

为增加通丝的耐磨性,可在穿吊之前先经过通丝涂蜡工序。某工厂的经验是:将通丝在 120℃ 以上的石蜡溶液中蘸蜡以后,再经汽蒸一个多小时,使蜡能渗入通丝内部。采用这种方法,可以延长通丝的使用期限。有的工厂在织制中等密度的提花织物时,仅在受摩擦的部位,穿过目板之后再对通丝进行涂蜡。

二、目板及目板的计算

目板的作用是确定通丝的位置和密度,使其排列规律不致紊乱。目板的作用类似织机排列经纱位置的综,因此,有些工厂称目板为综板。

目板由樱木或胡桃木薄板镶边框制成。在薄板上钻有分布均匀的小孔,根据织物幅度要求,目板框内可增减镶入薄板的块数,如图 3 - 10 所示。

目前生产中应用的目板,其目孔密度一般为每 10cm 宽度内有 32 行孔,每行有 55 个目孔,目孔的分布呈梅花形。目板的目孔也有根据需要进行打孔的。有的工厂为了减小目板对通丝的摩擦,用铁板根据需要的密度进行打孔,再经过烧结搪瓷制成小块目板,将其嵌入木框,制成专用目板。目板上平行于经纱方向的目孔称为行,平行于纬纱方向的称为列。

通丝穿入目板的宽度应根据纹织物的幅度来定。一般目板的应用宽度可以等于筘幅或较筘幅宽 1 ~ 2cm,但不能比筘幅窄。

目板穿入列数要根据织物的地组织、每筘齿中经纱穿入数以及采用竖针数的多少来考虑。为了操作方便,目板孔所选用的列数应等

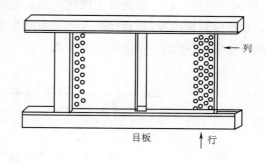

图 3 - 10 目板

于每筘齿中穿入经纱数和地组织经纱循环数的整数倍,并等于所需竖针数的约数。列数选用过大,易使梭口不清或造成经纱张力差异大。

在目板穿入列数选定后,便可计算目板穿入行数。即:

$$穿入总行数 = \frac{内经数}{穿入列数}$$

$$每个花纹穿入行数 = \frac{总行数}{花纹循环数} = \frac{花纹循环经纱数}{列数} = \frac{所需竖针数}{列数}$$

通丝穿入目板之前,需要在目板上划定穿入宽度和穿入列数,划分每个花纹循环占用目板的宽度,或将目板分成与花纹循环数相等的段数。当目板的选用行数小于目板实有行数时,应均匀空去不穿的行,在这种情况下,必须在目板上标记出应甩掉的行,以免穿错穿乱。

三、通丝穿入目板的方式

通丝穿入目板的方式,简称穿综法。根据提花织物特性的不同而异。采用何种穿法,取决于织物花纹的结构、性质和织物的密度。纹织物的穿吊方式:根据织物密度不同,分顺穿法和飞穿法;根据花纹性质不同,分顺穿法、对穿法和混合穿法;根据织物组织结构和操作简便的要求,还有分区穿法。

穿目板的工作是在机下进行的,首先将准备好的通丝圈环套在一根杆子上,然后再按穿吊要求一一穿入划分过的目板孔中。穿目板时,通丝和目板孔的编号按操作顺序编号,这与机上编号不同,最后的编号,应以挂在竖钩上为准。为了穿目板操作便利,因各地区习惯不同而有差异,大多数是自后向前,穿完第 1 行后,再穿第 2、第 3……各行,但自左或右开始则有所不同,有时左手车与右手车也不一样。

本段中各图所表示的目板穿法只对照图 3 - 1 的装造编号来说明,并且图中编号是对操作者而言。

(一)顺穿法

顺穿法是把通丝逐根顺次地穿入目孔中,这是一种最简单的穿法。图 3 - 11 所示是以全幅 4 花为例的顺穿法。穿目板的顺序是以每段右侧第一行最后一孔为起点穿入第一把通丝。第二把通丝分别穿入各段第一行第二孔。按规定列数,将第一行穿完后,再从第二行最后一孔穿

起,顺次穿完第二行。按此方法依次将第 n 把通丝穿完。第 n 把通丝应穿入各段最末行最前一孔。这种穿目板的顺序,可用图 3－11 中箭矢方向表示。这种穿法的优点是操作简便,通丝之间的摩擦较小,适用于密度不大的织物。

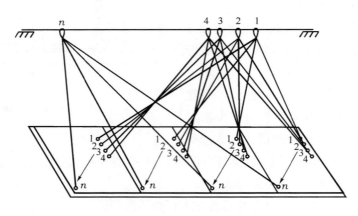

图 3－11　顺穿法

（二）飞穿法

经纱密度很大时宜采用飞穿法,这样可以减少经纱在开口过程中的相互摩擦。飞穿法根据每筘齿中穿入经纱根数来决定飞跳数。在飞穿法中常将每行目孔分为前后若干组（或段）。设某织物的经纱穿入每筘齿两根,则连穿两根通丝飞跳一次。穿通丝之前将目板分为前后两组,如图 3－12 所示。通丝连续穿两根跳穿一次,称作二二飞穿法,又称作上二下二。即第一、第二把通丝分别穿入每个花纹循环中第一组第一行的第一、第二两目板孔中;第三、第四把通丝分别穿入第二组第一行的第一、第二两目板孔中,依此类推,直至第一行穿完,再穿第二行、第三行,顺次穿完为止。此外,还有三三穿（即上三下三）等,根据每筘齿穿入数确定连续穿在一组的根数。由于飞穿法是把同一筘齿内的经纱排列在一起,所以寻找断头、穿综、过筘等比较方便,但通丝间相互交错,彼此摩擦大,缩短了通丝的使用时间,易导致通丝断头而且不易接换。

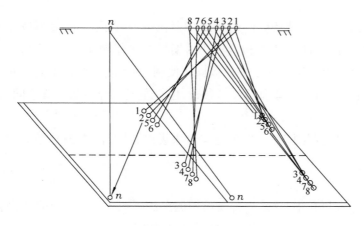

图 3－12　飞穿法

（三）对穿法

当织物的花纹在幅内呈左右对称时可采用对穿法。因为对称形花纹相对称部分的经纱运动相同,因此,可由一根竖针来操作同一花纹中处于对称位置的两根经纱的运动,在穿目板前要将一个对称花纹循环穿入目板的宽度方向划分为两等分。由于对穿法穿通丝的起点不同,又可分为下列三种。

第一种：由中央的后方向前，并逐渐分向两侧，按图 3 - 13(a)箭矢所示方向穿。

第二种：由花纹两侧的后方向前，并逐渐向中央靠近，按图 3 - 13(b)箭矢所示方向穿。

第三种：又称作对角线穿法，对称花纹的右半段自目板的后右角开始向中前方穿，而左半段自目板的左前角开始向中后方穿，如图 3 - 13(c)箭矢所示方向。

上述三种对穿法以第三种为优，虽然第三种方法通丝穿入目板的排列次序，两段的方向不同(一段由后向前，另一段由前向后)，但经纱穿入综眼顺序的方向却两段一致。

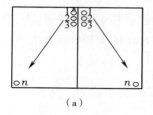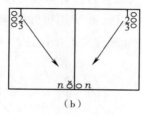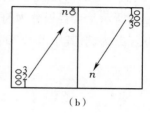

（a）　　　　　　　　　（b）　　　　　　　　　（b）

图 3 - 13　对穿法

无论上述哪种穿法，在目板中央部分的两根经纱都由同一根竖针来控制，则在花纹中央将产生"并经"现象。因此，在生产中将对称花纹中心的一把通丝去掉一根，或空出一根通丝的综眼不穿经纱。图 3 - 13 中符号" × "所示为甩掉的一孔。

在对穿法中，每个半段的穿目板方式，可以采用顺穿法，在经密较大时，则采用飞穿法。

（四）混合穿法

当织物的花纹是由对称形和自由花纹混合组成时，则并用顺穿法(或飞穿法)和对穿法。如图 3 - 14(a)所示，中间采用顺穿法(织自由花纹)，两侧因花纹对称采用对穿法。如图 3 - 14(b)所示，I 的位置为中央顺穿自由花纹，每根竖针挂一根通丝。图 3 - 14(b)中 II 的位置，靠近中央的两侧为另一自由花纹，且花纹图案相同，仍可采用顺穿法，但每把通丝为两根，分别穿入靠近中间花纹的两侧。图 3 - 14(b)中 III 的位置，织物的最外两侧为对称花纹，采用对穿法。在采用混合穿法时，要注意对穿部分与顺穿部分地组织的连续及中间顺穿部分与对穿部分的"并经"问题。

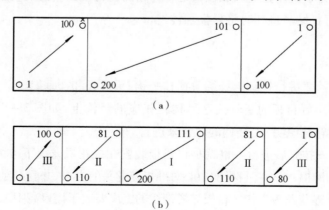

（b）

图 3 - 14　混合穿法

(五)分区穿法

当织制具有两种或两种以上经纱的复杂纹织物时,为了意匠及轧纹板等项工作的便利,采用分区穿法。如纬二重毯类、双色毛巾等织物,多用分二区穿法。

分区穿法是把提花机的竖针分成若干区,目板也相应地分成相同数的区域,分区数目根据织物结构的不同而异。在织制经二重或二层纹织物时,因为有表、里两种经纱,因此,目板与竖针均分成前后两区。各区竖针数之比及目板上目孔数之比,等于各种经纱排列之比。采用分区穿法时,目板上每行的目孔数与提花机每横行竖针数相等或互成比例关系。

图3-15所示是将目板分为前后两区,其所用竖针的半数所挂通丝穿在前区,半数穿在后区。以640竖针为例,其中1~320把通丝穿在前Ⅰ区,321~640把通丝穿在后Ⅱ区。

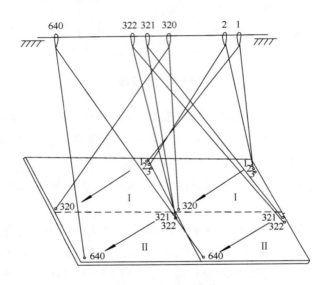

图3-15 分区穿法

四、目板挑列

当目板穿好后,为了便于挂垂综和检查是否穿错而进行挑列。挑列就是在目板上将穿入同列中的通丝末端进行打结。挑列时将目板翻转进行。

五、挂综

通丝挑列以后,就要进行挂综。挂综包括挂竖钩、平目板和挂垂综。

(1)挂竖钩是将穿好目板的通丝按序号挂在相应的竖钩上,如图3-7所示的位置。挂竖钩应根据样板纸(或轧花说明)上竖钩的取舍来进行。

(2)平目板在通丝挂完后进行。也就是将目板装置在提花机龙头下方的正确位置。为了不使通丝增加不应有的摩擦,必须将目板的中心对准提花龙头的中央,并且必须调整为水平,目板的高低位置以尽量离开提花龙头为佳。目板与辫带线的距离要大于梭口高度,一般为15~25cm。

(3)挂垂综是指挂综丝和下锤。是用辫带线连接通丝的下端和钢综丝上端耳环。钢综丝下端耳环与下锤的连接是在挂垂综之前进行。

　　挂垂综时,要注意使同列综丝的综眼位于同一水平线上,而前后各列综眼高度之差则要视提花机的型式而定。为了得到清晰梭口,中口式提花机前后各列综丝孔要位于同一水平线上,上口式提花机各列综丝孔应位于向后下方倾斜的直线上,至于其倾斜角度的大小,根据提花机目板穿入列数、梭口长度、后梁位置等来定。例如,目板 16 列(11cm 左右)时,综丝眼最后列比前列约低 8mm。

　　欲使综丝孔的位置正确,可用定木进行操作,如图 3-16 和图 3-17 所示。

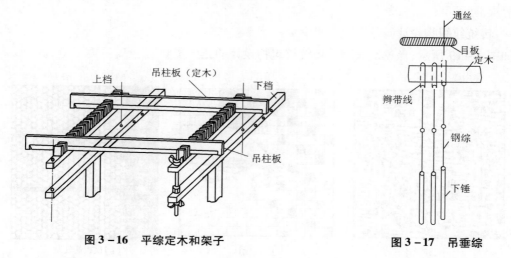

图 3-16　平综定木和架子　　　　图 3-17　吊垂综

六、穿经过筘

　　穿经的顺序是从右向左顺次穿入经纱。在穿经之前,根据通丝穿入目板的次序先将垂综进行编绞。如图 3-18 所示,其中图 3-18(a)为顺穿法的编绞,图 3-18(b)为二二飞穿法的编绞。穿经纱时,按编绞后的顺序逐一穿入即可。

　　过筘是按经线顺序及每筘齿穿入数,将经纱穿入筘齿,以备织造。

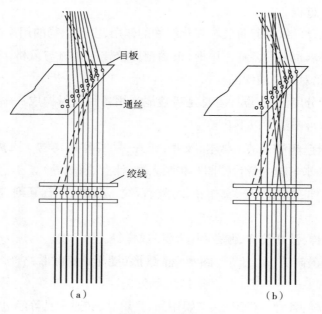

(a)　　　　　　　　(b)

图 3-18　编绞

第三节　纹织物设计

纹织物设计分传统纹织物设计和现代纹织CAD/CAM。鉴于目前两个系统并存，下面分述之。

一、传统纹织物设计

如图3-19所示，形象地表示了传统纹织物设计的三个步骤。

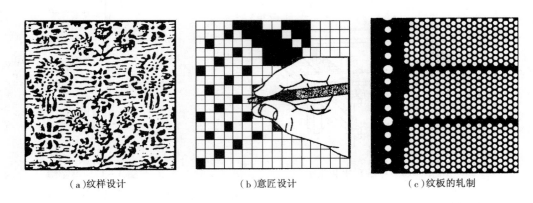

（a）纹样设计　　　　　　（b）意匠设计　　　　　　（c）纹板的轧制

图3-19　传统纹织设计的三个步骤

（一）纹样设计

纹样是提花织物织纹及图案的统称，它既是一幅图案，又是一幅符合许多技术要求的特殊的画。它既要满足美的要求，又要满足织造等工艺要求。因此，纹织物的设计是一种艺术和生产工艺相结合的设计过程。

1. 纹样的艺术设计　纹样起着装饰美化织物的作用，由于织物的用途范围很广，如服用、寝具、室内装饰等，其要求也多种多样。因此，正确把握纹样的题材与风格，才能满足人们对美的需求，从而生产出适销对路的纺织品。

纹样的题材是十分广泛的，设计者总是巧妙地运用各种题材构成一幅幅新颖的图案，这些千变万化的纹样大致可归纳为以下几类。

（1）自然对象纹样：植物花卉（草木、枝叶、花卉、果实等），动物（飞禽走兽、虫、海洋动物等），风景和人物（山、水、树丛、亭台楼阁和舞蹈人物、仕女、孩童等）。

（2）民族传统纹样：缠枝牡丹、宝相花、水纹、云纹、龙、凤、金石篆刻、古乐、古器皿、琴、棋、书、画等。

（3）外国民族纹样：波斯纹样、佩兹利（火腿）纹样等。

（4）几何图案纹样：方形、长形、圆形、椭圆形、菱形、多角形、直线、斜线、横线、曲线、弧线等。

（5）器物造型纹样：各种生产工具、文娱用品、日用品、交通工具等经过图案变化后采用。

（6）文字纹样：汉字、外文、阿拉伯数字等。

2. 纹样的工艺设计 纹样的工艺设计主要包括纹样的大小计算和纹样的结构布局等。

（1）纹样的大小计算：纹样的大小，即纹样的宽度与长度，应与织物花纹大小相同。纹样的宽度取决于花数、经纱密度和提花机具有的竖针数，即：

$$纹样宽度（cm）= \frac{织物内幅（cm）}{花纹数} = \frac{所用竖针数}{经密（根/cm）}$$

纹样的长度取决于花纹的纬纱循环数与纬纱密度。在不影响织物花纹协调的前提下，宜缩短纹样长度，以减少纹板数。

$$一个纹样的经纱数 = 纹样宽度（cm）× 经密（根/cm）$$

$$一个纹样的纬纱数 = 纹样长度（cm）× 纬密（根/cm）$$

（2）纹样的结构布局：纹样就是指一个花纹循环，是纹织物的一个基本单位。在织物全幅中只有一个花纹循环的称独花纹样，因此，独花纹样可以自由组织，不必考虑纹样之间的衔接。当纹织物全幅中具有两个或两个以上的花纹循环时，在花纹组合时，要注意花纹的循环和衔接。

在纹织物的纹样中，常采用布置若干个散点花（或称模纹）以扩大纹样循环和消除花纹的呆板平淡。有时还可在布置散点花的基础上加以变化，以达到花纹的匀称和协调。纹样中散点花的配置都具有一定的规律，常采用的配置方法有：平纹点配置法，如图 3 - 20（a）所示；破斜纹配置法，如图 3 - 20（b）所示；缎纹配置法，如图 3 - 20（c）、图 3 - 20（d）所示。有时为了在织物上呈现纵向和横向条花效应，又可将散点花布置成纵向连续 [图 3 - 20（e）] 或横向连续。此外，还有按几何图形规律配置模纹的。

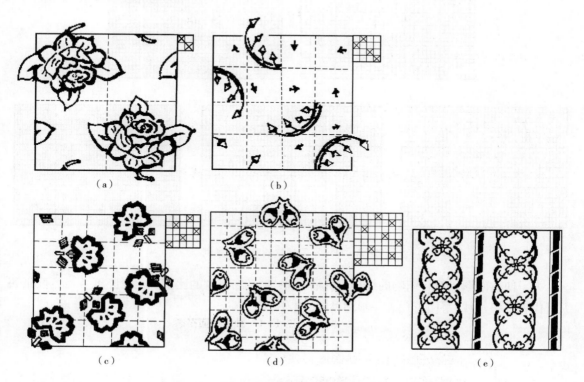

（a）　　　　　　　　　（b）

（c）　　　　　　　　（d）　　　　　　　（e）

图 3 - 20　纹样构成方法

上述各种配置方法，均是以一个散点花为基础，按照在一个方向重复排列或相互颠倒扭转进行配置。此外，也可选用两种散点花彼此相间排列，以期得到更加错综活泼的纹样。

（二）意匠设计

意匠工作是指将设计好的纹样移绘放大到意匠图上，同时根据织物的经纬密度，花地组织和装造条件进行组织点覆盖，从而绘制成一张意匠图，以便用来制作纹板。

1. 意匠纸的选择 纹样只能表达织物花纹的形态、花纹的大小和色泽，而花纹各部分的组织则只有在意匠纸上才能表示出来。为了使织物上的花纹与所设计的纹样相符合，就必须选择合适的意匠纸绘制意匠图。

意匠纸上印有大小格子。意匠纸的规格是以小格子的横向尺寸与纵向尺寸的比值来表示。

意匠纸上，除用纵横细线划分的小格以代表经纬纱外，还有用较粗的线条圈成的大格。常用意匠纸的规格有八之八、八之九、八之十、八之十一……上述各种意匠纸规格的前面各数字表示意匠纸每个大格中的横行数，从上述规格可看出，大方格中横行数目必定是8。后面各数字是8横行相同长度内的纵行数。如八之十规格的意匠纸表示8个横行长度与10个纵行长度相等，即8横行与10纵行构成了一个正方形。也就是意匠纸规格中前后数字的比值，即意匠纸上每个小格子横向与纵向长度的比值。图3－21所示为几种不同规格的意匠纸举例。

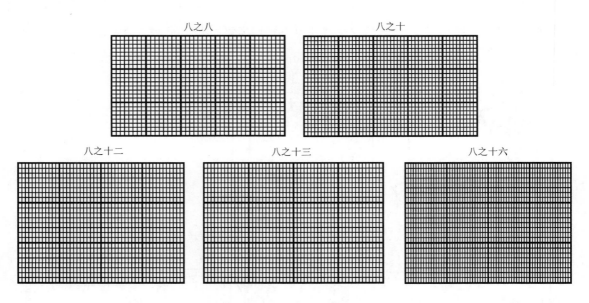

图3－21　不同规格的意匠纸举例

为了使意匠图能符合织物的纹样，必须根据织物经纬密度的比值选用意匠纸。当意匠纸每纵行代表一根经纱，每横行代表一根纬纱时，则：

$$\frac{P_j}{P_w} = \frac{n_j}{n_w}$$

式中：P_j——织物成品的经纱密度；

P_w——织物成品的纬纱密度；

n_j——意匠纸上正方形中的纵行数；

n_w——意匠纸上正方形中的横行数。

当纹织物的经密大于纬密时，设 $n_w = 8$，则：

$$n_j = \frac{P_j \times n_w}{P_w} = \frac{P_j}{P_w} \times 8$$

当纹织物的纬密大于经密时，可将意匠纸转 90° 使横行当纵行使用。在这种情况下，设 $n_j = 8$，则：

$$n_w = \frac{P_w \times n_j}{P_j} = \frac{P_w}{P_j} \times 8$$

上式计算的结果若有小数，则应选择与其相接近的整数。当 n_j 或 n_w 求出后，则 $\frac{n_w}{n_j}$ 即等于意匠纸的规格。织物的经纬密度的比值越大，就要选用一个正方形中纵行数越多的意匠纸。

一个花纹循环所需意匠纸总行数的计算如下：

意匠图纵行总数 = 一个花纹循环的经纱数

意匠图横行总数 = 一个花纹循环的纬纱数

一个花纹循环的经纬纱数必须是地组织循环经纬纱数的整数倍，这样，可以避免破坏纹样地组织的连续。

在采用分区穿目板的方式时，意匠纸的一纵行代表的经纱数，等于目板上划分的区数。如分二区穿法，意匠纸一个纵行代表两根经纱，在这种情况下意匠图的纵横行数为：

$$意匠图的纵行总数 = \frac{一个花纹循环经纱数}{意匠纸一纵行代表的经纱数}$$

$$意匠图的横行总数 = \frac{一个花纹循环纬纱数}{意匠纸一横行代表的纬纱数}$$

2. 小样放大及意匠图的描绘方法 绘制意匠图之前，可用方格放大法，或用纹样机将纹样轮廓直接放大在已选好的意匠纸上，或放大在与意匠图同面积的白纸上，然后再用复写纸誊印在已备好的意匠纸上。

小样放大时应注意保持花纹的特性。先绘主花，再绘枝叶。在花纹的微细部分要画成双线（至少两格距离），以避免花纹不连续。图 3 – 22 为小样放大示意图，图 3 – 22（a）为纹样的一部分，图 3 – 22（b）是按图 3 – 22（a）用方格放大法放大后的部分纹样轮廓线。

意匠图中组织的描绘方法有以下几种。

（1）全点法：这种方法是将整个意匠图上的组织点一个不少地详细填绘清楚。

（2）平涂法：这种方法是将花纹各个部分的不同组织用明显区分的颜色涂绘，不需逐一填绘组织点。各颜色部分的相应组织在轧花意匠中说明，以便轧制纹板。

（3）联合法：这种方法是综合使用平涂法和全点法。也就是花纹的某些部分平涂，某些部分必须填入组织点。

究竟采用哪种方法绘制意匠图，要根据织物组织的性质来决定。除意匠图中，组织变化层次较多的情况下采用全点法外，多数采用第二或第三种方法。采用第二或第三种方法绘制成的

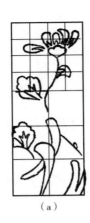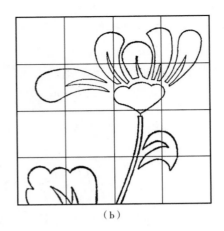

图 3 – 22　小样放大示意图

意匠图,必须附有纹板轧孔说明或轧花意匠。如工厂中,提花织物花型变化多,但组织结构比较固定,在下达工艺时也可省去纹板轧孔说明。

为了花纹轮廓的清晰,无论采用哪种方法绘制意匠图,都应当在花纹轮廓上进行勾边。勾边就是用组织点确定花纹的轮廓。当采用的地组织不同时,勾边方法也不一样。

(1)自由勾边法:当地组织为斜纹、缎纹或绉组织时,并且采用普通装造法上机,可根据花纹轮廓线自由勾边。如花纹轮廓线在小格的中间斜跨过去,并且占有半格以上面积就应涂点,否则可空去不涂。

(2)平纹勾边法:当纹织物地组织为平纹时,为了避免花纹的变形,勾边时要遵循下列原则(织物正面向上的情况)。

① 单起勾边:这种方法应用在平纹地起经花的意匠图上。其勾边组织点要遵循下列规则:

若起点在奇数横格,则必须在奇数纵格落点;

若起点在奇数纵格,则必须在奇数横格落点;

若起点在偶数横格,则必须在偶数纵格落点;

若起点在偶数纵格,则必须在偶数横格落点。

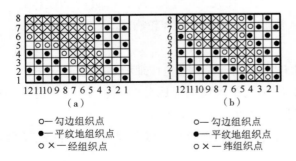

○—勾边组织点　　　　○—勾边组织点
●—平纹地组织点　　　●—平纹地组织点
○×—经组织点　　　　○×—纬组织点

图 3 – 23　勾边示意图

如图 3 – 23(a)所示。因为平纹地起经花,经浮线的两端必须是纬组织点,使经花的经浮线被纬组织点固结,否则花纹将变形,或花纹轮廓线的勾边组织点按经纱方向使其勾边组织点的外边缘均为纬组织点。

② 双起勾边:这种方法应用在平纹地起纬花的意匠图上。其勾边组织点要遵循下列规则:

若起点在奇数横格,则必须在偶数纵格落点;

若起点在奇数纵格,则必须在偶数横格落点;

若起点在偶数横格,则必须在奇数纵格落点;

若起点在偶数纵格,则必须在奇数横格落点。

如图3-23(b)所示,因为是平纹地起纬花,纬浮线的两端必须是经组织点,使纬花的纬浮线被经组织点固结,否则花纹将变形,或花纹轮廓线的勾边组织点按纬纱方向使其勾边组织点的外边缘均为经组织点。

意匠图勾边以后,在花纹勾边所包围的部分要用颜色涂满,称为设色。设色即是用颜色来区分意匠图中的组织。意匠图上所用颜色应慎重考虑,如常采用朱黄色表示经面花纹,用大红色表示纬面花纹,花纹的地部为空白不涂色。当在花纹的涂色部分上需要添加组织点时,所采用的颜色应与花纹部分的颜色有较大的区别,所选用的颜色均不应盖住意匠纸上的黑色格子线,并且要注意在甲色上加点乙色时,两种色不致混合变色。在采用平涂法或联合法绘制意匠图时,应当把勾边后的花纹轮廓线内部用颜色涂满,所用的颜色应当与勾边时所用的颜色相同。

在意匠图中浮长过大的地方,应当用组织点压伏,以增加织物的坚牢度,所增加的组织点称作间丝点。当经浮线过长时,可添加纬间丝点;当纬浮线过长时,则添加经间丝点。

间丝的种类可以分为平切、活切、花切三种。平切间丝,又称作板间丝,采用有规律的组织作为间丝组织,如缎纹、斜纹。平切间丝对纬浮长线均有压伏作用,在单层、重经及双层纹织物应用较多,在重纬纹织物中有时也可以应用。活切间丝,又称作自由间丝或者顺势间丝,依顺花叶脉络或动物的体形姿态点成间丝,这种间丝不但有压伏长浮线的作用,而且表现了花纹的形态,一般只能间切单一方面的浮长,大多用于重纬纹织物,在单层及重经纹织物中有少量的应用。花切间丝,又称作花式间丝,根据花纹的形状及块面的大小等情况,设计各种曲线或几何图形的间丝,常以变化斜纹组织为间丝组织。

当间丝点按适当的规律填绘时,可以增加花纹的优美。间丝点可选用斜纹、缎纹、曲线或几何图案等规律。间丝点规律的选择要视花纹的部位而定,在花纹边缘部分的间丝点可以少点或不点,如图3-24所示。

图3-24　间丝点

(三)纹板的轧制

提花机上的纹板是控制经纱升降运动的有孔纸板。纹板上有孔的地方所对应的竖针及其所联系的经纱被提起,无孔的地方所对应的竖针上的经纱则位于梭口下层。在单动式提花机上每织一纬更换一张纹板。所以一个纹样的纹板张数等于花纹循环的纬纱数。纹板上孔眼的轧制是根据意匠图上表示被提升的经纱所对应的位置进行轧孔。

1.轧孔的方法 由于纹织物所选用的提花龙头上的竖针数常少于实有数,所以设计人员应在样板纸上标明选用和甩去不用的针数和孔位,若不附样板纸就需要用文字或图进行说明,以便轧制纹板。在样板纸或说明上,在标明空去不用的竖针的同时,还要标明升降边经及梭箱所用孔眼位置。

竖针的选用按照工厂的经验和习惯而有所不同,应根据提花龙头提刀负载的均衡来考虑,所选用的竖针应均匀分配在竖针的各段。因此,有的工厂将竖针尽量均匀分在各段,并且选取各段中间的各横行,甩掉其前后;还有的工厂是将选用竖针均分在各段,在各段中均取前面各横行,甩去后面;还有的工厂为了校对花筒位置方便,尽量采用前面各横行;也有为了花板经久耐用,在竖针数剩余较多的情况下仅选用中间的竖针行数,如16纵行竖针的龙头,仅用中间12纵行,甩去1、2、15、16行竖针。

轧制纹板之前,需要在纹板上标明纹板序号。序号写在纹板的头端,所以把记号数的一端称作纹板头。

轧孔是在轧孔机上进行。目前工厂中一般采用半机械式(钢琴式)电动轧孔机。纹板需要复制时,可在自动复制轧花机上进行。还可省去轧孔的工序,直接用电子装置对意匠图进行扫描来控制竖针的运动。

根据我国的习惯,轧制纹板是按照意匠图的每一横行自右向左进行轧孔。每轧制纹板一横行孔称为一步。每步纹板上的针孔是按照意匠图内每一横行中相当纹板每横行针孔的小方格的组织点来进行。

2.编花 纹板轧制完毕后,应按纹板序号编联成纹帘,称为编花。编花工作是在特制的编花架上进行。编花的方法是用两根线绳按图3-25所示的编联方法,将编花绳穿入编花孔中。图3-25中用粗实线和双线表示两根编花绳的交错情况。两根编花绳在穿孔时需要相互扭转,以防止纹板左右窜动。编花绳的松紧必须适当,以使两纹板间隔距离一定。如间隔距离大小不一或两侧松紧不一,都将造成纹板孔与花筒孔对不准而影响织造。

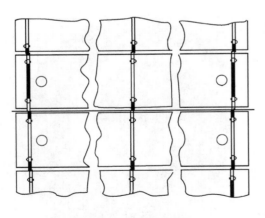

图3-25 编花示意图

二、纹织 CAD/CAM

在纹织物设计及生产领域中,CAD(computer-aided design)、CAM(computer-aided manufacture)得到了成功的应用。

(一)纹织 CAD/CAM 简介

利用计算机进行意匠绘图和纹板轧孔的系统称作纹织 CAD/CAM。

手工意匠绘图,轧纹板效率低下、局限性大,已不能满足现代生产和市场的要求,采用纹织CAD进行意匠绘图、CAM系统制作纹板,效率得到了极大的提高,故目前绝大部分提花织物生产厂家均采用了纹织CAD/CAM系统。

常见的纹织CAD/CAM系统流程图如图3-26所示,硬件方面可分为图形输入、主处理和输出三部分。按系统功能可分为图像输入、意匠处理、纹织信息处理和纹板轧孔四部分。传统的费力、费时易出错的设计方法正在被快捷、准确的CAD/CAM取代。

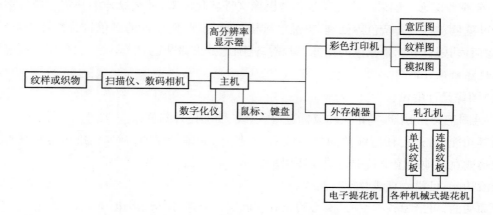

图3-26 纹织CAD/CAM系统工艺流程图

纹织CAD系统主要包括图像输入、图像与工艺处理、纹板输出三个方面。图像输入是指将纹样输入至纹织CAD系统中。图像与工艺处理是指图像的设计、编辑、色彩管理、纹织工艺处理等。纹板输出是指将纹板信息输出至电子提花机或纹板冲孔机中。

一套完善的纹织CAD系统除了应包含上述三方面的功能外,还应具有图像的智能创意设计、织物的外观模拟、织物用途的三维模拟、组织的三维设计等。

(二)纹织CAD设计步骤

1. 品种及纹样设计 在应用纹织CAD系统前,首先应根据织物用途、销售地区风俗习惯、季节气候、使用对象、流行趋势等因素,或者根据来样经过分析后,进行品种设计与纹样设计。

品种设计内容包括:产品类别设计,原料选用,纱线设计,经纬密度设计,组织设计,织边设计,幅宽、总经纱数、每筘穿入数、筘号的计算,装造设计(装造类型设计、纹针数计算、样卡建立、规划目板穿法等),织物织造与染整后处理工艺设计。

纹样设计可在纸上完成,也可在图形图像设计软件(如Photo shop)或纹织CAD中完成。

2. 纹样与规格的设计

(1)纹样的输入:纹样的输入有四种方法。

① 可通过连接计算机的扫描仪或使用相机拍摄等方式将要做的布样图案的一个完整循环扫描下来,然后输入至CAD软件中。

② 纹样的输入可以在软件界面上利用各种颜色选择和绘图工具进行图案绘制,或者在

Photoshop 等软件制作好图片格式的文件导入纹织物设计软件。一个完善的纹织 CAD 系统,应该支持比较多的常用图像文件格式,如. bmp、. psd、. tif、. jpg 等。

③ 纹样设计直接在纹织 CAD 中设计完成。

④ 可通过互联网购买或下载的方式得到设计者想要做的布样图案。

（2）规格设计:包括纹织物的经纬纱密度、整体尺寸或总经纬纱根数、意匠图的纵格数和横格数。

3. 纹样的选色 如果纹样是通过其他图像文件转化而来,那么纹样中一定存在许多杂色,必须经过减色、增色、去杂色等处理,再经过纹样编辑处理,使纹样的颜色符合设计要求。通常软件都具有利用百分比来减色的功能,实现快速筛选并去除杂色。

4. 纹样的设计编辑

（1）图像设计编辑:

① 绘图工具:利用数字化仪和鼠标进行点、线、面的设计与修改。

画笔功能:可进行任意线条的描绘（颜色可任选,画笔的纵向、横向粗细可分别任意调节,这两项功能在其他绘图工具中也同样适用）。

线段功能:可描绘直线、折线、曲线。

块面功能:可描绘各种空心、实心的正圆、椭圆、正方形、矩形、多边形等。

喷枪（泥地）功能:可进行纹样的泥地处理,喷绘泥地的范围、点数多少可任意调节。

影光功能:可进行纹样的影光处理,喷绘影光的范围、组织可任意调节。

② 图像的编辑:利用图像编辑功能,可方便地进行图像的组合、变化,大幅提高了工作效率。

缩放功能:对图像进行放大、缩小,利于图像的设计、修改。

恢复功能:在图像的设计、修改过程中,若有误操作或不满意,可对图像进行恢复、再恢复处理。

裁剪、拼接、叠加功能:可裁去不需要的部分图像,也可对多个图像进行拼接或叠加处理。

旋转、翻转功能:对图像的局部或全部可进行任意角度的旋转处理,对图像的局部或全部可进行上下翻转、左右翻转、对角翻转处理。

移动、复制功能:对图像的局部进行移动,或复制到其他场所。

循环扩展功能:以某一图形为基础,沿上下左右在一定范围内循环扩展,可方便地进行底纹处理。

接回头功能:提供上下接、左右接、对角接的平接与任意位置跳接（含 1/2 接、1/3 接）,同时方便检查二方、四方连续图案的边界连续情况。

边界光滑处理功能:经过此功能处理,能使图像的边缘变得光滑美观。

文字处理功能:能输入各种字体字号的文字（含中英文等）,并能进行艺术处理。

色彩管理:在选定的范围里进行填色或换色处理。

去杂色:去除游离的杂色点。

增减色:增加需要的颜色,去除不需要的颜色。

透明色:经过透明色处理,在进行图像复制时这些颜色将不会被复制。

保护色:经过保护色处理,在进行画点、填色等图像设计编辑时,这些颜色将不会被覆盖。

(2)工艺设计编辑:

① 包边功能:有内包边、外包边,在上、下、左、右四个方向可单独进行,也可任意组合进行,包边的粗细可任意调节。

② 勾边功能:根据勾边要求,可对某色进行单起平纹勾边、双起平纹勾边、双针勾边、双梭勾边、双针双梭勾边等处理。

③ 间丝功能:根据间丝要求,能进行自由间丝、平切间丝、花切间丝处理。在平切间丝处理完成后,还可以再进行抛边处理。

④ 投梭设置功能:选择纹样色号,设置针对该色号纬纱系统是否参与完整织造过程。

⑤ 铺组织功能:选择纹样某一色号,设计或选择在该色块纹样上需要交织的组织,进行对应关系设置。

⑥ 布边设置功能:将布边组织填充到纹织物布边设置模块,同时设置布边经纱根数。

⑦ 机器设置功能:可设置机器宽度,设置机器投梭规律,填写组织的起始根数,设置左右两侧布边组织的起始根数。

⑧ 仿真模拟功能:在纹样、组织和基本工艺设计好后,可以通过选择纱线库中需参与交织的纱线,对织物呈现的外观进行模拟。

⑨ 文件保存功能:可以将整个纹织物设计过程的纹样、组织和工艺参数等进行入库保存,并可以快速读入。

第四节 纹织物实例

用普通装造法织造的简单提花织物品种很多。现以一种大提花床单和一种双色毛巾织物为例,来说明简单大提花织物的设计和装造。

一、单层纹织物

以某产品——小鱼格子床单为例,这种织物为纬缎地起经花的金鱼为主花,如图 3-27(b)(甲)所示,配以经缎地起纬缎花的几何四方对称花型,如图 3-27(b)(乙)所示,并以小菱形地起大菱形的方格为衬托,配置在图 3-27(a)中丙的位置上。

织物组织规格如下:经纬纱线密度:28 tex×28 tex;经纬密度:354.3 根/10cm×196.85 根/10cm;成品(宽×长):203.2cm×228.6cm;总经根数:7296 根(其中边纱 72 根)。

(一)织机装造

内经根数为 7296－72＝7224 根;

每花长为 19.41cm;

丙	甲
乙	丙

（甲）

（乙）

（a）小鱼床单纹样布置　　　　　　　　　　　　　（b）纹样

图 3 - 27　提花床单级样

每花经纱根数为 19.41 × 35.43 = 688 根；

内幅花数为 $\dfrac{7224}{688}$ = 10.5 花；

经纱颜色排列：色经 344 根，漂白 344 根；

所需纹针数为 688 根；

竖针选用 688 ÷ 16 = 43 横行；

破花通丝根数为 688 × 0.5 = 344 根；

所以每把 10 根通丝的把数 = 688 - 344 = 344 把；

每把 11 根通丝的把数 = 344 把。

目板采用特制目板，目板的列数为 16，每列孔距为 7.5mm，每行孔距为 4.87mm。

每花目孔行数为 $\dfrac{688}{16}$ = 43 行；

目板每花宽度为 43 × 0.487 = 20.95cm；

目板总宽度为 10.5 × 20.95 = 220cm。

目板的穿法为 10 花加半花的顺穿法。

(二)意匠图和纹板

$$n_j = \frac{354.3}{196.85} \times 8 = 14.4$$

故采用八之十四的意匠纸。

经向总行数为 688 小格；

经向大格数为 688 ÷ 8 = 86 大格；

金鱼纹样大格数为 86 ÷ 2 = 43 大格。

因为纬向与经向成正方格，故：

纬向总行数为 $\dfrac{688}{14} \times 8 = 392$ 格；

或纬向总行数 = 花长 × 纬密 = 19.41 × 19.685 = 382 格；

纬向大格数为 392 ÷ 8 = 49 大格。

将纹样放大后用自由勾边，然后进行全点。图 3 – 27（a）（甲）用 $\frac{5}{3}$ 经缎花和 $\frac{5}{2}$ 纬缎地绘组织点。图 3 – 27（a）（乙）用 $\frac{5}{2}$ 纬缎花和 $\frac{5}{3}$ 经缎地绘组织点。图 3 – 27（a）（丙）两大格中意匠相同，均为小菱形地上起大菱形花。

边纱为纬重平组织。

纹板轧制按图 3 – 28 纹板轧孔说明，各段轧孔取中。

因为意匠图是用全点法绘制，所以纹板轧孔只要按意匠图轧制即可。图 3 – 29 所示为按金鱼纹样绘制的部分意匠图。图 3 – 30 为按图 3 – 29 所轧制的五根纬纱纹板的前几步。

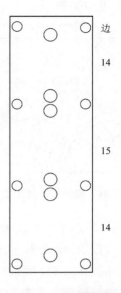

图 3 – 28　纹板轧孔说明

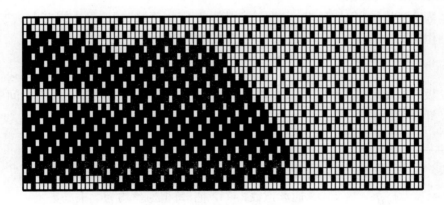

图 3 – 29　金鱼纹样部分意匠图

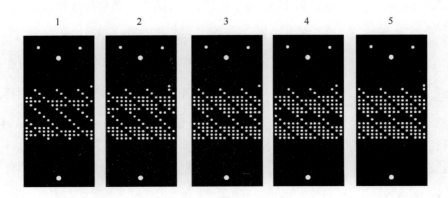

图 3 – 30　提花床单纹板片段

二、毛巾织物

图3-31 双色提花枕巾边部花纹片段

以双色毛巾织物——枕巾为例。图3-31是枕巾边部花纹的一部分。织物组织是三纬毛巾组织。花纹结构的设计是双色毛经分别显色和凹凸纹相结合。花蕊与地组织同显甲色毛圈，花与枝叶显乙色毛圈，花蕾显甲乙双色毛圈，为了使花纹明显，地与花之间的空白为不起毛圈的凹下部分。

织物规格为：

成品长：46cm，起圈部分为42.5cm；

成品宽：73cm，起圈部分为66.5cm；

成品密度：毛经密度为214根/10cm，纬密68根/10cm；

总经根数：4752根。其中毛经2848根，地经1424根，边经480根（全幅两条）；

总纬数：864根（地布96根除外）；

毛经与地经之比为2：1。

（一）传统机械式提花机

1. 织机装造 地经（包括布边）由两页综用踏盘传动，毛经、锁边经由提花龙头控制。因为两根毛经动作相同，穿在同一综丝眼内，故每条枕巾的织纹需要竖针数为：

$$\frac{2848}{2 \times 2} = 712（根）$$

为了纹板经久耐用，选用1400口提花机，甩去1、2、15、16纵行竖针，只用中间12纵行竖针。所以竖针横行数为：

$$\frac{712}{12} = 59（横行余4根）$$

即花板为59步零4孔，分配位置如图3-32所示。

通丝把数为712把，每把通丝均为2根。

为了毛巾的毛经起圈整齐，每行目孔要集中选用，即每行目孔连续取12孔而不空掉，每条枕巾所需目孔行数为：

$$\frac{712}{12} = 59（行零4孔）$$

设枕巾起圈部分缩率为6.34%，则起圈部分的在机宽度为 $\frac{66.5}{1-6.34\%} = 71（cm）$，占用的目孔宽度等于枕巾起圈部分在机宽度，则71cm中的目孔行数（采用一般目板，每10cm中有32行孔）为：

$$\frac{71 \times 32}{10} = 227.2（行）$$

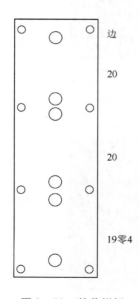

图3-32 轧花样板

根据以上计算，已知所需目孔行数不足60行，故应空去 227 - 60 = 167（行），167行与60行的比为2.8：1，因此必须在

71cm 宽度中每隔 2～3 行选用 1 行,在目板上将甩去各行做出标记,以便不穿通丝。

2. 意匠图和纹板　意匠纸的选用:

$$n_j = \frac{21.4}{2 \times 6.8} \times 8 = 12.5$$

故选用八之十二意匠纸。

$$意匠纸总纵行数 = 712(格)$$

$$意匠纸大纵格数 = \frac{712}{8} = 89(大格)$$

因为意匠图上每横格代表三根纬纱,所以

$$意匠纸占横行数 = \frac{864}{3} = 288(格)$$

$$意匠纸大横格数 = \frac{288}{8} = 36(大格)$$

图 3-33 为意匠图的一小部分,图中每一横格代表三根纬纱。

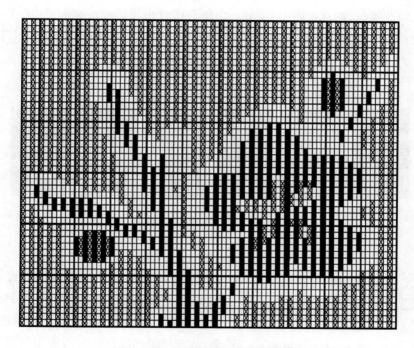

图 3-33　枕巾边部纹样部分意匠图

三纬毛巾组织如图 3-34 所示,图中 Ⅰ 为织物正面起毛圈的毛经,图中 Ⅱ 为织物反面起毛圈的毛经,意匠图中每一横行表示轧三块纹板(即三纬)。

现将图 3-33 各部分的织物组织展开如下:

图 3-33 中地部及花蕊部分显甲色,如图 3-35(a)所示;图 3-33 中花部显乙色,如图 3-35(b)所示;图 3-33 中空白或凹下部分,凹下呈白色,如图 3-35(c)所示;图 3-33 中花蕾显甲乙色,如图 3-35(d)所示。

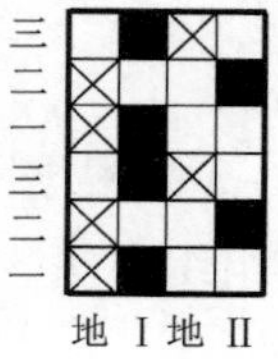

图 3-34　三纬毛巾组织

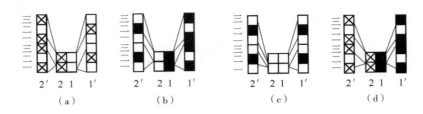

图3-35 毛巾意匠图的展开图

由图3-35可知,按图3-33的意匠图轧孔时纹板的轧孔说明如下:

第一纬:轧⊠、■,不轧□;第二纬:轧□,不轧⊠、■;第三纬:轧⊠、■,不轧□。

由展开图3-35中可知:当轧第一(或第三)纬花板时,显甲色时⊠提起,如图3-35(a)中2′之一(或三);显乙色时■提起,如图3-35(b)中1′之一(或三);显甲、乙色时⊠、■均提起,如图3-35(d)中1′,2′之一(或三);凹下部分均不提起,如图3-35(c)中1′,2′之一(或三)。

当轧第二纬花板时,在意匠图中是□处,由展开图看出第二纬应提起,如图3-35(a)中1′之二,图3-35(b)中2′之二,图3-35(c)中1′,2′之二,图3-35(d)中意匠图无□符号。

图3-36为按意匠图轧制二横格的六张纹板(各为前7步)。

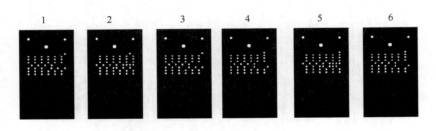

图3-36 毛巾纹板图

(二)电子提花机组织库

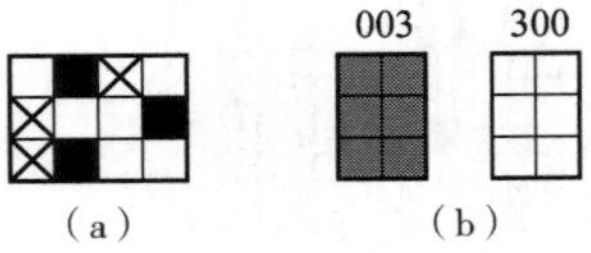

在使用纹织CAD进行提花毛巾设计时,纬纱数应等于全打纬的纬纱根数,三纬毛巾纬纱数为3,四纬毛巾为4。每一种纬纱对应于组织图中同序号的横格,故在建组织库资料时需将组织图按纬纱拆开,分别定义组织。如图3-37所示,本例为三纬毛巾,在意匠图中,每一意匠横格需轧三张纹板,故设梭子数为3。在正起毛圈处,每横格的第一、三纬处应使纹针提升,定义组织时应与003对应,第二纬处纹针不提升,对应组织是300。反起毛圈与之相反。

图3-37 三纬提花毛巾组织库资料

表3-3是根据图3-33意匠图所编写的双色三纬提花枕巾意匠各种颜色的纹针提升规律定义或铺组织方法。使用的纹织CAD软件不同,意匠绘制方法不同,组织库的组织文件也不尽相同。

表 3-3　双色提花毛巾纹针提升规律定义及铺组织方法

纬纱	空白	甲色 ■	乙色 ⊠
1 号纬	300	003	003
2 号纬	003	300	300
3 号纬	300	003	003

☞ 思考题

1. 简述提花龙头的开口原理,并画出提花原理示意图。
2. 简述电子提花机的提综原理。
3. 什么叫纹样设计? 什么叫意匠设计?
4. 意匠纸与织物的经、纬密度比之间的关系是什么?
5. 简述纹织物的传统设计与现代纹织 CAD 的基本方法和步骤。

第四章　织物几何结构的概念

课件

本章教学目标

1. 掌握织物内纱线织物几何结构、织物厚度、屈曲波高、几何结构相的概念。
2. 掌握织物几何结构相与织物厚度、紧度、织缩率等的关系。
3. 能够了解织物紧度的概念,进行织物紧度、密度的计算。
4. 通过学习织物几何结构的理论知识培养学生严谨治学的科学态度。

第一节　织物几何结构概述

织物几何结构的
概念微课

　　在织物内,经纱和纬纱的空间关系称为织物的几何结构(geometry of fabric structure)。

　　纱线为弹塑性材料,而且织物的经纬纱线密度、密度、织物组织以及上机张力等各种因素,可以有各种不同的配合。因此,织物内经纬纱线的相互关系是比较复杂的。

一、织物内纱线的几何形态

1. 织物内纱线的截面形态　织物内纱线的截面形态,数十年来有多种论述,F. T. 皮尔斯、H. T. 诺维柯夫等学者主张以圆形或椭圆形进行描述,A. 肯泼主张以跑道形进行描述,也有的学者主张以凸透镜形态进行描述。各种纱线的截面形态如图4-1所示。

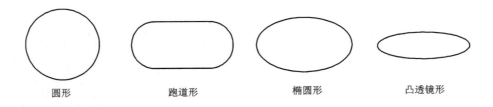

圆形　　　　　　　跑道形　　　　　　椭圆形　　　　　凸透镜形

图4-1　纱线截面形态

　　图4-1中所示的圆形截面在织物中极少见到,它是纱线截面形状的理想状态,也是纱线的理论计算形状。织物中有少数纱线的截面形状可近似于这种形式。椭圆形是一种较有规则的

形状,纱线截面变形后长直径与短直径及外轮廓符合椭圆形的结构特征,这种形状的近似状态在织物中要比圆形多见一些。有些纱线截面在外力作用下变形,外形呈现两个半圆与一个矩形构成的跑道形状,这种形状在织物中也不多见,但经常以其作为近似状态进行研究。还有些织物在外力的作用下,其截面形状会类似于凸透镜,它的近似形状在织物中很常见。其实,无论上述哪一种形状都无法准确描述织物中纱线的截面形状,织物中纱线在外力的作用下,其截面形状会呈现无规则状态,由于无规则状态给研究带来极大的麻烦,因此,在研究中,通常以规则的近似形状来进行研究。

2. 影响织物中纱线截面形状的因素

(1)纤维材料:纤维材料硬度较高,受外力作用时,其截面形状不易发生变化。

(2)纱线的结构参数:纱线的捻系数会影响纱线的截面形状,纱线捻系数大时,纱线中纤维抱合紧密,不易在外力作用下发生形变。通常情况下,合股线的变形能力比单纱小,单纤维长丝的变形能力比复丝小;当纺纱方法不同时,纱线的变形能力也不同,环锭纺纱线纤维伸直度高,纱线结构紧密,纤维抱合力大,抵抗变形能力好,而新型的纺纱方法由于纤维伸直度较差,抵抗变形的能力较弱。

(3)织物组织:织物组织的松紧、织物组织的平均浮长的长短、织物组织的经纬纱交织情况都会影响织物中纱线的截面形状。当经纬纱交织次数多时,织物中纱线可移动形变的能力差,在外力作用下,不易产生形变,抗压能力强。

(4)织物密度:当织物密度较小时,织物中纱线之间间隙大,纱线受外力挤压时易产生形变;反之,则不易受压变形。

(5)织造工艺参数:织造时的工艺参数,如上机张力、经位置线等也会影响纱线的截面形状。经纱上机张力大时,纬纱截面易受压变形;经位置线是决定经纱张力的一个重要因素,也会影响到织物中纱线的截面形态。此外,织机机构运动状态的配合关系也会影响织物中纱线的截面形状。

(6)后整理工艺:后整理时对织物施加的张力大,织物中纱线的压扁变形程度就大;反之,当采用松式整理时,纱线的受压变形程度就低。经过涂层整理、硬挺整理的织物,其纱线受外力压扁变形的程度就会较轻。

因纱线在织物内的截面形态受到纤维原料、织物组织、织物经纬密度等因素的影响,因此,在讨论织物几何结构的概念时,建议采用圆形截面作为各项概算的依据,但应充分考虑纱线在织物内被压扁的实际情况。因此其压扁系数 η 计算如下:

$$\eta = \frac{\text{纱线在织物切面图上垂直布面方向的直径}}{\text{利用公式计算的纱线直径}}$$

η 的大小,与织物组织、密度、纱线原料、成纱结构、织造参数等因素有关,一般为 0.8 左右。

3. 织物内经纬纱的屈曲形态 织物中,经、纬纱的屈曲形态及相互配合关系可以通过织物切片获得。织物内纱线的屈曲形态会随织物组织、经纬纱密度、纱线线密度、纤维原料以及上机张力等不同而表现出不同的形态。但无论何种织物组织,每根纱线在织物内的屈曲形态,可以看作由经纬交叉区域与非交叉区域两个部位的屈曲形态所构成,如图4-2所示。

图 4 - 2 中部位 a,表示经纬纱交叉区域。在这个区域内,纱线 A 的屈曲形态,在织物紧密的条件下,可以假定呈正弦曲线状;在织物稀疏的条件下,可以假定呈正弦曲线与直线段相互衔接的形态。部位 b,表示经纬纱非交叉区域。在这个区域内,纱线 A 的屈曲形态,不论织物紧密与否,均可以假定呈直线段形态。因此,每根纱线在织物内的屈曲形态,均可以根据织物的组织、密度等具体条件,概括为正弦曲线形态与直线段形态的组合或衔接。

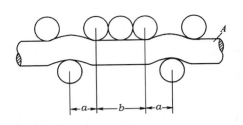

图4 - 2　纱线屈曲形态

4. 织物中描述纱线截面形变的参数

(1)纱线的理论直径:根据纱线的线密度可计算出纱线的理论直径,此时的纱线截面被认为是理想的规则圆形。纱线的理论直径可用下式计算:

$$d = k_d\sqrt{Tt}$$

式中:d——织物内纱线的计算直径,mm;

k_d——织物内纱线的直径系数;

Tt——纱线的线密度,tex。

(2)纱线的直径系数:直径系数 k_d 的大小,受纺纱方法、纤维品种、纤维表面形态等因素的影响。

k_d 值是重要的织物结构参数,在纤维品种、纱线结构日益丰富的条件下,能否及时地提供各类纱线在织物内的直径系数,对于合理地进行织物结构设计是很重要的。部分常见的纱线的 k_d 值见表 4 - 1。

表 4 - 1　部分常见纱线的 k_d 值

纱线种类	k_d	纱线种类	k_d
粗梳棉纱(高密度)	0.0390 ~ 0.0398	粗梳毛纱	0.0420 ~ 0.0443
粗梳棉纱(中密度)	0.0382 ~ 0.0398	亚麻纱	0.0362 ~ 0.0372
粗梳棉纱(低密度)	0.0385 ~ 0.0395	生丝	0.0366 ~ 0.0399
精梳棉纱(中密度)	0.0381 ~ 0.0390	桑蚕绢纺纱	0.0404 ~ 0.0412
精梳棉纱(低密度)	0.0380 ~ 0.0389	黏胶丝	0.0387 ~ 0.0392
精梳棉纱(特低密度)	0.0375 ~ 0.0399	腈纶丝	0.0339 ~ 0.0670
涤/棉(65/35)纱	0.0366 ~ 0.0387	锦纶长丝(复丝)	0.0369 ~ 0.0381
涤/棉(65/35)双股线	0.0387 ~ 0.0410	涤纶长丝(复丝)	0.0350 ~ 0.0378
涤/黏(65/35)纱	0.0390 ~ 0.0400	黏胶长丝(复丝)	0.0370 ~ 0.0380
涤/黏(65/35)双股线	0.0410 ~ 0.0430	亚麻湿纺纱	0.0348 ~ 0.0376
精梳毛纱	0.0396 ~ 0.0412		

采用特克斯制时,k_d 的计算可按下式进行:

$$k_d = \frac{0.03568}{\sqrt{\delta}}$$

式中:δ——纱线的体积质量,g/cm^3,其值随组成纱线的纤维种类、性质及纱线的捻系数而不同。

几种纱线的δ值可参考表 4 - 2。

表 4 - 2　几种纱线的 δ 值

纱线种类	$\delta(g/cm^3)$	纱线种类	$\delta(g/cm^3)$
棉纱	0.8 ~ 0.9	涤/棉纱(65/35)	0.85 ~ 0.95
精梳毛纱	0.75 ~ 0.81	维/棉纱(50/50)	0.74 ~ 0.76
粗梳毛纱	0.65 ~ 0.72		

不同线密度纱线之间的直径换算,可按下式进行:

$$\frac{d_1}{d_2} = \sqrt{\frac{Tt_1}{Tt_2}} \cdot \sqrt{\frac{\delta_2}{\delta_1}}$$

式中:δ_1、δ_2——纱线的体积质量,g/cm^3。

二、织物厚度的概念

1. 织物几何结构的参数　织物几何结构的参数如下:

$L_j(L_w)$——一个组织循环中,经纱(纬纱)所占有的纬向(经向)长度,mm;

$h_j(h_w)$——经(纬)纱屈曲波高(yarn waviness or cross wave highness),用织物内经(纬)纱横切面中心线屈曲的波峰和波谷之间垂直于布面方向的距离表示,mm;

$d_j(d_w)$——经(纬)纱直径,mm。

2. 织物的厚度　织物的厚度(fabric thickness)τ(mm),用织物正反面之间的距离表示。图 4 -3(a)和图 4 -3(b)分别表示两种平纹织物的经向和纬向切面图。

3. 织物厚度与屈曲波高的关系　根据织物厚度的定义,如图 4 - 3(a)中,$\tau = \tau_j = h_j + d_j$。该织物的支持表面完全由经纱构成(经支持面织物),假设纬纱没有屈曲,经纬纱的直径相等,则:

$$\tau = \tau_j = 2d_j + d_w = 3d$$

在图 4 -3(b)中,$\tau = \tau_w = h_w + d_w$。该织物的支持表面完全由纬纱构成(纬支持面织物),假设经纱没有屈曲,经纬纱的直径相等。则:

$$\tau = \tau_w = 2d_w + d_j = 3d$$

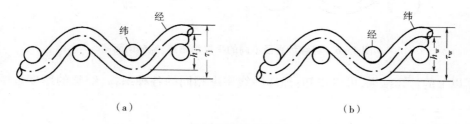

(a)　　　　　　　　　　　　(b)

图 4 -3　织物厚度

图4-4为某平纹织物❶的切面图。图4-4(a)和图4-4(c)为纬向切面图。图4-4(b)和图4-4(d)为经向切面图。

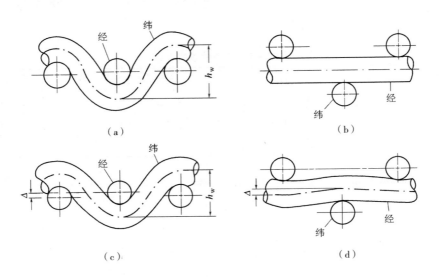

图4-4　平纹织物纬、经向切面图

如果由经纬纱共同构成织物的支持表面(经纬同支持面织物),如图4-5、图4-6所示,$\tau_j = \tau_w = d_j + d_w, d_j + h_j = d_w + h_w$,由此可知:

当 $d_j = d_w$ 时(图4-5),则 $h_j = h_w = d_j = d_w$;

当 $d_j \neq d_w$ 时(图4-6),则 $h_j = d_w, h_w = d_j; \tau = d_j + d_w$。

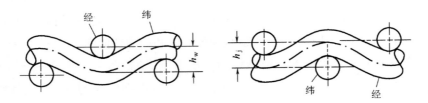

图4-5　经纬纱直径相同的平纹织物纬、经向切面图

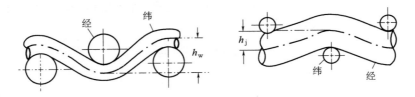

图4-6　经纬纱直径不同的平纹织物纬、经向切面图

根据以上的计算结果,可以得知:经纬纱线密度相同的各种织物,织物的厚度范围总是在

---

❶ 织物内经纬纱交错的地方,除弯曲部分外,还具有直线部分的织物结构。

$2d \sim 3d$。

如果考虑到纱线在织物内的压扁系数 η，则织物的厚度范围为 $(2d \sim 3d)\eta$。

如果顾及纱线在织物中的压扁系数，并假定经纬纱的压扁系数相等，则：

$$h_j + h_w = \eta(d_j + d_w)$$

各类织物的厚度 τ 值可参考表 4-3。

表 4-3　各类织物的厚度 τ[①]

单位：mm

织物厚度类型	棉 织 物	丝 织 物	精梳毛织物	薄型粗梳毛织物
轻薄型	< 0.24	< 0.14	< 0.40	< 1.10
中厚型	0.24 ~ 0.40	0.14 ~ 0.28	0.40 ~ 0.60	1.10 ~ 1.60
厚重型	> 0.40	> 0.28	> 0.60	> 1.60

① 织物厚度值仅供设计织物时参考。

4. 织物厚度变化范围　织物最薄的状态的厚度为 $\tau = d_j + d_w$。当经纱不弯曲，纬纱弯曲时，织物的最大厚度为 $\tau = 2d_w + d_j$；当经纱弯曲，纬纱不弯曲时，织物的最大厚度为 $\tau = 2d_j + d_w$。所以织物的厚度范围是：$(d_j + d_w) \sim (d_j + 2d_w)$ 和 $(d_j + d_w) \sim (2d_j + d_w)$。当经、纬纱直径相等时，即 $d_j = d_w$ 时，织物厚度 $\tau \in (2d, 3d)$。

三、织物的几何结构相

织物的几何结构状态会在有限的范围内产生无限变化，这种无限变化给研究工作带来了难度，因此，为了研究方便，将织物几何结构的无限变化状态转化成有限范围内等距离的若干个状态，这若干个状态就称作织物的几何结构状态，也称作织物的几何结构相（structure phase in geometry）。

根据图 4-4（a）、图 4-4（b）可知：在织物内，仅纬纱有屈曲，而经纱是完全伸直的。按照屈曲波高的定义，得：

$$h_w = d_j + d_w, h_j = 0$$

反过来，如果纬纱是完全伸直的，而仅经纱有屈曲，则：

$$h_j = d_j + d_w, h_w = 0$$

几何结构相动画

随着织物组织、经纬纱密度、经纬纱线密度、纤维原料以及上机张力等条件的不同，织物内的经纬纱屈曲波高之间的配合关系是变化无穷的。如图 4-4（a）和图 4-4（b）的情况，即在 $h_w = d_j + d_w, h_j = 0$ 的基础上，对纬向施以一定张力或减少织造时的经纱张力，使纬纱屈曲波高 h_w 减少一个 Δ 值，则经纱的屈曲波高必然会增加一个 Δ 值，织物的几何结构由如图 4-4（a）和图 4-4（b）所示形态变到如图 4-4（c）和图 4-4（d）所示的形态。由此可得到织物的经纬纱屈曲波高与经纬纱直径之间的关系式为：

$$h_j + h_w = d_j + d_w$$

上式说明织物的经纬纱屈曲波高之和等于经纬纱的直径之和。

为了便于研究问题，规定经纬纱屈曲波高每变动 $\frac{1}{8}(d_j + d_w)$ 的几何结构状态，称为变动一个结构相。可得到九个结构相,再加上一个 0 结构相(为经、纬纱直径不等时,构成的同支持面织物)共计有 10 个结构相。

表 4-4 列出了经纬纱屈曲波高的比值与几何结构相之间的关系(设 $d_j = d_w = d$)。

表 4-4 经纬纱曲屈波高的比值与几何相之间的关系

几何结构相	h_j	h_w	h_j/h_w	τ	几何结构相	h_j	h_w	h_j/h_w	τ
1	0	$2d$	0	$3d$	6	$1\frac{1}{4}d$	$\frac{3}{4}d$	$\frac{5}{3}$	$2\frac{1}{4}d$
2	$\frac{1}{4}d$	$1\frac{3}{4}d$	$\frac{1}{7}$	$2\frac{3}{4}d$	7	$1\frac{1}{2}d$	$\frac{1}{2}d$	3	$2\frac{1}{2}d$
3	$\frac{1}{2}d$	$1\frac{1}{2}d$	$\frac{1}{3}$	$2\frac{1}{2}d$	8	$1\frac{3}{4}d$	$\frac{1}{4}d$	7	$2\frac{3}{4}d$
4	$\frac{3}{4}d$	$1\frac{1}{4}d$	$\frac{3}{5}$	$2\frac{1}{4}d$	9	$2d$	0	∞	$3d$
5	d	d	1	$2d$	0①	d_w	d_j	$\frac{d_w}{d_j}$	$d_j + d_w$

① 0 结构相为直径不等的经纬纱构成同支持面的织物几何结构。

图 4-7 所示为 10 个结构相图示,图 4-7(a)~图 4-7(i)分别对应表4-4中 1~9 结构相,图 4-7(j)为 0 结构相。

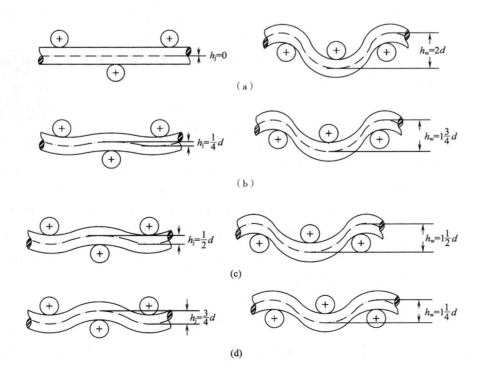

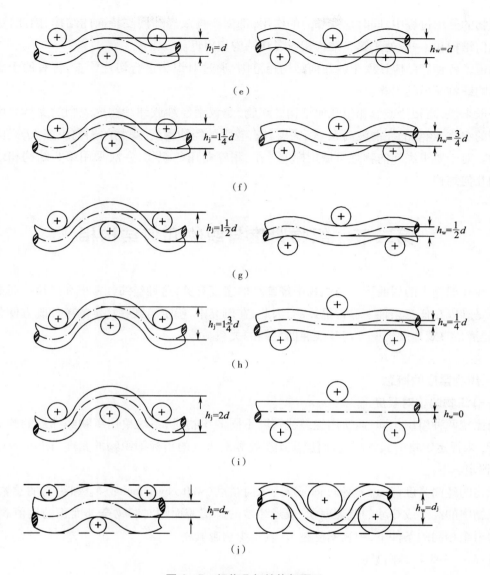

图 4 – 7 织物几何结构相图示

当经、纬纱的直径相同时,对于第 5 几何结构相的织物,$\dfrac{h_j}{h_w}=1$, 而 $h_j+h_w=d_j+d_w$, 所以 $h_j=h_w=d_j=d_w$, $\tau=h_j+d_j=h_w+d_w$。在这种条件下的织物切面如图 4 – 5 所示,织物的经纱和纬纱共同构成了织物的支持表面。

当经、纬纱直径不等时,为了得到如图 4 – 6 所示的由经纬纱构成同支持表面的织物,需要满足 $\dfrac{h_j}{h_w}=\dfrac{d_w}{d_j}$ 的条件,称这种结构相为 0 结构相。在这种条件下的织物切面图如图 4 – 6 所示。

在许多传统的织物产品中,对应于织物的风格特征,都具有相应的几何结构相。例如,府绸或卡其等织物,都是经纱支持面织物,必须具有较高的几何结构相;麻纱、横贡缎和拉绒坯布,都是纬纱支持面织物,必须具有较低的几何结构相;各类平布、涤/棉织物和胶管帆布类织物,经纬纱在织物的使用过程中,同时承受外力的作用,都需要构成经纬同支持面的结构,因此,这些织物的几何结构相,一般处于第5结构相或者0结构相附近。

知道了各种产品应该属于的几何结构相范围,通过对织物进行切片检查,将有助于研究及探讨影响织物品质的因素。

一般来说,高相位或低相位几何结构的织物,是仅由经纱或纬纱构成织物的支持表面。高结构相的织物,经纱的屈曲波高 h_j 大,需要具有较大的经纱密度,织物的经向织缩大,经向断裂伸长大。对于要求经纬向物理机械指标差异小、耐穿耐用的织物,一般采用第5结构相或0结构相的几何结构。

第二节　织物紧度与织物几何结构相

纱线在织物中的屈曲形态与织物中经纬纱的密度有关,这种经纬纱密度和经纬纱屈曲的关系通常是难以在任意条件下进行描述的,因此,在研究中,确定出某些特定的条件既方便分析问题,又能清楚直观地展现密度与纱线屈曲之间的关系。

一、织物紧度的概念

(一)织物的相对紧度

当比较两种组织相同,而所用经纱线密度不同的织物时,不能单用织物经纬纱的绝对密度 P_j 和 P_w 来评定织物的紧密程度,而应采用织物相对密度的指标即织物的紧度(fabric cover factor)来评定。

织物的经向紧度(warp cover factor)E_j、纬向紧度(weft cover factor)E_w 和织物的总紧度 E,是以织物中的经纱或纬纱的覆盖面积,或经纬纱的总覆盖面积对织物全部面积的比值表示的。在织物组织相同的条件下,织物紧度越大,表示织物越紧密。

设:E_j——织物经向紧度;

$\quad E_w$——织物纬向紧度;

$\quad E$——织物总紧度;

$\quad d_j$——经纱直径,mm;

$\quad d_w$——纬纱直径,mm;

$\quad Tt_j$——经纱线密度,tex;

$\quad Tt_w$——纬纱线密度,tex;

$\quad P_j$——织物的经向密度,根/10cm;

$\quad P_w$——织物的纬向密度,根/10cm。

如图4-8所示为织物中经纬纱交织情况的示意图,现仅取图4-8(a)中的一个小单元 ABCD,在图4-8(b)中予以放大。其中 ABEG 表示一根经纱,AHID 表示一根纬纱,AHFG 表示经纱和纬纱相交重叠的部分,EFIC 为织物的空隙部分。

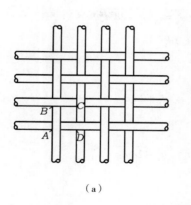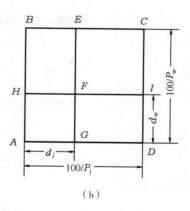

（a）　　　　　　　　　　　　　　　（b）

图4-8　织物中经纬纱交织情况示意图

$$织物的经向紧度\ E_j = \frac{面积\ ABEG}{面积\ ABCD} \times 100\% = P_j d_j = 0.037 P_j \sqrt{Tt_j}$$

$$织物的纬向紧度\ E_w = P_w d_w = 0.037 P_w \sqrt{Tt_w}$$

当织物为棉织物时，k_d 值取 0.037。

$$织物总紧度\ E = \frac{面积\ ABEFID}{面积\ ABCD} \times 100\% = E_j + E_w - E_j E_w$$

（二）经纬同支持面紧密织物的紧度

从规则织物中计算经纬纱同支持面紧密织物的紧度，找出经纬纱配合条件，以确定织物应有的经向与纬向紧度（E_j，E_w）。

图4-9是经纬同支持面紧密织物$\frac{3}{1}$斜纹织物的纬向切面图。由图可知：

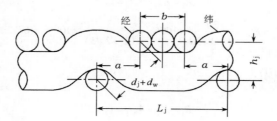

图4-9　$\dfrac{3}{1}$ 斜纹"0"相结构织物切面图

$$L_j = a + b + a = b + t_w a$$

$$a = \sqrt{(d_j + d_w)^2 - h_j^2}$$

式中：L_j——一个经纱组织循环所占有的距离，mm；

　　　t_w——纬纱在一个组织循环内与经纱的交错次数。

因为该织物是经纬同支持面，所以：

$$h_j = d_w$$

$$a = \sqrt{d_j^2 + 2d_j d_w + d_w^2 - d_w^2} = \sqrt{d_j^2 + 2d_j d_w}$$

$$b = (R_j - t_w) d_j$$

代入上式得：

$$L_j = (R_j - t_w) d_j + t_w \sqrt{d_j^2 + 2d_j d_w}$$

同理，

$$L_w = (R_w - t_j) d_w + t_j \sqrt{d_w^2 + 2d_j d_w}$$

根据织物经（纬）向紧度的定义：

$$E'_j = \frac{R_j d_j}{L_j} \times 100\%$$

$$E'_w = \frac{R_w d_w}{L_w} \times 100\%$$

由于大多数织物的经纬纱线密度相等，即 $d_j = d_w = d$，所以，各种组织织物的 E'_j 与 E'_w 值可以计算如下。

（1）$\dfrac{1}{1}$ 平纹织物：

$$R_j = R_w = 2, t_w = t_j = 2$$

$$E'_j = E'_w = \frac{2d}{2\sqrt{3}d} \times 100\% \approx 57.7\%$$

（2）$\dfrac{2}{1}$ 或 $\dfrac{1}{2}$ 斜纹织物：

$$R_j = R_w = 3, t_j = t_w = 2$$

$$E'_j = E'_w = \frac{3d}{d + 2\sqrt{3}d} \times 100\% = \frac{3}{(1 + 2\sqrt{3})} \times 100\% \approx 67.2\%$$

（3）$\dfrac{2}{2}$ 或 $\dfrac{3}{1}$ 斜纹织物：

$$R_j = R_w = 4, t_j = t_w = 2$$

$$E'_j = E'_w = \frac{4d}{2d + 2\sqrt{3}d} \times 100\% \approx 73.2\%$$

五枚缎纹织物：

$$R_j = R_w = 5, t_j = t_w = 2, E_j = E_w = \frac{5d}{3d + 2\sqrt{3}d} \times 100\% \approx 77.4\%$$

二、织物的紧度与织物几何结构相的关系

规则组织紧密织物的紧度可根据规则织物紧度计算公式计算，计算结果与各结构相的 h_j/h_w 值列于表 4 – 5（$d_j = d_w = d$）。

表4-5 规则组织紧密织物紧度和各结构相的 h_j/h_w 值 $(d_j = d_w = d)$

组织				紧度(%)							
				平 纹		三枚斜纹		四枚斜纹		五枚缎纹	
结构相	h_j/h_w	h_j	h_w	E'_j	E'_w	E'_j	E'_w	E'_j	E'_w	E'_j	E'_w
1	0	0	$2d$	50.0	$\dfrac{(\infty)}{100}$	60.0	$\dfrac{(300)}{100}$	66.7	$\dfrac{(200)}{100}$	71.4	$\dfrac{(166.6)}{100}$
2	1/7	$0.25d$	$1.75d$	50.3	$\dfrac{(103)}{100}$	60.4	$\dfrac{(102)}{100}$	67.0	$\dfrac{(101.6)}{100}$	71.8	$\dfrac{(101.2)}{100}$
3	1/3	$0.5d$	$1.5d$	51.6	75.6	61.6	82.3	68.1	86.0	72.8	88.6
4	3/5	$0.75d$	$1.25d$	54.0	64.0	63.8	72.8	70.1	78.0	74.6	81.7
5	1	$1d$	$1d$	57.7	57.7	67.2	67.2	73.2	73.2	77.4	77.4
6	5/3	$1.25d$	$0.75d$	64.0	54.0	72.8	63.8	78.0	70.1	81.7	74.6
7	3	$1.5d$	$0.5d$	75.6	51.6	82.3	61.6	86.0	68.1	88.6	72.8
8	7	$1.75d$	$0.25d$	$\dfrac{(103)}{100}$	50.3	$\dfrac{(102)}{100}$	60.4	$\dfrac{(101.6)}{100}$	67.0	$\dfrac{(101.2)}{100}$	71.8
9	∞	$2d$	0	$\dfrac{(\infty)}{100}$	50.0	$\dfrac{(300)}{100}$	60.0	$\dfrac{(200)}{100}$	66.7	$\dfrac{(166.6)}{100}$	71.4

注 表中数值是假设纱线在织物内不受任何挤压,截面为圆形的前提下进行计算的,纱线轴心不产生左右横移,故极限紧度为100%。凡紧度大于100%的也用100%表示,其计算数值列于括号内。

表4-5可画成图4-10,图中各组织相同的结构相的结构点连成等结构相线。

由表4-5和图4-10可以得出下列有关组织特性的概念。

(1)位于等支持面附近的结构相(第5相左右)以平纹组织的紧度最小,在此情况下,平纹组织易于使织物达到紧密的效应。

(2)在第九结构相和第一结构相中,缎纹组织织物的经(纬)向紧度较小,在此情况下,缎纹组织易于使织物获得经(纬)支持面的效应。

(3)由图4-10可知:对于经支持面结构的织物(纬支持面结构的织物也可以作类似分析),结构相由第5相升到第6相,与由第8相升到第9相比较,虽都是变动一个结构相,但经向紧度变化的大小却相差很大。在高结构相附近每变动一个结构相需要改变较大的经向紧度才能达到,这种现象称作至相效应迟钝。以 $\dfrac{2}{2}$ 斜纹织物为例:结构相由第5相变到第6相,仅需增加经向紧度4.8%。而结构相由第8相变到第9相,却需增加经向紧度19.3%。由此可知:对于经支持面的各类织物,增加经向紧度并不是等比例地促使结构相增加,而且经向紧度过大,必然会增加原料的消耗和生产的困难,甚至使织物的手感过于硬挺。根据图4-10提供的结构相与紧度的关系,对于棉织物设计提出以下的几何结构概念,供设计织物规格时参考。

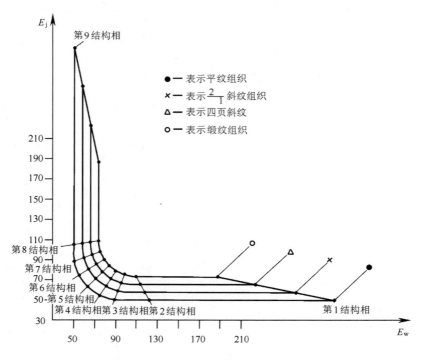

图 4 – 10　紧密织物结构相与紧度的关系 $(d_j = d_w = d)$

（1）府绸类织物的经向紧度 <83.4%（接近第 7 结构相）。

（2）华达呢织物的经向紧度 <91%（接近第 8 结构相）。

（3）卡其类织物的经向紧度 <107%（第 9 结构相）。

（4）直贡类织物的经向紧度 <105%（第 9 结构相）。

各类织物经纬向紧度的具体情况、规格等，尚需根据织物的风格特征、成本大小等因素决定。常见本色织物的一般紧度范围见表 4 – 6。

表 4 – 6　常见本色织物的紧度范围

织物分类	织物紧度(%)			
	经向紧度 E_j	纬向紧度 E_w	$E_j : E_w$	总紧度 E
平布	35 ~ 60	36 ~ 60	1 : 1	60 ~ 80
府绸	61 ~ 80	35 ~ 50	5 : 3	75 ~ 90
$\frac{2}{1}$ 斜纹	60 ~ 80	40 ~ 55	3 : 2	75 ~ 90
哔叽	55 ~ 70	45 ~ 55	6 : 5	纱 85 以下,线 90 以下
华达呢	75 ~ 95	45 ~ 55	2 : 1	纱 85 ~ 90,线 90 以上
卡其 $\frac{3}{1}\nwarrow$、$\frac{2}{2}\nearrow$	80 ~ 110	45 ~ 60	2 : 1	纱 85 以上,线 90 以上

续表

织物分类	织物紧度(%)			
	经向紧度 E_j	纬向紧度 E_w	$E_j:E_w$	总紧度 E
直贡	65~100	45~55	3:2	80 以上
横贡	45~55	65~80	2:3	80 以上
$\frac{2}{1}$纬重平	40~55	45~55	1:1	60 以上
绒坯布	30~50	40~70	2:3	60~85
巴里纱	22~38	20~34	1:1	38~60
羽绒布	70~82	54~62	3:2	88~92

第三节 织物织缩率与织物几何结构相

一、织物织缩率与织物几何结构相的关系

为了研究方便起见,常常研究 $d_j=d_w=d$ 时,紧密结构织物各结构相的经、纬缩率。常见组织紧密结构织物各结构相的经、纬缩率见表4-7。

表4-7 常见组织各结构相的织缩率

结构相	组织			织缩率(%)									
				平纹		三枚斜纹		四枚斜纹		五枚缎纹		八枚缎纹	
	h_j/h_w	h_j	h_w	a_j	a_w	a_j	a_w	a_j	a_w	a_j	a_w	a_j	a_w
1	0	0	2d	1.07	35.05	0.53	3.015	0.36	26.45	0.27	23.56	0.15	17.75
2	1/7	0.25d	1.75d	3.32	32.34	2.16	27.64	1.59	24.14	1.26	21.42	0.78	16.01
3	1/3	0.5d	1.5d	8.48	26.54	6.30	22.31	5.01	19.24	4.16	16.92	2.76	12.41
4	3/5	0.75d	1.25d	13.7	20.94	10.81	17.24	8.92	14.64	7.59	12.72	5.24	9.14
5	1	d	d	17.3	17.3	13.97	13.97	11.71	11.71	10.08	10.08	7.11	7.11
6	5/3	1.25d	0.75d	20.94	13.72	17.24	10.81	14.64	8.92	12.72	7.59	9.14	5.24
7	3	1.5d	0.5d	26.54	8.48	22.31	6.30	19.24	5.01	16.92	4.16	12.41	2.76
8	7	1.75d	0.25d	32.34	3.32	27.64	2.16	24.14	1.59	21.42	1.26	16.01	0.78
9	∞	2d	0	35.05	1.07	30.15	0.53	26.45	0.36	23.56	0.27	17.75	0.15

分析表4-7中的数据得出如下结论。

(1)适合织制中结构相织物的组织:平均浮长短的组织。由于在高或低结构相时,总有一个系统的纱线织缩率很大,因此,不太适合在高或低结构相织造,适于选用第5结构相附近的结构相织造。例如,平纹组织即是如此。

（2）适合织制高、低结构相织物的组织：平均浮长较长的组织，由于此类组织在高或低结构相时，经纱或纬纱的织缩率并不很大，所以，可以织制高或低结构相的织物，如缎纹组织即是如此。

（3）同一结构相不同组织织物的织缩率变化特征：在同一结构相中，织缩率随织物组织平均浮长的增加而减小。

二、等结构相织缩率关系图

将表4-7的数据绘制成图4-11，将同结构相的各组织的织缩率连成织缩率等结构相图，图中A,B,C,D,E分别代表平纹、三枚斜纹、四枚斜纹、五枚缎纹、八枚缎纹。从图4-11中可以得出以下结论。

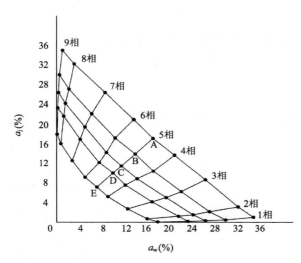

图4-11 等结构相织缩率关系图

（1）织缩率的范围：所有组织的织物，其经、纬织缩率都在以平纹组织经、纬织缩率为斜边的直角三角形内。

（2）各组织的织缩率曲线特征：组织循环小，平均浮长短的组织其经、纬织缩率曲线接近直线，如平纹组织；组织循环大，平均浮长长的组织其经、纬织缩率曲线接近圆弧形，如八枚缎纹组织。

（3）结构相变化情况：同种组织的织物只要结构相变化量相同，其经、纬织缩率变化量也接近相等；对于同种组织的织物，当结构相变化量相同时，其经、纬织缩率的变化量也接近相等；织物结构相变化所引起的用纱量变化主要是由密度变化引起的，而由结构相变化所引起的织缩率变化量造成的用纱量变化则很小。

（4）织缩率的变化：各种组织的织缩率是在有限的范围内连续变化的，平均浮长短的组织，其织缩率的变化范围大；平均浮长长的组织，其织缩率的变化范围小。

（5）在纵条纹织物设计中的应用：两种或两种以上的组织并列织制纵条纹织物时，不同的组织必须选择不同的结构相，使其织缩率相等，织物表面才会平整，才能消除由于织缩率的差异而引起的起皱、纵条交界不清、歪斜、松经停车以及经纱张力不匀造成的织造开口不清和跳纱织疵等现象。

☞ 思考题

1. 试计算14.5tex×14.5tex,523.5根/10cm×283根/10cm棉府绸的经纬向紧度。
2. 一般夏季服装用轻薄型棉织物，厚度小于0.24mm，设纱线在织物中的压扁系数为0.8，试概算这类织物的纱线线密度范围。

3. 中长纤维织物是仿轻薄型精纺毛织物类产品,厚度宜接近或小于0.8mm,目前工厂采用中长涤/腈(50/50混纺比)21tex×2生产凡立丁织物,试问纱线的线密度是否适宜(若纱线的压扁系数为0.8)?

4. 设计轻薄型的细纺棉织物,织物厚度为0.2mm,如纱线在织物中的压扁系数为0.71,求经纬纱的线密度。

5. 涤/棉细布属于仿丝绸型的织物,厚度一般为0.14~0.28mm,设经纬纱的压扁系数为0.8,试概算经纬纱的线密度范围。

6. 分别说明第1、第5、第9结构相织物中经纬纱的屈曲形态。

7. 说明织物紧度的概念,并推导其计算公式。

第五章　服用织物设计

课件

本章教学目标

1. 掌握织物设计的内容和形式。

2. 掌握棉型织物、毛型织物、麻型织物、丝型织物、化纤织物典型产品的风格特征。

3. 掌握各类织物的设计方法和上机计算。

4. 能够运用织物组织结构专业知识,对服用纺织品复杂工程问题包括织物风格、设计过程、设计内容、产品上机等的解决方案进行综合分析。

5. 能够结合不同风格纺织品设计和新产品发展趋势分析,对不同风格产品的综合设计提出多种解决方案。

6. 通过面料设计综合知识的学习,提高学生的审美意识和文化自信,使学生进一步理解中华民族优秀的传统文化的博大精深。

织物的风格微课

第一节　服用织物设计概述

一、织物的风格及性能

1. 织物的风格(fabric style)　织物的风格通常包括两层含义,一是技术表现层面上,包含视觉外观、手感风格两个主要物理属性;二是艺术表现层面上,指面料的材质、色彩、图案等艺术表现手法上呈现出来的审美风格,如古典风格、民族风格、印度风格、欧洲风格、波希米亚风格等。本章主要讨论技术表现层面体现的织物风格。

织物的风格表示织物的外观风貌特征、穿着性能,是通过人们的触觉、视觉等对织物品质进行综合评价的结果。它是纺织品生产者和消费者评定织物服用品质优劣的一个重要依据,对服装设计师设计服装风格有很大影响。织物风格是织物本身客观性与人的主观感受相结合的产物,也就是说,织物风格是织物所固有的力学性能作用于人的感官所产生的效应。

风格的客观性包括织物品种、原料性能、纱线结构、组织结构、整理加工效果等因素。如仿生风格:仿毛、仿丝、仿麻、仿革等;材质风格:面料的轻重感、软硬感、光滑感、粗糙感、蓬松感、凹凸感、立体感等。其主观性包括视觉风格和触觉风格两部分。视觉风格是指纺织材料、组织结构、色彩、花型、光泽、边道、呢面及其他布面特征刺激人的视觉器官产生的生理、心理反应,它与人的文化、经验、素质、情绪有关。触觉风格指织物的力学性能在人手触摸、抓握织物时,产生的变化作用于人的生理和心理的反应,即织物的手感。不同品种、不同用途的织物,其风格要求是不同的。对织物的风格评价有主观评价和客观评价两种方式,主观评价是由评价人对织物进行评价,主要采用"捏、摸、抓握、观察"等方法用语言描述织物风格,织物风格的描述见表5-1。客观评价方式采用风格仪,评定的内容主要包括弯曲性能、剪切性能、表面摩擦性能、压缩性能、起拱变形、纱线的交织阻力、悬垂性能等。

表5-1　织物风格的描述

织物风格	包含内容	评价方式
视觉风格	色彩	色相、纯度、明度、配色效果等
	光泽感	明亮、柔和、膘光、珠光、闪光、亚光等
	图案	花型、题材、纹样等
	材质	平整、起绉、光滑、细腻、粗糙、立体、凹凸等
	其他加工手段	起绒毛、绣花、绗缝、镂空、植绒等
手感风格	触觉感受	柔软、硬挺、挺括、干爽、滑糯、滑爽、活络、丰满、温暖、凉爽、刺痒、戳扎等
	重量感	纸质感、轻薄、蓬松、厚实等

服用织物按照原料分类,其风格有棉型感、毛型感、丝绸型感、麻型感等。

(1)棉型织物(cotton - type fabric):平纹类,包括白坯布,漂白布,染色布,印花布,色织平布,府绸,细纺,烂花平布,防羽绒布等;斜纹类,包括斜纹布、卡其、华达呢、哔叽、水洗布、牛仔布等;缎纹类,包括直贡缎、横贡缎、羽纱等;色织类,包括线呢、条格布、牛仔布、牛津布等;绉类,包括泡泡纱、绉纱、树皮绉、轧纹布等;绒类织物,包括普通绒布、平绒、灯芯绒等。

(2)毛型织物(wool - like fabric):包括精纺毛织物、粗纺毛织物、毯类织物等。

(3)丝型织物(silk - type fabric):包括以真丝或化纤长丝混纺、交织织物等,有绫、罗、绸、缎、绉、纱、绵、绨、葛、呢、绒、绢、纺、绡十四大类。

(4)麻型织物(bast - type fabric):包括苎麻织物、亚麻织物、大麻织物等。如纯苎麻布、手工夏布、涤/麻织物、毛/麻织物等。

(5)交叉风格织物(Cross style fabric):随着原料应用的多元化,新原料的性能和功能不断被丰富,纺织面料的外观、手感、风格具有明显的交叉,如棉型产品原有的风格特征被淡化,而采用毛型产品的设计元素;再如棉/丝/毛织物、交织织物、毛/棉/亚麻/丝织物等。

2. 织物的服用性能　织物的服用性能指在一定条件下,由于织物本身固有因素与使用条件的相互作用,织物显现某些方面的特性的特征指标。具体包括织物的力学性能、外观保持性、织物的尺寸稳定性、织物的热湿舒适性、织物的风格、织物的色牢度等。

织物的力学性能是指织物在各种机械外力作用下表现的性能,是织物的基本服用性能之一。主要包括拉伸性能、撕裂性能、顶破性能、耐磨性能等。织物的外观保持性能是指织物在使用过程中能保持外观形态稳定的性能。主要包括抗皱性、悬垂性、刚柔性、抗起毛起球性、抗勾丝性、褶裥保持性、免烫性、缩水性、弹性等。织物的舒适性分为热湿舒适性、触觉舒适性、美观或心理舒适性。热湿舒适性包括保暖性、吸湿透湿性、热湿传递性、透气性等;触觉舒适性表现为贴近皮肤穿着的织物的机械和表面特性；美观舒适性如柔软度，手感和悬垂性，是主观的因素，通常是由织物的感觉或外观的方法评价的，如色泽、式样、流行式样的相容性。

二、纺织面料流行趋势研究

面料设计是纺织品创新中最富有挑战性的环节，产品设计因素包括原料的选择和开发，设计技巧和工艺技术的熟练运用，对时尚变化的敏锐洞察力以及对产品风格性能的执着追求。产品设计的成功归根结底要依靠产品设计人员的创新能力。因此，纺织面料设计师既要掌握与纺织面料生产相关的工艺技术，也要能够了解消费者心理，掌握面料的流行趋势，并通过纺织面料的基本设计要素即色彩、图案、光泽、组织结构、手感、性能等表达出来。

1. 面料流行的含义和特点　流行是一种普遍的社会心理现象，指在一定时段内，社会上出现或倡导的事物、观念、行为方式等被一定数量范围的人群接受、采用，进而迅速推广直至消失的过程。流行具有新颖性、时段性、现实性和规模性的特点。纺织产品市场是一个以流行时尚为特征的市场。流行面料集中体现了当前新原料、新技术、新工艺、新功能的面料开发水平。

纺织品流行趋势研究主要针对纺织产品、市场、消费者需求等开展综合分析，通过调研、统计、比较和归纳等方式，对流行面料的共同要素进行整理和归纳，研究归纳产品的原料、色彩图案、生产工艺、性能、风格、功能、应用等发展方向，使其成为产品开发和市场营销的重要依据。

2. 面料流行趋势获取的途径　纺织面料设计师可以通过传媒信息、案头资料搜集、市场调研等形式，有针对性地了解服装企业和面料采购商的需求和市场动态。面料流行趋势获取的途径有很多，主要的有以下途径：

（1）研究流行趋势的专门机构和网站：众多的流行趋势研究机构以流行趋势手册、网站或专项咨询服务等各种形式推出其对流行趋势的预测，是流行信息来源和使用平台之一。

（2）专业杂志：专业杂志是纺织面料设计师重要的参考资料。权威流行趋势研究机构和很多设计咨询公司提供非常专业的资料和信息，例如，全球四大时装周——巴黎、米兰、伦敦、纽约时装发布会的照片，甚至包括面料和成衣实样。流行趋势研究人员将趋势信息按照发布季节加以分析和整理，提供精准的总结和专业的建议。设计师分析整理所购买的相关资料，按照色彩、款式、风格、技术信息等类别汇总资料剪报。

（3）专业展会：专业展会聚集了纺织行业优质的企业，展会上根据面料风格、功能用途等进行产品分类，展出企业开发的高科技含量的新产品，同时展会中发布下一年面料流行趋势预测，对于收集流行趋势的信息提供了很好的平台。流行信息可以通过拍照或文字方式记录展会趋势发布区内色彩、面料的信息，从参展企业中获取相关产品的介绍文件，收集样布。

（4）街头与商场调研：大型商场、热点的街道会反映出消费者的兴趣爱好及消费取向。从时尚人士的穿着、商品等可以了解市场的审美取向、产品色彩、款式等流行信息。结合定期的市场调研工作，寻找市场走向规律。经过调研按照一定的研究方向分析归纳所收集的信息和内容。为产品开发提供借鉴。

（5）公共文化传媒信息：电影、电视、杂志、画展、博览会以及相关工业的信息都会成为影响纺织面料设计开发的因素和灵感来源。这些流行信息的特点是较为零散，但这些信息影响消费者的生活方式,从而间接影响纺织服装产品的开发方向。

3. 面料流行的要素　流行要素在每一季的发展都具有延续性和创新性两个特征。纺织面料的流行要素是通过面料的原材料、色彩、图案、组织结构、风格以及染整加工等方面体现出来的。流行要素一般表现为其中的一个或几个方面。

(1)纤维原料:纤维原料是面料设计的根本。面料的设计开发依赖于新型纤维原料的研发,如环保型纤维、功能性纤维的流行等,提高了消费者的生活品质,为服装面料的流行因素注入了新的概念。

纱线的流行趋势通常较面料提前6个月发布,为流行面料的设计提供参考。纱线的流行要素通过纱线的线密度、捻度、结构形状、混合方式、纺纱工艺变化等方面表现出来,从而带来织物外观和风格性能等方面的流行感。

(2)织物色彩:色彩要素包括经典色和流行色,面料的色彩设计包括色彩的选择和多种色彩之间的搭配。流行色彩搭配方式对面料的色彩设计起到指导作用。流行色不是单独或孤立的一种或几种色彩,它们往往是来源于自然环境中的一组相关的、带有联想性和某种色彩倾向性的色彩系列。按照流行色的发布规律,一般可以分为四个基本色调,即柔和色调、鲜艳色调、中性色调、深暗色调。设计师在应用流行色进行面料设计时,选择几种色彩为主色,其他色彩用来与之搭配,作点缀、衬托之用。

(3)面料图案:面料的图案又可称为花纹、花型或纹样。图案的造型在流行趋势中占有重要的地位。在提花织物中,织物组织和纱线色彩是构成花型图案的主要因素,强调的是由经纬纱交织构成织物的表面肌理效果。小提花织物采用不同组织结构进行合理搭配,再加上不同色彩的纱线的配合,可以使织物获得各种条、格、小提花和配色模纹图案效果。大提花织物,由于织物的一个组织循环经纱数可以多达几千根,因此,在此类织物表面形成各种变化的大花纹,同时经纬纱可以选择多种色彩分表中里等多层搭配,色彩和图案变化十分丰富。

(4)面料组织结构:织物组织的变化可以使面料的外观产生各种效果,如多层、凹凸、换色、孔眼等。利用组织结构把握流行要素应与纱线线密度、捻度、捻向、织物经纬密度等因素组合在一起,体现织物独特的效果。例如,面料要求轻薄、透明感,可以采用低线密度、高捻度、低紧度、平纹、透孔组织等方式体现出轻薄、通透的感觉。简单组织的组合运用可以丰富面料的流行元素,如条纹设计、明暗设计、立体感设计、起绉感设计等。

(5)染整加工:染整加工包括预处理、染色、印花和整理等,作为面料加工的最后环节,是面料风格和性能的关键要素。先进的染整加工技术为纺织面料带来了优质的手感和极佳的织物性能,如防水、抗菌、温度调节、新型印花技术、涂层、二次深加工等被运用到面料的后整理加工工艺中。后整理的流行要素是体现织物流行感的重要组成部分。

(6)面料风格:面料的风格是面料设计追求的目标,面料的外观、手感、表达的艺术效果均是风格流行元素。面料的风格特征为其最终用途奠定了基础。同一种风格的面料,通过不同的服装款式造型的表达,会呈现出不同的效果;而同一款式的服装采用不同风格的面料表现,所达到的效果也不相同。

三、织物设计的原则

产品设计的实质是技术创新(Creation, Innovation)。创新是研究和开发新产品的灵魂;创新是建立在理论研究和应用研究基础上的飞跃,是基础研究的发展、拓宽和升华。产品创新具体指织物材料、材质的创新,织物结构和性能的创新,生产技术、织造工艺的创新等。产品设计既可以在上述某一个方面创新,也可以在多个方面乃至全面创新。因此,产品设计范畴包括:产品功能设计、原料设计、织物组织结构规格设计、纺织染生产工艺设计等。产品设计原则主要包括以下几个方面。

1. 适销对路 织物设计人员要深入广泛地进行市场调研,使设计的产品符合消费心理,最大可能地满足消费者的需求,切忌以个人的爱好代替消费者的希望。

2. 经济、实用、美观相结合 设计人员应明确产品的使用目的、用途、性能要求、流行花色等问题。就服用织物而言,除了功能性和耐用性之外,还要具有美的外观,做到"外表美观,穿着舒适,洗涤方便,便于运动"。除了上述条件外,经济性也是设计人员必须考虑的因素。设计出价廉物美的产品是织物设计人员追求的目标。

3. 创新与规范相结合 新产品设计要具有异想天开的开拓性思维,使产品不断发展。但同时也要考虑到原料、纺织、染整工艺及产品的规范化、系列化,如原料规格、纱线的线密度、织物幅宽等的规范系列化,既要使产品丰富,又无不必要的繁杂,方便生产。

4. 设计、生产、供销相结合 设计、生产和供销的关系一般为:市场→供销部门掌握市场需要,制订销售计划→设计部门按销售安排,研制和设计新产品→生产部门生产产品→市场。

总而言之,一个产品的设计投产,需要调查目标市场,设计做到适销对路,生产上要保证原料供应和产品质量。

四、织物设计的过程

一件纺织产品在走向市场之前要经过一段较长时间的准备过程,这个准备过程包括市场信息的采集与分析、织物设计方案的战略决策、织物设计构思、规格及工艺的研究设计、试织生产、产品鉴定、销售服务等。

1. 市场信息的采集与分析 市场信息的采集与分析是以市场调研为基础的,所谓市场调研是以产品为主要目标,以市场供需为内容,运用科学方法,收集、整理和分析各种资料,进而掌握市场现状和发展趋势的一种活动。

市场调研既有目标、计划、组织、系统等管理方面的问题,又有方法、技术方面的问题,已形成一个完整的体系。

市场调研的范围包括用户需求、与织物有关的技术发展方向、竞争对手的状况、对所设计开发产品未来的预测。

预测与分析是织物设计开发的重要一环,可以说,没有正确的预测,便没有正确的决策,便无法设计开发出适销的产品。科学预测在织物设计开发中具有重大的意义。它可以将织物设计由盲目变自觉,增强织物设计开发的客观性和现实性;将织物设计由偶然变为必然,提高织物设计的针对性;将织物设计的成败由后知到先觉,提高织物设计的主动性;在预测分析过程中知己知彼,百战不殆。

2. 织物设计方案的战略决策　市场提供的信息是多种多样的,需要设计开发的织物也是很多的,究竟要设计哪些织物系列? 先设计开发哪些织物? 后设计开发哪些织物? 采用什么方案? 什么途径? 哪些织物进入市场快? 市场大? 获利多? 企业是否有充分的条件来生产这些织物? 设计生产这些织物有什么风险? 所有这些问题在设计开发织物前均要作出估计、判断和决定。

决策的正确与否关系到企业的兴衰与成败。整个决策过程取决于两方面内容。

(1)需求,即市场的需求,包括织物品种、数量、用途、市场份额、竞争对手、销售渠道、时间要求等。

(2)条件,即企业的目标、技术、设备、人员、资金、管理水平、原料来源等。

3. 织物设计构思　任何织物在设计开发前,都必须对其进行构思,而正确、合理的设计构思绝不是织物设计人员凭空想象得来的,而是通过广泛的调查研究,了解国内外市场需求以及科学技术的发展动态,按一定的程序、科学的方法而获得的。

织物设计构思大致有以下来源。

(1)经营部门提供的用户需求。

(2)经销商提供的有关信息。

(3)技术情报部门收集的有关技术信息和新产品发展信息。

(4)通过商品展销会、订货会、产品鉴定会、学术交流会、技术座谈会等提供的信息。

织物设计构思大致有以下内容。

(1)织物要具有的外观形态、风格、织物性能。

(2)织物的用途、销售的地区和使用对象。

(3)选用何种原料、纱线、组织、密度来达到织物的风格和性能。

(4)配合何种花纹、色彩来达到织物的外观。

(5)采用何种生产工艺,以保证织物最终达到所要求的内在质量与外观风格。

4. 规格及工艺的研究设计　织物规格设计的内容主要体现在织物设计规格单中,主要内容包括:织物品号、品名,织物所用原料以及各种原料所占的比例,织物组织(包括布身组织、布边组织),织物的成品规格(包括匹长、幅宽、经纬密度、织物质量),上机织造工艺参数(包括筘幅、筘号、穿筘方法等),经纱的组合与排列方式,纬纱的组合与排列方式,经纬织造缩率、经纬染整缩率的确定与选择等。

织物工艺流程的设计是使织物设计变为现实的一个重要环节,工艺设计包括工艺流程设计、工艺条件设计、工艺参数设计。

值得注意的是在织物规格及工艺的设计研究中,还要注意生产设备的研究,因为任何一个工艺都需要相应的设备来完成,因此,工艺路线确定之后便需要研制、改革有关设备。

5. 试织生产　织物的试织是把设计变为现实、变为产品的过程,是验证设计真实性、可行性、合理性的阶段,也是核实需要人力、物力、财力、产品经济性的阶段。

试织通常分以下两个阶段。

(1)样品试织:通过试验进一步修改设计和工艺参数。

（2）批量试织：重点是考核工艺、工艺装备是否符合要求；检查产品的合格率、工艺的稳定性、机器效率和劳动生产率等。收集资料为正式投产做准备，进一步校正设计，验证、修改工艺规程。

试织要规定一定的数量、时间，做好有关记录。

6. 产品鉴定 产品鉴定的目的是请有关专家对产品的技术资料进行进一步审查，对生产工艺的可行性、批量生产的条件、产品的质量等作出结论性意见。鉴定的依据是新产品设计任务书和产品标准。产品鉴定所需提供的技术文件有鉴定大纲（包括产品设计任务书或合同书）、产品研制的工作报告和技术报告、产品的生产条件分析报告、产品经济效益分析、产品检验标准、产品质量测试报告、用户意见、产品生产的环保审查报告等。

7. 销售服务 新产品是一种商品，开发的成功与否，不能只看产品是否能生产出来和产品性能好坏，还要看新产品是否有市场。

新产品的市场开发有许多工作要做，如市场调研分析、研究消费群体的需求、市场预测、评估、试销、扩销、促销、宣传、形成销售网络、扩大销售渠道、销售信息反馈、市场经营管理、各种策略的运用（包括产品策略、价格策略、销售策略、广告策略）等。

第二节　织物设计的内容及形式

一、织物设计的内容

一个完整的纺织产品设计应该包含如下内容。

（一）确定织物的用途与对象

织物用途与使用对象不同，织物的风格全然不同。织物用途可分为服装用、装饰用及产业用三大类。使用对象一般可按男女老幼、城市乡村、民族地域、文化层次、地理环境、内销外销来划分等。

（二）构思织物的风格与性能

从风格上讲，有棉型感、毛型感、丝绸型感、麻型感等；从性能方面讲，有织物的断裂强度、断裂伸长、耐磨性、悬垂性、抗起毛起球性、折皱弹性、透气性、保暖性等。

（三）织物的主要结构参数设计

1. 原料设计 纤维材料与纺织产品的风格性能、审美特性和经济性之间存在着非常密切的关系。原料的可纺性能决定了纱线的结构，是构成产品风格性能的基础。同时，原料决定了成本价格，纺织品的经济性主要包括纤维材料的成本和加工费用，而两者相比，纤维材料的成本是主要因素，约占整个纺织成本的70%以上，纺织材料的选择和优化可以直接降低产品成本。

用于生产纺织产品的原料种类繁多，按照来源主要分为天然纤维和化学纤维。进入21世纪，纺织新材料、新技术、新工艺迅猛发展，新型纤维不断出现，传统纤维性能不断改进，应用领域不断延伸。天然纤维不再局限于传统的棉、毛、丝、麻，特种动物纤维、新型纤维的研发以"绿色、环保、低碳、功能"为主要目的，对改造传统纺织工业，调整产业结构，提高市场竞争力具有重要作用。目前，已经研发了彩色棉纤维、有机棉纤维、菠萝叶纤维、棕叶纤维、竹原纤维、香蕉树韧皮纤维、棉秆韧皮纤维、椰子纤维等植物纤维;彩色羊毛、有机羊毛、拉细羊毛、彩色蚕丝等改性动物纤维;新型人造纤维包括再生纤维素纤维(regenerated fiber;cellulose fiber)如莫代尔纤维、天丝纤维、丽赛纤维、圣麻纤维、黏胶基甲壳素纤维;再生蛋白质纤维(regenerated protein fiber)如聚乳酸(PLA)、大豆蛋白纤维、牛奶蛋白纤维、花生纤维、蚕蛹蛋白纤维、羊毛角蛋白纤维、蜘蛛丝纤维等。新型合成纤维主要有高弹性纤维(Lycra 纤维、XLA 纤维)、微弹性纤维(Sorona® PTT 纤维、PDT 纤维)、吸湿排汗纤维(Coolmax®、Coolplus®)、阻燃纤维、导电纤维、高仿棉纤维、凉爽纤维、竹炭纤维、咖啡碳纤维、椰炭纤维、循环再生纤维、Outlast® 空调纤维、无染纤维、易染纤维、保暖纤维、舒感纤维、防透视纤维、轻质化纤维、安全防护纤维等功能性纤维引领纺织品设计和消费潮流,保证了化纤行业的可持续发展。

在产品设计时,选择原料应根据产品的用途、风格要求、性能特点、使用对象等合理选择纤维原料及其混纺比,要使原料的配比达到最佳性价比,就要采用多种原料、多档细度和长度的加权配比方法。

2. 纱线设计

(1)纱线的线密度:纱线线密度的确定是织物设计的主要内容之一,线密度大小对织物的性能起着决定性的作用,应根据织物的用途和特点加以选择。

在织物设计中,经纬纱线密度的配置一般有三种形式,即 $Tt_j = Tt_w$,$Tt_j > Tt_w$,$Tt_j < Tt_w$。当 $Tt_j = Tt_w$ 时,即经纬纱线粗细相同,便于生产管理。如棉织物中的平布、牛津布,毛织物中的华达呢、直贡呢、哔叽等,麻织物大多数品种和丝织物中的纺类、罗类、绡类、纱类等织物,均采用相同粗细的纱线做经纬纱。当 $Tt_j < Tt_w$ 时,即经细纬粗,可提高织机的生产效率,同时体现织物外观风格和特殊要求。如棉织物中的府绸,既可以经纬线密度相同,也可以纬纱线密度大,使织物外观获得菱形颗粒效应;棉织物中的绒布,为了便于拉绒加工,一般用弱捻且较粗的棉纱为纬纱。双面平纹绒布的经纬纱线密度比可达 1:2,单面哔叽绒布的经纬纱线密度比为 1:1.5~1:2。丝绸中的葛类,为体现绸面具有明显横向凸纹效应也采用经细纬粗的设计方法。当 $Tt_j > Tt_w$ 时,经纱线密度大于纬纱线密度时,即经粗纬细,可体现织物外观的特殊效应,但差异不要太大。在大多数情况下,采用前两种配置的方式,特殊情况下采用第三种方式。

当经纬纱线密度不等时,其差异不宜过大,因为经纬纱线密度差异过大,会改变织物的几何结构相,使经纬纱线屈曲发生变化,从而改变织物上作为支持面的纱线状态,影响织物的耐磨性等服用性能。

(2)纱线的捻度:纱线的捻度与织物外观、坚牢度都有关系。设计时,应根据织物的特点,对纱线的捻度提出一定的要求。在临界捻度范围内,适当增加纱线捻度,能提高织物的强力,但捻度过大,织物手感变硬,光泽较弱,捻度较小的织物手感柔软,光泽较佳。设计时,要根据经纬纱的不同及纤维长度的不同,选择不同的捻系数,一般是经纱捻度略高于纬纱,薄型织物捻度大于松软织物,线密度低的纱线捻度大于线密度高的纱线,纤维长度短的纱线捻度大于纤维长度长的纱线。

当织物用股线织制时,线与纱的捻度配合对织物强力、耐磨性、光泽、手感均有一定影响。当股线与单纱的捻系数比值为 $\sqrt{2}$ 时,股线强力最高;当股线与单纱的捻系数比值为 1 时,则表面纤维平行于股线轴心线,纱线光泽好,且股线的结构较紧密。由于在并捻过程中其单纱已除去了部分杂质，表面毛茸减少，所以线织物的耐磨性、手感和光泽均优于纱织物。

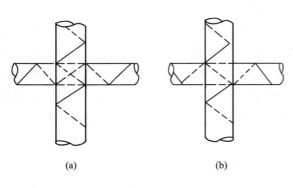

图 5 - 1　经纬纱捻向配合

（3）纱线的捻向配合：纱线的捻向分为 S 捻（右捻）和 Z 捻（左捻）两种，织物中经纬纱捻向的配合对织物的手感、厚度、表面纹路等都有一定的影响。通常经纬纱捻向的配合有四种形式，即 Z 捻经纱与 Z 捻纬纱、S 捻经纱与 S 捻纬纱的同捻向配合，Z 捻经纱与 S 捻纬纱、S 捻经纱与 Z 捻纬纱的不同捻向配合。

当采用不同捻向的经纬纱进行交织时，如图 5 - 1（a）所示，其经纬交织点在接触处纤维相互交叉，因此，经纬纱间缠合性差，容易滑移，这种捻向配合的织物，其组织点因屈曲大而突出，纹路清晰，手感较松厚而柔软，其厚度比经纬纱同捻向的织物要厚，且在印染过程中吸色较好，染色均匀。但当织物下机后，张力减小，由于纱线有退捻的趋势，所以有卷边现象，对稀薄织物来说，这种情况较为显著。当经纬纱捻向相同时，如图 5 - 1（b）所示，织物的手感、染色效果等正好与上述情况相反。纱线表面纤维的排列状况，会影响纱线的反光性能，在组织设计时，只有懂得了纱线的反光性能，才能与组织合理配合，以获得织纹清晰、条格隐现或织物表面光滑平整的效果。

（4）新型纱线的运用：在面料设计中，复合纱线设计形式，如多股纱、长短丝交并、双组分纱线、空气变形纱，各种原料的包芯、包覆、包缠纱等新型复合纱线赋予面料全新的性能及特殊的风格。例如，采用有光化纤、金属纤维等与其他纤维混纺或交织而成的光泽纱线使得纱线具有时尚化、功能性、个性化的特点。在绉织物设计中，强捻纱的应用是重要的设计方法。同时强捻纱线还应用于改善服装面料的悬垂性、穿着透气性及舒适性的要求。除使用普通结构的单纱、股线外，变化纱线结构可使织物表面形成各种风格效果。利用纺纱技术的创新可以赋予面料各种风格和性能特征，表现为：以高效、低成本为特点的新型纺纱技术，如转杯纺纱、喷气纺纱与喷气涡流纺纱等；以提高成纱质量、增强纱线强力、降低纱线毛羽为目的，如紧密纺纱、缆型纺纱等；以改善织物风格和功能为目的，如包芯纺、赛络纺（Sirospun）、赛络菲尔纺（Sirofil）等；以丰富织物花型色彩为目的，进行色彩、形状各异的花式纺纱新技术，如竹节纱、圈圈纱、段染纱、彩点纱、结子纱、波形纱、雪尼尔纱、羽毛纱等；以提高织物柔软度、改善手感为目的，如无捻纱、低捻纱、空气变形纱等；以提高天然短纤维纺低特（高支）纱为目的的半精纺技术，解决了单纯用毛纺设备或者棉纺机械而不能生产的纺纱问题，特别适应了人们对低特（高支）轻薄的天然纤维产品、特种动物纤维山羊绒、兔毛等产品的需求。

3. 织物组织的设计与选用　织物组织是影响织物品种的重要因素。织物组织的选择要根据织物的用途及所要体现的织物的外观风格来决定，同时也要考虑与传统织物的延续与变化。所选用的组织可以是前述各章中学习过的各种组织，也可以是在各种组织基础上加以组合和变化。织物组织的变化可影响到织物的外观，如纵条纹组织，当使用破斜纹组织构成时，会产生一种外观效果；当使用两种不同组织并列时，会产生另一种外观效果。而某些小提花织物品种的变化主要是由地部组织的变化得到的。再如大提花产品中,不但地组织的变化会引起品种的变化,花纹组织的变化也会引起品种的变化。

4. 织物的密度设计 织物经纬密度的大小和经纬密度之间的相对关系是影响织物结构最主要的因素之一。它直接影响织物的风格和力学性能。显然,经纬密度大,织物就显得紧密、厚实、硬挺、耐磨、坚牢;经纬密度小,则织物稀薄、松软、通透性好。而经密与纬密之间的比值,对织物性能影响也很大,一般来说,织物中密度大的一方纱线屈曲程度大,织物表面即显现该纱线的效应。此外,经纬密度的比值不同,则织物风格也不同,如平布与府绸,斜纹布、哔叽、华达呢与卡其都具有不同的外观风格。

确定织物密度与紧度的方法很多,一般常用的方法有以下几种。

（1）理论计算法:

① 几何结构理论法:在产品设计中,设计人员可以利用织物的几何结构估算出织物的近似密度。当新织物与原织物的原料相同、纱线线密度相同以及手感、身骨相仿,仅改变织物的组织时,可以根据原织物的密度来计算新织物的密度。

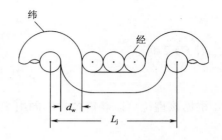

图 5-2 织物交织示意图

假如纱线为圆柱体,如图 5-2 所示,当织物中纱线达到最大密度时,相邻纱线相互靠近,在经纬纱交叉部位宽度等于一根纱线的直径,可以求出织物的最大密度。

当经纬纱线密度相同时:

$$L_j = R_j \times d_j + t_w \times d_w$$

式中:d_j、d_w——经、纬纱直径,mm;

R_j——组织循环经纱数;

t_w——组织循环中纬纱的交错次数。

因为 $d_j = d_w = d$,而 $L_j = d(R_j + t_w)$,则:

$$P_{j(max)} = \frac{100R_j}{L_j} = \frac{100R_j}{d(R_j + t_w)}$$

$$P_{w(max)} = \frac{100R_w}{L_w} = \frac{100R_w}{d(R_w + t_j)}$$

如果令 $n = \dfrac{1}{d}$（1mm 内纱线紧靠排列时的根数）;$F = \dfrac{R}{t}$（组织点的平均浮长）。则上式可化为:

$$P_{j(max)} = \frac{100nF_w}{F_w + 1}$$

$$P_{w(max)} = \frac{100nF_j}{F_j + 1}$$

当经纬纱线密度不相同时,则最大密度可按下式确定:

$$P_{j(max)} = \frac{100R_j}{d_j R_j + d_w t_w} = \frac{100F}{d_j F + d_w}$$

$$P_{\text{w(max)}} = \frac{100R_{\text{w}}}{d_{\text{w}}R_{\text{w}} + d_{\text{j}}t_{\text{j}}} = \frac{100F}{d_{\text{w}}F + d_{\text{j}}}$$

在使用该计算方法时,如果织物的组织点平均浮长 F 相同,而织物组织不同时,为了考虑织物组织变化的因素,应对上式加以修正,根据生产经验,可得下式:

a. 斜纹织物:

$$P_{\text{max}} = \frac{100nF}{F+1}[1 - 0.05(F-2)]$$

b. 缎纹织物:

$$P_{\text{max}} = \frac{100nF}{F+1}(1 + 0.055F)$$

c. 方平织物:

当 $F=2$ 时,

$$P_{\text{max}} = \frac{100nF}{F+1}(1 + 0.045F)$$

当 $F>2$ 时,

$$P_{\text{max}} = \frac{100nF}{F+1}[1 + 0.095(F-2)]$$

根据该理论可以获得各种不同组织织物的最大密度。各种组织之间的密度换算关系如下:

$$P_{\text{j2}} = P_{\text{j1}} \times \frac{R_{\text{j2}}}{R_{\text{j1}}} \times \frac{R_{\text{j1}} + t_{\text{w1}}}{R_{\text{j2}} + t_{\text{w2}}}$$

$$P_{\text{w2}} = P_{\text{w1}} \times \frac{R_{\text{w2}}}{R_{\text{w1}}} \times \frac{R_{\text{w1}} + t_{\text{j1}}}{R_{\text{w2}} + t_{\text{j2}}}$$

式中:P_{j1}、P_{w1}——原织物的经、纬密度,根/10cm;

    P_{j2}、P_{w2}——新织物的经、纬密度,根/10cm;

    R_{j1}、R_{w1}——原组织的完全循环经、纬纱根数;

    R_{j2}、R_{w2}——新组织的完全循环经、纬纱根数;

    t_{j1}、t_{w1}——原组织循环中经、纬纱的交错次数;

    t_{j2}、t_{w2}——新组织循环中经、纬纱的交错次数。

上述计算式可用于更改组织进行织物的仿样设计或改进设计。在原料及纱线线密度相同,改变织物组织,而使新织物的手感、身骨与原织物相似时,使用此式能快速估算出新织物的近似密度,作为正式设计时的参考。不同组织的密度换算系数见表 5 – 2。

表 5 – 2　不同组织的密度换算系数

原织物组织	新织物组织	密度换算系数	原织物组织	新织物组织	密度换算系数
平纹	三枚斜纹	1.20	三枚斜纹	五枚斜纹	1.20
平纹	四枚斜纹	1.33	三枚斜纹	六枚斜纹	1.25
平纹	五枚斜纹	1.43	四枚斜纹	五枚斜纹	1.075
平纹	六枚斜纹	1.50	四枚斜纹	六枚斜纹	1.125
三枚斜纹	四枚斜纹	1.11			

例1 某混纺法兰绒,平纹组织,毛纱线密度为100tex(10公支),上机经密为102根/10cm,上机纬密为106根/10cm,现要求改织$\frac{2}{2}$↗法兰绒,上机紧密程度不变,试求新产品的上机经纬密度。

解 根据表5-2可知,其换算系数为1.33。

$$P'_j = 1.33 \times 102 \approx 136 （根/10cm）$$

$$P'_w = 1.33 \times 106 \approx 141 （根/10cm）$$

②紧度法:一般情况下,织物一个方向达到最大紧度(密度)时,另一个方向往往小于最大紧度(密度)。由于纱线是弹性可压缩性物体,为此,不少织物其紧密方向的纱线可超过计算的最大密度值。

采用紧度法计算织物的经密和纬密,是利用在求得紧密织物的最大密度后,再分别乘以设计所要求的经向紧密率K_j和纬向紧密率K_w,即得到设计织物的经密和纬密。

紧密率的含义是指实际织物的紧度$E_实$与和该组织结构相同时相对的紧密织物的紧度$E_紧$的比值,即$K = \dfrac{E_实}{E_紧} \times 100\%$。在几何结构的讨论中所研究的紧密织物是经纬纱排列可能达到的最大紧密情况,但在实际织物中,一般是达不到如此紧密程度的,规则组织紧密织物的紧度值见表4-5。

例2 某$\frac{2}{1}$↗织物其经纬纱线密度相同,为第5结构相,该织物的实际紧度为50%,求该织物的紧密率K,与平纹组织相比何者紧密?

解 由规则组织紧密织物紧度值表(表4-5)可知,在第5结构相时,$\frac{2}{1}$↗的$E_紧 = $67.2%,平纹的$E_紧 = 57.7\%$;则$\frac{2}{1}$↗织物的紧密率$K = \dfrac{50}{67.2} \times 100\% = 74.4\%$,平纹织物的紧密率$K = \dfrac{50}{57.7} \times 100\% = 86.5\%$。从而可以得出在其他条件相同的情况下,仅组织不同的这两种织物,平纹组织的织物紧密程度要大于$\frac{2}{1}$↗织物。

利用紧度法设计织物的经纬密度,其优点是计算简单,便于掌握,只要已知设计织物的紧度便可求得密度。但该法对有相同平均浮长的不同组织织物之间的差异以及不同纱线性质、织造工艺的影响等均未加以考虑,因此,计算的密度与实际情况有一定出入。

(2)勃利莱(Bnierley)经验法:织物的最大密度取决于纱线线密度、组织结构、纤维相对密度、纤维在纱线中的压扁程度和纱线在织物中的变形情况、织机的机械性能。因为理论计算不能包括上述因素,所以采用经验公式。勃利莱用20种不同平均浮长的方平、缎纹、斜纹组织,经纬纱为37tex×2的精梳毛纱,在相同的经纬密度条件下,分析了各类组织的平均浮长与织物最大密度的关系,得出勃利莱经验公式。

①方形织物的经纬密度:织物经纬向密度相等、经纬纱线密度相等的织物称作方形织物

（square fabric）。其最大经纬密度值的计算公式为：

$$P_{j(max)} = P_{w(max)} = \frac{CF^m}{\sqrt{Tt}}$$

式中：$P_{j(max)}$、$P_{w(max)}$——方形织物的最大经、纬向密度，根/10cm；

　　　　Tt——经、纬纱线密度，tex；

　　　　F——织物组织的平均浮长；

　　　　m——织物的组织系数（随织物组织而定，见表5-3）；

　　　　C——不同种类织物的系数（表5-4）。

表5-3　各类组织的组织系数 m 值

组织类别	F	m	组织类别	F	m
平纹	$F = F_j = F_w = 1$	1		$F_j > F_w$ 取 $F = F_j$	0.42
斜纹	$F = F_j = F_w > 1$	0.39	急斜纹	$F_j = F_w = F$	0.51
缎纹	$F = F_j = F_w \geqslant 2$	0.42		$F_j < F_w$ 取 $F = F_w$	0.45
方平	$F = F_j = F_w \geqslant 2$	0.45		$F_j < F_w$ 取 $F = F_w$	0.31
经重平	$F_j > F_w$ 取 $F = F_j$	0.42	缓斜纹	$F_j = F_w = F$	0.51
纬重平	$F_j < F_w$ 取 $F = F_w$	0.35		$F_j > F_w$ 取 $F = F_j$	0.42
经斜重平	$F_j > F_w$ 取 $F = F_j$	0.35	变化斜纹	$\overline{F}_j > \overline{F}_w$ 取 $F = \overline{F}_j$	0.39
纬斜重平	$F_j < F_w$ 取 $F = F_w$	0.31		$\overline{F}_j < \overline{F}_w$ 取 $F = \overline{F}_w$	0.39

表5-4　不同种类织物的系数 C 值

织物种类	C	织物种类	C
棉织物	1321.7	生丝织物	1296
精梳毛织物	1350	熟丝织物	1246
粗梳毛织物	1296		

② 织物经纬纱线密度不等：当织物经纬纱线密度不等，而经纬向密度相等时，织物最大密度值的计算公式为：

$$P_{j(max)} = P_{w(max)} = \frac{CF^m}{\sqrt{\overline{Tt}}}$$

$$\overline{Tt} = \frac{Tt_j + Tt_w}{2}$$

式中：$\overline{Tt}$——经、纬纱线密度的平均值。

③ 织物经纬纱线密度相等而经纬向密度不等：多数情况下，织物的经密大于纬密，其经纬密的计算公式为：

$$P_w = K' P_j^{-0.67}$$

式中：K'——织物为方形结构时的常数。

求 K' 时，需要将此织物转化为紧密状态下的方形织物来计算，即：

$$P_{w(max)} = K'P_{j(max)}^{-0.67}$$

$$K' = P_{w(max)} \times P_{j(max)}^{0.67} = P_{max} \times P_{max}^{0.67} = P_{max}^{1.67}$$

将求得的 K' 值及已知的 P_j 值代入 $P_{w(max)} = K'P_{j(max)}^{-0.67}$ 中,即可求得所需的 P_w 值。

④ 织物经纬向密度与经纬纱线密度均不相等,经纬密的计算公式为:

$$P_w = K'P_j^{-0.67\sqrt{Tt_j/Tt_w}}$$

为了求得 K' 值,可如第三种情况那样,将所设计的织物转化为相应的方形织物,即:

$$K' = P_w \times P_j^{0.67\sqrt{Tt_j/Tt_w}} = P_{max} \times P_{max}^{0.67\sqrt{Tt_j/Tt_w}}$$

例3　今设计一纱直贡织物,其经、纬纱线线密度为 $29\text{tex} \times 36\text{tex}$,织物组织为五枚经面缎纹,经向密度为 503 根/10cm,求其纬向最大密度。

解　根据题意,应为上述第四种情况,故使用以下公式。

$$P_w = K'P_j^{-0.67\sqrt{Tt_j/Tt_w}}$$

先求出:

$$P_{max} = \frac{CF^m}{\sqrt{Tt}} = \frac{1321.7 \times 2.5^{0.42}}{\sqrt{\dfrac{29+36}{2}}} = 340.7(\text{根/10cm})$$

再求出 K' 值:

$$K' = P_{max} \times P_{max}^{0.67\sqrt{Tt_j/Tt_w}} = 340.7 \times 340.7^{0.67\sqrt{29/36}} = 11266.7$$

则:

$$P_w = \frac{K'}{P_j^{0.67\sqrt{Tt_j/Tt_w}}} = \frac{11266.7}{503^{0.67\sqrt{29/36}}} = 270(\text{根/10cm})$$

因此,最大纬密为 270 根/10cm。

⑤ 在毛织物设计中,纱线的细度单位常用公制支数,上述经验公式一般写成:

精纺毛织物为:

$$P_{max} = \frac{1350}{\sqrt{Tt}}F^m = 42.7\sqrt{N_m}F^m$$

粗纺毛织物为:

$$P_{max} = \frac{1296}{\sqrt{Tt}}F^m = 41\sqrt{N_m}F^m$$

式中: N_m ——纱线的公制支数。

（3）仿制法:该方法在色织物仿样设计时比较常用。

① 条型、格型的仿制:

a. 每筘经纱穿入数相等的产品:

（ⅰ）对照法:这是一种最简单的仿制方法。在仿样时,只要选择一块与仿制产品的技术规格相同的成品布,将其置于被仿样品的旁边,取出样品一花,将此花内的各色排列顺序分别和成品布对照,记下与各色条型、格型相对应的成品的纱线根数即可。这种方法简单、准确,还可以不考虑产品在各加工过程中的加工系数,但一定要有符合规格要求的成品布,才能采用这种方法。

（ⅱ）比值法:这种仿制方法的具体步骤为:

- 记下样品一花的排列顺序和各色的根数。
- 分别求出样品的经纬密和试制产品经纬密（成品经纬密）的比值。
- 比值与样品各色根数相乘之积即为产品一花的排列根数（如有小数应予以修正）。

例 4 欲仿制纱线线密度为 28tex × 28tex，密度为 303 根/10cm × 260 根/10cm，成品幅宽为 91.4cm 的色织布，样品的经纬密度为 362 根/10cm × 236 根/10cm，求仿制条型。

解

$$产品与样品的经密比值 = \frac{303}{362} = 0.837$$

$$产品与样品的纬密比值 = \frac{260}{236} = 1.1$$

将上述求出的比值与样品各色根数相乘之积，即为产品的排列根数。

用比值法仿制条型、格型准确性好，要求格型方正的产品在修正排列根数时要考虑各色根数增减数量能满足格型方正的要求。

（ⅲ）测量推算法：纸板样和大格型的样品仿制时一般采用这种方法。仿制步骤为：

- 量出样品一花内各色宽度，精确到 1mm。
- 将各色宽度乘以试制成品密度，求出各色根数。
- 修正计算经纬纱根数。

采用这种仿制方法测量要精确，否则会影响仿样效果，同时在修正经纬纱线排列根数时，要考虑到产品格型的方正要求。

b. 组织复杂的花筘穿法产品：如色织精梳泡泡纱，地组织通常采用每筘 3 穿入，起泡组织采用 2 穿入。又如色织缎条府绸，地组织采用 2 穿入或 3 穿入，缎条组织采用 4 穿入或 5 穿入等。

由于这些产品各组织间密度不相等，则对样品条型、格型仿制时常采用下述方法。

（ⅰ）密度推算法：这种方法主要用于"来样复制"，对复制样品首先进行测试，确定其各组织的每筘穿入数，随后再定筘号，使试织产品保持样品的条型、格型。具体步骤为：

- 分别测量原样品各组织相同宽度下的相应纱线根数。
- 求得原样品各组织相同宽度下经纱数之比，用以推测各组织经纱的穿入数。
- 根据穿入数确定各组织的经纱密度。

采用这种方法复制样品，测量时一定要精确。

（ⅱ）方程法：用方程法进行仿制时，需采用下列公式：

$$(A + fB)P_{地} = (A + B)P_{平}$$

式中：A——样品一花内地组织的各色总宽度，cm；

B——样品一花内花组织的各色总宽度，cm；

$P_{平}$——试制产品的成品平均密度，根/10cm；

$P_{地}$——试制产品地组织处的密度，根/10cm；

f——花组织与地组织每筘穿入数的比值。

仿制时需做如下工作：

- 测量样品一花内花、地各组织及各色的宽度，并依顺序分别累计各组织的总宽度。
- 确定各组织的穿入数。

- 根据所设计的试织产品的平均密度,运用上述公式求出地组织的密度,再根据花组织的密度为 $fP_{地}$,求出花组织的密度。
- 将计算出的各密度分别乘以织物上各自的宽度,即得试织产品花型的纱线排列根数。

例5　今要生产一平纹地、缎纹条子色织布,织物的经纬纱线密度为 $13\text{tex} \times 13\text{tex}$,成品的平均经纬向密度为 471 根$/10\text{cm} \times 276$ 根$/10\text{cm}$,成品幅宽为 91.4cm,花型为蓝色缎纹条宽 4.8mm,平纹条宽 17.5mm(其中白色宽 6.4mm、黄色宽 4.7mm、白色宽 6.4mm),红色缎纹条宽 8mm,平纹条宽 26.7mm(其中白色宽 11mm、黄色宽 4.7mm、白色宽 11mm)。求平纹及缎纹处的密度,经纱一花的排列与根数。

解　按照已给出的花型,可计算出一花内各组织的宽度。平纹总宽度为 44.2mm,缎纹总宽度为 12.8mm。

确定平纹区及缎纹区的穿筘入数分别为 2 入和 4 入,$f = \dfrac{4}{2} = 2$。

运用公式 $(A + fB)P_{地} = (A + B)P_{平}$ 计算出平纹地组织的密度:

$$(44.2 + 2 \times 12.8)P_{地} = (44.2 + 12.8) \times 471$$

$$P_{地} = \frac{(44.2 + 12.8) \times 471}{44.2 + 2 \times 12.8} = \frac{26847}{69.8} = 384.6(根/10\text{cm})$$

花组织缎纹处的密度 $P_{缎} = fP_{地} = 2 \times 384.6 = 769(根/10\text{cm})$

最后,将所求出的平纹地组织及缎纹花组织的密度分别与各组织各色宽度相乘,所得的积即为经纱一花的排列与根数(所得的积若为小数应加以修正)。

本色织物中经纱一花的排列顺序与根数为:

缎纹蓝色 37 根,平纹(白色 25 根、黄色 18 根、白色 25 根),缎纹红色 62 根,平纹(白色 42 根、黄色 18 根、白色 42 根)。

② 花型的仿制:

a. 移植法:在样品和试织产品的经纬密度相近时,把样品花型特征照搬到试织产品上去的方法,称作移植法。仿样时,只要对附样花型进行组织分析,配以相应的穿综、穿筘及纹板图,就能使样品的花型特征在产品上得到移植。移植法仿样简单易做,但经仿制后的花型略有变异。

b. 调整穿筘法:在样品与试织产品的经密相差甚大、而纬密接近的情况下,可以采用调整花区与地部区域穿筘的方法对样品花型进行仿造。调整穿筘的目的在于使产品花区经密接近样品花区经密,达到花型仿造的目的。具体仿制步骤如下:

- 对样品花样做组织分析。
- 测量花区宽度,推算样品花区的密度。
- 根据样品花型确定穿筘方法。

c. 调整花经法:对样品花型中的花经作适当变更,以达到仿样目的的方法称作调整花经法。这种方法只适合于花型较大,并列花经为 2 根以上的样品。仿制步骤为:

- 对样品作组织分析。
- 计算出试制产品与样品的花、地经密之比值。

● 根据求得的比值及花型组织结构对花经作适当的调整。

d. 综合调整法:当试织产品与样品的经纬密度均有很大差异,在仿制时,应综合运用调整穿筘法和调整花经法来保持样品花型的宽度,用改变花经组织点的方法来保持样品花型的长度,这种仿造花型的方法简称综合调整法。

(4)相似织物设计法:两种或两种以上的织物,组织相同,其外观风格和身骨手感相似,如果经纬纱的几何结构上具有相似的性质,则称作相似织物。利用原织物的规格参数计算出新织物的规格参数的设计方法称作相似织物的设计。相似织物设计的目的是提供一个与设计的纺织品有相似特征的样品,各相似织物的厚度、单位面积质量、经纬纱线密度、织物经纬密度、缩率等之间存在着一定的比例关系,这是相似织物设计的基础。当现有纱线与来样纱线线密度有差异时,也可以采用相似织物的计算方法设计新织物的密度。相似织物的计算方法主要应用于以下几种情况。

(1)减小织物的厚度,保持织物的风格不变,生产出薄型面料。

(2)减小织物的单位面积质量,同时保持织物的风格。

(3)减小织物的密度而保持织物的风格,设计较疏松织物而又不改变原织物风格。

(4)当织物的原料改变时,为了保持原织物风格不变,利用相似织物设计法可以求出新织物的规格。

由于两相似织物之间几何结构近似,组织相同,因此,两织物的缩率相同;身骨手感相仿,则织物的紧度相同,利用公式进行推导:

设:Tt——原织物纱线的线密度;

E——原织物的紧度;

P——原织物的密度;

Tt_1——新织物纱线的线密度;

E_1——新织物的紧度;

P_1——新织物的密度。

因为在相似织物中,$E = E_1$

而
$$E = Pk_d \sqrt{Tt}$$

则:
$$Pk_d \sqrt{Tt} = P_1 k_{d1} \sqrt{Tt_1}$$

即公式:
$$\frac{G}{G_1} = \frac{P_{j1}}{P_j} = \frac{P_{w1}}{P_w} = \frac{k_d \sqrt{Tt_j}}{k_{d1} \sqrt{Tt_{j1}}} = \frac{k_d \sqrt{Tt_w}}{k_{d1} \sqrt{Tt_{w1}}}$$

式中:$G(G_1)$——原织物(新织物)单位面积质量,g/cm^2;

$P_j(P_{j1})$——原织物(新织物)经纱密度,根/10cm;

$P_w(P_{w1})$——原织物(新织物)纬纱密度,根/10cm;

$k_d(k_{d1})$——原织物(新织物)纱线的直径系数;

$Tt_j(Tt_{j1})$——原织物(新织物)经纱的线密度,tex;

$Tt_w(Tt_{w1})$——原织物(新织物)纬纱的线密度,tex。

当相似织物之间的原料、纺纱方法相同时,则纱线直径系数相同,即 $k_d = k_{d1}$。

公式变成:

$$\frac{G}{G_1} = \frac{P_{j1}}{P_j} = \frac{P_{w1}}{P_w} = \frac{\sqrt{Tt_j}}{\sqrt{Tt_{j1}}} = \frac{\sqrt{Tt_w}}{\sqrt{Tt_{w1}}}$$

例 6　原织物为毛涤纶,平纹组织,经纬纱线线密度为 16.67tex×2,经纱密度为 254 根/10cm,纬纱密度为 216 根/10cm,织物质量为 248g/m,现要求改作 229g/m 的毛涤纶,其手感、身骨与原织物相仿,求新织物的纱线线密度及织物密度。

解　由题意,两块织物原料相同,则纱线直径系数相同,根据相似织物的计算公式,

$$\frac{G}{G_1} = \frac{P_{j1}}{P_j} = \frac{P_{w1}}{P_w} = \frac{\sqrt{Tt_j}}{\sqrt{Tt_{j1}}} = \frac{\sqrt{Tt_w}}{\sqrt{Tt_{w1}}}$$

得:

$$Tt_1 = \frac{G_1^2}{G^2}N_t = \frac{229^2}{248^2} \times 16.67 \times 2 = 28.4 = 14.2tex \times 2$$

$$P_{j1} = \frac{G \times P_j}{G_1} = \frac{248 \times 254}{229} = 275(根/10cm)$$

$$P_{w1} = \frac{G \times P_w}{G_1} = \frac{248 \times 216}{229} = 234(根/10cm)$$

新织物的纱线线密度及织物密度分别为 14.2tex×2,275 根/10cm×234 根/10cm。

(5)紧度系数设计法:为了计算方便,在毛织物设计中普遍采用"紧度系数"这一参数来计算织物的密度。紧度系数又称作覆盖系数,是一个无量纲的常数。紧度系数由紧度计算公式获得,分为经向紧度系数和纬向紧度系数,分别用 K_j 和 K_w 表示,公式为:

$$K_j = 0.0316 P_j \sqrt{Tt_j} \quad 或 \quad K_j = \frac{P_j}{\sqrt{N_{mj}}}$$

$$K_w = 0.0316 P_w \sqrt{Tt_w} \quad 或 \quad K_w = \frac{P_w}{\sqrt{N_{mw}}}$$

鉴于上述几种密度设计法都有各自的局限性,建议以平纹 5 结构相紧密结构的系数为基础,并结合经验法中的 F^m 值作为精纺毛织物成品的紧度系数。当经纬纱线密度相同,且经纬密度也相同时,根据紧度公式 $E_j = E_w = \frac{F}{F + 0.732} \times 100\%$,即可获得各类组织紧度系数的计算通式,用以设计精纺毛织物的成品密度。

$$K_{max} = \frac{100 F \times F^m}{K_d(F + 0.732)} = \frac{78.47 F \times F^m}{F + 0.732} = \frac{78.74 F^m}{1.732} = 45.46 F^m$$

当 $\frac{K_w}{K_j} = 1$ 时,总紧度系数 K_z 为:

$$K_z = 2K_{max} = 90.92 F^m$$

式中:K_{max}——方形织物中成品最大经(纬)紧度系数;

　　　 F——织物组织的平均浮长;

　　　 m——织物的组织系数(m 值见表 5-3)。

当纬经比不等于 1(非方形织物)时,其成品的紧度系数可用下式估算:

$$K_{j(\max)} = \left(\frac{K_{\max}^{1.667}}{B}\right)^{0.6} = \frac{K_{\max}}{B^{0.6}}$$

式中:B——成品纬经密度比($Tt_j = Tt_w$ 时)或紧度比;

$K_{j(\max)}$——非方形织物中成品的最大经向紧度系数;

$K_{\max}$——方形织物中成品的最大经(纬)向紧度系数。

上述紧度系数是理论计算所得,具体还应考虑许多不同的因素进行选择。

例7 设计全毛斜纹呢织物,经纬纱均采用 22.22tex×2(45公支/2)的毛纱,其组织确定为基础组织为 $\frac{5}{2}\frac{1}{2}\frac{1}{2}\nearrow$,$S_j = 2$ 的急斜纹组织,试求该织物的成品最大紧度系数和经纬密度。

解 第一步,求出 F^m 值。由于在该组织中 $F_j = \frac{13}{6} = 2.167$,$F_w = \frac{13}{8} = 1.625$,故应取 F_j 为计算基础,即 $F^m = 2.167^{0.42} \approx 1.3838$。为加强织物的斜纹贡子效应,可适当加大经密,设计时可将 F^m 值提高 10%,则:

$$F^m = 1.3838 \times 110\% \approx 1.522$$

第二步,根据公式求出最大成品紧度系数:

$$K_{\max} = 45.46 F^m = 45.46 \times 1.522 \approx 69.19$$

根据同类产品,定织物的纬经比 B 为 0.6,则:

$$K_{j(\max)} = \frac{K_{\max}}{B^{0.6}} = \frac{69.19}{0.6^{0.6}} \approx 94$$

第三步,求出纬向最大紧度系数:

$$K_{w(\max)} = K_{j(\max)} \times B = 94 \times 0.6 = 56.4$$

最后,求出成品的最大经、纬密度:

$$P_{j(\max)} = K_{j(\max)} \times \sqrt{Tt} = 94 \times \sqrt{22.22} \approx 446(根/10cm)$$

$$P_{w(\max)} = K_{w(\max)} \times \sqrt{Tt} = 56.4 \times \sqrt{22.22} \approx 267.5(根/10cm)$$

5. 花纹图案设计 织物花纹图案的设计与织物的组织和所使用的纱线有关,也与所使用的色经、色纬的排列有关。不同的组织可以形成不同的花型效果,不同的纱线颜色及排列组合也会产生不同的外观效果。如斜纹组织形成斜线纹路,蜂巢组织形成蜂巢外观,网目组织形成网目形状;若采用同一组织,但使用了花式纱线(如竹节纱、断丝线、环圈线、结子线等),则织物的外观会产生不同的花型效果;若采用同一组织,但经、纬色纱的排列顺序不同时,会产生不同的配色模纹效果。因此,织物的花纹图案与织物的组织、纱线形式、纱线颜色的选择是密不可分的。

(四)纺织染整工艺设计

织物所用的原料不同,产品的类别不同,则加工的工艺也各不相同。设计者应制定出合理且经济有效的工艺流程,选择适当的工艺参数,以实现上述的设计内容。

1. 纺织加工技术 纺织加工技术主要由纺纱加工和织造加工两部分组成。整体向高效、低耗、绿色方向发展。

纺纱加工是根据织物的风格要求,设计纱线的线密度、捻度及捻向,通过合理的加工方法、加工设备将纺织纤维加工成为所需要的纱线。如棉纺中的精梳棉纱和普梳棉纱；毛纺中的精梳毛纱、粗梳毛纱和半精梳纱线；还可以纺制色纺纱、彩点纱、竹节纱、包芯纱、圈圈纱、结子纱等花色纱和花式纱。近年来，新型成纱技术取得较大进展。新型环锭纺技术如赛络纺、长丝赛络纺、缆型纺、狙击纺、假捻纺等，不改变环锭加捻方式，通过改变加捻三角区的纤维须条结构，减少毛羽，提高成纱质量。新型非环锭纺纱技术如转杯纺、喷气纺、涡流纺采用新型加捻方式，大幅提高了纺纱速度。各类新型纺纱线用于开发各种风格和性能的纺织面料。

织造加工是形成织物的主要加工工序。不同的产品需要选用不同的织造设备及不同的工艺参数。如大提花织物需要用纹织机，起绒织物（如漳绒）要用起绒杆，毛巾织物需要特殊的打纬机构；若采用带有升降的扇形筘，就可织出经向有波浪花纹的织物；还有精细的丝织机、狭小的织带机、宽大的毛毯织机等；喷气织机在电子多色、多品种选择、电子提花、多臂等方面具有较大优势，向高速、高效、节能、减少用工方向发展；剑杆织机可织造复杂组织的高端装饰织物，且幅宽向阔幅发展。采用新型织机和新型织造技术可以织造出高支高密、多层、立体和异型等织物。

2. 机械后加工 不同织物有其不同的外观特征，而有些织物的外观特征需要由相应的机械后加工整理获得。

如灯芯绒织物的割绒工艺，可以每个条子都割，也可以间隙割、偏割、飞毛割等，采用不同的割绒方法所生产的织物外观会有所不同。另外，丝绒、长毛绒及经平绒也都是经割绒加工割断经纱而起绒的织物。

再如拉绒整理，能使织物表面形成绒毛，绒毛的长短疏密可通过调节机械设备参数来达到。

其他如剪花、热压、烧毛、磨毛等工艺，都是可以使织物获得一定外观特征的机械后加工方式。

3. 织物的染整后处理 染整加工技术向生态化、绿色化方向发展，产品体现高品质、多功能、高附加值的特点。织物的染整后处理方法，除漂练、印染、丝光整理外，还有许多染整处理方法。

印花方式：有喷花、涂料印花、泡沫印花、手绘花、蜡防印花等。随着数码印花、冷转移印花、膜转移印花的发展，印花的色彩、花型更加丰富。利用"视觉差屏障"技术与数码印刷相结合的3D印花科技，使面料花型呈现强烈的立体感和科技时尚感。

烂花整理：其典型的织物有烂花乔其绒、涤棉包芯烂花织物等。

染纱方法：有印线、印经、扎经等。

涂层整理：有PU涂层整理、PA纸感涂层、珠光粉涂层、高光膜效果涂层、尼龙防雨涂层轧光整理、人造麂皮的先浸涂后磨绒整理等。经过涂层整理，可以使织物表面具有闪光、变色、夜光、荧光、金属光泽等效果，同时面料还具有各种功能，如单亲单防（单向导湿、吸湿排汗、单项三防）功能、单面镜面整理具有免烫功能等。

绿色无染技术：如原液着色、气雾染色等技术，减少了污水排放，提高了面料性能，降低成本。

树脂整理：如纯棉织物机可洗树脂整理；再如轧花泡泡纱及轧花布在轧花时，需经树脂整理,以使花纹耐久。

高档多功能整理:有三防、易去污、抗紫外线、抗菌、抗静电、阻燃、防化学剂、防辐射、防皱免烫、易护理、超柔软、隐形等整理,整理技术复合化是发展功能性纺织品的必然趋势,如阻燃+防静电+防酸碱整理、超柔防水整理、抗紫外线+吸湿排汗整理等。

(五)产品上机工艺计算

在产品投产之前,技术部门要根据产品的要求确定产品的生产工艺,填写生产工艺单,设计工艺流程、计算工艺参数、编制技术措施等。织物上机工艺计算内容主要包括:确定织物的匹长、幅宽,织物的织造缩率、染整缩率,计算总经根数、计算筘号、上机筘幅、用纱量,织物单位面积质量等。色织物设计时,还要考虑色纱排列、劈花和排花工艺。

二、织物设计的形式

设计织物时从何入手,对于不同的品种、不同类型的生产厂、不同的设计人员、不同的目的要求来说,会有一些差异。一般有以下几种类型。

(一)仿制设计

仿制设计(imitation design)又称仿样设计、来样设计,是根据客户提供的样品进行设计。设计者在分析来样的基础上制定仿样设计工艺,使生产出来的产品在组织结构、色彩花型、身骨手感、质量风格等方面基本符合小样的要求。仿样设计是最实际可行、低风险的设计形式,是设计人员必须掌握的基本功。设计人员必须对来样进行认真研究,仔细地分析其外观特征、手感、风格,并要详细地调查该产品的用途和使用对象,了解和掌握织物组织规格和后整理,只有这样,才能使仿制出来的产品符合来样要求,达到应有的效果。有时,仿制比创新难。仿制工作也应该贯彻仿制中有改进提高的精神,把改进提高部分向需要单位反映和说明,使仿制的产品能更加符合使用单位或消费者的要求。

仿制设计包括"来样复制"和"特征仿样"两种形式。

1. 来样复制 即完全按照来样进行复制。设计步骤为:

(1)确定产品大类:接到用户来样后,首先要确定产品风格大类,了解产品用途和后整理工艺,分析本企业生产条件能否进行该产品的生产。

(2)分析来样已获得必要的技术资料:正确的分析结果对指定产品的规格和纺织染工艺均具有重要的指导作用。分析内容和步骤参考本书第一章第三节。

(3)确定产品的主要结构参数和工艺参数:结构参数主要包括原料、纱线、组织结构、密度以及色彩花型等;根据样品及客户要求进行规格设计,并计算上机工艺参数,包括匹长、幅宽、密度、筘幅、筘号、总经根数、边经根数、坯布单位面积质量等;此外,还要对样品进行工艺分析、染整分析等。正确的分析结果对制订产品的规格和纺织染工艺均有重要的指导作用。分析过程要仔细,并且应该在满足分析的条件下尽量节约布样。

(4)小样试织:根据确定的规格数据进行小样试织,并分析小样,调整数据。

(5)先锋试样试织:先锋试样是正式投产的依据,完全按照大样生产工艺,完成一套全部的工艺流程。通过试织试样,可以核实和确定工艺设计内容,了解机械设备状态和生产中可能出现的问题,并提出保证正常生产的技术措施。在试样生产过程中记录数据,测定数据与来样对比分析,调整织物的规格参数,组织专家对产品进行鉴定,对产品的技术资料进行进一步审查,对生产工艺的可行性、批量生产的条件、产品的质量等作出结论性意见,并经客户认可。

(6)大样生产:设计工艺参数,填写生产工艺单,进行大样生产。

2. 特征仿样 对产品的部分风貌特征进行仿制,如对织物的花型、质量、风格或身骨等某些方面进行仿制。在设计之前,应认真做好准备工作,再着手设计。设计步骤为:

(1)研究所仿制产品的技术规格和仿制要求。

(2)分析仿制产品和样品在技术规格上的差异程度以及影响仿制效果的因素。

(3)考虑本企业的技术设备条件及生产的可能性。

(4)对于特殊结构的纺织品,某些指标项目如存在潜在问题,应及时与客户协商解决。特征仿样的内容,见表5–5。

表5–5 特征仿样设计内容

设计内容	设计依据	设计内容	设计依据
原料成分	按照身骨样	纱线捻向、捻度	按照花型样和身骨样
单位面积质量	按照订货要求	成品密度	根据经纬向紧度公式计算
纬经密度比	斜纹织物及经纬异色织物按照花型样,其他按照身骨样	织物组织	按照花型样
紧度系数	按照身骨样	色纱排列	条格织物按照条格宽度设计
纱线线密度	根据单位面积质量和织物紧度计算	成品幅宽	按照订货要求

(二)改进设计

改进设计(improvement design)是根据用户对某一织物的改进要求,从分析消费者意见入手,对织物经纬密度、纱线线密度、纱线捻度、捻向、原料的选择和搭配、织物组织、花纹图案等的某一方面或几方面进行改进。它是改进产品质量和外观效应的重要途径。主要内容有:

(1)原料的选择及搭配:原料关系着产品的性能及成本,随着新原料的层出不穷,性能变化各异,在原织物的基础上对纤维类别进行调整,增加新原料或改变原料的混纺比可以达到发挥各种纤维的优势,提高纺纱性能,提高产品外观效果和内在质量,增加花色品种,降低成本等目的,从而改进产品的性能。

(2)经纬纱线密度、捻度、捻向的配合:改进纱线线密度、捻度、捻向的配合,可以改进织物的手感及外观质量。纱线结构变化多种多样,在改进设计中,可采用花式纱线与传统纱线相结合;金属丝与天然纤维相结合;粗细纱间隔;单纱、股线相配合;应用强捻纱、包芯纱、包覆纱等赋予织物特殊风格;当采用细特纱织造时,适当增加纱线捻系数,可以提高织物的强力,使手感挺爽,设计轻薄面料和仿麻面料;利用强捻纱产生的回缩力,使织物表面产生皱缩效应,设计出不同的起绉风格面料。

(3)织物经纬密度的改进:织物经纬密度设计是织物结构设计中重要的方面。织物的经纬密度配合会影响织物的风格和力学性能。通过相似织物设计方法,可以重新计算织物的密度。

(4)组织及花纹图案配色的改进:修改花型图案的构图、配色、改变组织织纹、改变配色模纹图案等可以改善和增加产品的艺术性,符合流行趋势的要求。

(5)产品的系列化开发:进行产品的系列化开发,实现产品单位面积质量、规格、原料等的配套设计。

改进设计的基本步骤为:

(1)产品调研。改进设计可以依据市场信息,针对现有产品的不足进行改进;或根据客户样品要求进行改进;或根据现有某一产品进行系列化配套设计;或根据市场流行趋势预测,对现有产品的某一设计要素进行变化,改善外观、风格及性能。在改进设计之前,应进行市场调研,了解产品流行趋势,做到有的放矢。

(2)依据类似现有产品档案进行规格及工艺参数设计。

(3)小样试织。分析小样数据并调整参数。

(4)先锋试样。

(5)大样生产。

(三)创新设计

没有任何小样依据和技术规定,自创一种新产品,即为创新设计(creative design)。设计者根据市场需求,流行趋势研究,经过构思,采用新原料、新工艺、新技术、新设备等方式设计生产新产品,使产品在风格、用途、功能等方面具有创新性。凡所设计的方法符合一种"新",即可称为创新设计。产品设计的实质是技术创新,研究和开发新产品是企业生存发展的关键。

创新设计方法的设计步骤一般为:

(1)市场调研:在设计新产品之前必须要对产品进行市场调研,认真分析纺织品的流行趋势,对设计的产品系列要有明确的认识。

(2)确定产品流行趋势:在市场调研的基础上对流行趋势进行分析,确定产品开发方向。

(3)产品设计定位:根据产品的用途、使用对象、市场需求、企业生产条件等具体要求进行产品定位设计。同时,根据本厂的设备条件、机械性能、工艺条件、操作情况等进行设计。在成本上,投产前要预算价格,确保经济合理。

当采用新型纤维材料时,应首先研究原料的性能,构思用途及使用对象,再确定花纹图案及配色,设计织物规格参数,进行小样试织;当采用新型纺纱技术纺制的纱线时,则应首先研究纱线的结构与性能,构思使用对象和用途,确定织物设计的总体方案,合理使用这种纱线,开发出理想的产品;当织物的外观体现新的花纹图案或独特的外观效果时,首先要研究此种花纹图案适用的对象与织物用途,特殊外观产生的原因,再进行织物规格参数设计。

(4)产品规格参数设计:明确设计方向后,要确定织物的性能与风格,对织物设计进行总体构思,确定产品开发计划书,设计产品规格参数。

(5)染整设计:根据产品风格及性能要求确定整理工艺,如柔软、起绒、防缩免烫等。

(6)确定生产工艺流程,进行样品设计试织。包括小样试织和先锋试样,对产品工艺生产进行数据和质量跟踪。

（7）对新产品生产及成品质量进行评估。分析试织中出现的问题、执行工艺情况、生产技术合理性及采取的改进措施等，提出改进意见。

（8）大样生产。

（四）创意设计

创意设计是将创造性思维或理念用艺术设计的语言进行表达与呈现。它是由创意和设计两个词构成的。创意就是要创造出一个新的主意或构想，而且这个想法常常是新颖的、原创的。因此，一件好的设计产品创意是非常重要的，也就是说要基于设计者求新求异的想法，再将想法在创意的过程中不断延伸，最终形成一件与众不同的设计产品。

1. 创意设计的思维模式

（1）发散性思维：发散性思维是在设计之初常常会使用的一种思维方法。设计者以头脑风暴的方式对设计主题由内向外进行发散，罗列出与设计主题相关的各种设计要素，寻找与设计主题各种可能的连接，进而启发设计者的构思，从而形成具有创新性的想法。

（2）聚合性思维：聚合性思维是在发散性思维的基础上，将已经列出的、与设计主题相关的构想由外向内进行收拢，保留能准确表达主题的语汇，舍弃与主题无关的构想，使其无限贴近设计主题，并将其视觉化，最终形成设计方案。

2. 创意设计的一般设计步骤

（1）确定设计主题：在创意设计开始前，首先要确定主题，切不可漫无目的地设计。无论是根据客户需要确定的设计主题，还是设计者自己构想的设计主题，都要深入分析主题的内涵，正确把握设计主题的方向。自己构想的设计主题常常来源于某些设计灵感，灵感常常是可遇不可求的，若想设计灵感经常出现需要长期的思考与积累，才能在确定主题和设计时迸发出来。

（2）搜集设计元素：根据设计主题搜集并整理设计元素，搜集时可以通过实地调研和网络调研来展开。实地调研可以到服装店、家用纺织品店、面料市场等来看一下市场上流行哪些面料，使设计的产品更加符合市场的需求。网络调研可以浏览国内外的一些设计网站，看一下国外和国内设计师优秀的设计产品。通过调研搜集设计元素后，需要开始整理设计元素，将与设计主题相关的元素进行提取与升华，为下一步的设计做好准备。

（3）绘制设计草图：绘制草图时可采取两种方式进行，一种是将提取出来的设计元素进行变形后完成具有创意的图案作品；另一种是结合设计灵感与提取的元素进行组合创意出新的图案作品。

（4）色彩的创意搭配：可结合常用色、流行色等将设计草图赋予色彩，并运用色彩的对比与调和来合理地搭配色彩，使之与设计草图完美结合，并具有一定的视觉冲击力。

（5）图案的排列组合：将设计好的图案进行二方连续或四方连续的排列组合，完成适合生产工艺的要求设计稿。

（6）产品打样：将设计出的创意图案作品在打印机上进行产品打样，也可以通过数码印花机在面料上直接进行打样。在面料上打印的产品小样更加直观，也更接近实际的产品效果。

（7）大样生产。

第三节　织物图案与色彩研究

一、织物图案研究

(一)图案设计概述

中华优秀传统文化已经成为中华民族的基因,植根于中国人内心,潜移默化影响着中国人的思想方式和行为方式。而中国传统图案是中国优秀传统文化的外在表现形式,因此,通过中国传统图案的学习,使学生不断继承中华民族优秀的传统文化,提高学生的审美意识和文化自信,并与现代设计相结合完成创新的纺织品设计。

1. 图案的概念

(1)广义的图案:广义上的图案是指为了达到一定的目的而完成的设计方案和图样。纺织面料的花纹、商业插画、动漫人物及场景、产品设计草图等都属于广义的图案范畴。

图5-3　图案作品

(2)狭义的图案:狭义的图案是指纹饰,是按照一定的图案结构规律经过抽象、变化等方法而形成的定型化图形,如图5-3所示。比如龙纹从古至今一直被视为中华民族的图腾,是中国古代的吉祥瑞兽。根据古籍上记载,龙具有鹿的角、牛的耳朵、马的头、兔的眼、蛇的身体、鱼的鳞、虎的脚掌、鹰的爪子。因此,龙纹就是一种具象的纹饰。

2. 图案美的形式法则

追求真善美是文艺的永恒价值。艺术的最高境界就是让人动心,让人们的灵魂经受洗礼,让人们发现自然的美、生活的美、心灵的美。在进行图案创作时首先要注重图案形式美,这样才能给人带来美的感受。图案形式美的法则包括以下几点。

(1)对称与均衡。

① 对称:对称可以分为绝对对称和相对对称。绝对对称是指画面上下或左右的造型要素完全一致,也被称为镜像对称。相对对称是指画面上下或左右的造型要素基本一致,只在较小的部分略有不同。无论是绝对对称还是相对对称,画面都是中规中矩、端庄大气,如果处理不当会使画面有些呆板。

② 均衡:均衡是指画面中上下或左右的造型要素不要求形状相同、数量相等,仅保持画面的视觉重力平衡即可。均衡使画面更加灵活多变,充满生机活力,但处理不好也会使画面显得有些杂乱。

(2)节奏与韵律。

① 节奏:节奏本来是音乐术语,在辞海中的解释是:节奏是音乐构成的基本要素之一,指各

种音响有一定规律的长短强弱的交替组合,是音乐的重要表现手段。而音乐和设计是相通的,设计中的节奏是指相同的视觉要素在同一画面反复出现,图形和色彩有一定规律性的变化,如图5-4所示。

② 韵律:韵律是指对画面中的视觉要素所形成的节奏进行变奏性的处理,使画面更加富于变化,如图5-5所示。韵律常常是作者情感的表达,看似不经意间对节奏的改变,却传递出作者对于画面构图、造型、色彩搭配等巧妙的艺术构思。

图5-4 节奏

(二)织物图案的创作方法

在进行图案设计之前首先要进行市场调研,了解市场上流行什么,整理和分析市场资料,寻找设计灵感并采集设计元素,最后完成设计作品的绘制,这是图案创作的一个基本的流程。

1.市场调研 设计图案的最终目的是应用,使其成为产品获得价值,市场调研当然是必不可少的,毕竟设计的图案除了审美的要求外还要得到市场的认可。在市场调研中要调研以下几方面的内容:首先可以去家纺专卖店,如一些国内知名的家纺品牌,了解正在销售的产品使用了哪些图案、色彩等,图案用了写实、写意还是抽象的表现手法;其次还可以去一些服装店了解现在服装流行的风格、款式等,这些都会使设计创作产生很多的灵感。

2.整理和分析资料 在市场调研后,要整理和分析资料进行流行的预测。需要整理和分析的主要资料包括图案的风格、分布、组织形式、主题以及流行色、流行款式。在设计开始之前,可以把这些整理的资料贴在墙上或白板上,这样可以在设计作品过程中随时看到这些资料,使大家在设计时得到一定的启发。整理和分析资料为确定设计的主题和方向打下了坚实的基础。

图5-5 韵律

3.设计元素的采集

(1)设计元素的采集途径:在确定主题后,就要开始寻找符合设计思想的设计元素来实现设计想法。设计元素的采集可以从以下几个途径入手:在网上寻找设计灵感,到图书馆、书店中寻找,去户外拍摄一些设计素材。

(2)设计元素的采集方向:

① 对自然的观察:在进行图案设计时需要观察自然,自然界中的植物、风景、动物等都是设计的灵感来源和元素采集方向。而这些贴近自然的主题往往会受到大多数消费者的喜爱。

② 经典纹样资料:国内外民族、民间的经典纹样资料也是设计元素采集的方向。比如,中国传统的吉祥图案,如龙纹、凤纹、牡丹等;国外的佩兹利纹样、波斯纹样、友禅纹样等。吉祥图案的产生是中国博大精深的传统吉祥文化所孕育出来的,体现着中华民族的传统文化精神。其中龙纹是中华民族创造出来理想化的神物,也是中国历史上皇权的象征。龙纹造型秀美、生动,有时又与牡丹、山茶、百合等花卉图案相结合,写实的龙纹与花卉图案相互穿插、相得益彰。在纺织品面料的设计中,经典纹样永远稳定地占据着纺织品市场的一席之地。

图 5 - 6　莫里斯图案

③ 艺术设计大师的作品:通过欣赏和借鉴大师的艺术作品、设计作品,学习大师的构图方式、艺术表现语言、图案变形方法等,这样在设计作品时可以站在巨人肩膀上。例如,19 世纪英国设计师威廉·莫里斯的作品,莫里斯图案是欧洲流传广泛的经典图案,其花型饱满、布局严谨、色彩搭配协调统一,广泛应用在现代家居设计之中,如图 5 - 6 所示。

4.设计元素的绘制

(1)平面化的处理:在设计元素采集之后,要进行元素的提取,可以采用平面化的处理方法。平面化的处理抛开光和环境色的变化,把立体的物体以平面化去理解。追求画面的平面效果,就像是把花放在书中压扁,用平涂的表现技法刻画物体的造型和色彩,并在此基础上加上轮廓线、装饰点等,使画面更具装饰性。

(2)陌生化的处理:陌生化的处理是对人们生活中原本熟悉的事物进行加工和变形,将两种或两种以上事物结合到一起,使人产生新奇的视觉感受。这种结合要找到两个物体之间的共同点,切记不要牵强地将两个无关联的物体绘制到一幅图案之中,会给人很奇怪的感觉。在陌生化处理完成作品时还要给人带来美的享受。

5.设计元素的组合　在绘制好设计元素之后,要完成完整的图案设计作品还要将绘制好的设计元素进行组合。在设计元素组合时,应考虑画面构图、色彩等如何合理布局,设计元素间如何穿插组合。

(三)织物图案的专业技法

1.点绘表现技法　在图案设计中,点是画面中最小的单位,但却是重要的造型要素。点可以分为规则的和不规则的。规则的点有圆点、三角形点、方点等,可以形成严谨的画面效果。不规则的点是自由构成的点形,可以形成随意、有趣的画面效果。点绘的表现技法就是通过点的疏密、深浅、虚实等表现图案的造型和明暗变化。点绘的从色彩上可以分为黑白点绘和色彩点绘。图 5 - 7 所示为黑白点绘完成的向日葵花卉图案,使用 0.1mm 笔尖的针管笔手工点出明暗光影,形成向日葵的立体效果。

2. 线绘表现技法 在图案设计中,线是一种具有细而长性质的形态,也是画面中不可或缺的造型要素。线可以分为直线和曲线。直线包括水平线、垂直线和倾斜线。曲线包括几何曲线和自由曲线。如果线比较细时可以不考虑线两端的形状,若是粗线则要考虑线两端的形状,尖、圆或者是各种不规则的形状。线绘表现技法是通过排线形成物体形象或背景,线也可以是深浅不一、粗细各异的,使画面整体形成很强的动感。

图5-7 黑白点绘

3. 撇丝表现技法 撇丝的表现技法是传统专业的表现技法,常见于家用纺织品的图案设计中。其使用勾线笔蘸颜料,根据花瓣的结构用线依次进行刻画,表现出物体的明暗关系,撇丝时切记线条不要出现交叉。撇丝时可以先绘制中间色调,再绘制深色调,最后用浅色来表现物体的亮面。图5-8所示为用传统的撇丝技法表现的荷花。

4. 晕染表现技法 晕染的表现技法是通过色彩由浓到淡的渐变来表现物体的结构。在绘制时可以使用两支毛笔,一支毛笔蘸颜色,另一支毛笔蘸清水,晕染出所需的装饰形态,使形象产生由深到浅、由暗到明的色彩变化。在晕染时注意蘸有颜色的毛笔在画面中绘制后,要快速使用蘸有清水的毛笔晕染开颜色,切勿不可耽搁,因为如果不快速晕染开颜色,就会在画面上形成块状水渍,从而影响画面的视觉效果。

图5-8 撇丝表现技法

二、织物色彩研究

(一)色彩设计概述

1. 色彩三要素

(1)色相:色相指的是色彩的不同面貌。如赤、橙、黄、绿、青、蓝、紫,每一种色彩都可以称为一个色相。

(2)明度:明度指的是色彩的明暗程度。色彩的明度有以下几种差别:黑、白、灰无彩色会有明度差别;不同色相本身明度就不相同,如柠檬黄、橘黄、大红、紫罗兰、普蓝的明度会由浅逐渐到深;同一色相不断加白会产生由深到浅的明度变化,如图5-9所示;同一色相不断加黑会产生由浅到深的明度变化;同一色相不断加入比它深的颜色可以降低色彩的明度,反之不断加入浅色,明度也随之提高。如大红色混入淡黄色,明度提高;混入深蓝色,明度降低。

(3)纯度:纯度指的是色彩的鲜艳程度或饱和度,也就是色彩中含灰成分的多少。色彩色相感的识别度越高,其纯度也就越高。不同色相的纯度也是不同的,其中红色纯度最高,绿色纯

图 5 - 9　明度序列

度最低,其余色相居中,而黑、白、灰的纯度是零。色彩与色彩相加会降低色彩的纯度,也就是说,一种颜色中不断混入其他颜色,色彩的纯度不断降低。如红色加白,其纯度会降低,同时明度会提高;红色加黑,纯度会降低,明度也会降低。优秀设计师非常注重对色彩纯度进行细腻和准确的把握。

2.色彩的分类

(1)有彩色系:有彩色系是指红、橙、黄、绿、青、蓝、紫等颜色,即视知觉能感受到某种单色光特征的色彩,具有明确的色相和纯度。有彩色系中也有一些特殊的颜色,如金色、银色、荧光色等。

(2)无彩色系:无彩色系是指黑、白、灰以及白色和黑色调和而成的各种深浅不一的灰色。无彩色系只有明度,不具备色相和纯度的属性。

(二)色彩的对比

1.色彩对比的概念　当两种或两种以上的色彩,在同一空间和时间相比较时出现清晰可见的差异时,它们之间的相互关系就称为色彩对比。色彩对比的产生是由于人的视觉残像造成的。视觉残像是指当外界物体对人眼睛的视觉刺激作用停止后,在眼睛视网膜上的影像感觉不会马上消失,这种现象的发生是由于神经兴奋留下的痕迹作用。图 5 - 10 所示为黑色背景上灰色的线条和白色的点,而视觉残像造成人的眼睛不断地会看到图中有黑点闪烁。这也就解释了当色彩并置时视觉残像使色彩间造成了微妙的色彩变化,从而产生了色彩对比。由于色彩间的对比,会使人产生错视现象。

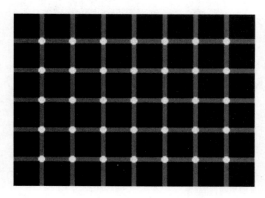

图 5 - 10　视觉残像

错视是指知觉对象与客观事物不一致的现象。色彩对比越强,错视也就越明显。将两块相同的中性灰色分别放置在明度深浅不一的背景上,放置在深色背景上的灰色会显得浅一些,放置在浅色背景上的灰色会显得深一些。两种或两种以上色彩因为色相、明度、纯度、冷暖、形状、面积等的不同都会使人们在生理与心理上产生比较作用,形成色彩间的差别,色彩间的区别程度决定了对比的强弱。

2.色彩对比的特点

(1)相邻接的两色会把各自的色彩残像加给对方。

（2）高明度与低明度的色彩并置时，高明度的色彩显得更亮，低明度的色彩显得更暗。如天蓝色与深绿色并置时，天蓝色会显得明度更高，深绿色会显得明度更低。

（3）高纯度的色彩与低纯度的色彩并置时，高纯度的色彩显得更鲜艳，低纯度的色彩显得更灰。

（4）当有彩色与无彩色相邻接时，有彩色的色相感更加明显，不受无彩色的影响，而无彩色则呈现出有彩色的补色的痕迹。蓝色补色为橙色，红色补色为绿色，黄色补色为紫色。因此，当蓝色与无彩色并置时，人视觉中的无彩色会呈现出橙灰的色彩感觉。

（5）当相邻接的两色互为补色关系时，两色纯度明显增高，变得更加鲜艳。如一对补色红色与绿色并置时，红色更加鲜艳显得更红，绿色显得更绿。

（6）相邻接的两个不同色彩，当面积、纯度相差悬殊时，面积大、纯度高的色彩处于主导地位，面积小、纯度低的色彩处于劣势，受对方的影响比较大。

3. 色彩对比的分类

（1）色相对比：因色彩的色相差别而产成的色彩对比被称为色相对比。色相在色相环上的距离决定了色彩对比的强弱。任何一个色相都可以成为主色，组成与之统一或对比的画面。

① 同类色对比：同类色对比也被称为同种色对比，是同一色相中不同明度或纯度的色彩之间的对比。同类色对比色相感单纯、柔和，整体画面色系统一，但会使人感到有些平淡。

② 邻近色对比：邻近色对比是色相环上间隔30度色彩之间的对比关系。邻近色对比要比同类色对比的色相感更加明显，也能保持和谐的色彩画面。如黄、黄绿组成黄色调，有协调、柔和的优点，但如果处理不好也会使画面显得比较单调。

③ 类似色对比：类似色对比是色相环上间隔60度色彩之间的对比关系，如红与橙、黄与绿等。类似色对比比邻近色对比更加强烈，既保持了画面色调感明确的优点，又使画面比较协调统一。

同类色、邻近色和类似色对比这三种色彩关系属于色相弱对比，是一种调和的色彩对比关系。由于色彩对比弱，画面有些单调、平淡，可以将画面中色彩的明度和纯度加以提高或降低，达到既统一又有对比的画面效果。还可以在画面中使用小面积的对比色来点缀，起到画龙点睛的作用。

④ 中差色对比：中差色对比是指色相环上间隔90度色彩之间的对比关系，色彩对比效果比较明快，如红与黄、蓝与绿等。中差色对比属于色相中对比，它介于色相弱对比与强对比之间，画面对比效果也比较适中。

⑤ 对比色对比：对比色对比是相环上间隔120度色彩之间的对比关系，如红与蓝。对比色对比色彩强烈，容易使人兴奋，但往往由于过分刺激易造成视觉疲劳。对比色对比由于画面中的色彩比较强，在搭配时可以使用无彩色来统一画面。

⑥ 互补色对比：互补色对比是色环上间隔180度色彩之间的对比关系，也就是穿过色相环中心相对的两个颜色，是最强的色彩对比关系，如红与绿、黄与紫、蓝与橙等。互补色对比比对比色对比更加鲜明，具有很强的视觉冲击力。

对比色和互补色对比属于色相强对比，虽然画面色彩比较富丽，但色彩间强烈对抗，比较难统一,可以用改变对比两色面积大小的方法,或是使用黑、白、灰、金、银等色描边,来协调统一画面中的色彩。

（2）明度对比:因明度差别而形成的色彩对比被称为明度对比。

① 明度基调:明度基调是指画面整体明度要达到的配色效果。大体可分为高调、中调、低调三种不同的基调。将黑色设置为1度,白色设置为9度,中间从黑至白混合出渐变的九级明度色标。明度色标在1~3度的色彩称为低调色,也被称为暗调色。低调色会给人沉着、庄重、忧郁、悲伤的感觉。明度色标在4~6度的色彩称为中调色。中调色会给人柔和、含蓄、饱满、丰富的感觉。明度色标在7~9度的色彩称为高调色,也被称为亮调色。高调色给人积极、明快、兴奋、淡雅的感觉。

图5-11　明度中对比

② 明度对比的等级:色彩间明度差别的大小决定明度对比的等级。明度差不足3级的对比称为弱对比,也被称为短调对比。明度对比弱时,所绘制的物体不明朗,清晰程度也比较低。明度差在3~5级的对比称为中对比,也被称为中调对比,明度对比适中时,给人的色彩感觉也比较舒适,如图5-11所示。明度差在5~9级的对比称为强对比,也被称为长调对比。明度对比强时,所绘制物体的清晰程度较高。但如果明度对比过强,会使人产生生硬、简单化的感觉。

（3）纯度对比:纯度对比是指鲜艳的纯色与浊色之间的对比,也可以是各种色彩不同的灰色之间的对比,还可以是纯色与纯色的对比。

① 纯度基调:纯度基调与明度基调类似,是指画面整体的纯度要达到的配色效果。大体可分为鲜调、中调、灰调三种纯度基调。将灰色设置为1度,纯色设置为9度,中间将灰色与纯色渐变调和而成九级纯度色标。纯度在1~3度的色彩称为灰调色,也被称为低纯度基调。灰调色会给人单调、消极、无力的感觉。纯度在4~6度的色彩称为中调色,也被称为中纯度基调。中调色给人含蓄、柔美、中庸的感觉。纯度在7~9度的色彩称为鲜调色,也被称为高纯度基调。鲜调色给人积极、刺激、强烈、生硬的感觉。

② 纯度对比的等级:色彩间的纯度差不足3级的对比称为纯度弱对比。纯度弱对比比较单调,不太能够引起人们的视觉兴趣。因此,在画面中应加强色相和明度的变化来弥补纯度对比弱的不足。色彩间的纯度差在3~5级的对比称为纯度中对比,纯度中对比比较含蓄,还是不能引起人们的视觉注目。色彩间的纯度差在5~9级的对比称为纯度强对比,也就是纯度较高色与纯度较低色之间的对比,其中以纯色与黑、白、灰无彩色的对比最为强烈。纯度强对比给人强烈、华丽、鲜明的感觉,画面色彩也比较统一,是图案设计中最常用的配色方法之一。

（三）色彩在设计中的应用

红色在室内软装设计中的应用会给人喜庆的感觉,但人们长时间生活在大面积红色的空间中会使人感觉很不舒服,尤其是在夏天会使人感觉很燥热。而穿着红色的服装会给人带来喜悦、热情的感觉。橙色在室内软装设计中的应用会给人甜美、喜悦的感觉,在这样的室内空间中会让人感觉到很温馨。黄色在室内软装设计中的应用会给人富贵、光明的感觉,穿着高明度黄色的服装会给人欢快、靓丽的感觉。绿色在室内软装设计中的应用会给人回归自然,比较清新的感觉。蓝色在室内软装设计中的应用会给人稳重、平静的感觉,但是有时也会使人感到压抑。紫色在室内软装设计中的应用会使人感觉比较浪漫和神秘,穿着紫色的服装会给人优雅和高贵的感觉。白色在室内软装设计的应用会使人感到比较干净、利落,可以从视觉上扩展空间的面积,使室内空间看起来更大,如图5-12所示。黑色在室内软装设计中的应用会使人感到比较庄严,但如果大面积使用黑色,会给人带来恐怖的感

图5-12 白色室内空间

觉,要慎重。而穿着黑色的服装会给人大气、严肃的感觉,可适当搭配小面积的有彩色来提亮整体的着装效果。

第四节 棉型织物设计

一、棉型织物的特点及分类

棉织物以其优良的天然纤维性能和穿着舒适性而为消费者所喜爱,其面料品种齐全、风格各异。

棉型织物面料库

(一)棉型织物的特点

(1)手感柔软,光泽自然柔和。

(2)吸湿性强,染色性良好,透气性、保暖性良好。

(3)织物耐碱不耐酸,在一定的张力条件下,利用18%~25%的浓碱处理棉织物,可使布面光泽增加,吸湿性、染色性提高,尺寸稳定性改善。

(4)织物耐洗涤,耐老化,不易虫蛀,但易受微生物侵蚀而霉烂变质。

(5)织物硬挺性差,保形性差,易折皱,弹性差。

(二)棉型织物的分类

根据加工工艺,棉型织物包括本色织物(grey fabric)和色织物(yarn dyed fabric)两大类。

1.本色织物 凡由本色纱线织成、未经漂染、印花的织物统称为本色织物(或白坯织物)。它包括本色棉布,棉型化纤混纺、纯纺、交织布及中长白坯织物等。主要品种有平布、府绸、斜纹、华达呢、哔叽、卡其、贡缎、麻纱、绒布坯九类。

本色棉织物的编号用三位数字来表示。第一位代表品种类别,第二位、第三位代表产品的

顺序号(本色涤棉混纺布与本色棉布相同)。

平布(粗平布、中平布、细平布):100~199。

府绸(纱府绸、半线府绸、全线府绸):200~299。

斜纹:300~399。

哔叽(纱哔叽、半线哔叽):400~499。

华达呢(纱华达呢、半线华达呢):500~599。

卡其(纱卡其、半线卡其、全线卡其):600~699。

直贡、横贡:700~799。

麻纱:800~899。

绒布坯:900~999。

2.色织物 色织物是由有颜色的纱线通过不同的组织结构织制而成的织物。其主要品种有线呢类、色织绒布、色织直贡、条格布、被单布、色织府绸与细纺、色织泡泡纱、色织中长花呢、劳动布等。

色织物是以不同色泽的纱线,按一定的组织、花纹织造而成。其特点是:

(1)采用原纱染色,染料渗透性好。利用各种不同色彩的纱线再配以组织的变化,可构成各种不同的花纹图案,立体感强、布面丰满。

(2)利用多纬装置、多臂机机构织造,可同时采用几种不同性能的纤维,运用不同特性、不同色泽的纱线进行交织、交并,以丰富产品的花色品种。

(3)采用色纱和花式纱线及各种组织变化,可部分弥补原纱品质的不足之处。

(4)可生产小批量多品种织物,生产周期短、花样易于不断翻新,能根据季节特点及时供应各种花式品种。

二、常见棉型织物的风格特征

(一)常见棉型织物的组织结构特征

在常见的棉织物中,由于各类品种的组织结构不同,它们的布面风格和力学性能等也各不相同。现将常见棉型本色织物的组织结构特征列于表5-6。常见棉型色织物的组织结构见表5-7。

表5-6 常见棉型本色织物的组织结构特征

分类名称	布面风格	织物组织	结构特征				编号范围及用途
			总紧度(%)	经向紧度(%)	纬向紧度(%)	经纬紧度比	
平布	经纬向紧度较接近,布面平整光洁	$\frac{1}{1}$	60~80	35~60	35~60	1:1	100~199 服用及床上用品
府绸	高经密、低纬密,布面经浮点呈颗粒状,织物外观细密	$\frac{1}{1}$	75~90	61~80	35~50	5:3	200~299 夏季服用织物

续表

分类名称	布面风格	织物组织	结构特征					编号范围及用途
			总紧度(%)		经向紧度(%)	纬向紧度(%)	经纬紧度比	
斜纹	布面呈斜纹,纹路较细	$\frac{2}{1}$	75～90		60～80	40～55	3:2	300～399 服用及床上用品
哔叽	经纬向紧度较接近,总紧度小于华达呢,斜纹纹路接近45°,质地柔软	$\frac{2}{2}$	纱	85以下	55～70	45～55	6:5	400～499 外衣用织物
			线	90以下				
华达呢	高经密、低纬密,总紧度大于哔叽,小于卡其,质地厚实而不发硬,斜纹纹路接近63°。	$\frac{2}{2}$	纱	85～90	75～95	45～55	2:1	500～599 外衣用织物
			线	90～97				
卡其	高经密、低纬密,总紧度大于华达呢,布身硬挺厚实,单面卡其斜纹纹路粗壮而明显	$\frac{2}{2}$	纱	90以上	—	—	2:1	600～699 外衣用织物
			线	97以上(10tex×2及以下为95以上)				
		$\frac{3}{1}$	纱	85以上				
			线	90以上				
直贡缎	高经密织物,布身厚实或柔软(羽绸),布面平滑匀整	$\frac{5}{2}$、$\frac{5}{3}$ 经面缎纹	80以上		65～100	45～55	3:2	700～799 外衣及床上用品
横贡缎	高纬密织物,布身柔软,光滑似绸	$\frac{5}{2}$、$\frac{5}{3}$ 纬面缎纹	80以上		45～55	65～80	2:3	700～799 外衣及床上用品
麻纱	布面呈挺直条纹纹路,布身爽挺似麻	$\frac{2}{1}$ 纬重平	60以上		40～55	45～55	1:1	800～899 夏季服装用
绒布坯	经纬线密度差异大,纬纱捻度小,质地柔软	平纹,斜纹	60～85		30～50	40～70	2:3	900～999 冬季内衣、春秋妇女、儿童外衣用

注 织物按织物组织、经纬纱线密度与经纬密度进行编号。经纬纱线密度与经纬密度相同而幅宽不同的织物,属同一编号。幅宽可在编号后的括号内注明,以示区别。

表5-7 常见棉型色织物的组织结构特征

分类名称	布面风格	纱线特征	织物组织	织物紧度	应用范围
线呢类	采用纯棉纱或色纱线织制而成,也可少量加一些人造丝和金银丝起点缀作用,成品具有毛料呢绒的风格,成品质地坚牢,且柔软	单纱,股线	各种变化组织及联合组织	视所选用组织参考同类产品而定	用于外衣及儿童服装

续表

分类名称	布面风格	纱线特征	织物组织	织物紧度	应用范围
色织直贡	纱线先经丝光、染色，颜色乌黑纯正，光泽好，布面纹路清晰，陡直，布身厚实	股线	$\dfrac{5}{1}\dfrac{5}{2}(S_j=2)$	参照本色直贡缎织物	多用于作鞋面布
色织绒布	经纬线密度差异大，纬纱捻度小，经单面或双面刮绒整理而成，布身柔软	单纱，股线	以平纹、斜纹为主	参照本色绒布	用作内外衣及装饰品
条格布	利用色纱在布面上织出条子或格子的花纹，布身柔软，穿着舒适	单纱	以平纹、斜纹为主	参照本色平布及斜纹布	多作内衣用
被单布	白色地的条子或大、小格子组成的织物，色彩比调和，一般用色 3～5 种经纱和 4 种纬纱	单纱，股线	以平纹、斜纹、变化斜纹为主	参照本色平布及斜纹布	多用作被单、床单或被里
色织府绸与细纺	色织府绸为高经密、低纬密，布面经浮点呈颗粒状，经后整理加工，可达到滑、挺、爽的仿丝绸效应。色织细纺与府绸的区别在于其经纬密度比较低	单纱，股线	平纹或平纹小提花组织	参照本色府绸及细平布	衬衣用料
色织泡泡纱	表面起泡或起绉，富于立体感，手感挺括，外形美观大方	单纱，股线	以平纹为主	参照本色细平布	衣着及装饰织物用料
色织中长花呢	采用涤纶、黏胶、腈纶等纯纺及混纺纱织制，在线呢基础上配以各种花式线，经后整理具有仿毛效果	股线	原组织，变化组织，联合组织	视所选用组织参考同类产品而定	外衣用料
劳动布	经纱染成硫化蓝色、纬纱染成硫化浅灰色（或原白色）布面呈现白蓝什色，纹路清晰，布身厚实耐磨耐穿，花色朴素大方	单纱，股线	$\dfrac{3}{1}$、$\dfrac{2}{2}$斜纹	参照本色华达呢或卡其织物	春秋服装用料和劳保工作服

（二）常见棉型织物的风格特征及分类

1. 平纹类织物

（1）平布（plain cloth）：平布是我国棉织生产中的主要产品。这类产品是平纹织物，其经纬纱的线密度及织物的经纬纱密度均比较接近，因此，其经纬向紧度比约为 1:1，且平布织物的经纬向紧度均为 50% 左右。平布织物具有组织结构简单、质地坚固的特点。

根据纱线线密度的不同，平布织物可分为细平布、中平布和粗平布。细平布的经纬纱线密度为 20tex 以下（29 英支以上），中平布为 21～31tex（28～19 英支），粗平布为 32tex 及以上（18英支及以下）。

平布织物的外观,要求布面平整光洁,均匀丰满。其中细平布的布身轻薄,平滑细洁,手感柔韧,富有棉纤维的天然光泽,布面的杂质亦较少。粗平布则不然,其质地一般比较粗糙,它的优点是布身厚实,坚牢耐穿。中平布的质地及外观等,介于粗平布和细平布之间。

（2）府绸（poplin）:府绸是一种低特（高支）、高密的平纹或小提花织物。其经向紧度大,为65%～80%;纬向紧度则稍低于平布,经纬向紧度的比约为5:3。

府绸织物应具有的风格特征是:织物外观细密,经纬纱排列整齐,纱线条干均匀,布面光洁匀整,颗粒清晰丰满,手感柔软挺滑,具有丝绸感。另外,由于府绸的经密比纬密大得多,故在织物中纬纱较平直、经纱屈曲较大,即织物表面有经纱凸起部分形成的菱形颗粒,菱形颗粒丰满是府绸织物具有良好外观的重要条件之一。

府绸织物根据它的纱线结构性质,可分为纱府绸、半线府绸（线经纱纬）和全线府绸三种。根据它的组织结构,可分为平素府绸、条府绸和提花府绸三种。根据纺纱工艺,可分为普通府绸、半精梳府绸（经纱精梳,纬纱非精梳）和全精梳府绸三种。根据加工方式,又可分为漂白府绸、什色府绸和印花府绸等。

（3）泡泡纱（crimp fabric）:布面具有规律的、纵向凹凸状泡条的薄型棉织物。泡泡纱的生产加工方法常采用双经轴织机织造,起泡的经纱和地经纱分别卷绕在各自织轴上,泡经的纱支较粗,送经速度比地经约快30%,因而坯布布身形成凹凸状的泡泡,再经松式后整理加工,得到泡泡纱织物。还可以采用收缩性能不相同的两种纤维纱线,按照一定比例间隔排列织造,利用后整理工艺,使收缩率大的纱线形成平整的地布,收缩率小的纱线形成凹凸泡条。

泡泡纱织物泡经比地经纱粗时,形成的泡条更加明显。经纱线密度一般为14.6～29tex,纬纱为14.6～19.4tex。织物的风格特征为:外观富有立体感,手感挺括,穿着舒适不贴身,透气凉爽,保形性好,免熨烫。织物有漂白、染色、印花和色织彩条、彩格等多种花色,穿着透气舒适,洗后不需熨烫,可做衬衫、童装、睡衣等;纱支较粗的泡泡纱,可做床罩、窗帘等装饰产品。

（4）绉纱（crepe,crape）:织物表面纵向打褶起绉的薄型平纹棉织物,是采用普通捻度的经纱和强捻纬纱交织而成。纬纱经过热定型与经纱交织成坯布,坯布经过烧毛,松式退浆、煮练、漂白和烘干等前处理加工,纬向收缩约30%,形成纵向绉纹效应。经纱线密度一般为9.7～14.6tex,纬纱为14.6～19.4tex。经向紧度为25%～35%,$E_j:E_w=1.1:1$。

织物的风格特征为:纬向富有弹性,质地轻薄,手感柔软,透气性好,穿着舒适,有装饰性。此外,纬纱还可利用强捻纱与普通纱交替织入制成有人字形绉纹的绉布。有漂白、染色、印花、色织等多个品种,可用于衬衣、裙料、睡衣裤、浴衣等,也可用于窗帘、台布等装饰品。

（5）麦尔纱（mull）、巴厘纱（voile）:是采用细特、高捻纱织制的轻薄型、稀疏棉织物。麦尔纱常用普梳纱,纱线线密度为9.7～14.6tex;巴厘纱采用精梳纱线,单纱线密度一般为J9.7～14.6tex;股线线密度为J6.5tex×2以下。经向紧度为30%～40%,纬向紧度为20%～35%。

细特巴厘纱是采用纯棉特细特股线织制的稀薄织物,外观有清晰细密的孔眼,透明度好。经烧毛处理,有薄透、轻飘、挺爽、均净的特点,具有丝织物中"绡"的风格。

2. 斜纹类织物　斜纹类织物的外观特征,是在织物表面具有明显的斜纹线条（俗称纹路）。卡其类织物斜纹线要求"匀、深、直"。所谓"匀"是指斜纹线要等距;所谓"深"是指斜纹线要凹凸分明；所谓"直"是指斜纹线条的纱线浮长要相等，且无歪斜弯曲现象。斜纹纹路的匀和直则是斜纹类织物的普遍风格。

斜纹类织物的种类很多，按其斜向可分为左斜纹和右斜纹两种。按组织可分为单面斜纹和双面斜纹两种。一般经面斜纹或双面斜纹组织的织物，如经纱为 Z 捻纱，常采用左斜纹，经纱为 S 捻纱，常采用右斜纹。在商业上又可分为斜纹布、哔叽、华达呢和卡其等几种。一般习惯于应用商业名称的分类。现将各种斜纹织物的主要区别和特点简述如下。

（1）斜纹布（middy twill）：斜纹布是 $\frac{2}{1}$ 斜纹组织，从其表面来看，正面斜纹线条较为明显，反面则不甚明显。斜纹布的质地较平布紧密而厚实，手感较柔软。斜纹布按所使用的纱线种类不同，可分为纱斜纹、半线斜纹和全线斜纹三种。按纱线线密度的高低，可分为粗斜纹和细斜纹两种，凡采用 29tex 以上（20 英支以下）棉纱织成的称为粗斜纹，采用 29tex 以下（20 英支以上）棉纱织成的称为细斜纹。

（2）哔叽（serge）：哔叽是 $\frac{2}{2}$ 斜纹组织，正反两面斜纹线明显程度相似，哔叽的质地较斜纹布紧密而厚实。按其使用纱线种类的不同，可分为纱哔叽、半线哔叽和全线哔叽三种。纱哔叽为左斜纹，半线哔叽和全线哔叽则为右斜纹。

（3）华达呢（gabardine）：华达呢亦是 $\frac{2}{2}$ 斜纹组织，按其所用纱线种类的不同，亦可分为纱华达呢、半线华达呢和全线华达呢三种。同样纱华达呢为左斜纹、半线和全线华达呢为右斜纹。

（4）卡其（khaki）：卡其按其所用纱线种类的不同，同样亦可分为纱卡其、半线卡其和全线卡其三种。纱卡其一般都采用 $\frac{3}{1}$ 斜纹组织，因此，在它的正面，斜纹线粗而明显，反面斜纹线条不明显，故称单面卡其，其斜纹方向为左斜，质地较紧密而结实。半线卡其和全线卡其多数采用 $\frac{2}{2}$ 斜纹组织，正、反两面的纹路相同，故称双面卡其。线卡其亦有采用 $\frac{3}{1}$ 斜纹组织的，这时正面的右斜纹线比 $\frac{2}{2}$ 斜纹更显得粗壮突出。

哔叽、华达呢、双面卡其均采用 $\frac{2}{2}$ 斜纹组织，其区别主要在于织物的经纬向紧度不同，及经纬向紧度比的不同，如表 5－6 所示。其中哔叽的经纬向紧度及经纬向紧度比均较小，因此，织物比较松软，布面的经纬纱交织点较清晰，纹路宽而平。华达呢的经向紧度及经纬向紧度比均较哔叽大，且华达呢的经向紧度较纬向紧度大一倍左右，因此，布身较挺括，质地厚实，不发硬，耐磨而不折裂，布面纹路的间距较小，斜纹线凸起，峰谷较明显。双面卡其的经纬向紧度及经纬向紧度比为最大，因此，布身厚实，紧密而硬挺，纹路细密，斜纹线则较华达呢更为明显。由此可知，这三种织物以双面卡其的质地为最好，坚实耐穿，华达呢次之，哔叽则更次之。但有些紧度较大的双面卡其，则由于坚硬而缺乏韧性，抗折磨性较差，在外衣的领口、袖口等折缝处往往易于磨损折裂。同时由于布坯紧密，在染色过程中，染料往往不易渗入纱线内部，因此，布面容易产生磨白现象。

3. 贡缎　贡缎(satin drill)织物是用缎纹组织织成的一种高档棉织物。贡缎有直贡缎(采用经面缎纹组织)和横贡缎(采用纬面缎纹组织)之分。在实际生产中,贡缎织物一般都采用五枚缎纹。

直贡缎是采用棉纱织制的仿毛织物。织物经纱细、纬纱粗,正面由经纱浮长线覆盖,经面缎纹效应明显,直贡缎布面呈现的倾斜角度为 75° 左右。经向紧度为 65% ~ 100%,纬向紧度为 45% ~ 55%。布身厚实柔软,布面平滑匀整。经染色或印花后,再经轧光整理、电光整理和树脂整理,具有防缩和防皱性能,是高档的服装面料。

横贡缎是采用棉纱织制的高档棉织物。织物纬纱细、经纱粗,经向紧度为 45% ~ 55%,纬向紧度为 65% ~ 80%。正面由纬纱浮长线覆盖,纬面缎纹效应明显,布面匀整细致而富有光泽,手感柔软、光滑,类似丝织物中的缎类织物。横贡缎除可用于夏季服装外,还可用于被面、羽绒被套、床罩装饰产品等。

由于贡缎织物是缎纹组织,在一个组织循环中经纬纱的交织点较少,所以既富有光泽,又质地柔软,布面精致光滑且富有弹性。经过加工整理后,这些特点就更加明显。因此,贡缎织物具有"光、软、滑、弹"的特点。

4. 麻纱　麻纱(dimity)一般用变化纬重平组织织成,因此,在织物的表面呈现宽窄不同的纹路。麻纱织物的纹路应突出而挺直,经纬纱张力均匀和排列均匀,布面光洁且布边平直整齐。麻纱通常用线密度低的纱织制,经纱的捻度较一般纱线为高,约增加 10% 左右,纬纱捻度则比一般织物适当降低,因此,经纬密度虽较稀,仍具有挺括、滑爽、轻薄透凉的风格,适于作夏季服装用织物。

5. 绒布类织物　绒布类织物(flannelette)按其加工方式可分为本色绒布及色织绒布两大类。色织绒布又可分为单面条绒、双面条绒、双面凹凸绒、衬绒、彩格绒、双纬绒、磨绒等产品。绒布类织物主要是纬纱拉绒,通常单面哔叽绒的经纬纱线密度比值为 1:1.5 ~ 1:2;双面平纹绒的经纬纱线密度比值约为 1:2。厚绒选用 58.3tex 以上的纬纱,薄绒选用 58.3tex

起绒织物面料库

以下的纬纱。绒类织物从绒毛效果看,在满足纬向强力的条件下,采用低捻度为好。经纬纱捻度不同,可使织物手感厚实而柔软,绒毛密布均匀。绒布的纬紧度大于经紧度。通常双面绒的经纬紧度比约为 1:1.7,单面哔叽绒的经纬紧度比为 1:1.2 ~ 1:1.7。

绒布类织物经、纬线密度差异大,纬纱捻度小,质地柔软,经拉绒、刮绒整理后,在坯布表面形成绒毛,织物表面纤维蓬松,含空气层增加,从而导热性降低,保暖性增强。

6. 牛仔布　自 19 世纪流行以来,距今已有 100 多年的历史。传统的牛仔布是由靛蓝染色的经纱与本色纬纱交织成的经缩水处理的深蓝色纯棉斜纹粗布,制成服装后再经陈旧处理。织物采用的纱线较粗,紧度较大,外观具有杂里透白的特殊色光,色泽均匀自然,织纹清晰。手感厚实紧密,结实耐磨,穿着舒适自然,保形性好。牛仔服装与任何色彩的服装搭配都具有协调性,穿着简洁休闲,自然大方,同时不断变换新的款式,风靡全球。

牛仔布按照质量分轻型、中型和重型三类,轻型牛仔织物单位面积质量为 200 ~ 340g/m²(6 ~ 10 盎司/ 平方码),主要做衬衫和童装;中型为 340 ~ 450g/m²(10 ~ 13 盎司/平方码),主要做上衣和长裙;重型为 450g/m² 以上,主要做裤装、短裙、牛仔背心、鞋、包等。按照弹性分弹力牛仔布和非弹力牛仔布,弹力牛仔布又分为纬弹、经弹和经纬双弹牛仔布。按照所用原料分为纯棉牛仔和混纺牛仔布,如涤棉混纺牛仔、棉麻混纺牛仔、棉天丝混纺牛仔、棉丝混纺牛仔布等,此外,还有氨纶包芯纱弹力牛仔、竹节纱牛仔等。按照组织分,有平纹、斜纹、缎纹、提花牛仔。按照后整理不同分为水洗、丝光、石磨水洗、砂洗、雪花洗、磨绒等。

近年来,牛仔布的品种不断发展变化,除了传统产品外可以采用不同原料、不同组织、不同色彩、不同加工工艺生产不同风格的花式牛仔面料。在染色效果上,除传统的石磨蓝基本色调外,还有其他许多颜色,如土黄、棕黄、灰色、白色、红色和黑色等。休闲穿着的牛仔布正在向天然颜色方向发展,这些颜色与织物结构协调得非常好。新型牛仔面料经过各种先进的整理技术,面料外观和手感都有了质的飞跃,在水洗后整理方面具有普洗、石洗、酵素洗、砂洗、化学洗、漂洗、破坏洗、雪花洗、猫须、喷砂、碧纹洗等。喷砂整理可以对织物局部处理,也可以全面处理;通过专门的磨洗工艺,进行"猫须"整理,可以模仿服装穿着过程中沿着自然折痕形成的磨损情况;液氨整理能使织物在水洗后的颜色保持率高而且柔软性好。采用特殊的印染技术还可以设计生产闪光印花、金属印花、激光喷射和浅地染色牛仔布。

随着人们对生态环境保护的愈加重视,环保型牛仔布必将成为新世纪的发展趋势。环保型牛仔布的生产技术包括绿色纺织原料、绿色染料及助剂、绿色生产工艺以及绿色废弃等方面。

三、棉型织物的规格设计及上机计算

(一)本色织物的规格设计及上机计算

1. 本色织物的主要结构参数设计

(1)原料的选配:棉纤维对棉纱及织物性能有很大的影响。纤维越细,长度越长,则成纱条干越均匀,光泽越佳,可纺纱线越细;纤维强力越高,则成纱强力越高,织物的牢度也越高;纤维的弹性好,利于纺纱;纤维的整齐度高,则成纱强力与条干均匀度均提高。

目前,棉型织物中应用的化纤主要有涤纶、维纶、丙纶及黏胶纤维等。在设计织物时,应根据用途合理采用混纺或交织,以发挥各种纤维的优良性能。

(2)纱线设计:

① 纱线的线密度:纱线线密度的确定是织物设计的主要内容之一,应根据织物不同的特点与用途,选用适宜的纱线线密度。一般情况下,10tex 以下为特细特纱,11~20tex 为细特纱,21~31tex 为中特纱,32tex 及以上为粗特纱。

② 纱线的捻度:捻度的大小与织物外观、坚牢度都有关系。应根据织物风格、服用性能、原料品质、用作经纱或纬纱等合理地选择捻度。一般薄型织物捻度大于中厚型织物;紧密织物大于松软织物;纱线线密度小的织物大于纱线线密度大的织物;纤维长度短的织物大于纤维长度长的织物;经纱捻度大于纬纱捻度。

③ 纱线的捻向:织物中经纬纱线捻向的配合对织物的手感、厚度、表面纹路等都有一定的影响。采用不同捻向的经纬纱交织的织物,纹路清晰,手感较松厚而柔软,且在印染过程中吸色较好、染色均匀。当经纬纱捻向相同时,织物的手感、染色效果等正好与上述情况相反。

(3)织物组织设计:本色织物的组织一般较简单,有平纹、斜纹、缎纹、变化重平、变化方平

和素地小提花等。设计时,既要考虑市场流行的需要,又要考虑工厂的设备情况。一般采用 12 页以内的综页数,经纬组织循环数要求成双或为 4 的倍数,以便于穿筘与节约纹板。设计组织如是小提花组织,则提花部分和地组织的配合不但与组织有关,而且与所用经纱原料、经纱的力学性能亦有关。

（4）织物密度与紧度的确定：确定织物密度与紧度的方法有理论设计法、经验法和参照法等几种。

2. 本色织物的规格设计与上机计算

（1）织物匹长与幅宽的确定：织物匹长以米(m)为单位,保留一位小数。匹长有公称匹长和规定匹长之分。公称匹长即工厂设计的标准匹长,规定匹长即叠布后的成包匹长,规定匹长等于公称匹长加上加放布长。

加放布长是为了保证棉布成包后不短于公称匹长长度,加放长度一般加在折幅和布端。不同织物有不同的折幅加放长度,一般平纹细布加放 0.5% ~ 1%,粗特织物与卡其类织物加放 1% ~ 1.5%,布端加放长度应根据具体情况而定。

织物匹长一般在 25 ~ 40m,并用联匹形式,一般厚织物采用 2 ~ 3 联匹,中等厚织物采用 3 ~ 4 联匹,薄织物采用 4 ~ 6 联匹。

织物幅宽以厘米(cm)为单位,以 0.5cm 或整数为准。公称幅宽即工艺设计的标准幅宽。幅宽与织物的产量、织机最大穿筘幅度及织物的用途有关,服用织物的幅宽与服装款式、裁剪方法等有关。幅宽还可根据内、外销要求而变化。本色棉布常用的幅宽系列有：

中幅(cm):86.5,89,91.5,94,96.5,98,99,101.5,104,106.5,122;

宽幅(cm):127,132,137,142,150,162.5,167.5。

（2）织物缩率的确定：织物中经纬纱的缩率对织物的结构、强力、厚度、伸长、外观及原料的损耗等均有很大影响,也为织物设计的重要项目之一。

缩率通常有两种表示方法：一种是织缩率,另一种是回缩率。织缩率是指织物中纱线原长与织物长度之差对织物中纱线原长的比值,即：

$$a = \frac{L_1 - L_2}{L_1} \times 100\%$$

式中：a——织缩率；

L_1——织物中纱线原长；

L_2——织物长度。

回缩率是指织物中纱线长度与织物长度之差对织物长度的比值,即：

$$b = \frac{L_1 - L_2}{L_2} \times 100\%$$

式中：b——回缩率。

① 影响经纬纱缩率的主要因素：

a. 经纬纱线密度：当织物中经纬纱线密度不同时,则粗特纱的缩率小,细特纱的缩率大；当经纬纱线密度相同时,粗特纱织物的缩率比细特纱织物的缩率大。

b. 经纬向密度：当织物中经纱密度增加时,纬纱缩率增加,但当经纱密度增大到一定数值后,纬纱缩率反而减小,经纱缩率增加。当经纬密度都增加时,则经纬纱缩率均增加。

c. 织物组织:织物中经纬纱的交织点越多,则缩率越大,反之缩率越小。

d. 织造工艺参数:织造中经纱张力大,则缩率小,反之缩率大。开口时间早,经纱缩率小,反之缩率大。

e. 经纱捻度、上浆率与浆纱伸长率:经纱捻度增加,则缩率减小,反之则缩率增大;经纱上浆率大,其缩率增大,反之则减小;浆纱伸长率大,经纱缩率增大,反之则减小。

f. 织造温湿度:温湿度较高时,经纱伸长增加,缩率减小,但布幅变窄,纬纱缩率却会增加;反之,温湿度较低时,则经纱缩率增加,纬纱缩率减小。

g. 边撑伸幅效果:边撑形式对纬缩有一定影响,如边撑伸幅效果好,则纬缩较小。反之则较大。

h. 经缩与纬缩:经缩增大,纬缩则减小,纬缩增大,经缩则减小,其总织缩几乎接近一个常数。

② 确定织物缩率的方法:织物缩率的计算与测定方法有实际测试法、几何结构原理测算法、经验法、经验公式计算法等。

a. 实际测试法:工厂中通常采用此法。其计算公式为:

$$经纱缩率 = \frac{实际墨印长度 - 实际墨印间成布长度}{实际墨印长度} \times 100\%$$

$$纬纱缩率 = \frac{筘幅 - 实际测定布幅}{筘幅} \times 100\%$$

b. 经验法:从织物中抽出经纬纱,将其伸直后,测量其长度并与原织物进行比较。试验时,可在布样上按经纬向各划出一定长度 L,然后将该纱线拆出,加以张力 P_1,测其长度 L_1,再加张力 P_2,测其长度 L_2,根据该两点推算出当 P 为零时所具有的 b 值。再根据下式算出织缩率。

$$a = \frac{b}{L + b} \times 100\%$$

式中:a——织缩率;

L——织物原长;

b——$P = 0$ 时,纱线对织物的伸长。

初张力 P_1 由经验公式 $P_1 = 0.78Tt$ 确定(Tt 为纱线线密度),$P_2 = 2.5P_1$。

设计新品种时,本色棉布经纬纱织缩率可参考表 5-8 或类似品种。

表5-8 本色棉布织造缩率参考表

织物名称	织造缩率(%)		织物名称	织造缩率(%)	
	经 纱	纬 纱		经 纱	纬 纱
粗平布	7.0~12.5	5.5~8	半线府绸	10.5~16	1~4
中平布	5.0~8.6	7 左右	线府绸	10~12	2 左右
细平布	3.5~13	5~7	纱斜纹	3.5~10	4.5~7.5
纱府绸	7.5~16.5	1.5~4	半线斜纹	7~12.0	5 左右

续表

织物名称	织造缩率（%）		织物名称	织造缩率（%）	
	经　纱	纬　纱		经　纱	纬　纱
纱哔叽	5~6	6~7	全线卡其	8.5~14	2 左右
半线哔叽	6~12	3.5~5	直贡	4~7	2.5~5
纱华达呢	10 左右	1.5~3.5	横贡	3~4.5	5.5 左右
半线华达呢	10 左右	2.5 左右	羽绸	7 左右	4.3 左右
全线华达呢	10 左右	2.5 左右	麻纱	2 左右	7.5 左右
纱卡其	8~11	4 左右	绉纹布	6.5	5.5
半线卡其	8.5~14	2 左右	灯芯绒	4~8	6~7

（3）总经根数的确定：总经根数根据经纱密度、幅宽、边纱根数来确定。可按下式计算：

$$总经根数 = 经纱密度（根/cm）× 标准幅宽（cm）+ 边纱根数 × \left(1 - \frac{布身每筘穿入数}{布边每筘穿入数}\right)$$

总经根数应取整数，并尽量修正为穿综循环的整数倍。

边纱根数可参考表 5-9 确定。

表 5-9　边纱根数确定参考表

幅　　宽		127cm 以下				127cm 以上	
经纱线密度		12tex 及以下	13~15tex	16~19.5tex	20tex 以上	12tex 及以下	12tex 以上
边纱根数	平　纹	64	48	32	24	64	48
	华达呢、卡其	64	48	48	48	64	48
	直贡缎	80	80	80	64	80	64
	横贡缎	72	72	64	64	—	—

拉绒坯布每档再加 8 根，麻纱织物在平纹织物边纱根数上每档再增加 16 根。表 5-9 中边经根数只供计算总经根数时参考。

涤/棉平纹织物边纱根数按表 5-10 确定。

表 5-10　涤/棉平纹织物边纱根数确定参考表

幅　　宽	127cm 以下			127cm 以上
经纱线密度	12tex 及以下	13~19.5tex	20tex 及以上	—
边纱根数	48	32	48	48

（4）筘号的确定：筘号有公制筘号和英制筘号两种表示方法。公制筘号是以 10cm 内的筘

齿数表示,其筘号范围为 40~240 号,英制筘号是以 2 英寸内的筘齿数表示的。确定方法根据经纱密度、纬纱织缩率、每筘齿穿入数以及生产的实际情况而定。常用的计算方法如下:

$$公制筘号 = \frac{经纱密度(根/10cm)(1-纬纱织缩率)}{布身每筘齿穿入数}$$

英制筘号与公制筘号的换算关系如下:

$$公制筘号 = \frac{英制筘号}{2.54 \times 2} \times 10 = 1.97\ 英制筘号$$

参照计算的公制筘号应修正为整数,再代入上式对织物经密进行验证:

$$修正的经纱密度 = 修正的公制筘号 \times \frac{每筘穿入数}{1-纬纱织缩率}$$

如果修正的经密在合理的范围内,则所选择的筘号可行,否则需改变每筘齿穿入数重新计算筘号。

(5)筘幅的确定:筘幅以厘米表示,可根据总经根数按下式计算:

$$筘幅(cm) = \frac{总经根数 - 边纱根数 \times \left(1 - \dfrac{布身每筘穿入数}{布边每筘穿入数}\right)}{布身每筘穿入数 \times 筘号} \times 10$$

计算取两位小数,在选用筘幅时,两边还应适当增加余筘。计算时,在纬纱织缩率、筘号、筘幅三者之间需进行反复修正。

在生产实际中,经纱最大穿筘幅度一般应小于织机公称筘幅。最大筘幅和织机公称筘幅关系见表 5-11。

表 5-11　最大筘幅和织机公称筘幅关系

经纱最大穿筘幅度(cm)		100	105	120	125	133	150 *147	180 *177
织机公称筘幅	cm	106.7	111.8	127.0	132.1	142.3	160.0	190.5
	英寸	42	44	50	52	56	63	75

*代表多臂机最大穿筘幅度。纬纱织缩率、筘号以及筘幅三者之间需经常进行反复修正。

(6)计算 $1m^2$ 织物无浆干燥质量(g):

$$1m^2\ 织物无浆干燥质量(g) = 1m^2\ 成布经纱干燥质量(g) + 1m^2\ 成布纬纱干燥质量(g)$$

$$1m^2\ 成布经纱干燥质量(g) = \frac{经纱密度(根/10cm) \times 10 \times 经纱纺出标准干燥质量(g/100m) \times (1-经纱总飞花率)}{(1-经纱织缩率)(1+经纱总伸长率) \times 100}$$

$$1m^2\ 纬纱成布干燥质量(g) = \frac{纬纱密度(根/10cm) \times 10 \times 纬纱纺出标准干燥质量(g/100m)}{(1-纬纱织缩率) \times 100}$$

说明:

① 经、纬纱的纺出标准干燥质量 $(g/100m) = \dfrac{纱线线密度}{10.85}$,或经、纬纱纺出干燥质量

$(g/100m) = \dfrac{53.74}{英制支数}$;涤/棉(65/35)经纬纱纺出标准干燥质量$(g/100m) = \dfrac{纱线线密度}{10.32}$。计算

时应算至小数四位,四舍五入为两位。

② 股线的质量应按折合后的质量计算。

③ 经纱的总伸长率,上浆单纱按 1.2% 计算(其中络筒、整经以 0.5% 计算,浆纱以 0.7% 计算)。上水股线 10tex×2 以上(60/2 英支以下)按 0.3% 计算,10tex×2 及以下(60/2 英支及以上)按 0.7% 计算。

涤/棉织物经纱总伸长率暂规定单纱为 1%,股线为 0。

④ 纬纱伸长率根据络纬工序的不同,其值为零或很小,可略去不计。

⑤ 经纱总飞花率,线密度高的织物按 1.2% 计算,中等线密度的平纹织物按 0.6% 计算,中等线密度的斜纹、缎纹织物按 0.9% 计算,线密度低的织物按 0.8% 计算,线织物按 0.6% 计算。

⑥ 涤/棉织物经纱总飞花率,暂规定线密度高的织物为 0.6%,中等线密度的织物(包括股线)为 0.3%。

上述经纱总伸长率,经纱总飞花率以及经纬纱缩率是计算 1m² 织物质量的依据,不是规定指标。1m² 经纬纱成布干燥质量取两位小数,1m² 织物无浆干燥质量取一位小数。

(7)织物断裂强度计算:织物的断裂强度以 5cm×20cm 布条断裂强度表示,一般通过仪器测量得出。

棉布断裂强度指标以棉纱一等品品质指标的数值计算为准。特殊品种的计算强力与实际强力差异过大时,可参照实际另作规定。断裂强度的计算公式如下:

$$棉布经纬向断裂强度 [N/(5cm×20cm)] = \frac{D×B×P×K×Tt}{2×1000×1000}×9.8$$

式中:Tt——经纬纱线密度,tex;

　　　P——经纬纱密度,根/10cm;

　　　D——棉纱线一等品品质指标(低级棉专纺纱以二等品品质指标计算,绒布坯纬向品质指标按针织起绒纱一等品品质指标计算),参见 GB 398—1993 棉纱线技术要求;

　　　B——由品质指标换算单纱断裂强度的系数,按表 5-12 计算;

　　　K——纱线在织物中的强力利用系数。

计算时小数不计,取整数。

表 5-12　由品质指标换算单纱断裂强度的系数

	tex	25 及以下	21~30	30 及以上	
梳棉纱	英支	29 及以上	19~28	18 及以下	
	B	6.5	6.25	6.0	
	tex	8 及以下	8~10	11~20	21 及以上
精梳棉纱	英支	71 及以上	56~70	29~55	28 及以下
	B	6.3	6.2	6.1	6.0

表 5-13 为织物的强力利用系数表。当织物的紧度在规定紧度范围内时,K 值按比例增减

之;当小于规定紧度范围时,则按比例减之;当大于规定紧度范围时,则按最大的 K 值计算。本表内未规定的股线,按相应单纱线密度取 K 值(例 14tex×2,按 28tex)。麻纱按平布,绒布坯按织物组织取 K 值。小花纹织物的强力利用系数,根据紧度及组织按就近品种选择 K 值。涤/棉织物的纱线强力利用系数暂按本色棉布规定的相应品种的 K 值加 0.1,计算中长、黏胶纤维的强力利用系数,目前暂按本色棉布规定。

表 5-13 中高、中、低线密度纱线的区别:高特为 32tex 及以上(18 英支及以下);中特为:21~31tex(19~28 英支);低特为:11~20tex(29~55 英支)。

表 5-13 织物的强力利用系数

织物组织		经 向		纬 向		
		紧度(%)	K	紧度(%)	K	
平布	高特纱	37~55	1.06~1.15	35~50	1.10~1.25	
	中特纱	37~55	1.01~1.10	35~50	1.05~1.20	
	低特纱	37~55	0.98~1.07	35~50	1.05~1.20	
纱府绸	中特纱	62~70	1.05~1.13	33~45	1.10~1.22	
	低特纱	62~75	1.13~1.26	33~45	1.10~1.22	
线府绸		62~70	1.00~1.08	33~45	1.07~1.19	
哔叽、斜纹	高特纱	55~75	1.06~1.26	40~60	1.00~1.20	
	中特及以上	55~75	1.01~1.21	40~60	1.00~1.20	
	线	55~75	0.96~1.12	40~60	高特纱	1.00~1.20
					中特及以上	0.96~1.16
华达呢、卡其	高特纱	80~90	1.07~1.37	40~60	1.04~1.24	
	中特及以上	80~90	1.20~1.30	40~60	0.96~1.16	
	线	90~110	1.13~1.23	40~60	高特纱	1.04~1.24
					中特及以上	0.95~1.16
直贡	纱	65~80	1.08~1.23	45~55	0.97~1.07	
	线	65~80	0.98~1.13	45~54	0.97~1.07	
横贡		44~52	1.02~1.10	70~77	1.18~1.27	

(8)浆纱墨印长度的计算:浆纱墨印长度表示织成一匹布所需要的经纱长度。

$$浆纱墨印长度(m) = \frac{织物匹长(m)}{1-经纱织缩率}$$

(9)用纱量的计算:用纱量是考核技术和管理的综合指标,直接影响工厂的生产成本。用纱量定额以生产百米织物所耗用经纬纱的质量(kg)来表示。

$$\frac{\text{百米织物经纱用}}{\text{纱量（kg/100m）}} = \frac{100 \times Tt_j \times m_z \times (1 + 放长率)(1 + 损失率)}{1000 \times 1000 \times (1 + 经纱总伸长率)(1 - 经纱织缩率)(1 - 经纱回丝率)}$$

$$\frac{\text{百米织物纬纱用}}{\text{纱量（kg/100m）}} = \frac{100 \times Tt_w \times P_w \times 10 \times 织物幅宽(m) \times (1 + 放长率)(1 + 损失率)}{1000 \times 1000 \times (1 - 纬纱织缩率)(1 - 纬纱回丝率)}$$

百米织物总用纱量 = 百米织物经纱用纱量 + 百米织物纬纱用纱量

式中：Tt_j——经纱线密度，tex；

　　　Tt_w——纬纱线密度，tex；

　　　m_z——总经根数，根；

　　　P_w——纬纱密度，根/10cm。

放长率也称自然回缩率，一般为 0.5% ~ 0.7%，由于加工、储存等要求不一，需经实际测定而选用。

棉布损失率一般为 0.05%。

经纱总伸长率可参见前面所述的 $1m^2$ 无浆干燥质量的计算来确定。

经纬纱回丝率：96.5cm（38 英寸），29tex × 29tex（20 英支 × 20 英支），236 根/10cm × 236 根/10cm（60 根/英寸 × 60 根/英寸），平布的经纱回丝率为 0.263%，纬纱回丝率为 0.647%，其他各类织物可依次换算而得。

筘幅单位为厘米（cm）。

直接出口坯布用纱量按上式计算的经纬纱用纱量 ×（1 + 0.25%）计算。

多股线（2 股以上）坯布用纱量按上式算得后的经纱用纱量 ÷（1 - 经纱捻缩率），纬纱用纱量 ÷（1 - 纬纱捻缩率）来计算。

（10）绘上机图。

（二）色织物的规格设计及上机计算

1. 色织物主要结构参数设计

（1）原料的选配：色织物采用的原料除了棉纤维外，还有涤纶、维纶、腈纶、丙纶、黏胶纤维等短纤及长丝，各种异形丝、差别化纤维等。

各种新型纤维的相继问世为色织的新品开发不断提供新的空间。Lycra、Tencel、Modal、Coolmax、天然彩色棉、蚕蛹蛋白丝、大豆蛋白质纤维等，均被用作色织面料的最新原料，并取得了优于传统原料的技术经济效果。同时随着原料使用的多元化，混纺纱将各种纤维的优点发挥到极致。纤维通过混纺、交织、交并等工艺使面料风格新颖化、多样化，在服用性能及外观效果等方面具有单一纤维织物无可比拟的特点。

（2）纱线设计：在色织物生产中，除了传统产品外，高端正装面料常采用低特（高支）高密设计，随着紧密纺、赛络纺等纺纱工艺和新型纺纱技术的发展，低特（高支）纱品质不断提高，织物织纹清晰、细腻，光泽感更强，手感柔滑。为了扩大织物的应用范围，除使用单纱和股线外，还常常应用各种花式纱线，如合股花线、花式线、花色线等。使用花式线时应注意以下几点。

① 单纱作芯的结子线因其强力较差,不宜作经纱,只能作纬纱。纬向不宜同时采用两种结子线,否则容易形成带纤纱。

② 素色平纹地织物用纬向结子线容易形成档疵,但对有格型或条型的织物就不明显,故设计时可在经向加几根结子嵌线,使结子纵横交错,可避免档疵。

③ 毛圈线与结子线不宜用于单纱织物,这是因为毛圈线或结子线一旦断裂,其末梢常纠缠于旁侧单纱上,造成断经不关车,开口不清,形成蛛网、跳花疵点。

④ 金银线用于平纹织物,外观平直美观,但在其组织中,易造成经缩、起毛圈、布面不平整等疵点。

(3)织物组织设计:色织物中应用的组织很广泛,各种组织均可以采用。如平纹组织可使布面平坦、坚实、利于突出花型;缎纹组织可用于仿丝及仿毛织物,在缎条与缎格织物中应用也较普遍。除了传统的简单组织外,多种组织结构联合使用以及各种复杂组织、多层组织的应用已成为新面料的趋势。各种组织结构以及配色技巧将赋予织物独特的视觉风格和不同的性能特点。

(4)织物密度、紧度设计:色织物进行创新设计时,其织物的密度、紧度设计可使用紧度理论设计法、经验公式计算法和参照设计法等。仿样设计时,其织物的密度设计要保证花型、条格不变形,可采用仿制设计法进行。

(5)色彩与图案设计:

① 色彩配合:色织物配色总的原则是"调和对比,统一变化"八个字。配色规则为:确定基本色调,注意配套问题,注意用色比例,色相不宜过多,注意色彩的对比与统一。

② 图案设计:色织物的图案不同于印花与丝绸图案,可在决定题材后如实描绘。色织物图案类型主要有以下几种。

a. 几何图案:以经纬浮长起花或原组织起花等各种组合,在织物表面构成由线条或点连缀成的简单的各式几何图形。

b. 条格图案:由各种大小不同的方格和条子结合色彩和组织进行排列。

c. 朵花图案:采用写实为题材的朵花,一般需经艺术加工,浓缩成象形的似花非花,似物非物的图案。

(6)产品的风格设计:

① 丝绸风格的色织产品:丝绸织物的特点是光滑、明亮、柔软,纬纱用化纤长丝能使色织产品的手感、外观进一步接近丝绸品种。闪色品种也来自仿丝绸产品,一般是由两种对比色织制而得到的,色彩明度上以中深色效果为好,浅色品种闪色效应较差;地组织以平纹为好,经纬密度亦要配合得当,过稀会削弱闪色效应。

② 仿麻风格的色织产品:要达到麻织物的外观,选用粗特纱为好,织物密度也不宜太大,但要使织物具有一定的身骨、透气性和弹性。织物组织以平纹为主,嵌以经重平、纬重平、变化重平等组织,还可适当用一些花式纱作点缀。粗、细特纱组合使用,以衬托出麻织物挺爽、朴实、粗犷的特点。色调多用低彩度的中浅色,不宜使用五颜六色,这样会冲淡麻的风格。

③ 仿毛风格的色织产品：毛型感的仿制在于图案造型、织物组织及色彩配合。常用颜色有咖啡、灰、驼黄、姜黄、米色、蟹元、蟹灰、蟹青、草绿、翠绿等。色织物仿毛花呢的关键在于花线的应用，花线有两股异色花线、三股花线、不同线密度捻合的花线、不同捻度合成的各种花线等。花线的色泽配合有明调配色加捻、暗调配色加捻、姊妹色配色加捻、近似色配色加捻和对比色配色加捻等。

2. 色织物的劈花与排花

（1）劈花：确定经纱配色循环起讫点的位置称作劈花。劈花以一花为单位。目的是保证产品在使用上达到拼幅与拼花的要求，同时利于浆纱排头、织造和整理加工。

① 劈花的原则：

a. 劈花一般选择在织物中色泽较浅、条型较宽的地组织部位，并力求织物两边在配色和花型方面保持对称，便于拼幅、拼花和节约用料。

b. 缎条府绸中的缎纹区、联合组织中的灯芯条部位、泡泡纱的起泡区、剪花织物的花区等松软织物，劈花时要距布边一定距离（2cm 左右），以免织造时花型不清，大整理拉幅时布边被拉破、卷边等。

c. 劈花时要注意整经时的加（减）头。

d. 经向有花式线时，劈花应注意避开这些花式线。

e. 劈花时要注意各组织穿箱的要求。

② 劈花举例：某织物的色经排列如下：

黄	元	红	元	红	元	红	元	黄	白	
4	40	8	9	4	9	8	40	4	60	共 186 根/花

劈花方法为：从 60 根白色 1/2 处劈花。

白	黄	元	红	元	红	元	红	元	黄	白	
30	4	40	8	9	4	9	8	40	4	30	共 186 根/花

又如某色织物，总经根数为 2648 根，其中边经 38 根，每花 180 根，色经排列如下：

红	血牙	红	血牙	红	血牙	浆	血牙	浆	血牙
30	1	2	2	1	3	1	2	1	1

＼　／
2 次

浆	黑	浆	黑	浆	黑	浆	黑	红❶	黑	黑❶	红	
2	1	2	2	1	3	1	14	8	54	16	30	共 180 根/花

根据上述资料，算出全幅花数为：（2648 – 38）÷ 180 = 14 花 + 90 根。因对产品拼花要求高，花数最好为整数。如果保持总经纱数及箱幅不变，可将每花根数适当改变。一般可在色经纱数较多的色条部分适当减少或增加少量经纱数。在上例色经排列中，可将左边 30 根经纱的红色凸条组织减去一个凸条（6 根），即每花根数改为 174 根，这时全幅花数正好为 15 花。调整后的色经排列如下：

---

❶ 其组织为提花组织，其他为凸条组织。

| 红 | 血牙 | 红 | 血牙 | 红 | 血牙 | 浆 | 血牙 | 浆 | 血牙 |
| 24 | 1 | 2 | 2 | 1 | 3 | 1 | 2 | 1 | 1 |

2 次

| 浆 | 黑 | 浆 | 黑 | 浆 | 黑 | 浆 | 黑 | 红❶ | 黑 | 黑❶ | 红 | |
| 2 | 1 | 2 | 2 | 1 | 3 | 1 | 14 | 8 | 54 | 16 | 30 | 共174根/花 |

(2)排花:工艺设计时,为把总经根数和上机筘幅控制在规定的规格范围内,使产品达到劈花的各项要求和减少整经时的平绞及加(减)头,需对经纱排列方式进行调整,即排花。

① 平纹、$\frac{2}{2}$斜纹及平纹夹绉地等每筘穿入数相等的织物,调整时只要在条(格)型较宽的配色处减去或增加适当的排列根数,来改变一花是奇数的排列,并尽量调整为4的倍数,同时把整经时的加(减)头控制在20根以内。

例 某色织物总经根数为2776根(包括边纱28根),原排列见表5-14,每花215根,全幅13花减头47根,织物左右两边不能达到拼幅要求,同时,其一花排列是奇数,产生平绞,不利整经,且穿综时不宜记忆。若把原排列改为212根,则全幅13花减头8根,如此调整后,一花排列为4的倍数,两边对称,有利整经、穿筘等。

表5-14　某织物的色经排列

色经排列	A	B	C	D	C	D	A	D	C	D	C	B	A	加减头	每花总根数
原排列	31	41	6	18	6	4	12	4	6	18	6	41	22	减47	215
调整后	22	40	6	18	6	4	12	4	6	18	6	40	30	减8	212

② 各种花筘穿法的产品调整经纱排列的方法有以下几种:

a.保持经纱一花总筘齿数不变,而对经纱一花排列根数作适当的调整。

b.保持经纱一花总的排列根数不变,而对一花总筘齿数适当变动。

c.对原样一花的排列经纱根数和筘齿数同时进行调整。

3.色织物的规格设计及上机计算

(1)确定经纬织缩率:经纬纱织缩率的大小将影响用纱量、墨印长度、筘幅、筘号等的计算。经纬纱织缩率计算方法同白坯织物。常见色织产品的经纬织缩率可参考附录二(二)。

坯布经过整理后,纬向收缩程度称作幅缩率。

$$幅缩率 = \frac{坯布幅宽 - 成品幅宽}{坯布幅宽} \times 100\%$$

由于整理工艺不同,使产品有不同的幅缩率。整理工序多,幅缩率大。织物的密度和组织对幅缩率也有影响。如用同样粗细的纱线织成的织物,密度稀则幅缩率大。浮线长的织物松软,幅缩率比平纹组织的织物大。织物原料不同,幅缩率也不尽相同。

(2)确定坯布幅宽:色织物有直接成品和间接成品之分。直接成品是指下机坯布不经任何

---

❶ 其组织为提花组织。

处理或只经过简单的小整理(如冷轧、热轧)加工的产品,其坯布幅宽接近成品幅宽或比成品幅宽略大 0.635 ~ 1.27cm。间接成品是指下机坯布还需经过拉绒、丝光、印染等大整理加工的产品。间接成品的产品幅缩率较大,坯布幅宽比成品幅宽要宽 3.8 ~ 7.62cm。

$$坯布幅宽 = \frac{成品幅宽}{1 - 幅缩率} = \frac{成品幅宽}{幅宽加工系数}$$

(3)初算总经根数:各类本色棉布的总经根数,都有国家标准。但各类色织物的总经根数,现无国家标准,因此各厂可按生产实际自行决定。

$$总经根数 = 布身经纱数 + 布边经纱数 = 坯布幅宽 \times 坯布经密 +$$

$$边经纱数 \times \left(1 - \frac{布身每筘平均穿入数}{布边每筘平均穿入数}\right)$$

总经根数、每花经纱根数、劈花、上机筘幅、筘号、每花穿筘数等项技术条件是彼此密切相关的,变动其中一项,则与之相关的某些项目将跟着变动,所以在设计中可能需要反复计算。一般对总经根数先进行初算,而确切的总经纱数宜待下述有关项目确定后再决定。初算总经根数公式如下:

$$总经根数 = 坯布幅宽(cm) \times 坯布经密(根/cm)$$

(4)初算筘幅:织物上机筘幅,先按下式初步确定,待确定筘号后再修正。

$$初算筘幅 = \frac{坯布幅宽}{1 - 纬纱织缩率}$$

上式中的纬纱织缩率一般可参考类似品种确定,色织大类品种的纬纱织缩率参考附录二(二)。例如,涤/棉府绸规格为:13tex × 13tex,440.5 根/10cm × 283 根/10cm 的纬纱织缩率为 5%。

(5)每花经纱根数及全幅花数的确定:每花经纱根数,即每花的配色循环。如果是本厂设计的样品可从设计人员处查得。对来样可由分析来样或先量出各色条经纱宽度,再乘以成品经密求得。

$$各色条经纱根数 = 成品色条宽度(cm) \times 成品经密(根/cm)$$

或

$$各色条经纱根数 = 成品色条宽度(cm) \times \frac{坯布幅宽(cm)}{成品幅宽(cm)} \times 坯布经密(根/cm)$$

如某色条成品宽为 2.54cm,坯布幅宽 99cm,成品幅宽 91.4cm,坯布经密为 393.5 根/10cm,则:

$$色条经纱根数 = 2.54 \times \frac{99}{91.4} \times 39.35 \approx 108(根)$$

由上式算得的根数应根据组织循环经纱数、穿综、穿筘等要求作适当的修正。

同样,可用分析和计算的办法求得纬纱的分色纬数。在单面多梭箱织机上织造,应将算得的各色纬纱根数修正为偶数。

总经根数除以每花根数等于全幅花数,遇多余或不足的经纱数时,可采用加减经纱数补足。

$$\frac{初算总经根数 - 边经根数}{每花经纱根数} = 全幅花数 + 多余经纱数(或减不足经纱数)$$

(6)全幅筘齿数的确定:

① 当产品的全幅经纱每筘穿入数相同时:

$$全幅筘齿数 = \frac{布身经纱根数}{每筘穿入数} + 边纱筘齿数$$

② 当产品采用花筘穿法时:

$$全幅筘齿数 = 每花筘齿数 \times 全幅花数 + 加头的筘齿数 + 边纱筘齿数$$

(7)筘号的计算:可参考本色织物的筘号计算。计算后的筘号应修正为整数。据经验,当计算筘号与标准筘号相差 ±0.4 号以内,可不必修改总经根数,只需修改筘幅或纬纱织缩率即可。一般筘幅相差在 6mm 以内可不修正。修正筘幅的计算公式为:

$$上机筘幅 = \frac{全幅筘齿数}{筘号} \times 10$$

如已知某提花织物的坯布经密为 346 根/10cm,纬纱织缩率为 4%,经纱平均穿入数为3.86 根/齿,则:

$$筘号 = \frac{346 \times (1 - 0.04)}{3.86} \approx 86$$

又如已知某织物的总筘齿数为 2134 齿,筘幅为 101.3cm,试算筘号为:

$$筘号 = \frac{2134}{101.3} \times 10 = 210.6$$

筘号取整数为 211#,因此修正筘幅为:

$$筘幅 = \frac{全幅筘齿数}{筘号} \times 10 = \frac{2134}{211} \times 10 = 101.1(cm)$$

其筘幅修正量为:101.3 − 101.1 = 0.2(cm)。因 0.2cm < 0.6cm,在筘幅的允许范围内,所以不需修正筘幅。

(8)核算经密:因为在确定筘号时,有可能要修正筘幅、总经根数、全幅筘齿数等数值,所以最后要核算其坯布经密。

$$坯布经密 = \frac{总经根数}{坯幅宽}$$

本色棉布技术标准规定 10cm 的经密下偏差不超过 1.5%。色织物一般控制在下偏差范围,以不超过 4 根/10cm 为宜。如果由上式算得的经密与任务书中坯布经密的差异在规定范围内,则计算筘号前的各项计算可以成立,否则必须重新计算。

(9)千米坯布经纱长度的确定:

① 计算千米经纱长度是为了确定墨印长度及计算用纱量:

$$千米经纱长度 = \frac{1000}{1 - 经纱织缩率}$$

② 落布长度:

$$落布长度 = 坯布匹长 \times 联匹数$$

凡需经过大整理的产品,落布长度公差为 +2m 或 −1m,不经大整理的直接产品,落布长度只允许有上偏差。落布长度还可按下式计算:

$$坯布落布长度 = \frac{成品匹长 \times 联匹数}{1 + 后整理伸长率}$$

或

$$坯布落布长度 = \frac{成品匹长 \times 联匹数}{1 - 后整理缩短率}$$

式中后整理伸长率(缩短率)是指后整理的伸长量(缩短量)对加工前原长的百分比,可参见附录二(六)。

③ 浆纱墨印长度:

$$浆纱墨印长度 = \frac{千米经长}{1000} \times 坯布落布长度 = \frac{千米经长}{1000} \times \frac{成品匹长 \times 联匹数}{1 + 后整理伸长率}$$

或

$$浆纱墨印长度 = \frac{千米经长}{1000} \times \frac{成品匹长 \times 联匹数}{1 - 后整理缩短率}$$

(10)色织物用纱量计算:色织物的用纱量计算,可分为下列三种情况。

① 按色织坯布用纱量计算:凡是大整理产品,按色织坯布用纱量计算,并且可以不必考虑自然缩率。

② 按色织成品用纱量计算:凡小整理产品,拉绒或不经任何处理直接以成品出厂的产品,均按此类计算,计算时要考虑自然缩率、小整理缩率或伸长率。

③ 按白坯布用纱量计算:凡纬纱全部用本白纱的产品,计算纬纱用纱量时,它的伸长率、回丝率需按本白纱的规定计算。

用纱量计算的目的,是为了结合生产任务制定分色用纱量,供填写发染单时用。用纱量的计算,各地区、各厂不太一致,但基本计算公式是一致的,色织坯布用纱量计算公式如下:

$$色织坯布经纱用纱量(kg/km) = \frac{总经根数 \times 千米织物经长(m) \times Tt}{1000(1 - 染纱缩率)(1 + 准备伸长率)(1 - 回丝率)(1 - 捻缩率)}$$

$$色织坯布纬纱用纱量(kg/km) = \frac{坯布纬密(根/10cm) \times 筘幅(m) \times Tt}{100(1 - 染纱缩率)(1 + 准备伸长率)(1 - 回丝率)(1 - 捻缩率)}$$

色织成品布用纱量计算公式如下:

$$色织成品布经纱(或纬纱)用量(kg/km) = 坯布经纱(或纬纱)用纱量(kg/km) \times \frac{1 + 自然缩率}{1 + 后整理伸长率}$$

或

$$色织成品布经纱(或纬纱)用量(kg/km) = 坯布经纱(或纬纱)用纱量(kg/km) \times \frac{1 + 自然缩率}{1 - 后整理缩短率}$$

四、棉型织物设计实例

(一)本色织物设计实例

纯棉双面卡其坯布的主要规格为 18.2tex×18.2tex,590 根/10cm×433 根/10cm,三联匹长 90m,喷气织机双幅织造,布幅为 119.38×2cm,双幅间空 25 筘,边经 60×2 根,地经、边经每筘穿入均为 3 根。试进行相关的规格、技术设计和计算。

1. 确定织物缩率　根据生产实际经验,取经纱织缩率为 12%,纬纱织缩率为 4%,自然缩率与放码损失率为 1.25%,经纱总伸长率为 1.2%,经纱回丝率为 0.263%,纬纱回丝率为 0.647%。

2. 确定总经根数

$$总经根数 = \frac{590 \times 119.38 \times 2}{10} + 120 \times \left(1 - \frac{3}{3}\right) = 7043 \times 2(根)$$

取 7042 ×2 根。

3. 确定筘号

$$公制筘号 = \frac{590 \times (1 - 4\%)}{3} = 189（筘/10cm）$$

4. 确定筘幅

$$单幅筘幅 = \frac{\left[7042 - 120 \times \left(1 - \frac{3}{3}\right)\right] \times 10}{3 \times 189} = 124.2（cm）$$

$$双幅间空筘幅 = \frac{25 \times 10}{189} = 1.32（cm）$$

$$总筘幅 = 124.2 \times 2 + 1.32 = 249.7（cm）$$

5. 计算浆纱墨印长度

$$浆纱墨印长度 = \frac{织物公称匹长}{1 - 经纱织缩率} = \frac{90}{3 \times (1 - 12\%)} = 34.1（m）$$

6. 计算用纱量

$$百米织物经纱用量 = \frac{18.2 \times 7042 \times 2 \times (1 + 1.25\%)}{10^4 \times (1 + 1.2\%) \times (1 - 12\%) \times (1 - 0.263\%)} = 29.22（kg）$$

$$百米织物纬纱用量 = \frac{18.2 \times 433 \times (1.1938 \times 2 + 0.1) \times (1 + 1.25\%)}{10^3 \times (1 - 4\%) \times (1 - 0.647\%)} = 20.81（kg）$$

$$百米织物用纱量 = 29.22 + 20.81 = 50.03（kg）$$

（二）色织物设计实例

某纯棉色织缎条府绸，坯布规格为 14.6tex × 14.6tex，393.7 根/10cm × 275.6 根/10cm，成品幅宽 147.3cm，边经 48 根，成品匹长 40m，剑杆织机织造，一花成品平纹地、缎条花宽各为 26.8mm、1.6mm，边筘（3 筘 ×4 入/筘 +4 筘 ×3 入/筘）×2，试进行工艺设计与上机计算。经纱配色循环如下：

本白	浅绿	本白	（本白缎条	浅蓝缎条）×4	本白	浅绿	本白	橙	本白	浅绿
18	2	10	1	1	14	2	6	9	2	2

本白	（本白缎条	浅蓝缎条）×2	本白	浅绿	本白	橙	
16	2	2	6	4	2	9	合计 118 根/花

1. 确定染幅缩率 根据生产实际经验，染幅缩率选取 4.5%。

2. 确定坯布幅宽

$$坯布幅宽 = \frac{147.3}{1 - 4.5\%} = 154.2（cm）$$

3. 初算总经根数

$$初算总经根数 = \frac{154.2 \times 393.7}{10} = 6071（根）$$

取 6072 根。

4. 初算平纹地、缎纹花部的经密 此织物为条型花纹，在一个花纹循环中共有两条平纹条子和两条缎纹条子。一个花纹循环中共有 118 根经纱，其中 102 根为平纹组织，16 根为缎纹组织。平纹组织分为两个条子，每个条子有 51 根纱，宽 26.8mm；缎纹组织也分两个条子，每个条子有 8 根纱,宽 1.6mm。故平纹地和缎纹花部的经密可计算如下:成品平纹地经密 = $\frac{51}{26.8}$ × 10 = 190.3(根/10cm),缎条花经密 = $\frac{8}{1.6}$ = 500(根/10cm)地、花经密比 = 190.3∶500 ≈ 2∶5,则地、花每筘分别为 2 人、5 人。

5. 初算筘幅　根据生产经验,参照同类产品,取纬纱织缩率为 6.5%。

$$初算筘幅 = \frac{154.2}{1 - 6.5\%} = 164.9(cm)$$

6. 确定全幅筘齿数　每花平纹地用筘齿数 = $\frac{102}{2}$ = 51 齿,每花缎条花用筘齿数 = $\frac{16}{5}$ ≈ 3 齿,边用筘齿数 14 齿,每花筘齿数为 51 + 3 = 54 齿。

$$平均每筘穿入数 = \frac{118}{54} ≈ 2.2(根/筘)$$

$$全幅筘齿数 = 51 × 54 + 3 + 14 = 2771(齿)$$

7. 计算全幅花数

$$全幅花数 = \frac{6072 - 48}{118} = 51 花 + 6 根$$

8. 筘号的计算

$$筘号 = \frac{2771 × 10}{164.9} = 168.04$$

取 168 号。

修正筘幅 = $\frac{2771 × 10}{168}$ = 164.94(cm),与初算筘幅 164.9cm 相差 0.04cm,在允许的范围内。

9. 核算坯布经密

$$核算坯布经密 = \frac{6072}{154.2} = 393.8(根/10cm)$$

与规定的经密仅差 0.1(根/10cm),在允许的范围内。

10. 千米坯布经纱长度的确定　根据生产经验,取平纹地经纱织缩率为 11.2%,缎条花经纱织缩率为平纹地经纱的 98%。

$$千米经长 = \frac{1000}{1 - 11.2\%} = 1126.1(m)$$

$$坯布落布长度 = \frac{40 × 3}{1 + 1\%} = 118.8(m)$$

$$平纹地经轴浆纱墨印长度 = \frac{118.8 × 1126.1}{1000} = 133.8(m)$$

缎条花经轴长度取平纹地经轴长度的 98%,则:

$$缎条花经轴浆纱墨印长度 = 133.8 × 98\% = 131.1(m)$$

11. 用纱量计算

$$百米色织坯布用纱量 = \frac{5256 × 14.6}{10^4 × (1 - 11.2\%) × (1 - 2\%) × (1 + 1\%)} = 8.7(kg)$$

12. 计算各综框上综丝负荷　在该织物中,不同运动规律的经纱数有 6 种,确定使用 8 页综,平纹地、缎条各 4 页综。

13. 劈花

| 本白 | 浅绿 | 本白 | (本白 | 浅蓝)×4 | 本白 | 浅绿 | 本白 | 橙 | 本白 | 浅绿 | 本白 |
| 12 | 2 | 10 | 1 | 1 | 14 | 2 | 6 | 9 | 2 | 2 | 16 |

| (本白 | 浅蓝)×2 | 本白 | 浅绿 | 本白 | 橙 | 本白 |
| 2 | 2 | 6 | 4 | 2 | 9 | 6＋6 |

第五节 毛型织物设计

一、毛型织物的分类及编号

(一)毛型织物的分类

毛织物的种类繁多,分类方法也很多,通常习惯上有以下分法。

1. 按织物原料分

(1)纯毛织物:经纱和纬纱都是由羊毛纤维构成的织物。如纯毛华达呢、纯毛大衣呢等。注意,在纯毛产品中精梳成品允许加入 5% 合成纤维,粗梳成品允许加入 7% 合成纤维,但不能标为 100% 羊毛,可以标为纯毛。

(2)混纺毛织物:经纱、纬纱内含有羊毛和一种或几种其他纤维的织物。如羊毛与涤纶混纺的毛/涤纶,羊毛与黏胶纤维混纺的毛/黏华达呢等。

(3)纯化纤织物:经纬纱全由化学纤维构成,但在毛纺织设备上加工而成的织物。如黏胶纤维与锦纶混纺的黏/锦华达呢,涤纶与黏胶纤维混纺的涤/黏凡立丁等。

(4)交织物:由含有一种纤维的经纱与含有另一种纤维的纬纱交织而成的织物。如精纺织物中的以绢丝或涤纶长丝作经纱、羊毛纱作纬纱的交织品;粗纺织物中的以棉纱作经纱、羊毛纱作纬纱的粗服呢、军毯和长毛绒等。

2. 按纺纱工艺分 按纺纱工艺可分为精纺和粗纺两大类。

(1)精纺毛织物(worsted cloth)是用精梳毛纱为原料加工而成,如华达呢、哔叽、凡立丁、花呢、女式呢和派力司等。

(2)粗纺毛织物(woolen cloth)是用粗梳毛纱为原料加工而成,如麦尔登、海军呢、制服呢、大衣呢和粗花呢等。

3. 按染整工艺分

(1)匹染产品:由呢坯直接染色的产品。素色毛织物主要采用匹染的方法,如匹染全毛华达呢、匹染全毛哔叽等。

(2)条染产品:由羊毛或其他纤维染色后再纺纱织成的产品,适用于精纺花色毛织物。如各种花呢、派力司等。

(3)散毛染色产品:由散羊毛或其他散纤维染色后再纺纱织成的产品,适用于粗纺花色毛织物。如粗花呢、花式大衣呢等。

（二）毛织物的品名编号

毛织物的品名编号由五位数字组成，见表 5 – 15。

表 5 – 15　毛织物的品名编号

织物分类	品　　名	纯毛织物	混纺织物	纯化纤织物
精纺织物	哔叽	21001 ~ 21500	31001 ~ 31500	41001 ~ 41500
	啥味呢类	21501 ~ 21999	31501 ~ 31999	41501 ~ 41999
	华达呢类	22001 ~ 22999	32001 ~ 32999	42001 ~ 42999
	中厚花呢类	23001 ~ 24999	33001 ~ 34999	43001 ~ 44999
	凡立丁类（包括派力司）	25001 ~ 25999	35001 ~ 35999	45001 ~ 45999
	女式呢类	26001 ~ 26999	36001 ~ 36999	46001 ~ 46999
	贡呢类	27001 ~ 27999	37001 ~ 37999	47001 ~ 47999
	薄花呢类	28001 ~ 28999	38001 ~ 38999	48001 ~ 48999
	其他类	29501 ~ 29999	39501 ~ 39999	49501 ~ 49999
粗纺织物	麦尔登类	01001 ~ 01999	11001 ~ 11999	71001 ~ 71999
	大衣呢类	02001 ~ 02999	12001 ~ 12999	72001 ~ 72999
	海军呢、制服呢	03001 ~ 03999	13001 ~ 13999	73001 ~ 73999
	海力斯类	04001 ~ 04999	14001 ~ 14999	74001 ~ 74999
	女式呢类	05001 ~ 05999	15001 ~ 15999	75001 ~ 75999
	法兰绒类	06001 ~ 06999	16001 ~ 16999	76001 ~ 76999
	花呢类	07001 ~ 07999	17001 ~ 17999	77001 ~ 77999
	大众呢类	08001 ~ 08999	18001 ~ 18999	78001 ~ 78999
	其他类	09001 ~ 09999	19001 ~ 19999	79001 ~ 79999
毛毯织物	素毯（棉毛）	610 * * ~ 613 * *	614 * * ~ 616 * *	617 * * ~ 619 * *
	素毯（毛毛）	620 * * ~ 623 * *	624 * * ~ 626 * *	627 * * ~ 629 * *
	道毯（棉毛）	630 * * ~ 633 * *	634 * * ~ 636 * *	637 * * ~ 639 * *
	道毯（毛毛）	640 * * ~ 643 * *	644 * * ~ 646 * *	647 * * ~ 649 * *
	提花毯（棉毛）	650 * * ~ 953 * *	654 * * ~ 656 * *	657 * * ~ 659 * *
	印花毯	670 * * ~ 673 * *	674 * * ~ 676 * *	677 * * ~ 679 * *
	格子毯	680 * * ~ 683 * *	684 * * ~ 686 * *	687 * * ~ 689 * *
	特殊加工毯	690 * * ~ 693 * *	694 * * ~ 696 * *	697 * * ~ 699 * *
长毛绒织物	服装用长毛绒	* 5101	* 5141	* 5171
	衣里用长毛绒	* 5201	* 5241	* 5271
	工业用长毛绒	* 5301	* 5341	* 5371
	家具用长毛绒	* 5401	* 5441	* 5471

注　精、粗纺毛织物编号中的第一位数字表示原料成分，第二位数字表示大类织物的名称，第三位、第四位、第五位数字表示产品不同规格的顺序编号；毛毯织物编号中的第一位数字表示毛毯，第二位数字表示产品类别，第三位数字表示原料，第四位、第五位数字表示不同规格的顺序号；长毛绒织物编号中的第一位数字表示生产厂代号，第二位数字表示长毛绒产品，第三位数字表示用途，第四位数字表示原料，第五位数字表示不同规格的产品顺序号。

精纺毛织物面料库

二、精纺毛织物设计

（一）精纺毛织物典型品种的风格特征及品质要求

精纺毛织物是采用精梳毛纱织制而成的，织物的风格要求包括呢面要求和手感要求。产品的呢面是指织物的花型、织纹、颜色、光泽以及表面状态的总称。光面织物的呢面要求织纹清晰，光洁平整，纱线条干均匀，经纬平直，光泽柔和，膘光足，色彩花型典雅大方，具有立体感，配色协调。呢面织物的呢面要求混色均匀，绒毛整齐，不发毛，不起球，织纹隐约可见。织物的手感要求为手感柔韧、滑糯活络、身骨结实、富有弹性、捏放自如、不板不烂。混纺产品和仿毛产品应具有良好的毛型感，即"弹、挺、丰、爽、匀"。随着新产品的不断开发，精纺毛织物向轻薄、混纺、多功能、环保方向发展，目前开发的织物功能主要有远红外、中空保暖、抗皱、抗紫外线、三防、凉爽、抗静电、吸湿发热、智能调温等。

各种不同类型的精纺产品，主要根据羊毛纤维的不同品质，不同服用要求，经过长期使用而逐渐形成目前流行的毛织物传统品种。精纺毛织物各大类产品的风格特征及品质要求如下。

1. 哔叽　哔叽（serge）是精纺产品中最基本的品种之一。常用织物组织为 $\frac{2}{2}$ 斜纹，厚哔叽也可采用 $\frac{3}{3}$ 斜纹。多为匹染素色，纬经密度比约为 0.8～0.9，呢面斜纹角度呈 50°左右，斜纹间距较宽。织物手感丰满、柔糯、富有弹性，光泽自然柔和，呢面洁净，斜纹清晰，边道平直。光面哔叽要求光洁平整，不起毛。毛面哔叽经轻缩后，表面有毛绒覆盖，由于毛绒短小，底纹斜条仍可见。

哔叽呢面有两种。光面哔叽要求光洁平整，不起毛，纹路清晰；毛面哔叽经轻缩绒整理工艺，由于毛绒短小，纹路仍较明显。

纱线线密度为 16.7tex×2～22.2tex×2（60 公支/2～45 公支/2），单位面积质量从较薄的 190g/m² 至厚重的 390g/m² 都有。

2. 啥味呢　啥味呢（worsted flannel）经缩绒整理，外观与粗纺产品法兰绒类似，所以称为精纺法兰绒。常用织物组织为 $\frac{2}{2}$ 斜纹，斜纹线倾斜角度为 50°左右。啥味呢与哔叽的主要区别在于，啥味呢是混色夹花的，而哔叽是单色的。产品为条染混色，在深色毛中混入部分白毛或其他浅色毛。混纺产品可利用不同纤维的吸色性能匹染。织物手感柔软、丰满、有身骨、弹性好，呢面平整，毛茸齐短匀净，混色均匀，光泽自然柔和。毛面啥味呢经轻缩后呢面有短细毛茸。

纱线线密度为 20tex×2（50 公支/2）左右；单位面积质量为 230～330g/m²。

3. 华达呢　华达呢织物通常要求具有一定的拒水性，要求呢面具有较大倾斜角度的斜纹贡子。组织可采用 $\frac{2}{1}$ 斜纹、$\frac{2}{2}$ 斜纹、缎背组织，分别称作单面华达呢、双面华达呢和缎背华达呢。产品多为匹染素色，纬经密度比为 0.51～0.57，斜纹线倾斜角度为 63°左右。织物手感结实挺括，有身骨、紧密、弹性足，呢面光洁，色泽匀净，条干均匀，贡子清晰、饱满、光泽自然柔和。

纱线线密度为 16.7tex × 2 ~ 22.2tex × 2（60 公支/2 ~ 45 公支/2），单位面积质量为 260 ~ 330 g/m²。

4.凡立丁 凡立丁（valitin）是夏季服用轻薄织物。采用平纹组织，原料好，纱线细，捻度大，经纬密度较小，经电压，光泽美观无折痕。呢面光洁平整，经直纬平，忌鸡皮绉，条干均匀，无雨丝痕，色泽鲜明、匀净、膘光足。手感滑、挺、糯、活络、有弹性，透气性好。织物多为匹染素色，色泽以中浅色为主。

纱线线密度为 16.7tex × 2 ~ 19.2tex（60 公支/2 ~ 52 公支），单位面积质量为 175 ~ 195g/m²。

5.派力司 派力司（palace）也是夏季衣着面料，条染混色产品，比凡立丁更轻薄爽挺，为双经单纬的平纹织物。其外观主要特点为具有比主色调较深的毛纤维随机地分布在呢面上，形成派力司独特的风格。织物呢面平整、洁净、自然，异色分明，混色均匀。手感滑、挺、薄、活络、弹性足。

纱线线密度为经纱 14.2tex × 2 ~ 16.7tex × 2（70 公支/2 ~ 60 公支/2），纬纱为 22 ~ 25tex（45 ~ 40 公支），单位面积质量为 135 ~ 168g/m²。

6.花呢 花呢（fancy suiting）类是精纺毛织物的主要产品大类。多为条染，可用不同色彩的纱线，如素色、混色、异色合股、各种花式线，正反捻排列组成格、条、点子花纹等。光面花呢要求呢面光洁平整，不起毛，花纹清晰。毛面花呢经轻缩或重洗，以洗代缩或洗缩结合。组织变化较多。根据织物质量分类，在 195g/m² 以下的称为薄花呢，在 195 ~ 315g/m² 的称为中厚花呢，在 315g/m² 以上的称为厚花呢。

花呢品种较多，常见的有以下几种类型。

（1）素花呢：采用经纬纱相同或不同的 A/B 花线为主要原料，织造成不同色相的素花呢。织物表面素净混一。一般为 $\frac{2}{2}$ 斜纹组织，纬经密度比为0.8 ~ 0.85，单位面积质量在 250g/m² 左右。

（2）条花呢：一般采用斜纹或变化斜纹组织配以嵌条线的设计方法。嵌条线可采用丝光棉线、绢丝线、涤纶丝、异色毛纱等。主流产品一般纬经比为 0.85 左右，单位面积质量在 260 ~ 302g/m²。

（3）格子花呢：主要是经纬纱均采用两种或两种以上不同颜色的毛纱织成，常以平纹或斜纹等组织构成。利用不同色泽的毛纱及不同的排列比，产生不同的格子效应。一般纬经比为 0.86左右，单位面积质量为 260 ~ 270g/m²。

（4）粗平花呢：是粗特平纹花呢的简称。特点是用高特（粗支）A/B 毛纱为经纬纱，采用平纹组织，配以隐条隐格和彩色嵌条，在呢面上形成各种明暗立体条格花式效应。一般纬经比为 0.8 ~ 0.82，单位面积质量为 230 ~ 250g/m²。

（5）板司呢：是"basket"的音译，为花呢的传统品种之一，组织常用 $\frac{2}{2}$ 方平组织，利用色纱与组织配合，在织物表面形成针点花型或阶梯花型。纬经比为 0.85 ~ 0.88，单位面积质量为 270 ~ 320g/m²。

（6）海力蒙：是"herringbone"的音译，使用花型来命名织物。多用 $\frac{2}{2}$ 斜纹作基础组织，经向为

8×8 或 12×12 等人字斜纹。呢面呈狭窄的人字条状，在倒顺斜纹的交界处，经纬组织点相反，形成纤细的沟纹，一般设计成浅经深纬。纬经比为 0.84 左右，单位面积质量为 260～290g/m²。

（7）单面花呢：织物采用的原料好，纱线细，经密大，较其他花呢厚重，呢面有凹凸条纹，正反面花纹常常不同，故称作单面花呢，是精纺毛织物中的高档产品。织物采用以平纹组织为基础的表里换层组织，经纬纱利用不同捻向的纱线相间排列，在织物表面形成细狭如牙签宽度的隐条，因此又称牙签呢。

要求手感丰满、滑糯、弹性好，呢面细洁，花型配色雅致，织纹清晰，有立体感，光泽自然柔和。纬经比为 0.64～0.7，纱线线密度为 12.5tex×2～19tex×2（80 公支/2～54 公支/2），单位面积质量为 270～312g/m²。

（8）薄花呢：每平方米质量在 195g 以下，纱线细，质量轻。组织常用平纹。可采用条染混色或异色合股、各种色纱交织，正反捻花线、嵌条线等装饰的条子或格子织物。手感活络有弹性、滑、挺、爽（或糯）、薄，呢面光洁平整，经直纬平，条干均匀，光泽自然。纱线线密度为 12.5tex×2～20tex×2（也可双经单纬或高达 10tex×2）。单位面积质量为 124～195g/m²。

随着超细羊毛纤维的开发，桑蚕丝、功能性化纤等的应用，薄花呢产品更加轻薄，更趋于多功能化。

7. 女式呢 女式呢（lady's cloth）色泽鲜艳明亮，可采用各种变化组织、联合组织或双层组织、提花组织。身骨较轻薄、松软，又称女衣呢。风格要求手感柔软、有弹性，色泽鲜艳，光泽自然，呢面织纹清晰。纱线线密度为 19.2tex×2（52 公支/2）左右，单位面积质量为 165～250g/m²。

8. 直贡呢 直贡呢（venetian）又称礼服呢，是精纺产品中纱线较粗、经纬密度大而又厚重的品种。组织采用急斜纹和缎纹变化组织。如 $\frac{5}{1}\frac{5}{2}(S_j=2)$，$\frac{4}{1}\frac{4}{2}(S_j=2)$。呢面织纹凹凸分明，纹路间距小，斜纹倾斜角度在 75°左右，织物表面具有清晰细密的贡纹。身骨紧密、厚实，手感滋润、柔软，呢面细洁、活络。经纬比为 0.75～0.77，纱线线密度为 16.7tex×2～20tex×2（60 公支/2～50 公支/2）（也可用 25tex、26tex 作纬纱，高级贡呢用 14tex×2），单位面积质量为 300～350g/m²。

9. 马裤呢 马裤呢（whipcord）有素色和混色，是精纺呢绒中身骨较厚重的品种之一，采用变化急斜纹组织，如 $\frac{1}{1}\frac{5}{1}\frac{1}{2}(S_j=2)$。纱线粗，捻度大，呢面呈较粗的急斜纹，具有凸起的单行粗斜纹。质地厚实，纹路清晰，身骨好。纱线线密度为 16.7tex×2～22.2tex×2（60 公支/2～45 公支/2）（也有 27.7tex×2、25tex×2），单位面积质量为 400～420g/m²。

10. 巧克丁 巧克丁（tricotine）外观具有像针织物一样明显的罗纹条。采用变化急斜纹组织，每两根或三根并列的急斜纹条子为一组，同一组内条纹距离近，条间的沟纹浅；而组与组之间的距离稍大，沟纹明显。常见单位面积质量为 270～350g/m²。

11. 驼丝锦 驼丝锦（doeskin）为仿母鹿皮风格，结构较紧密。组织采用纬面加强缎纹。织物正面呈平纹效应，反面为缎纹效应。呢面平整，织纹细致，手感柔滑，有弹性，光泽好。纱线线密度为 12.5tex×2～20tex×2（80 公支/2～50 公支/2），纬经比为 0.6 左右，常见织物单位面积

质量为 $280 \sim 370\text{g/m}^2$。

（二）精纺毛织物主要结构参数设计

1. 原料的选择　精纺毛织物原料的选择,应包括纤维的品种、混纺比及长度、线密度等品质的确定。

（1）精纺毛织物常用的纤维原料:绵羊毛是毛织物的主要原料,其他天然纤维和特种动物纤维如山羊绒、骆驼绒、兔毛、马海毛、牦牛绒和羊驼毛等也常应用。随着化学纤维技术的发展,毛织物采用化纤原料日益增多,常用于精纺毛织物的化纤品种有涤纶、腈纶、黏胶、锦纶、氨纶等。此外新型纤维的不断开发给精纺毛织物带来了新的风格和功能。如超细羊毛、拉细羊毛、化学变性羊毛、差别化涤纶纤维、再生纤维（如天丝、牛奶丝、大豆蛋白纤维、莫代尔、竹纤维、玉米纤维、咖啡炭纤维等）、功能纤维（如空调纤维、凉感纤维、弹性纤维、导电纤维、抗起球纤维等）与羊毛纤维混纺,提高了纺纱支数,降低了高支轻薄面料的成本,成功开发生产了性能优越、外观风格独特、赋有特殊功能的生态毛织物。目前,毛纺面料根据流行趋势和产品风格及性能要求,采用单一原料的越来越少,而倾向于多种纤维组合,少则二、三种纤维,多则五、六种纤维;它们通过混纺、交织、合股、包芯、交捻、交编等方式组合;根据所要强调的特点,选择了多种不同的混合比例;混入的成分有长丝、短纤等;多种纤维混合目的不同,有为降低成本、纤维优势互补、色彩效果好、耐用、增加面料功能等优点,由此提高了面料质量。

（2）选择原料的依据:毛织物性能由所用原料、组织、织物规格和加工工艺综合决定,其中原料是基础。选择原料时,首先必须依据织物的用途、风格特征和品质要求,同时考虑加工工艺的经济合理性、设备条件的可能性以及成本和资源情况等。

（3）纤维线密度、长度的选择:

① 纤维线密度的选择:根据纺纱线密度和织物风格及品质要求进行选择。为了确保细纱条干和允许的断头率,要求细纱截面内有最低限度的纤维根数,如精梳纱一般为 $35 \sim 40$ 根。毛纱截面纤维根数 n 计算公式为:

$$n = \frac{4000\text{Tt}}{\pi \cdot \gamma \cdot d^2} \quad \text{或} \quad n = \frac{4000000}{\pi \cdot \gamma \cdot N_{\text{m}} \cdot d^2}$$

式中:γ——羊毛纤维的密度,g/cm^3;

　　Tt——纱线线密度,tex;

　　d——纤维平均直径,μm。

所以,纤维品质支数越高,即纤维平均直径越小,则可纺纱线线密度越小。一般地说,纺纱线密度越小,所用原料应越细;纺纱线密度大,所用原料可粗些。羊毛品质支数与平均直径的关系见表 5 – 16。

表 5 – 16　羊毛品质支数与平均直径的关系

品质支数	平均直径（μm）	纺纱线密度（tex）	纺纱支数（公支）
70	18.1～20.0	14.3～16.7	70～60
66	20.1～21.5	16.7～19.2	60～52

续表

品质支数	平均直径(μm)	纺纱线密度(tex)	纺纱支数(公支)
64	21.6 ~ 23.0	19.2 ~ 22.2	52 ~ 45
60	23.1 ~ 25.0	22.2 ~ 27.8	45 ~ 36
58	25.1 ~ 27.0	—	—
56	27.1 ~ 29.0	—	—
50	29.1 ~ 31.0	—	—

② 纤维长度、含杂等品质的选择:不同的纺纱系统对纤维长度有不同要求;英式制条的纤维长度一般宜大于80mm,法式制条和混合纺要求的纤维长度则可适当小一些。

(4)混纺比例:羊毛与化纤混纺,可以利用两种纤维的不同性能互相配合,取长补短,以提高产品的质量,降低织物的成本。混纺产品可以改善织物的服用性能,如提高织物强力,另外,对防缩、防皱、耐磨、易洗和免烫等均有一定的帮助。由于化纤的长短差异小,长度、线密度可以任意选择,因此羊毛与化纤混纺可以提高可纺纱线密度,改善纱线条干,使织物轻薄,外观细洁。

原料的混纺比只有在一定的范围内,才能充分发挥各种纤维的优点。常用的混纺比例有:毛/黏(70/30)、毛/涤(45/55)、毛/腈(50/50)、毛/黏/腈(20/40/40)、毛/黏/锦(20/60/20)、毛/涤/黏(30/30/40)。

以上混纺比例均对常规化纤而言。

2. 纱线设计 纱线设计的项目包括纱线的线密度、捻度和捻向。

(1)纱线线密度:毛织物所用纱线,主要是由短纤维纺成的单纱和股线,少量使用化纤长丝、绢丝以及羊毛和化纤长丝合捻的夹丝纱线和花式纱线等。精纺毛织物多采用股线,个别品种采用双经单纬。一般精纺毛纱线密度范围为 12.5tex ~ 33.33tex × 2(即 80 公支 ~ 30 公支/2)。纱线的线密度对成品外观、质量、手感以及力学性能均有影响。

随着轻薄型精纺毛织物的开发,线密度可达到 8.3tex × 2(120 公支/2),甚至 3.33tex × 2(300 公支/2)极品呢绒,面料质地轻薄飘逸,具有羊绒的手感,蚕丝的光泽。

(2)纱线捻度:精梳毛纱捻度以每米内的捻回数表示,纱线捻度对织物的强力、手感、弹性、耐磨性、起球性及光泽等品质都有显著影响。选择精梳毛纱捻系数时,应综合考虑所用纤维原料、纺纱强力以及织物风格要求。精纺毛织物常用捻系数见表 5 – 17。

表 5 – 17　精纺毛织物常用公制捻系数

品　　种	单纱捻系数	股线捻系数	风　格　特　征
全毛哔叽	80 ~ 85	101 ~ 130	柔软,光洁整理
全毛啥味呢	75 ~ 80	100 ~ 110	柔软,缩绒整理
全毛华达呢	85 ~ 90	140 ~ 160	结实,挺括
全毛贡呢	85 ~ 90	120 ~ 140	光洁

品　种	单纱捻系数	股线捻系数	风　格　特　征
全毛薄花呢	80～90	120～140	柔软风格取低捻;挺爽风格取高捻
全毛中厚花呢	75～85	120～160	同薄花呢
全毛单面花呢	85～95	160～190	双层平纹,要求光洁,减少起毛起球
全毛绉纹女衣呢	85～90	125～130	同向强捻,Z/Z,S/S
毛/涤薄花呢	80～90	115～125	滑糯
毛/涤薄花呢	85～95	140～160	挺爽
毛/涤中厚花呢	75～85	110～125	丰厚、毛型感好
涤/黏薄花呢	80～90	115～150	同全毛薄花呢
涤/黏中厚花呢	80～90	120～140	要求毛型感好
腈/黏薄花呢	85～90	125～135	要求毛型感好
腈/黏中厚花呢	75～85	115～130	要求毛型感好
各种单股纬纱	100～130	—	

注　1. 股线捻系数以合股纱支折成单纱后计算。

　　2. 如采用 Z/Z 捻时,毛涤纶等薄型织物取股线捻度为单纱捻度的 70%～80%,一般织物取单纱捻度的 60%～70%,但腈黏混纺纱不宜采用 Z/Z 捻,否则小缺纬会增多。

（3）纱线捻向:包括单纱、股线的捻向配置及经纬纱之间的捻向配合。其对织物的光泽和纹路清晰度、手感都有一定的影响,确定捻向时要综合考虑上述因素。

精纺毛织物所用纱线形式多样,除传统结构纱线外,还有花式纱、赛络纺纱、赛络菲尔纱、紧密纺纱、多股纱、粗细合股的弓形纱、同向加捻纱、异色花并纱、长丝（复丝）平行纱等。由于近年企业普遍引进无结化接头的纺纱设备,使高档、轻薄、光面的毛精纺面料取得优异的成品质量和服用性能。

3. 织物组织设计　组织设计是织物设计的最基础因素。精纺毛织物应用组织较多,从三原组织到复杂组织都有使用。如平纹组织的凡立丁、派力司,斜纹组织的单面华达呢,利用表里换层组织的牙签条织物等。

4. 织物密度设计　可采用经验设计法、参照设计法、理论计算法、紧度系数设计法、相似织物设计法等方法。

在采用勃利莱经验法进行设计时,根据方形织物最大密度计算的公式,可计算出经纬纱线密度相等且经纬密度相等的呢坯上机最大密度。

$$P_{\max} = \frac{1350}{\sqrt{Tt}}F^m \quad 或 \quad P_{\max} = 42.7\sqrt{N_m}F^m$$

例1　某精纺毛织物,经纱采用 18.5tex×2（54 公支/2）精纺毛纱,纬纱采用 37tex×2（27 公支/2）精纺毛纱,组织为 $\frac{2}{2}$ 斜纹,求①利用勃利莱经验公式求坯布的最大密度;②如果坯布经密为 378 根/10cm,求坯布纬密。

解

① 根据题意,可使用公式:

$$P_{max} = 42.7\sqrt{N_m F^m}$$

计算平均纱支:

$$\overline{N_m} = \frac{2N_{mj} \times N_{mw}}{N_{mj} + N_{mw}} = \frac{2 \times 27 \times 13.5}{27 + 13.5} = 18(公支)$$

$$P_{max} = 42.7\sqrt{N_m F^m} = 42.7 \times \sqrt{18} \times 2^{0.39} = 236(根/10cm)$$

则方形织物的坯布密度为 236 根/10cm。

② 先求出 K' 值:

$$K' = P_w \times P_j^{0.67\sqrt{N_{mw}/N_{mj}}} = P_{max} \times P_{max}^{0.67\sqrt{N_{mw}/N_{mj}}} = 236^{1 + 0.67\sqrt{13.5/27}} = 3140$$

当 $P_j = 378$ 时,

$$P_w = K' \times P_j^{-0.67\sqrt{N_{mw}/N_{mj}}} = 3140 \times 378^{-0.67\sqrt{13.5/27}} = 188(根/10cm)$$

则坯布纬密为 188 根/10cm。

例 2 用 $16.7\text{tex} \times 2$(60 公支/2)精纺毛纱织造 $\frac{2}{2}$ 斜纹毛织物,设计上机经密为 380 根/10cm,纬密为 260 根/10cm,问织制该织物有何困难? 织物是否太松?

解

① 计算方形织物的最大密度 P_{max}:

$$P_{max} = 42.7\sqrt{N_m F^m} = 42.7 \times \sqrt{30} \times 2^{0.39} = 306.5(根/10cm)$$

$$K' = P_w \times P_j^{0.67} = P_{max} \times P_{max}^{0.67} = 306.5^{1.67} = 14201.65$$

当 $P_j = 380$ 时,

$$P_w = K' \times P_j^{-0.67} = 14201.65 \times 380^{-0.67} = 265.4(根/10cm)$$

因为 $260 < 265.4$,所以织造无困难。

② 当设计上机经密为 380 根/10cm,纬密为 260 根/10cm 时,实际 K' 值为:

$$K' = P_w \times P_j^{0.67} = 260 \times 380^{0.67} = 13913.2$$

则对应的实际方形织物密度为:

$$K' = P_{max实际}^{1.67}, P_{max实际} = K'^{\frac{1}{1.67}} = 13913.2^{\frac{1}{1.67}} = 302.7(根/10cm)$$

织物相对紧密度:

$$H = \frac{P_{max实际}}{P_{max}} = \frac{302.7}{306.5} \times 100\% = 98.8\%$$

因此织物很紧密。

5. 色彩花型设计

(1)精纺毛织物的毛条混色、花线配色、嵌线配色:

① 毛条混色:指用两种以上的色毛条混配纺纱。这种利用色纤维混合得到的混色程度随织物表面色彩风格不同,所采用的混色工艺及混合次数也不同。如果在纺纱的稍后工序中混合,则原来各种色纤维的颜色有一定程度的保留,织物表面有雨丝状外观效果。如果在纺纱的

前部工序就开始混色,则混色均匀。

精纺毛织物中,派力司、啥味呢等品种,以雨丝状外观、混毛夹花为特征,应采用不同色相、不同明度、差异较大的毛条进行混合。

② 花线配色:花线的结构可分为双股线、多股线、双粗纱、弱捻纱、结子纱、彩点纱、圈圈纱等。

由不同颜色的纱经并捻后得到的色线,色泽的混合就不如散纤维混得均匀,而是每个颜色因加捻而被截断成一串小的色相点。这些小色点从远处看似乎混为一色,这也是色彩空间混合效果。这种混色方法随着纱支的粗细、两根色单纱色相差和明度差的大小、合股线捻度的强弱而有差异。

色纱合股线有彩色纱合股、无彩色纱合股和有彩色纱与无彩色纱合股三种。

③ 嵌线配色:织物中构成嵌条的方法有两种,一种是用不同纱线,另一种是用不同的组织结构。嵌条的颜色组合也有几种:本色嵌条、单色嵌条、双色嵌条及多色嵌条。

(2)花型设计:精纺毛织物中,常见的花型有条子花、格子花及满地花等。其构成方法如下:

① 组织花纹花型:运用织物组织形成花型。此类花型一般较小、简单,呈几何线形纹路或其他简单几何体。

② 配色模纹花型:利用织物组织与经纬色纱的排列顺序而构成花型。这种花型变化较多,花纹显得较清晰而细腻。如板司呢,呢面呈现的阶梯花型等。

③ 装饰花纹花型:在素色织物上,使用不同的原料、不同结构的纱线作为装饰材料,通过经纬纱线排列及织纹组合、交织而成装饰花纹。这种花型较明显、突出。

④ 特殊工艺花型:利用工艺上的特殊处理和结构上的特殊设计形成花型。如利用稀密筘可形成条路花型,高收缩丝织物热处理后能使织物收缩而呈立体感。此外,还有稀弄花、印花、剪花等特殊工艺花型。

(三)精纺毛织物规格设计与上机计算

1. 织物设计参数

(1)缩率:包括织造缩率和染整缩率,不仅影响织物工艺设计中的某些重要工艺参数(如整经长度、筘幅、筘号、用纱量等),而且对成品的强力、弹性、手感和外观均有影响。

影响织物收缩的因素有:原料构成、染整加工工艺、织物组织、经纬密度、纺纱和织造工艺及其他因素。常见精纺毛织物的缩率见附录三(二)。

(2)染整质量损耗:主要是在染整过程中因拉毛、剪毛等的落毛损耗所致,也与和毛油及其他杂质的清除有关。影响染整质量损耗的因素有加工工艺和原料性能等。常见精纺毛织物的染整质量损耗见附录三(二)。

2. 精纺毛织物规格

(1)幅宽:一般规定为144cm或149cm。外销精纺呢绒一般为149cm或154cm。

(2)匹长:按订货要求来定。一般大匹为60~70m,小匹为30~40m。轻薄织物小匹为50~60m,大匹可达90m。

（3）经纬纱线密度、经纬密度及织物组织。

（4）单位面积质量。

（5）加工工艺特点。

3. 织物的上机资料　织物的上机资料应包括以下项目。

（1）产品的品名、品号、风格要求、染整工艺等。

（2）原料构成及品质特征。

（3）纱线结构：纱线线密度、捻度、捻向、合股方式。

（4）经纱密度和纬纱密度。

（5）上机筘幅、筘号和每筘齿穿入数。

（6）总经根数、地经根数、边经根数。

（7）织物上机图、布边组织、经纬色纱排列循环。

（8）织物匹长和织物单位面积质量。

4. 织物上机计算

（1）匹长计算：

$$坏布匹长（m）= \frac{成品匹长（m）}{1-染整长缩率}$$

$$整经匹长（m）= \frac{坏布长度（m）}{1-织造长缩率}$$

$$总长缩 = 1-（1-织造长缩率）×（1-染整长缩率）$$

（2）经密计算：

$$坏布经密（根/10cm）= 成品经密（根/10cm）×（1-染整幅缩率）$$

$$上机经密（根/10cm）= 坏布经密（根/10cm）×（1-织造幅缩率）$$

$$筘号 = \frac{上机经密}{每筘齿穿入根数}$$

对筘号进行取整，则：

$$修正的上机经密 = 筘号×每筘齿穿入根数$$

（3）纬密计算：

$$坏布纬密（根/10cm）= 成品纬密（根/10cm）×（1-染整长缩率）$$

$$上机纬密（根/10cm）= 坏布纬密（根/10cm）×（1-下机坏布缩率）$$

精纺毛织物下机坏布缩率一般取 2%～3%。

（4）幅宽计算：

$$坏布幅宽（cm）= \frac{成品幅宽（cm）}{1-染整幅缩率}$$

$$上机幅宽（cm）= \frac{坏布幅宽（cm）}{1-织造幅缩率} = \frac{地经穿筘数 + 边经穿筘数}{筘号}×10$$

（5）总经根数计算：

$$总经根数 = 地经根数 + 边经根数 = 上机幅宽（cm）×上机经密（根/10cm）×\frac{1}{10}$$

$$= 成品幅宽（cm）×成品经密（根/10cm）×\frac{1}{10} + 边经纱数×\left(1-\frac{地组织每筘穿入数}{边组织每筘穿入数}\right)$$

（6）成品质量计算：

$$统幅每米成品质量（g/m）=每米成品的经纱质量（g/m）+每米成品的纬纱质量（g/m）$$

$$每米成品的经纱质量（g/m）=\frac{Tt×总经根数}{1000×（1-总长缩率）}×（1-质量损耗）$$

$$=\frac{每米坯布内经纱质量（g/m）}{1-染整长缩率}×（1-质量损耗）$$

$$每米成品的纬纱质量（g/m）=\frac{Tt×成品纬密（根/10cm）×上机幅宽（cm）}{1000×10}×（1-质量损耗）$$

$$每平方米成品质量（g/m^2）=\frac{每米成品质量（g/m）}{成品幅宽（cm）}×100$$

在实际计算中，可以根据已知的成品质量反求纱线的线密度，再进行坯布质量计算。

（7）坯布质量计算：

$$每米坯布质量（g/m）=每米坯布内经纱质量（g/m）+每米坯布内纬纱质量（g/m）$$

$$每米坯布内经纱质量（g/m）=\frac{总经根数×Tt}{1000×（1-织造长缩率）}$$

$$每米坯布内纬纱质量=\frac{上机幅宽（cm）×坯布纬密（根/10cm）×Tt}{10000}$$

$$每平方米坯布质量（g/m^2）=\frac{每米坯布质量（g/m）}{坯布幅宽（cm）}×100$$

（8）用纱量的计算：

$$每匹坯布总用纱量=每匹坯布经纱用量+每匹坯布纬纱用量$$

$$每匹坯布经纱用量（kg）=\frac{总经根数×整经匹长（m）×经纱线密度（tex）}{1000×1000}$$

$$=\frac{整经匹长（m）×总经根数}{经纱公制支数×1000}$$

$$每匹坯布纬纱用量（kg）=\frac{上机幅宽（cm）×坯布纬密（根/10cm）×坯布匹长（m）×纬纱线密度（tex）}{1000×1000×10}$$

$$=\frac{上机幅宽（cm）×坯布纬密（根/10cm）×坯布匹长（m）}{纬纱公制支数×10^4}$$

（四）精纺毛织物设计实例

例　某涤毛单面花呢织物，成品成分为：涤纶55%，羊毛45%；单位面积质量为308g/m²；成品密度为415根/10cm×302根/10cm；匹长为65m；幅宽为144cm。地经纱、边经纱、纬纱的排列方式如下：

地经纱排列：（1B 1A）×3　（1A 1B）×2　1B　1A　（1A 1B）×2　1B　1A　（1A 1B）×3共24根。其中：A为正捻纱（Z/S），B为反捻纱（S/Z）。

边经纱排列：30A 2C 2A 2D 2A 2E，左右对称。其中：A为地经纱，C为棉纱（橘黄），D为棉纱（白），E为棉纱（蓝）。

纬纱排列：1B 1A，共2根。

解　从同类产品的上机资料可知，全毛品种与涤毛品种的主要区别在于染整缩率，特别是净长率，故参考全毛单面花呢品种，使织造缩率保持不变，降低其染整缩率，具体参数选择如下：织造净长率为94%，染整净长率为99%，总净长率为93%，织造净宽率为92.5%，染整净宽率为 89%，总净宽率为 82.33%，染整净重率为 96%，下机坯布净长率为 98.5%。

1. 匹长计算

$$坯布匹长 = \frac{成品匹长}{染整净长率} = \frac{65}{99\%} = 65.66(m)$$

$$整经坯长 = \frac{坯布匹长}{织造净长率} = \frac{65.66}{94\%} = 69.85(m)$$

取 70m。

2. 经密的计算

$$坯布经纱密度 = 成品经纱密度 \times 染整净宽率 = 415 \times 89\% \approx 369(根/10cm)$$

$$上机经纱密度 = 坯布经纱密度 \times 织造净宽率 = 369 \times 92.5\% \approx 341(根/10cm)$$

3. 计算筘号 单面花呢为高经纱密度品种，每个筘齿内的经纱穿入数以 6 根为宜，则：

$$筘号 = \frac{341}{6} \approx 56.8$$

取 57 号。

$$修正上机经纱密度 = 57 \times 6 = 342(根/10cm)$$

4. 纬密的计算

$$坯布纬纱密度 = 成品纬纱密度 \times 染整净长率 = 302 \times 99\% \approx 299(根/10cm)$$

$$上机纬纱密度 = 坯布纬纱密度 \times 下机坯布净长率 = 299 \times 98.5\% \approx 295(根/10cm)$$

5. 幅宽的计算

$$坯布幅宽 = \frac{成品幅宽}{染整净宽率} = \frac{144}{89\%} = 161.8(cm)$$

$$上机幅宽 = \frac{坯布幅宽}{织造净宽率} = \frac{161.8}{92.5\%} = 174.92(cm)$$

6. 总经根数计算

$$总经根数 = 成品经纱密度 \times 成品幅宽 \times \frac{1}{10} = 415 \times \frac{144}{10} = 5976(根)$$

$$总筘齿数 = \frac{5976}{6} = 996(齿)$$

总经纱根数正好被每个筘齿内的穿入数所整除，故不必修正。

计算实际上机幅宽：

$$实际上机幅宽 = 996 \times \frac{10}{57} = 174.74(cm)$$

7. 边经纱计算 该产品可以用 $\frac{3}{1}$、$\frac{1}{3}$ 经二重或双层平纹织制，边组织与地组织相同，用 8 片综织制。每边宽度为 0.96cm，则：

$$成品每边经纱根数 = 415 \times \frac{0.96}{10} \approx 40(根)$$

则：

$$地经纱总数为 5976 - (40 \times 2) = 5896(根)$$

8. 按既定的成品质量求毛纱线密度

$$成品每米质量 = 成品单位面积质量 \times 成品幅宽 \times 10^{-2} = 308 \times 144 \times 10^{-2} = 443.52(g/m)$$

$$毛纱纱支 = \frac{10^3 \times 成品单位面积质量 \times 成品匹长 \times 幅宽}{(整经匹长 \times 总经根数 + 10 \times 纬密 \times 上机幅宽 \times 坯布匹长) \times 染整净重率}$$

$$= \frac{10^3 \times 308 \times 65 \times 1.44}{(70 \times 5976 \times 2990 \times 1.749 \times 65.66) \times 96\%}$$

$$= 39.42 = 19.71 \text{tex} \times 2(50.73 \text{ 公支}/2)$$

9. 坯布质量计算

$$每米坯布质量 = \left(\frac{5976}{94\% \times 10^3} + \frac{299 \times 174.91}{10^4} \right) \times 39.42 \approx 456.77(\text{g/m})$$

10. 成品质量计算

$$每米成品质量 = \frac{每米坯布质量 \times 染整净重率}{染整净长率} = \frac{456.77 \times 96\%}{99\%} = 442.93(\text{g/m})$$

11. 每匹坯布用纱量计算

$$每匹坯布用纱量 = 每匹坯布经纱用量 + 每匹坯布纬纱用量$$

$$= \left(\frac{5976 \times 70}{10^6} + \frac{174.91 \times 299 \times 65.66}{10^7} \right) \times 39.42 \approx 30.029(\text{kg})$$

12. 每页综片上的综丝数计算　根据地经纱、边经纱所用组织、纱线排列情况确定用综数及穿综方法。

用综数确定为八页综。

穿综方法为：

边经纱，顺穿:1,2,3,4,5,6,7,8 共穿 5 个循环。

地经纱，花穿:1,2,3,4,1,2,7,8,5,6,3,4,5,6,7,8,1,2,7,8,5,6,7,8 共 24 根。

提综次序(纹板):1,2,3,5;1,5,6,7;1,3,4,7;3,5,7,8。

穿筘方法为：

边经纱每个筘齿内穿 6 根，共穿 6 筘，余 4 根，与地经纱 1,2 一起穿筘，可以避免产生错纹。所以地经纱的穿筘方法为：

BA　BABAAB　ABBAAB　ABBAAB　ABAB…
12　341278　563456　781278　5678…余 4 根(5678)与下一循环地经纱 BA(1、2 片综)一起穿筘。

地经纱共为 245 个循环(245 朵花)余 16 根，则第 1、2、5、6 页综片上的综丝数为:3 × 245 + 2 + 10 = 747(根)。

第 3,4 页综片上的综丝数为:2 × 245 + 2 + 10 = 502(根)。

第 7,8 页综片上的综丝数为:4 × 245 + 2 + 10 = 992(根)。

总的综丝数 = 747 × 4 + 502 × 2 + 992 × 2 = 5976(根)，与总经根数相符，计算无误。

三、粗纺毛织物设计

粗纺毛织物是以粗梳毛纱织制而成的织物。粗梳毛纱多为单纱，纱较粗，62.5 ~ 400tex(16 ~ 2.5 公支)，强力低，绒毛多。故织物手感柔软、蓬松丰厚。粗纺毛织物表面风格多样，有纹面织物、呢面织物、绒面织物和松结构织物。纹面织物是织物未经缩绒或轻缩绒整理，织纹清晰、纹面匀净、质地较松，有一定的身骨弹性;呢面织物是织物经缩绒或缩绒起毛整理，表面覆盖密致短

粗纺毛织物面料库

毛，呢面丰满、质地紧密、手感厚实；绒面织物是织物多经缩呢并起毛工艺整理，绒毛丰满，手感柔软有弹性，又分为立绒（绒毛耸立整齐，柔软有膘光）、顺毛（绒毛顺伏整齐，柔软膘光足）和拷花织物（绒毛整齐，有拷花纹路）；松结构织物的结构疏松、织纹清晰、色泽鲜艳、质地疏松、柔软不烂、常用花式纱线使织物具有艺术性和独特的外观效果。

（一）粗纺毛织物典型品种的风格特征及品质要求

1. 麦尔登　麦尔登（melton）是以细特羊毛为原料，重缩绒，不经过起毛，质地紧密的高档毛织物。呢面丰满、细洁平整、不露底，身骨紧密而挺实，富有弹性，耐起球，耐磨。常用织物组织为 $\frac{2}{2}$ 斜纹、$\frac{2}{2}$ 破斜纹和 $\frac{2}{1}$ 斜纹，纱线线密度为 62.5～100tex（16～10 公支），单位面积质量为 360～480g/m^2。

2. 大衣呢　大衣呢（woolen overcoating）质地丰厚，保暖性强，缩绒或缩绒起毛织物。组织变化较复杂。各种风格的大衣呢根据需要，可配用一部分其他动物纤维或合成纤维。可分为平厚、立绒、顺毛、拷花、花式大衣呢五种。

平厚大衣呢呢面丰满、平整、不露底，手感丰厚不板，耐起球。组织常采用 $\frac{2}{2}$、$\frac{4}{4}$ 斜纹和 $\frac{1}{3}$ 纬二重组织。纱线线密度为 100～200tex（10～5 公支），单位面积质量为 520～630g/m^2。

立绒大衣呢绒毛密立平齐，绒面均匀，手感丰厚，有弹性、有松烂，光泽柔和。组织常采用 $\frac{5}{2}$ 纬面缎纹、$\frac{2}{2}$ 斜纹、$\frac{1}{3}$ 斜纹。纱线线密度为 83.3～166.7tex（12～6 公支），单位面积质量为 420～610g/m^2。

顺毛大衣呢绒毛成密顺整齐、定形好、有膘光，手感柔软、不松烂。羊绒大衣呢手感滑润、不脱毛。组织常采用 $\frac{5}{2}$ 纬面缎纹、$\frac{2}{2}$ 斜纹、$\frac{1}{3}$ 斜纹、六枚变则缎纹。纱线线密度为 71.4～166.7tex（14～6 公支）（或精经粗纬，长毛大衣呢需 125tex 以下），单位面积质量为 350～610g/m^2。

拷花大衣呢是粗纺毛织物中的高档产品。立绒拷花大衣呢，绒面纹路清晰均匀、有立体感，手感丰厚、有弹性；顺毛拷花大衣呢，绒面丰满、密、顺、齐，纹路隐晦但不模糊、有立体感，手感丰厚、有弹性。组织为纬起毛组织，固结组织为异面经二重或异面经纬双层组织。纱线线密度为 62.5～125tex（16～8 公支），单位面积质量为 580～840g/m^2。

花式大衣呢包括花式纹面、呢面和绒面大衣呢。花式纹面、呢面大衣呢常设计成人字、圈点、条格等配色花纹组织。纹面或呢面均匀，色泽调和、不沾色，手感不燥硬、有弹性。花式绒面大衣呢，包括各类配色花纹的立绒或顺毛大衣呢，绒面丰满平整，手感丰厚、不松烂。组织可采用 $\frac{2}{2}$、$\frac{3}{3}$ 斜纹小花纹、平纹、$\frac{1}{3}$ 纬二重、$\frac{2}{2}$ 双层组织等。常用纱线线密度为 71.4～250tex，单位面积质量为 420～630g/m^2。

3. 海军呢　海军呢（navy cloth）是用细特羊毛，经缩绒或缩绒后轻拉毛的素色织物。呢面丰满平整、基本不露底，手感挺实、有弹性，耐起球。组织常为 $\frac{2}{2}$ 斜纹。常用纱线线密度为

83.3~111tex,单位面积质量为400~520g/m²。

4. 制服呢 制服呢(uniform cloth)使用较粗的原料,经过缩绒或缩绒后轻起毛,素色,以匹染为主。呢面平整、有不明显的露底,手感挺实、有弹性,耐起球。组织常为$\frac{2}{2}$斜纹。常用纱线线密度为111~166.7tex,单位面积质量为440~540g/m²。

5. 女士呢 女士呢(lady's cloth)一般为素色,也可混色,色泽鲜艳,质地柔软,较轻薄,以匹染为主。分为平素、立绒、顺毛、松结构等。

平素女士呢呢面细洁平整、不露纹或半露纹,手感柔软、不松烂。组织常用$\frac{2}{2}$斜纹、平纹常用纱线线密度为62.5~111tex,单位面积质量为230~460g/m²。

立绒女士呢绒毛密立平齐,绒面丰满、匀净,手感柔软、有身骨。组织常用$\frac{2}{2}$斜纹、$\frac{1}{3}$斜纹。常用纱线线密度为62.5~111tex,单位面积质量为230~460g/m²。

顺毛女士呢绒毛平顺均匀,手感柔软,有膘光,为缩绒后起毛织物。组织常用$\frac{2}{2}$斜纹、四枚破斜纹。常用纱线线密度为62.5~111tex,单位面积质量为230~460g/m²。

松结构女士呢有不缩绒、不起毛或有轻缩绒的织物,花纹清晰,色泽鲜艳,质地柔软不烂。组织常用$\frac{2}{2}$斜纹、平纹、各种变化组织。常用纱线线密度为58.8~166.7tex,单位面积质量为180~350g/m²。

6. 法兰绒 法兰绒(flannel)是以细特羊毛织成的毛染混色织物,缩绒、不露纹或半露纹(包括条格织物)。混色均匀,呢面丰满、细洁、平整,身骨好,有弹性,耐起球。组织常用$\frac{2}{2}$斜纹、平纹、$\frac{2}{1}$斜纹。常用纱线线密度为66.7~111tex,单位面积质量为230~440g/m²。

7. 粗纺花呢 粗纺花呢(fancy woolens)是利用混色纱、单色纱、合股线、花式线与各种花式组织配合织成的花色织物,有人字、条格、圈点、小花纹及提花组织。分为纹面、呢面、绒面花呢。组织常用$\frac{2}{2}$斜纹、$\frac{2}{2}$破斜纹。常用纱线线密度为83.3~200tex,单位面积质量为250~500g/m²。

纹面花呢不缩绒或轻缩绒,呢面花纹清晰,色泽鲜明,纹面匀净、有弹性。

呢面花呢缩绒或缩绒后轻起毛,不露纹或半露纹,呢面平整均匀、有身骨,要求缩绒后不沾色。

绒面花呢缩绒后钢丝起毛或刺果起毛,绒面丰满,绒毛整齐,手感柔软、有弹性。

8. 大众呢 大众呢(popular cloth)是利用细特精短毛、再生毛为主要原料的混纺缩绒织物。呢面细洁平整,基本不露底,质地较紧密,耐起球。组织常用$\frac{2}{2}$斜纹。常用纱线线密度为83.3~125tex,单位面积质量为420~520g/m²。

9.其他 包括劳动呢、粗服呢、沙发呢等，主要利用粗短毛、下脚毛、再生毛及黏胶纤维为主，并选用部分四级毛，价格低廉。经纬用混纺毛纱或棉经毛纬，露纹或半露纹呢面，质地紧密，手感厚实。组织常用 $\frac{2}{2}$ 斜纹、$\frac{2}{2}$ 破斜纹。常用纱线线密度为 125~250tex，单位面积质量为 400~600g/m²。

（二）粗纺毛织物主要结构参数设计

1.原料的选择

（1）粗纺毛织物使用的原料种类：粗纺毛织物使用原料范围极为广泛，所有棉、毛、丝、麻、化纤等纺织纤维，几乎都能供粗纺应用。更突出的是粗纺毛织物不仅使用新原料，还可利用再生纤维（包括生产过程中的回丝、落毛、下脚以及旧织物回弹毛等），从而充分利用原料资源，提高经济效益。

（2）选择原料的依据：确定粗梳混料成分主要依据以下几点。

① 根据织物的风格特征和品质要求。

② 根据经纬纱的不同要求。

③ 满足加工工艺过程顺利进行。

④ 在保证产品质量前提下，要降低成本。

（3）混料设计：粗纺产品混用的原料比较复杂。混合原料的各种成分在生产加工过程中，由于原料损耗不一、染色牢度不一、对酸碱的反应不一及缩绒性能不一等因素，使纤维排列和组成发生变化，使成品的原料成分和色泽也随之变化。

① 混合原料在梳毛加工过程中消耗量大，各种原料损耗不一。一般是短毛大于长毛，粗毛大于细毛，羊毛大于化纤等。后道过程的落毛情况大体也如此，使混料成分和色泽发生变化。

② 混合原料成分不同，粗细不同，其缩绒性也不同。洗缩整理以后，较细的纤维沿纱的轴向收缩形成纱芯，部分较粗的却横向扩展、浮于表面，成品外观色泽也随之变化。

③ 羊毛与化学纤维混纺，因其缩绒性能有明显差别，洗缩后羊毛毡化抱合暴露于织物表面，化纤被羊毛覆盖，在织物内层，因此成品色泽起变化。

④ 混合原料中，各种纤维因其染色牢度不一，对酸碱及高温反应不一，产生"落色"与"沾色"，影响成品色泽。

⑤ 起毛产品中的长纤维容易被拉向织物表面覆盖底色，而短纤维经多次起毛，容易脱落；立绒织物受横切面折光影响，其成品色泽与混料小样也迥然不同。

2.纱线设计

（1）纱线线密度的确定：纱线线密度对成品外观手感、后整理以及力学性能均有影响。平纹组织的女士呢，采用较低线密度的纱，外观呢面平整、细洁、纹路清晰，质量适宜。若采用高线密度的纱，即使纱的条干均匀，色泽好，呢面也平整，但因纱线粗，交织点大，不能产生平细的风格，有粗糙厚重之感。而猎装呢就应选用较粗的纱，同时经纬均为合股线。此外，选用纱线线密度还应与织物组织配合，综合考虑后选用。如设计厚织物，可以采用两种方式：一种是越厚越用高线密度纱，运用不同组织织制单层织物；另一种是选用低线密度纱织制多层组织织物。总之，选择纱线线密度时,应综合考虑产品的风格特征、品质要求、原料性能、混合比例及工艺要求等因素。

生产实践证明,粗纺毛纱截面内纤维根数必须在120根以上,才能增加毛纱的强力,使纺纱顺利,一般在130根以上比较实用。

(2)纱线捻度与捻系数:粗梳毛纱的捻度以10cm内的捻回数表示。为便于比较不同粗细纱线的加捻程度,生产上常用捻系数。捻系数的大小对毛纱强力与直径有直接关系,对成品呢绒的强力、手感、厚度及呢面外观也有影响。捻系数选择原则为:当原料品质好,可以适当降低捻系数;对于混纺纱,化纤比例越高,捻系数应越小,但再生毛黏混纺,为提高纱线强力,捻系数要大些;经纱要求强力高,捻系数应较高;纬纱的捻系数可较低;染色纱的捻系数一般应比原色纱的捻系数高5%。不缩绒、不起毛的织物,经纬可以选择相同的捻系数。缩绒织物纬纱捻系数可较低。重缩绒织物捻系数一般小于轻缩绒织物。

(3)纱线捻向:粗纺毛织物多用单纱。不同捻向的经纬纱和不同织物组织的配合,可以生产出不同风格和特点的织物,对织物的手感、光泽及其纹路的清晰等都有很大的影响。

经纬纱捻向不相同时,经纬交织处纤维相互交叉,经纬间缠合性较差,容易滑移,因而织物质地松厚柔软,易于缩绒。且染色过程中吸色较好,染色均匀。否则相反。对于起毛织物而言,经纬纱捻向不同,起出的毛平顺而均匀;捻向相同的织物,起出的毛绒厚而不平顺,但较为丰满。因此,应根据织物要求的风格特点,合理配置经纬纱的捻向。

(4)花式纱线的应用:花呢类产品常采用部分花式线做点缀,织物的经纬纱密度较低,结构较疏松,同时要求织物色彩鲜明,手感柔软,不松烂,成衣追求时装化,时代感。利用花式线设计粗纺花呢产品可以达到原料多样,织物轻薄,组织结构简化、产品的立体风格突出、色彩和花型丰富的目的。

如花式线花呢为纹面织物,常采用环圈线使其具有较大的被覆性;织物中加入部分花式线可提高织物表面的充满程度,使织物在不增加或少增加克重的情况下达到其外观要求;利用部分花式线构成织物,无须采用复杂的组织就可以使织物达到风格特殊的效果,花型赋有层次感,同时还可以减少织造过程中产生的问题;利用花式线如圈圈线,结子线等设计的质地疏松的松结构产品,属于纹面风格,可使织物色彩丰富,花纹具有立体感和艺术性,手感柔软富有弹性。

3. 织物组织选用 粗纺毛织物所用的织物组织范围很广,从三原组织到复杂组织以及大提花组织均有应用。

平纹组织多用于薄型女士呢、薄型法兰绒、粗花呢、松结构等产品。斜纹组织广泛用于麦尔登、大众呢、海军呢、制服呢、女士呢、海力斯、粗花呢、粗服呢、法兰绒等产品中。缎纹组织一般用于起毛大衣呢(如立绒大衣呢、长顺毛大衣呢等)及粗花呢等产品。联合组织一般用于纹面女士呢、粗花呢与松结构织物等。复杂组织常用于各种大衣呢,包括二重组织、双层组织、多层组织等。如拷花大衣呢采用纬起毛组织。

4. 织物密度设计 一般粗纺产品都要经过缩绒及拉毛工艺,成品密度随着缩绒及拉毛程度变化很大。根据方形织物最大密度计算的经验公式,可计算出经纬纱线密度相等、经纬密度相等的呢坯上机最大密度。

$$P_{max} = \frac{1296}{\sqrt{Tt}}F^m \quad \text{或} \quad P_{max} = 41\sqrt{N_m}F^m$$

通常情况下,呢坯的上机密度小于其最大密度。在粗纺毛织物中采用充实率来计算上机密度。呢坯的实际上机密度与呢坯最大密度的比值,称为呢坯密度充实率,以百分率表示,它表示了纱线在呢坯中的充满程度。织物设计时,一般根据品种要求选择充实率。充实率选择范围见表5－18。

表5－18　粗纺毛织物的经向充实率

织物紧密程度		充实率(%)	适 用 品 种
特密织物		95以上	军服呢、合股花呢、平纹花呢、精经粗纬或棉经毛纬产品
紧密织物		90.1~95	平纹法兰绒、海军呢、粗服呢
较紧密织物		85.1~90	麦尔登、海军呢、制服呢、平纹法兰绒、低特(高支)粗花呢、低特(高支)平素女衣呢、大众呢、大衣呢、拷花大衣呢
适中	偏紧	80.1~85	制服呢、拷花大衣呢、羊绒大衣呢、法兰绒、大众呢、雪花大衣呢
	偏松	75.1~80	粗花呢、学生呢、平厚(立绒)大衣呢、制服呢、法兰绒、女士呢、花式大衣呢、海力斯
(较)松织物		65.1~75	花式大衣呢、平厚大衣呢(长浮点)、海力斯、花色女士呢、粗花呢
特松织物		65以下	双层花色织物、松结构女士呢、稀松结构($F \geqslant 3$)织物

在选择坯布上机充实率时,可先定经向充实率,再按下述原则并结合产品的具体情况确定纬向充实率。

一般缩绒产品,经、纬向充实率宜较接近,经向充实率约为纬向充实率的100%～115%,而以105%～110%较为普遍。不缩绒及轻缩绒的纹面织物,经向充实率约为纬向充实率的100%～107%;但急斜纹产品的经密应高些,经向充实率约为纬向充实率的110%～120%为宜。单层起毛织物(各类起毛大衣呢),纬向充实率应高于经向充实率5%以上,其中斜纹组织织物在－5%～5%,缎纹组织织物在5%～15%,纬二重组织织物在15%～45%。经纬双层纬起毛组织,一般纬充实率是经充实率的150%～200%。棉经毛纬产品,纬充实率应大于经充实率6%左右,以防止经向伸长而导致纬密不足,产生露底现象。

例1 $\frac{2}{2}$斜纹100tex毛纱的最大密度为169根/10cm,现做女士呢,充实率为80%,则呢坯的上机密度＝169×80%＝135(根/10cm)。

例2 某单层$\frac{2}{1}$斜纹平素女式呢织物,经纬纱线密度为83.3tex(12公支),经、纬向平均充实率为78%,经纬向差6%,利用勃利莱经验公式求织物的上机经、纬密度。

解 根据勃利莱经验公式,方形织物的最大密度为:

$$P_{max} = 41\sqrt{N_m}F^m = 41\sqrt{12} \times 1.5^{0.39} = 166.2(根/10cm)$$

根据题意,织物的经向充实率＝(78%×2＋6%)/2＝81%

纬向充实率 ＝(78%×2－6%)/2 ＝ 75%

则织物的上机经、纬密为：

$$P_{j} = P_{max} \times 经向充实率 = 166.2 \times 81\% = 134.6（根/10cm）$$

$$P_{w} = P_{max} \times 纬向充实率 = 166.2 \times 75\% = 124.7（根/10cm）$$

5. 色彩花型设计　色彩在毛纺织品中占有重要的地位，它是构成织物外观的主要因素之一。粗纺呢绒多作为外衣面料，首先映入视觉范围引起人们注意的是色泽，其后是花型。

粗纺呢绒的花型主要有三大类：一是各种条型；二是格型，包括规则格、不规则格、大小格相互套合等；三是各种配色模纹，如阶梯、犬牙等花型。

色纱的应用及搭配，一方面取决于使用的对象，另一方面要适应流行色。花型的变化与色彩的变化和搭配是分不开的，根据产品使用的对象及流行色的趋势，可采用明亮、艳丽的颜色搭配，也可选择含蓄、高雅的颜色搭配。当织物属同支持面结构时，颜色宜相近，明度差距可大些，从而使织物具有深浅层次的变化；当花式线在织物中作点缀时，颜色应以底色为主色，花式线的颜色为点缀色，使色调对比强烈，起到画龙点睛的作用。

（三）粗纺毛织物规格设计与上机计算

1. 粗纺毛织物规格设计

（1）匹长：呢绒成品的每匹长度，主要是根据订货部门要求以及织物厚度、每匹质量、织机的卷装容量等因素来确定。目前较普遍的成品每匹长度是：40～60m，或大匹60～70m，小匹30～40m。

（2）幅宽：主要根据订货部门要求以及设备条件（织机箱幅、拉、剪、烫、蒸的机幅）等来确定。粗纺毛织物成品幅宽一般为：143cm、145cm及150cm三种。

（3）密度：包括成品的经纱密度和纬纱密度。

（4）线密度：包括经纱线密度和纬纱线密度。

（5）成品单位质量：有"每平方米质量"和"每米质量"两种，单位分别为 g/m² 及 g/m。

（6）织物组织：使用范围很广。

2. 粗纺毛织物设计参数　长缩、幅缩与质量损耗是规格设计中的主要工艺参数。粗纺毛织物的幅缩、长缩、质量损耗与其他织物相比较大，这也是与其他织物（精纺毛织物、棉织品及化纤产品）的一个重要区别。

（1）缩率：包括织造缩率和染整缩率。按发生的方向则划分为长缩与幅缩。缩率大小与纺织染整工艺条件、织物组织、密度、纱线线密度、捻度、原料等因素有关。并对成品的强力、弹性、手感和外观均有很大的影响。

（2）质量损耗：染整质量损耗与加工工艺和原料性能等因素有关。如缩绒后重起毛的拷花大衣呢染整质量损耗最大，达17%～23%，而不缩绒的粗花呢质量损耗只有1%～5%。

3. 织物上机计算

（1）匹长：

$$呢坯匹长（m）= \frac{成品匹长（m）}{1 - 染整长缩率}$$

$$整经匹长（m）= \frac{呢坯匹长（m）}{1 - 织造长缩率}$$

(2)幅宽:

$$呢坯幅宽(cm) = \frac{成品幅宽(cm)}{1 - 染整幅缩率}$$

$$上机幅宽(cm) = \frac{呢坯幅宽(cm)}{1 - 织造幅缩率} = \frac{地经穿筘数 + 边经穿筘数}{筘号} \times 10$$

(3)经密:

$$上机经密(根/10cm) = 计算最大密度(根/10cm) \times 经向充实率$$

$$= 筘号 \times 每筘穿入经纱根数$$

$$呢坯经密(根/10cm) = 成品经密(根/10cm) \times (1 - 染整幅缩率)$$

$$= 成品经密(根/10cm) \times 染整净宽率$$

$$= \frac{总经根数 \times 10}{呢坯幅宽(cm)} = \frac{上机经密(根/10cm)}{1 - 织造幅缩率}$$

$$= \frac{成品经密(根/10cm) \times 幅宽(cm)}{呢坯幅宽(cm)}$$

(4)纬密:

$$上机纬密(根/10cm) = 计算最大密度(根/10cm) \times 纬向充实率$$

$$呢坯纬密(根/10cm) = 成品纬密(根/10cm) \times (1 - 染整长缩率)$$

$$= 成品纬密(根/10cm) \times 染整净长率$$

$$= \frac{上机纬密(根/10cm)}{1 - 下机呢坯长缩率}$$

$$= \frac{呢坯每米纬纱质量(g/m) \times 1000 \times 10}{纬纱线密度 \times 上机筘幅(cm)}$$

(5)总经根数计算:

$$总经根数 = 地经根数 + 边经根数$$

$$= 上机经密(根/10cm) \times 上机幅宽(cm) \times \frac{1}{10}$$

$$= 成品经密(根/10cm) \times 成品幅宽(cm) \times \frac{1}{10}$$

$$= 每厘米筘齿数 \times 每筘齿穿入数 \times 上机幅宽(cm)$$

(6)呢坯质量:

$$呢坯每米经纱质量(g/m) = \frac{总经根数 \times 经纱线密度}{(1 - 织造长缩率) \times 1000}$$

$$呢坯每米纬纱质量(g/m) = 呢坯纬密(根/10cm) \times 上机筘幅(cm) \times 纬纱线密度 \times 10^{-4}$$

(7)成品质量:

$$成品每米质量(g/m) = \frac{呢坯每米质量(g/m) \times (1 - 染整质量损耗)}{1 - 染整长缩率}$$

$$= 成品每平方米质量(g/m^2) \times 成品幅宽(cm) \times 10^{-2}$$

$$成品每匹质量(kg) = \frac{成品每米质量(g/m) \times 成品每匹长度(m)}{1000}$$

(四)粗纺毛织物设计实例

例 用65%的品质支数60羔羊毛、35%的3旦黏胶纤维纺成125tex(8公支)纱,织制混纺花式大衣呢,捻度为 390 捻/10cm,经、纬纱分别为 Z、S 捻,成品幅宽为 143cm,成品匹长为 45m,采用 $\frac{2}{2}$ 斜纹组织,试进行规格设计与工艺计算。

解 根据织物特点,取成品匹长 45m,织造净长率 93.2%,染整净长率 88%,总净长率 82%,总净宽率 77.7%,染整净重率 92.8%,织造净宽率 82%,经向充实率 72%,纬向充实率 70%,下机呢坯缩率 3%。

1. 匹长计算

$$呢坯匹长 = \frac{45}{88\%} = 51.14(m)$$

$$整经匹长 = \frac{51.14}{93.2\%} = 54.9(m)$$

取 55m。

2. 幅宽计算

$$呢坯幅宽 = \frac{143}{82\%} = 174.4(cm)$$

$$上机幅宽 = \frac{174.4}{94.8\%} = 184(cm)$$

3. 经密计算

$$呢坯上机最大密度 = 41\sqrt{8} \times 2^{0.39} = 152(根/10cm)$$

$$上机经密 = 152 \times 72\% = 109(根/10cm)$$

取 4 入/筘,筘号定为 27 号。

$$呢坯经密 = \frac{109}{94.8\%} = 115(根/10cm)$$

4. 纬密计算

$$上机纬密 = 152 \times 70\% = 106(根/10cm)$$

$$呢坯纬密 = \frac{106}{1-3\%} = 109(根/10cm)$$

5. 总经根数计算

$$总经根数 = \frac{27 \times 4 \times 184}{10} = 1987(根)$$

取 1988 根。

6. 呢坯质量

$$呢坯每米经纱质量 = \frac{1988 \times 125}{93.2\% \times 1000} = 266.6(g)$$

$$呢坯每米纬纱质量 = \frac{109 \times 184 \times 125}{10^4} = 250.7(g)$$

$$呢坯每米质量 = 266 + 250.7 = 517.3(g)$$

7. 成品质量

$$成品每米质量 = \frac{517.3 \times 92.8\%}{88\%} = 545.5(g)$$

第六节　麻型织物设计

麻型织物面料库

一、麻型织物的类别

麻型织物指用麻纤维纺织加工成的织物,也包括麻与其他纤维混纺或交织的织物。

麻型织物主要有以下类别。

(1)苎麻纺织品:以纯纺为主,也可与其他纤维混纺和交织。按长度不同,可分长苎麻织物、短苎麻织物和中长苎麻织物。以服用及装饰用为主。

(2)亚麻纺织品:以纯纺为主,也可混纺或交织。以服用为主。

(3)大麻纺织品:具有独特的风格及保健性能,是一种绿色产品。可作纯纺或混纺服用面料及家用纺织面料。

(4)罗布麻纺织品:具有麻纤维的优良品质和良好的手感及保健性能。

(5)黄麻纺织品:主要品种有麻袋、麻布和地毯底布。

(6)叶(硬质)纤维纺织品:以剑麻或蕉麻为原料,用于纺制绳、缆等。

二、麻型织物的风格和服用特征

1.风格特征　由于麻纤维成纱条干均匀度差,所以非精纺麻织物表面有粗节纱和大肚纱,布面有自然分布的粗结、麻结,条影明显,构成了麻织物独特的粗犷风格。本白或漂白麻布为天然乳白或淡黄色,光泽柔和明亮,有自然淳朴的美感。织物手感较棉织物粗硬,挺括干爽,强力较大,湿强更大。

2.服用特点　麻型织物的服用特点主要有以下几点。

(1)织物质地较坚牢耐用。

(2)各种麻布的吸湿性极好,当含水量达到自身重量的20%时,使人身体不感到潮湿。导热性优良,织物夏季穿着干爽舒适。

(3)具有较好的耐腐蚀性,不易霉烂和虫蛀。

(4)染色性好。具有独特的色调和外观风格。

(5)有较好的硬挺性,但折皱性、弹性较差。

在新产品设计中,苎麻、亚麻、大麻纤维与棉、黏胶纤维、新型再生纤维、丝绸、羊毛和化纤等纤维混纺和交织,使麻型面料挺括滑爽、高贵典雅,更加舒适和美观。此外,针对麻型织物的缺点,对织物进行浸轧整理或涂层整理等,可以赋予面料抗褶皱、免熨烫、防水、防风等性能;液氨处理麻织物在弹性、手感、柔软性、尺寸稳定性、染色性及树脂整理效果等方面有较大改善。

三、麻型织物主要结构参数设计

以下以苎麻织物为例,介绍麻织物主要结构参数设计的方法。

(一)麻型织物对纤维的要求

1.线密度　线密度对纱线品质影响很大。对于100tex 左右的纱线,纤维线密度一般选

0.71~1tex；对于25tex左右的中特纱，一般选0.625~0.71tex的纤维；对于20tex以下的细特纱，需选0.56tex以上的苎麻纤维。

2.长度 在其他条件相同时，纤维越长，纱线强力也越高。一般50mm以下的短纤维独立纺纱时比较困难，成纱强力很低。

3.强度 苎麻纤维必须具备一定的强度，以保证纺纱、织造的顺利进行及满足织物的性能要求。

（二）麻纱线的结构特征

苎麻纱线按其线密度分为细特、中特和粗特三类。苎麻纱线在纺制前，需将原麻先行脱胶，制取精干麻后才能纺纱。脱胶及精梳后的麻纤维平均长度约80~100mm，用以纺中细特纱，采用长麻纺纱系统，即采用绢纺式工艺或类似精梳毛纺式工艺生产。梳理下来的落麻（短麻）纤维长度为25~40mm，采用短麻纺纱系统，即采用粗梳毛纺（紬丝纺）、中长纺或棉纺设备纺制粗特纱。前者加工133.3tex左右的苎麻纱，后者加工100tex左右的苎麻纱。

纯苎麻纱由于纤维的特性，使其纤维结构具有毛羽多、条干差、粗细节多的特点。其捻系数由于纤维粗、纱线硬挺而较同类棉纱低，否则会使纤维扭曲，影响生产加工、织物手感及性能。

（三）麻织物组织

麻织物由于其风格要求滑爽、挺括、透气等特点，所以织物大都采用平纹组织，还有经重平、纬重平、方平及其他组织，如$\frac{2}{2}$斜纹等。也有采用平纹地小提花组织，使得产品品种更加丰富。

四、麻型织物设计

（一）纯苎麻布

纯苎麻布是指苎麻含量在90%以上的织物，多为中、细特纱的单纱织物，细特纱面料细密轻薄，挺括滑爽。主要品种规格见表5-19。

表5-19 纯苎麻布主要品种规格

名　　称	幅宽（cm）	原纱线密度[tex(公支)]		密度（根/10cm）		单位面积无浆干燥质量（g/m²）	断裂强度[N/(5cm×20cm)]		织物组织
		经	纬	经	纬		经	纬	
苎麻细布	107	18.5（54）	18.5（54）	275	309	105	333.2	490	平纹
苎麻细布	81 85 97 107	27.8（36）	27.8（36）	205	232	116	509.6	588	平纹
特阔纯苎麻布	261.5	27.7（36）	27.7（36）	214.5	242	124.8	529.2	607.6	平纹
纯麻单纱提花布	97	27.8（36）	27.8（36）	205	232	116	509.6	588	提花

1. 纯苎麻布纺织工艺参数的确定

(1)捻度及捻向:苎麻纤维粗、刚性大,纱线硬挺,故捻度不宜太大,以免纤维扭曲,捻系数一般采用25.2～31.5,经纬纱采用同捻向,以使交接处吻合密切,易于织造。

(2)络筒工艺确定:由于纯麻纱本身毛羽长而多,不能用清洁板去除纱疵,采用电容式电子清纱器来切除粗节。粗节大小一般为纱直径的3倍。

(3)整经工艺确定:采用小张力,以保证纱线弹性,但应保证整经轴上纱线卷绕平整。

(4)浆纱工艺确定:由于苎麻纱伸长率小,易产生脆断,所以要求上浆率应略高。

(5)织造参数确定:苎麻纱织造宜采用早开口、迟投梭,同时适当降低后梁及停经架的高度,使开口清晰。

2. 纯苎麻纱印染加工要求 纯麻坯布必须经过退浆、烧毛、煮练、印花及整理加工,否则会手感粗硬、毛羽多。

(二)苎麻与化纤混纺织物

1. 涤麻(麻涤)混纺织物的设计

(1)涤麻(麻涤)混纺比例的确定:苎麻与涤纶的混纺比例取决于产品的市场,大宗产品有涤65%、麻35%,麻55%、涤45%,麻60%、涤40%等。

(2)纤维的选用:涤麻(长麻纺)混纺织物中,原麻要求纤维线密度在0.63tex以下,必要时还可采取切除原麻根部的方法,以改善纤维线密度。

涤纶规格常用3.3dtex、89～102mm的毛型涤纶,也有用1.7dtex、102mm的。为突出苎麻风格,最好选择横截面与苎麻纤维接近的涤纶,如双十字形和五角形等。

2. 麻黏混纺织物的设计 苎麻除与涤纶混纺外,还能与锦纶、腈纶、黏胶纤维等其他化纤进行混纺,其中与黏胶纤维混纺较多。麻黏混纺布主要是用由精梳毛纺工艺梳理下来的落麻与黏胶纤维混纺制成的织物。其特点与亚麻布相近。主要用作裙衫料、装饰用布等。

(1)麻黏混纺比例的确定:用于服装面料时,一般以苎麻采用80%、黏胶纤维20%为多;用作装饰布时,黏胶纤维含量可适当增加,但不宜超过45%;在短麻纺纱中,落麻含量以不超过30%为宜。

(2)纱线线密度、捻度的选择:麻黏混纺织物大部分是织制单纱织物,单纱线密度应根据织物风格与用途决定。纱线捻系数应比纯麻纱略高,一般控制在31.5～37.9。

(3)织物组织与紧度:麻黏混纺织物同麻涤(涤麻)织物一样,大部分是平纹、平纹变化组织或以平纹为底的小提花组织等。也可采用透孔组织或纱罗组织。经向紧度可在55%～60%,纬向紧度在50%～55%。

(三)苎麻与天然纤维混纺、交织织物

1. 麻棉混纺、交织布 苎麻纤维采用长麻纺梳理,所得长麻纤维平均长度在8.5～10cm,与棉纤维差异很大。可采用棉纱作经、纯麻纱作纬生产交织物。苎麻经梳理后的精梳落麻平均长度约3.5cm,与棉接近,可在棉纺设备上织制麻棉混纺布。

(1)混纺比的确定:目前,麻棉混纺或交织布中含苎麻比例都超过50%。如成品的苎麻含量为55%～60%,棉为40%～45%。

（2）经纬纱线密度的确定：麻棉交织织物要求轻薄，经纬纱线密度要低，一般用 16.7～33.3tex 较普遍。麻棉混纺纱线密度受加工设备条件的影响较大，如在相同配比下用棉纺设备加工为 53tex 左右，丝纺设备上加工为 64.8～72.9tex。

（3）经纬向紧度的确定：麻棉交织布既要轻薄平整，又要求有一定的挺度。经向紧度一般为 45%～55%，纬向为 50%～60%。麻棉混纺布经纬紧度要求较大，一般经向为 55%～60%，纬向为 50%～55%。

（4）织物组织与花色的选择：麻棉交织布的织物组织较多采用平纹，按织物要求也可作染色布、色织布及少量印花布。

2. 绢麻混纺、交织布

（1）混纺比例的确定：绢麻交织物大部分用低特绢丝股线作经纱，一般纺制 5tex×2～8.3tex×2 绢丝股线，苎麻纺制 16.7～18.5tex 的低特单纱作纬纱进行交织。该织物同时具有两种纤维特点。

绢丝与苎麻长纤维混纺时，其比例的选择以突出纤维特点为准则。要突出麻织物风格，苎麻采用高于 50% 以上的比例；若以突出丝绸感为主，绢的比例应超过 50%，目前常用比例为 35%～45%。

（2）织物组织与紧度选择：绢麻织物组织设计时，若以突出麻风格为主，采用平纹、经纬重平、麻纱组织等，若以突出丝绸风格为主，采用以平纹为地组织的小提花组织，特别是绢麻交织布可通过染不同色而得到闪光效果。

若为长麻纺织物，其经向紧度为 55%～65%，纬向紧度为 50%～60%；绢麻交织织物经向紧度按绢纺绸紧度设计，在 55%～65%，纬向由于是苎麻单纱，可适当加大纬向紧度。短麻与绢混纺织物紧度设计与长麻纺相同，若作外衣面料，紧度可大些，但经向不超过 70%。

3. 麻毛混纺织物

（1）混纺比例的确定：麻毛混纺织物在长麻纺系统中主要用来织制细特薄型单纱及股线织物。短毛与短麻混纺可用单纱织制各类薄呢及各类时装面料。

麻毛制品主要用于外销，苎麻比例在 50% 以上。一般采用麻 55%、毛 45% 或麻 60%、毛 40%。按织物性能来说，毛纤维含量不能低于 30%，否则织物的毛型感较差。

（2）纱线线密度的确定：麻毛两种纤维混纺时，由于性质差异较大，在工艺上难以控制，因此，采用变性后的苎麻纤维与羊毛混纺使织造顺利进行。目前选用 0.32tex 以下的麻纤维及 14.4tex 羊毛，混纺制成 15.6～16.7tex 单纱，再行织造。

短麻纺纱线线密度一般在 71.4～125tex，主要用单纱织制女裙衫料，再印花或采用色纺、色织做成色织物。

（3）紧度及组织确定：麻毛混纺单纱细特薄型织物要求轻薄滑爽、柔中带刚，因此，单纱捻系数要稍大，一般为 28.4～34.8，经向紧度与纬向紧度相接近，或略大于纬向紧度，经向紧度取 50%～60%，纬向紧度取 50%～55%。

麻毛混纺外衣面料多采用平纹组织，也采用经纬重平组织、方平组织或以平纹为地组织的小提花组织。单纱捻系数为 25.3～28.4，股线捻系数为 31.6～37.9。经向紧度为 55%～70%，纬向紧度为 50%～60%。

短麻与落毛混纺时,捻系数一般取 $28.5 \sim 37.9$,织物组织采用平纹,也有用平纹与方平结合的提花组织。经向紧度为 $55\% \sim 65\%$,纬向紧度为 $50\% \sim 55\%$。若做男猎装,紧度可略大;做裙衫料,可选一般紧度。

(4)纺、织、染工艺特点:两种纤维有一定差异,不能采用混梳,一般采用条混。练漂过程中严禁强酸强碱,染色应在松弛状态下进行,采用二浴法。

五、麻型织物设计实例

例 某亚麻平纹织物,坯布规格为 $42\text{tex} \times 42\text{tex}$,$204.8$ 根/10cm $\times 212.6$ 根/10cm,坯布幅宽 160cm,36 根 $28\text{tex} \times 2$ 棉边纱,地、边经纱每筘穿入数均为 2 根,三联匹长为 90m,剑杆织机织造,试进行相关的规格设计、技术设计和计算。

解 根据同类产品,选取经纱织缩率为 8.5%,纬纱织缩率 2%,自然缩率与放码损失率为 1.25%,经纱总伸长率为 1%,经纱回丝率为 0.3%,纬纱回丝率为 0.7%。

1. 匹长计算

$$浆纱墨印长度 = \frac{90}{3 \times (1 - 8.5\%)} = 32.8(\text{m})$$

2. 幅宽计算

$$上机筘幅 = \frac{160}{1 - 2\%} = 163.3(\text{cm})$$

3. 总经根数计算

$$总经根数 = \frac{204.8 \times 160}{10} = 3276.8(根)$$

取 3276 根,其中麻纱 3240 根、棉边纱 36 根。

4. 筘号计算

$$筘号 = \frac{204.8 \times (1 - 2\%)}{2} = 100.3$$

取 100 号。

$$修正筘幅 = \frac{3276 \times 10}{100 \times 2} = 163.8(\text{cm})$$

5. 用纱量计算

$$百米织物 42\text{tex} 亚麻经纱用纱量 = \frac{3240 \times 42 \times (1 + 1.25\%)}{10^4 \times (1 + 1\%) \times (1 - 8.5\%) \times (1 - 0.3\%)}$$
$$= 14.95(\text{kg})$$

$$百米织物 42\text{tex} 亚麻纬纱用纱量 = \frac{212.6 \times 42 \times (1 + 1.25\%) \times (163.8 + 15)}{10^5 \times (1 - 2\%) \times (1 - 0.7\%)}$$
$$= 16.61(\text{kg})$$

$$百米织物 42\text{tex} 亚麻纱用纱量 = 14.95 + 16.61 = 31.56(\text{kg})$$

$$百米织物 28\text{tex} \times 2 棉纱用纱量 = \frac{36 \times 28 \times 2 \times (1 + 1.25\%)}{10^4 \times (1 + 1\%) \times (1 - 8.5\%) \times (1 - 0.3\%)}$$
$$= 0.22(\text{kg})$$

第七节 丝型织物设计

一、丝型织物的特点及分类

丝型织物指用蚕丝、人造丝、合纤丝等原料织成的各种织物。

根据原料可以分为真丝绸、合纤绸、人丝绸、交织绸等。

丝型织物面料库

（一）丝型织物的特点

丝型织物具有柔软滑爽、光泽明亮等特点，穿着舒适、华丽、高贵。丝织物有素织物与花织物之分，素织物是表面平整素洁的织物，如电力纺、斜纹绸等。花织物有小花纹织物，如涤纶绉，大花纹织物，如花软缎等。丝织物也可分为生织物与熟织物。用未经练染丝线织成的织物称作生织物。用先经练染的丝线织成的织物称作熟织物。

真丝产品具有良好的亲肌肤性、友好性、美观性，但是在适用性上易变形，抗皱性较差。因此，在新产品开发中采用复合真丝纤维，主要有物理复合和包芯真丝，弥补了真丝面料的不足，改善了产品的弹性、保形性和抗皱性。此外，利用真丝与其他纤维交织、混纺面料丰富了面料的风格和手感，同时还可以开发功能性服用面料。

（二）丝型织物的分类

丝织物分类原则首先是以织物的组织结构为主要依据，其次以制造工艺如生织物、熟织物、加捻等为依据。目前丝织物品种可分为十四个大类。

1. 绉类 运用织造上各种工艺条件作用、组织结构的作用（如强捻或利用张力强弱或原料强缩的特性等），使织物外观近似绉缩效果，并具有弹性，如乔其绉、双绉等。

2. 绡类 采用平纹或绞纱组织或经纬平行交织的其他组织而构成有似纱组织孔眼的花素织物，经纬密度较小，质地透明轻薄，如头巾绡、条花绡等。

3. 纺类 应用平纹组织构成平整、紧密而又比较轻薄的花、素、条格织物，经纬一般不加捻。如电力纺、彩条纺等。

4. 绫类 运用各种斜纹组织为地纹的花素织物，表面具有显著的斜纹纹路，如斜纹绸、美丽绸等。

5. 绢类 应用平纹或重平组织，经纬线先练白、染单色或复色的熟织花素织物，质地较轻薄，绸面细密、平整、挺括，如塔夫绸等。

6. 纱类 应用绞纱组织，在地纹或花纹的全部或一部分构成有纱孔的花素织物，如芦山纱、西湖纱等。

7. 罗类 应用罗组织经向或纬向构成一列纱孔的花素织物，如横条罗、杭罗。

8. 缎类 织物地纹的全部或大部采用缎纹组织的花素织物，表面平滑光亮、手感柔软，如花软缎、素缎、桑波缎等。

9. 锦类 外观瑰丽多彩，花纹精致高雅的色织多彩纹提花丝织物，一般四、五彩以上，如织锦缎、古香缎、宋锦、云锦、蜀锦等。

10. 绨类 用长丝作经,棉纱或其他低级原料作纬,地纹用平纹组成,质地比较粗厚的花素织物,如一号绨、素绨等。

11. 葛类 平纹组织或经重平组织,一般经细纬粗,经密纬疏,地纹表面少光泽,而又比较明显粗细一致的横向凸纹,经纬一般不加捻,如文尚葛、明华葛等。

12. 呢类 用绉组织或短浮纹组织成地纹,不显露光泽,质地比较丰满、厚实、有毛型感,如西服呢等。

13. 绒类 地纹和花纹的全部或局部采用起毛组织表面呈现毛绒或毛圈的花素织物,如乔其绒、天鹅绒等。

14. 绸类 织物的地纹可采用平纹或各种变化组织,或同时混用其他组织,如双宫绸、织绣绸等。

（三）丝型织物的编号

丝织物的编号有外销编号和内销编号之分,外销丝织物编号由五位数字组成,第一位代表原料,第二、三位代表类别,第四、五位代表品种规格,见表5-20。内销丝织物编号也采用五位数字,为了与外销区别,仅使用8、9两个数字。第一位数字代表丝织物用途,其中8表示衣着用丝织物,9表示被面和装饰用布;第二位数字代表原料;第三位数字代表组织结构;第四、五位数字代表规格序号。

表 5 – 20 外销丝织物编号

原料 编号		产品类别及编号			
编号	原料/用途	编号	产品类别	编号	产品类别
1	桑蚕丝及其副产品	00 ~ 09	绢	55 ~ 59	绫
2	合纤绸（锦纶、涤纶丝及其短纤维）	10 ~ 19	纺	60 ~ 64	罗
3	绢丝绸	20 ~ 29	绉	65 ~ 69	纱
4	柞蚕丝绸	30 ~ 39	绸	70 ~ 74	葛
5	人造丝绸①	40 ~ 47	缎	75 ~ 79	绨
6	交织绸	48 ~ 49	锦	80 ~ 89	绒
7	被面	50 ~ 54	绢	90 ~ 99	呢

①表示黏胶纤维长丝或醋酯纤维长丝与短纤维纱线交织的织物。

二、丝型织物主要结构参数设计

（一）丝型织物原料

1. 真丝 分为桑蚕丝和柞蚕丝两类。桑蚕丝是由人工饲养的家蚕结茧缫制而成,又包括白厂丝、土丝、双宫丝、绢丝、䌷丝;柞蚕丝是由野生柞蚕茧缫制而成,丝线的光洁度和条干均匀度不及桑蚕丝。

2. 棉纱 如丝光棉。

3. 人造纤维 主要有黏胶长丝、黏胶短纤维、醋酯丝等。

4. 合成纤维 锦纶、涤纶、腈纶、丙纶等。

5.无机质纤维　主要为金属丝。

（二）丝型织物经纬组合

1.线密度的确定　经纬丝线线密度的确定可采用经验法，即参考同类或类似风格织物的经纬丝线密度来确定。也可按厚度要求及结构相进行计算。

2.线型设计　丝织原料决定了织物的性质，但线型不同，织物的品质、外观、性能也会改变。经纬丝线常采用并丝、捻丝工艺，在加工中不断改变丝线的线密度、捻度、捻向、张力等，使其性能得到改善，以形成各种风格织物所要求的性能，这就是线型设计。

按照一定规格生产的丝织原料远不能满足工艺设计的需求，常需要把数根丝线合并，即并丝。通过并丝工艺可以提高织物的单位面积质量，改善原料线密度均匀度，提高丝线强度，将两种以上原料进行复合，对于纬二重以上的织物使得纬起花隆起有浮雕感。生织绸工艺表示法为：线密度×丝线根数＋原料名称，如（22.2/24.4）dtex×2 厂丝；色织绸工艺表示法为：线密度×丝线根数＋原料名称＋（色名）×并丝根数，如133.3dtex×1 有光人造丝（大红）×3。

捻丝即丝线加捻，主要目的是增加丝线的强度和耐磨度，利于织造；利用加捻丝线的回缩力增加绉效应和弹性；削弱织物表面极光现象；增加经纬丝间的摩擦力，克服织物披裂现象。捻丝工艺表示方法为：线密度×丝线根数＋原料名称＋带捻向的单位捻回数。例如：133.3dtex×1无光人造丝 4S 捻/cm；复捻丝（30/32.2）dtex×1 厂丝 8S 捻/cm，6Z 捻/cm。

丝线按照加捻程度分为平分丝（无捻丝）、弱捻丝、中捻丝和强捻丝四种线型类别，以45~65dtex 线密度为例，10 捻/cm 以下为弱捻，20 捻/cm 以上为强捻，两者之间为中捻。弱捻丝（绫线）在丝织物中应用普遍。典型的弱捻丝为两根厂丝组成，先将单根丝加弱捻，再将两根丝合并反向加弱捻。如：（22.2/24.4）dtex 厂丝 8S 捻/cm×2，6.8Z 捻/cm（色），即先对一股 22.2/24.4dtex 桑蚕丝加捻，然后将两种加捻丝并合，再反向加捻，共需 3 道工序。强捻丝（绉丝）具有较强的扭力，常用 S 捻和 Z 捻间隔排列，保持扭力平衡，织物密度不宜太大。经纬纱均采用2S2Z 强捻丝相间排列，绉效应明显，如乔其纱；经纱采用无捻丝，纬纱采用2S2Z 强捻丝相间排列，如双绉；同捻向强捻丝作纬丝，使丝线柔软、蓬松而富有弹性，织物表面呈现出含蓄的水波纹。典型的中捻丝为"碧绉线"，由一根加捻的粗丝（一般由数根丝合并）与一根较细的无捻或弱捻丝合并，再反向加捻而成。细线处于中心位置（芯线），粗线环绕着芯线（抱线）。基本线型为 22.2/24.4dtex×3 桑蚕丝，17.5S 捻/cm＋22.2/24.4dtex 桑蚕丝，16Z 捻/cm。

（三）丝型织物经纬密度的设计

丝型织物经纬密度设计时，涉及的因素主要有原料的选用、丝线的线密度和捻度、织物的组织结构和产品的用途等几个方面。

（四）丝型织物组织的选用

1.地组织　地组织的选择应适当，以使织物外观和服用效果良好，因此，在决定地组织时应全面熟悉各种组织类型、结构特点等。

2.边组织　边组织的设计要平整、整齐，利于织造、印染加工，且要配合地组织，以使边经和地经的织缩率基本一致。

三、素丝织物的规格设计及上机计算

（一）匹长

$$坯绸匹长（m） = \frac{成品匹长（m）}{1 - 染整长缩率}$$

$$整经匹长（m） = \frac{坯绸匹长（m）}{1 - 织造长缩率} = \frac{成品匹长（m）}{（1 - 染整长缩率）（1 - 织造长缩率）}$$

目前，内销产品成品匹长为 30m 左右，外销印花坯绸以 45.7m、36.6m 为好，主要考虑印花台板的长度。

织物的染整长缩率、织造长缩率的确定，可根据同类产品的实测资料加以估计，或按一定的经验方法加以计算。

（二）幅宽

1. 坯绸幅宽

$$坯绸幅宽（cm） = \frac{成品幅宽（cm）}{1 - 染整幅缩率}$$

2. 上机幅宽

$$上机幅宽（cm） = \frac{坯绸幅宽（cm）}{1 - 织造幅缩率} = \frac{成品幅宽（cm）}{（1 - 染整幅缩率）（1 - 织造幅缩率）}$$

$$= \frac{内经穿筘总齿数}{内经筘号} + \frac{边经穿筘总齿数}{边经筘号}$$

3. 筘幅的计算 筘幅由筘内幅和绸边筘幅两部分组成。

$$筘内幅（cm） = 成品内幅（cm） \times （1 - 幅缩率）$$

边筘幅设计视品种而定，一般不超过 1cm。习惯上，素绸边幅控制在 0.5~0.75cm，提花绸边幅控制在 0.75~1cm。边绸与绸身一样也有一定的幅缩率，但因边幅小，密度大，结构紧密，幅缩率可忽略不计。

$$筘外幅（cm） = 筘内幅（cm） + 边筘幅（cm） \times 2$$

4. 幅缩率的确定 一般把织造产生的织缩与练漂产生的练缩折算成百分比，统称为幅缩率。计算公式如下：

$$幅缩率 = \frac{钢筘内幅 - 成品内幅}{成品内幅} \times 100\%$$

影响幅缩率的主要因素有原料、织物组织、经密及工艺加工方法等。

（三）经纬组合的确定

主要根据产品的品种种类、风格特征、应用范围来确定参见附录四。

（四）经纬向密度

1. 经丝密度计算

$$坯绸经密（根/10cm） = 成品密度（根/10cm） \times （1 - 染整幅缩率）$$

$$= 成品经密（根/10cm） \times \frac{成品幅宽}{匹绸幅宽}$$

$$上机经密（根/10cm） = 坯绸经密（根/10cm） \times （1 - 织造幅缩率）$$

$$= 成品经密（根/10cm） \times （1 - 染整幅缩率）（1 - 织造幅缩率）$$

$$= 筘号 \times 10 \times 每筘穿入数$$

2.纬丝密度计算

$$坯绸纬密（根/10cm）=成品纬密（根/10cm）×（1-染整长缩率）$$

$$上机纬密（根/10cm）=坯绸纬密（根/10cm）×（1-坯绸下机长缩率）$$

$$=成品纬密（根/10cm）×（1-染整长缩率）（1-坯绸下机长缩率）$$

（五）总经根数

$$总经根数=内经根数+边经根数$$

$$内经根数=成品内幅（cm）×成品经密（根/10cm）×\frac{1}{10}$$

$$=钢筘内幅（cm）×上机经密（根/10cm）×\frac{1}{10}$$

$$=钢筘内幅×筘号×穿入数$$

$$边经根数=成品边幅（cm）×成品边经密（根/10cm）×\frac{1}{10}×2$$

$$=每边穿筘齿数×穿入数×2$$

（六）钢筘的确定

筘号分内经筘号和边经筘号。

$$内经筘号=\frac{内经根数}{钢筘内幅×穿入数}$$

$$边经筘号=\frac{每边经纱根数}{每边幅宽×穿入数}$$

筘号应结合织物的外观要求、组织结构、经线粗细、加工工艺等因素综合考虑。

（七）穿综

$$综丝密度=\frac{每页综上的综丝数}{综框宽度（cm）}$$

$$每页综上的综丝数=\frac{内经丝数}{每一穿综循环的经丝数}×每一穿综循环内穿入该页综的经丝数$$

$$综框宽度（cm）=钢筘内幅（cm）+（1～2cm）$$

综丝密度以考虑经线原料为主。桑蚕丝织物在 12 根/cm 以下；特殊高经密织物可增至 16 根/cm；人造丝织物在 8 根/cm 以下；合纤织物在 6 根/cm 以下。

（八）织物质量计算

1.织物成品质量计算

$$全幅每米成品质量（g/m）=每米成品经丝质量（g/m）+每米成品纬丝质量（g/m）$$

每米成品经丝质量（g/m）

$$=\left[\frac{内经根数×线密度}{1000×（1-经丝长度总缩率）}+\frac{边经根数×线密度}{1000×（1-经丝长度总缩率）}\right]×（1-质量损耗率）$$

$$每米成品纬丝质量（g/m）=\frac{成品纬密（根/10cm）×上机幅宽（cm）×线密度}{1000×10}×（1-质量损耗率）$$

$$每平方米成品质量（g/m^2）=\frac{全幅每米成品质量（g/m）}{成品幅宽（cm）}×100$$

$$每匹成品质量（kg）=\frac{全幅每米成品质量（g/m）×匹长（m）}{1000}$$

上列各式中丝线线密度不同时，要分别计算。式中经丝长度缩率指经过准备、织造以及染整等工序加工后的长度收缩率，可根据同类产品资料加以估计或用经验方法计算。

$$质量耗损率 = \frac{坯绸质量 - 成品质量}{坯绸质量} \times 100\%$$

2. 坯绸质量计算

$$每米坯绸质量(g/m) = 每米坯绸经丝质量(g/m) + 每米坯绸纬丝质量(g/m)$$

$$每米坯绸经丝质量(g/m) = \frac{内经根数 \times 线密度}{10^3 \times (1 - 经丝织造长缩率)} + \frac{边经根数 \times 线密度}{10^3 \times (1 - 经丝织造长缩率)}$$

$$每米坯绸纬丝质量(g/m) = \frac{坯绸纬密(根/10cm) \times 10 \times 上机幅宽(cm) \times 线密度}{1000 \times 10}$$

$$每平方米坯绸质量(g/m^2) = \frac{每米坯绸质量(g/m)}{坯绸幅宽(cm)} \times 100$$

$$每匹坯绸质量(kg) = \frac{每米坯绸质量(g/m) \times 匹长(m)}{1000}$$

上式中丝线线密度不同时，要分别计算。

3. 原料含量 当织物中含有不同种类原料时，应分别计算含量。原料含量指织物成品中所用原料的质量比例。

$$甲种原料的含量 = \frac{甲原料净质量 \times (1 - 质量损耗率)}{甲原料净质量 \times (1 - 质量损耗率) + 乙原料净质量 \times (1 - 质量损耗率)}$$

式中净质量是指坯绸的质量。

4. 原料用量 指投入原料的质量，包括加工过程中的质量损耗和回丝损耗。

$$每匹成品织物的某种原料用量 = \frac{每坯成品织物质量 \times 该原料含量}{(1 - 质量损耗率) \times (1 - 回丝消耗率)}$$

四、丝织物设计实例

例 某新颖纺织物，产品规格为：内幅 114cm，边幅 0.5cm×2，匹长 29.7m，经密 50.5 根/cm，纬密 39.6 根/cm，经丝为 31.1/33.3dtex(1/28/30 旦)桑蚕丝，纬纱为 22.2/24.4dtex×2(2/20/22 旦)桑蚕丝，试进行规格设计与工艺计算。

解 参考类似产品选择：染整长缩率为 1%，织造幅缩率为 5%，质量损耗率为 24%，织造长缩为 3.2%，经纬回丝消耗率分别为 0.4%、1%，不考虑坯绸下机长缩率、染整幅缩率。

1. 匹长计算

$$坯绸匹长 = \frac{29.7}{1 - 1\%} = 30(m)$$

$$整经匹长 = \frac{30}{1 - 3.2\%} = 30.99(m)$$

2. 幅宽计算

$$坯绸内幅宽 = \frac{114}{1 - 0\%} = 114(cm)$$

$$上机内幅宽 = \frac{114}{1 - 5\%} = 120(cm)$$

3. 经丝密度计算

$$坏绸经密 = 50.5 \times (1 - 0\%) = 50.5(根/cm)$$

$$上机经密 = 50.5 \times (1 - 5\%) = 48(根/cm)$$

4. 纬丝密度计算

$$坏绸纬密 = 39.6 \times (1 - 1\%) = 39.2(根/cm)$$

$$上机纬密 = 39.2 \times (1 - 3.2\%) = 37.9(根/cm)$$

5. 总经丝根数计算 根据产品风格和密度情况,每筘穿入数为 2 根,则:

$$筘号 = \frac{48}{2} = 24$$

$$内经丝数 = 120 \times 24 \times 2 = 5760(根)$$

平纹织物边经密度为内经密度的 1.5 倍左右,取 1.5,则:

$$边经丝数 = 0.5 \times 50.5 \times 1.5 \times 2 = 76(根)$$

取 36×2 根。

$$总经丝数 = 5760 + 72 = 5832(根)$$

6. 总幅宽计算 绸边采用 12 齿,每筘穿入 6 根,则:

$$每边筘齿数\frac{36}{6} = 6(齿)$$

$$每边筘齿宽\frac{6}{12} = 0.5(cm)$$

$$上机外幅宽 = 120 + 0.5 \times 2 = 121(cm)$$

7. 织物质量计算

(1)坏绸质量计算:

$$每米坏绸经丝质量 = \frac{5832 \times \frac{31.1 + 33.3}{2 \times 10}}{1000 \times (1 - 3.2\%)} = 19.4(g/m)$$

$$每米坏绸纬丝质量 = \frac{392 \times 121 \times \frac{22.2 + 24.4}{2 \times 10} \times 2}{1000 \times 10} = 22.1(g/m)$$

$$每米坏绸质量 = 19.4 + 22.1 = 41.5(g/m)$$

$$坏绸平方米质量 = \frac{41.5}{114} \times 100 = 36.4(g/m^2)$$

$$每匹坏绸质量 = \frac{41.5 \times 29.7}{1000} = 1.23(kg)$$

(2)成品质量计算:

$$每米成品经丝质量 = 19.40 \times (1 - 24\%) = 14.74(g/m)$$

$$每米成品纬丝质量 = 22.1 \times (1 - 24\%) = 16.80(g/m)$$

$$每米成品质量 = 14.74 + 16.80 = 31.54(g/m)$$

$$成品平方米质量 = \frac{31.54 \times 100}{115} = 27.43(g/m^2)$$

$$每匹成品质量 = \frac{31.54 \times 29.7}{1000} = 0.937(kg)$$

8. 用纱量计算

$$每匹成品经丝用量 = \frac{14.74 \times 29.7}{(1-24\%) \times (1-0.4\%) \times 1000} = 0.60(kg)$$

$$每匹成品纬丝用量 = \frac{16.80 \times 29.7}{(1-1\%) \times (1-24\%) \times 1000} = 0.66(kg)$$

$$每匹成品经纬丝用量 = 0.60 + 0.66 = 1.26(kg)$$

化纤织物面料库

第八节　新型化纤织物设计

化纤织物(chemical fiber cloth)是指使用化纤为原料而织造成的织物。化纤织物按风格可分成仿毛型、仿丝型、仿麻型等。按化纤的类型可分成棉型、毛型、中长型等。按化纤的结构可分成普通型、异形、网络丝、低弹丝、高弹丝等。化纤"仿真"的含义为化学纤维制成的纺织面料的风格、手感和服用性能等特征具有天然纤维面料的特点。

一、新型化学纤维及特点

(一)再生纤维素纤维(regenerated cellulose fiber)

1. Lyocell 纤维　Lyocell 纤维在制造过程中几乎不产生任何废弃物,本身又能在自然环境下迅速降解为无毒物质,是一种绿色纤维。纤维强力高,与涤纶相近,湿强是干强的85%,优于黏胶纤维;其优异的湿模量使织物的缩水率很低(经向缩水率低于2%),其吸水性和保水性与黏胶纤维接近,穿着舒适。

2. Tencel(天丝)纤维　天丝纤维与其他植物类天然纤维相比,具有高强度、高湿模量、干湿强接近等特点。同时,纤维缩水率较低,服装的尺寸稳定性好,洗可穿性好。该纤维织物具有良好的吸湿性、透气性、柔软性、悬垂性、染色性,抗折皱和硬挺度好。天丝纤维易原纤化,具有桃皮绒感,富有弹力,具有良好的挺括度和悬垂感,可纯纺,也可与棉、毛、麻、腈、涤等混纺或交织。

3. Modal 纤维　Modal 纤维强力高,纤度细,已开发 Modal 抗紫外线、抗菌、超细等纤维。可与多种纤维混纺、交织,发挥各自的特点,达到更佳的服用效果。

4. 丽赛纤维(Richcel)　是日本东洋纺生产的一种植物纤维素纤维,纤维呈圆形截面,高湿模量,较强耐碱性,伸长良好,尺寸稳定。纤维的光泽、弹性、悬垂性、滑爽、吸湿散湿度、可染性、鲜艳度等都很好,许多舒适性指标都接近于羊绒,被人们誉为植物羊绒。

5. 竹浆纤维　竹浆纤维吸湿性、透气性好,初始模量高,抗起毛起球,抗皱性好,天然抗菌抑菌,防紫外线,染色均匀,不耐酸碱,可生物降解。竹纤维织物明亮、色彩艳丽,韧性和耐磨性能强,悬垂性好,手感光滑、凉爽、悬垂性好,具有抗菌、防臭、防霉、防蛀和防紫外线等保健的功能。可制作女式高档时装、男式衬衫、休闲服装等。

(二)再生蛋白质纤维(regenerated protein fiber)

再生蛋白复合纤维是先从动物或植物中提炼出蛋白质,然后再与其他高分子化合物,如黏胶、聚丙烯腈、聚乙烯醇等按一定比例共混湿法纺丝而得,兼有天然蛋白纤维与化学纤维的特性。

1. 牛奶蛋白复合纤维 是以牛奶中分离出的蛋白质为基本原料,经过化学处理和机械加工制得的再生蛋白质纤维。纤维具有良好的吸湿性、透气性和保健性。牛奶蛋白纤维面料柔软滑爽,悬垂飘逸,具有丝绸一样的手感和风格。

2. 大豆蛋白复合纤维 大豆蛋白复合纤维的特点为单丝线密度低,密度小,强伸度高,耐酸碱性好,具有丝般的光泽,吸湿、导湿性好,手感柔软,具有较好的抗静电性。大豆蛋白纤维织物具有导湿透气,手感柔软,滑爽飘逸,富有光泽,色彩鲜艳等优良特性。

3. 蚕蛹蛋白黏胶纤维 蚕蛹蛋白黏胶纤维为皮芯层结构,蛋白质集中于纤维外层,其性能与蚕丝相近,染色性、悬垂性优于蚕丝,相容性好。对皮肤具有良好的保健性。蚕蛹蛋白黏胶纤维除单独使用外,还可与真丝、人造丝、涤纶等多种纤维交织,是制作高档内衣、T恤和春夏时装的理想面料。

(三)其他再生纤维

1. 甲壳素纤维 甲壳素纤维是由昆虫壳及虾、蟹壳经酸、碱化学处理而制得。属纯天然素材,无毒、无副作用,可生物降解。医用方面主要用作甲壳素缝线和人造皮肤,由于这种纤维可以生物降解,不污染环境,是一种绿色纤维。甲壳素纤维还有良好的吸湿性、保湿性、染色性,因此,甲壳素纤维织物穿着舒适,手感柔软,色彩艳丽。

2. 海藻纤维 以海藻植物中分离出的海藻酸为原料制成的纤维。原料来自天然海藻,纤维具有良好的生物相容性和可降解吸收性。主要用于医用材料中的创伤敷料,还可以制作功能保健服装。

(四)新型合成纤维

新型合成纤维主要包括差别化纤维(differentail fiber)和功能纤维(functional fiber)。差别化纤维如异形纤维、超细纤维、复合纤维、高收缩纤维等,用于生产仿真面料,提高其服用性能;功能纤维具有某种特殊功能,主要有:卫生保健功能,如凉爽、拒水、拒油、抗污、保温、抗菌、防臭、远红外、负离子等;防护功能,如阻燃、屏蔽紫外线、抗静电、屏蔽电磁波、抗辐射等;传导功能,如导电、光导、超导等;其他功能,如各种智能化学纤维、高吸附化学纤维和生物降解化学纤维材料。

功能性织物面料库

1. 异形纤维 纤维截面有五角形、三叶形、多叶形、哑铃形、L形及异形中空等。用异形纤维织造的织物,具有某些仿天然纤维织物的结构特征和性能。尤其在光泽、吸湿透气性、蓬松性、抗起球性能等方面更具优势。异形纤维可纺制成单丝、复丝、短纤维、纤维束、弹力丝等,织造仿丝绸、仿毛等风格的面料。

2. 超细纤维 涤纶超细纤维,具有手感柔软,悬垂性好、透气吸湿、蓬松丰满等优点,根据其性能,常用于仿真丝织物、高密防水透气织物、仿桃皮绒织物、洁净布和无尘衣料、高吸水性材料、仿麂皮及人造皮革。单纤维线密度可分为:0.005~0.25dtex仿皮革;0.55~1.1dtex仿山羊皮、仿麂皮;0.55~1.6dtex仿真丝。

3. 弹性纤维 目前常用的弹性纤维主要有两类,一类是高弹性纤维,如Lycra纤维、XLA纤维;另一类是微弹性纤维如PTT纤维、PBT纤维。Lycra纤维是聚氨酯弹性纤维,XLA纤维是聚烯烃基弹性纤维,PTT 纤维、PBT 纤维是新型的聚酯纤维。

4. 差别化腈纶　经过化学改性或物理改性等技术制成的,不同于常规腈纶,并具有特殊性质、形态和功能的腈纶。如抗起球腈纶、超细超柔软腈纶等,利用差别化功能性腈纶研发新型、高质量、高档保健、功能化和环保型的毛纺面料是必然的发展趋势。

5. 吸湿排汗纤维　具有较高比表面积,表面有众多的微孔沟槽,截面具有特殊的异形状,利用毛细管效应,纤维具有芯吸作用,迅速将皮肤表面的湿气或汗水通过扩散、传递到纤维外层而蒸发,适宜做运动服。如 Coolmax 纤维、Coolplus 纤维、Cooldry 纤维等。

6. 纳米纤维　一般把纤维直径小于100nm 的纤维称为纳米纤维,有吸收紫外线、屏蔽电磁波等性能。纤维的制备主要是将具有某种功能的有机材料做成纳米级的微细颗粒,然后与高聚物纺丝液共混,最后纺丝。利用纳米纤维可以生产各种功能织物。

7. 智能调温纤维　智能调温纺织产品主要有两种应用形式:一是将含有热敏相变材料的微胶囊涂于织物表面,即涂层处理;二是将含有热敏相变材料的微胶囊植入纤维内部,纤维可进行纺纱织造。纤维材料大都具有双向温度调节和适应性,可以在温度振荡环境中反复循环使用。

8. 导电纤维　指具有金属或半导体的导电水平,在标准状态下(温度20℃、相对湿度65%),比电阻在 $107\Omega \cdot cm$ 以下的纤维。当混用比例为 0.1% ~ 0.5% 时,织物就有明显的抗静电效果,在纺织品中加入导电纤维,产品不仅可有效地防止穿着过程中灰尘吸附、起毛、起球、缠身等现象,还具有防辐射等功能。

二、化纤织物设计

(一)化纤仿毛织物的设计内容

化纤仿毛织物多数体现在色织物中,常通过原料、纱线、色彩及图案等方面进行仿制。

1. 原料　常使用差别化纤维。

2. 纱线　常使用花式纱线进行仿制,尤其是仿毛花呢,除有捻向不同形成的隐条隐格外,大部分仿毛效果是由花式纱线来体现的。仿毛织物所用的花式纱线有:不同色线并合而成的二股异色花式纱线、三股异色花式纱线;不同粗细的纱捻合而成的花式纱线;不同捻度合成的各种花式纱线等。由于不同色泽的色纱混合使织物表面产生不同程度的混色效应,类似色纺花呢、嵌条花呢、素花呢等品种的外观。

采用合成纤维仿毛织物时,纱线的捻系数宜选择比同品种全毛织物小的。薄型面料采用同向加捻的股线可获得明显的干爽型手感;中厚型织物采用异捻的单纱合并加捻,手感则显得蓬松、丰满。

3. 色彩及图案　毛织物的色调与图案要求浑厚、稳重、大方,常用的颜色有棕、灰、黄(如驼黄、姜黄)、米色、蟹元等,鲜艳的翠绿、绯红等色只用于花呢上,仿毛织物的配色是很重要的,配色不当,会降低织物的仿毛风格。

在花线的使用方面,花线的色调多数是复色,双股花线可与同色系花线或近似色系花线相互间隔排列,作为织物地部,这样的设计仿毛效果较好,与对比色花线相间排列的情况非常少见。三股花线交织的织物,花线效应在织物表面若隐若现,三股花线的捻合方式有一次捻合与二次捻合之分,在花线上产生的混色效应也不一样,如元红、元二种深色调三根色纱捻合,二次捻合法与一次捻合法比较,前者红的效应暗而隐。同种色色阶过于接近,在三股花线中实际应用较少,三股花线色泽的选用不宜过多,如红、黄、蓝三色捻合时,由于分不清主色调,故在色位配合上就会发生很大困难。此外,花线的使用不宜过多,全部用花线作地部反而衬托不出织物的外观风格,一般花线占地部比例为 50%～70%。

4. 织物组织　为了充分发挥涤纶低弹丝的卷曲、蓬松、弹性和热收缩性,增强染整收缩、膨化效能,涤纶仿毛织物的组织设计一般都采用斜纹或斜纹变化组织。

5. 织物的紧度　对化纤仿毛织物而言,应适当降低同品种化纤仿毛织物的紧度,减弱其化纤感,增强毛型感,使织物手感活络、丰满、蓬松柔软,避免化纤手感发涩、发硬的特点。但长丝织物的紧度不能太小,以免产生排丝现象,影响织物的结构稳定。

6. 后整理加工　为使织物获得最大限度的蓬松和弹性,必须采用全松式整理,增加织物的毛型感;为改善织物手感的柔糯和弹性,应适当降低定形温度,延长定形时间;为提高织物的抗起毛起球、抗勾丝服用性能,可采用树脂整理;为提高织物的柔软性,可对织物进行柔软处理;为消除静电,采取抗静电整理;仿毛织物进行少量的碱减量处理(10%以内),可以起到改善手感,消除极光,增加织物丰厚、柔糯性和悬垂性的作用。

（二）化纤仿麻织物的设计内容

仿麻织物按织物的质量可以分薄型和中厚型两种。要达到麻织物的外观风格,主要在于织物组织、原料和纱线线密度、织物密度的配合。

1. 原料　以多种纤维混纺、交织居多,通过混纺、交织、交并等工艺使风格新颖化、多样化。对于交织物来讲,由于经纬纱原料不同,可以利用其染色性能的不同形成花色效果。

2. 纱线　要达到麻织物的外观,通常以使用较大线密度的纱线为好,细特纱织物虽然可以获得较好的手感,但却削弱了仿麻风格。经或纬纱,或经纬纱都采用粗细不同的纱线间隔排列,可使织物表面分别形成纵向、横向或纵横向凸出的条纹,体现麻织物的风格。纱线排列的循环越大,仿麻效果就越好。

经纬纱捻度的变化也会使织物获得不同的风格。捻度的选择要根据不同的原料、组织结构、经纬密度、织造工艺及风格要求确定。

3. 花式线　花式线的种类和色彩运用可以很好地体现麻型织物的风格。常采用的花式线有竹节线、疙瘩线、结子线、断丝线、小圈圈线等。仿麻织物中花式线的比重一般不大,只起点缀和装饰作用。可以用麻或麻混纱与花式纱按照一定的排列比作纬纱,突出花式线的质感,达到增加麻型感的目的。

4. 织物组织　织物组织是影响织物外观的主要因素,根据织物用途和风格选择不同的织物组织可以获得良好的外观花型效果。麻型织物常用的组织有平纹、斜纹、平纹变化组织、绉组织以及其他联合组织包括蜂巢、透孔、凸条、纱罗、复杂变化方平组织等。

5. 织物密度　为使织物获得硬、挺、爽的仿麻风格,织物的密度不宜太大,但要具有一定的身骨、透气性和弹性。织物紧度一般为:经向紧度45%～55%;纬向紧度40%～50%。

6. 色彩设计　仿麻织物通常使用的色彩为低彩度的中浅色,如米色、浅米色、奶黄色等较为接近苎麻原色的颜色,切忌使用五颜六色,以冲淡麻的风格。

(三)化纤仿真丝织物的设计内容

仿真丝产品主要包括仿真丝强捻织物、仿真丝缎纹织物、仿真丝桃皮绒织物(砂洗真丝绸)、涤纶防拔染印花、仿高档真丝印花绸等。仿真丝绸产品应具有蚕丝织物珍珠般的柔和光泽,织纹清晰、手感柔滑、光滑如绸以及真丝的吸湿性和悬垂感,同时具有挺括、耐磨、尺寸稳定、易洗快干的特点。

1. 原料选用 目前用于仿真丝产品的原料主要采用:异形截面涤纶丝,包括三角形、四叶形、多角形丝等,以改善织物的光泽、透气性、悬垂性等;采用单丝线密度低的涤纶丝,如纤维线密度为 $0.55 \sim 1.6$dtex,可以仿制强捻丝,提高乔其纱等织物的悬垂性;涤纶复合丝,如收缩率不同的双组分丝可赋予织物柔软性和蓬松的手感,改善的织物光泽;中空涤纶丝,涤纶变形丝、再生纤维素纤维如 Tencel、Model、大豆蛋白纤维、牛奶蛋白纤维等。

2. 纱线与组织 为突出丝绸效果可使用两种对比色纱线进行交织,以获得闪色效应,织物经纬密度不宜过小,否则会使织物过稀将削弱闪色效应,削弱仿丝绸的风格;采用粗细纱交织,具有细微的凹凸表面肌理效果;采用花色纱与本色纱相结合;采用金银丝线,获得多种闪色效应的视觉效果。

仿丝绸织物一般使用平纹组织或以平纹为主的小提花组织,纱线以线密度低的细化纤长丝为主,配色要求彩度低、明度高,即用色应淡雅,不宜过于浓艳。还可以利用条纹产生多样变化,如彩色嵌条、小提花条纹、纱罗条等共同使用。

3. 密度设计 一般比同类真丝织物密度偏小。织物的密度与原料特征、组织结构、纱线捻度、后整理方法及产品用途等有密切的关系,应综合考虑。如采用平纹组织可比缎纹组织密度小些;经减量处理的密度可大些;纱线捻度大的,密度可小些等。

4. 后整理技术 仿真丝产品最常见的后整理工序是碱减量加工。此外,采用生物酶技术处理织品,或机械膨松柔软处理,可以缩短工艺流程,适应绿色生产要求,并使织物具有柔软的手感。还有抗静电整理、丝鸣整理等。随着新产品的不断出现,涤纶仿真印花产品向绣花产品深加工方向发展。

三、化纤织物设计实例

(一)化纤仿毛织物设计实例

例 某化纤仿毛海力蒙织物,经、纬纱均采用涤/腈(50/50)中长纤维纱与 PTT/PET 复合弹力丝并捻,其经、纬纱线线密度为 18.5tex/16.7tex,成品经纬密度为 299 根/10cm × 228 根/10cm,组织采用以 $\frac{2}{2}$ 斜纹为基础的变化组织,成品幅宽 149cm,成品匹长 60m。试确定有关规格并进行上机计算。

解 根据经验,选取该海力蒙织物的织造净长缩为 94%,染整净长缩为 97%,总净长缩为 91.18%,织造净幅缩为 93.5%,染整净幅缩为 93%,总净幅缩为 86.955%,重量损耗为 4%,下机坯布净长率取 98%。

1. 匹长计算

$$坯布匹长 = \frac{成品匹长}{染整净长率} = \frac{60}{97\%} = 61.86(m)$$

$$整经坯长 = \frac{坯布匹长}{织造净长率} = \frac{61.86}{94\%} = 65.8(m)$$

取 65.5m。

2. 经密的计算

$$坯布经纱密度 = 成品经纱密度 \times 染整净宽率 = 299 \times 93\% \approx 278(根/10cm)$$

$$上机经纱密度 = 坯布经纱密度 \times 织造净宽率 = 278 \times 93.5\% \approx 260(根/10cm)$$

3. 计算筘号 每个筘齿内的经纱穿入数选 4 根,则:

$$筘号 = \frac{260}{4} = 65$$

4. 纬密的计算

$$坯布纬纱密度 = 成品纬纱密度 \times 染整净长率 = 228 \times 97\% \approx 221(根/10cm)$$

$$上机纬纱密度 = 坯布纬纱密度 \times 下机坯布净长率 = 221.16 \times 98\%$$

$$\approx 216.74 = 217(根/10cm)$$

5. 幅宽的计算

$$坯布幅宽 = \frac{成品幅宽}{染整净宽率} = \frac{149}{93\%} = 160.215(cm)$$

$$上机幅宽 = \frac{坯布幅宽}{织造净宽率} = \frac{160.215}{93.5\%} = 171.35(cm)$$

6. 总经根数计算

$$总经根数 = 成品经纱密度 \times 成品幅宽 \times \frac{1}{10} = 299 \times \frac{149}{10} = 4455(根)$$

取 4456 根。

$$总筘齿数 = \frac{4456}{4} = 1114(齿)$$

核算实际上机幅宽:

$$实际上机幅宽 = 1114 \times \frac{10}{65} = 171.38(cm)$$

$$预计成品幅宽 = 171.38 \times 86.955\% = 149.023(cm)$$

7. 坯布质量计算

$$每米坯布质量 = \left(\frac{4456}{94\% \times 10^3} + \frac{221 \times 171.38}{10^4} \right) \times 35.2 \approx 300.18(g/m)$$

8. 成品质量计算

$$每米成品质量 = \frac{每米坯布质量 \times 染整净重率}{染整净长率} = \frac{300.18 \times 96\%}{97\%} = 297.085(g/m)$$

9. 每匹坯布用纱量计算

$$每匹坯布用纱量 = 每匹坯布经纱用量 + 每匹坯布纬纱用量$$

$$= \left(\frac{4456 \times 65.5}{10^6} + \frac{171.38 \times 221 \times 61.86}{10^7} \right) \times 35.2 \approx 18.52(kg)$$

（二）化纤仿丝织物设计实例

例 某涤纶水纹泡泡绉织物，产品规格为：内幅150cm，边幅0.5cm×2，匹长30m，经密39根/cm，纬密35.2根/cm，经纱为14.5tex涤/棉纱；纬纱A为18tex涤/棉纱，纬纱B为50dtex高收缩涤纶丝，白色。试进行规格设计与工艺计算。

解 参考类似产品选择：染整长缩率为1%，染整幅缩率为22.16%，织造长缩率为3.2%，织造幅缩率为5%，质量损耗率为24%，经纬回丝消耗率分别为0.4%、1%，不考虑坯绸下机长缩率。

1. 匹长计算

$$坯绸匹长 = \frac{30}{1-1\%} = 30.3(m)$$

$$整经匹长 = \frac{30.3}{1-3.2\%} = 31.3(m)$$

2. 幅宽计算

$$坯绸内幅宽 = \frac{150}{1-22.16\%} = 192.7(cm)$$

$$上机内幅宽 = \frac{192.7}{1-5\%} = 202.84(cm)$$

3. 经丝密度计算

$$坯绸经密 = 39 \times (1-22.16\%) = 30.36(根/cm)$$

$$上机经密 = 30.36 \times (1-5\%) = 28.84(根/cm)$$

4. 纬丝密度计算

$$坯绸纬密 = 35.2 \times (1-1\%) = 34.85(根/cm)$$

$$上机纬密 = 34.85 \times (1-3.2\%) = 33.73(根/cm)$$

5. 总经丝根数计算 根据产品风格和密度情况，每筘穿入数为2根，则：

$$筘号 = \frac{28.84}{2} = 14.41(根/cm)$$

取14根/cm。

$$内经丝数 = 202.84 \times 14 \times 2 = 5679.52(根)$$

取5680根。

平纹织物边经密度为内经密度的1.5倍左右，取1.5，则：

$$边经丝数 = 0.5 \times 39 \times 1.5 \times 2 = 58.5(根)$$

取30×2根。

$$总经丝数 = 5680 + 60 = 5740(根)$$

6. 总幅宽计算 绸边采用10齿/，每筘穿入6根，则：

$$每边筘齿数 = \frac{30}{6} = 5(齿)$$

$$每边筘齿宽 = \frac{5}{10} = 0.5(cm)$$

$$上机外幅宽 = 202.84 + 0.5 \times 2 = 203.84(cm)$$

7. 织物质量计算

（1）坯绸质量计算：

$$每米坯绸经丝质量 = \frac{5740 \times 14.5}{1000 \times (1 - 3.2\%)} = 85.98 (\text{g/m})$$

$$每米坯绸纬丝质量 = \frac{348.5 \times 203.84 \times 18 \times \frac{2}{3}}{1000 \times 10} + \frac{348.5 \times 203.84 \times 5 \times \frac{1}{3}}{1000 \times 10} = 97.086 (\text{g/m})$$

$$每米坯绸质量 = 85.98 + 97.086 = 183.066 (\text{g/m})$$

$$坯绸平方米质量 = \frac{183.066}{193.7} \times 100 = 94.51 (\text{g/m}^2)$$

$$每匹坯绸质量 = \frac{183.066 \times 30.3}{1000} = 5.547 (\text{kg})$$

（2）成品质量计算：

$$每米成品经丝质量 = \frac{5740 \times 14.5}{1000 \times (1 - 4.2\%)} \times (1 - 24\%) = 66.03 (\text{g/m})$$

$$每米成品纬丝质量 = \frac{97.086 \times (1 - 24\%)}{(1 - 1\%)} = 74.53 (\text{g/m})$$

$$每米成品质量 = 66.03 + 74.53 = 140.56 (\text{g/m})$$

$$成品平方米质量 = \frac{140.56 \times 100}{151} = 93.086 (\text{g/m}^2)$$

$$每匹成品质量 = \frac{140.56 \times 30.3}{1000} = 4.259 (\text{kg})$$

8. 用纱量计算

$$每匹成品经丝用量 = \frac{66.03 \times 30.3}{(1 - 24\%) \times (1 - 0.4\%) \times 1000} = 2.643 (\text{kg})$$

$$每匹成品纬丝用量 = \frac{74.53 \times 30.3}{(1 - 1\%) \times (1 - 24\%) \times 1000} = 3.001 (\text{kg})$$

$$每匹成品经纬丝用量 = 2.643 + 3.001 = 5.644 (\text{kg})$$

（三）化纤仿麻织物设计实例

例　某绉组织涤纶仿麻织物，经纱为：9.84tex×2普通涤纶与三角涤纶（70/30）混纺纱；纬纱为：19.7tex×2普通涤纶与三角涤纶（70/30）混纺纱。经纬密度为：220（根/10cm）×207（根/10cm），坯布幅宽160cm，36根28tex×2棉纱作边纱，地、边经纱每筘穿入数均为2根，三联匹长为90m，剑杆织机织造，试进行相关的规格设计、技术设计和计算。

解　根据同类产品，选取经纱织缩率为6.5%，纬纱织缩率2%，自然缩率与放码损失率为1.25%，经纱总伸长率为1%，经纱回丝率为0.3%，纬纱回丝率为0.7%。

1. 匹长计算

$$浆纱墨印长度 = \frac{90}{3 \times (1 - 6.5\%)} = 32.086 (\text{m})$$

2. 幅宽计算

$$上机筘幅 = \frac{160}{1 - 2\%} = 163.3 (\text{cm})$$

3. 总经根数计算

$$总经根数 = \frac{220 \times 160}{10} = 3520(根)$$

其中麻纱 3484 根, 棉边纱 36 根。

4. 筘号计算

$$筘号 = \frac{220 \times (1 - 2\%)}{2} = 107.8$$

取 108 号。

$$修正筘幅 = \frac{3520 \times 10}{108 \times 2} = 162.96(cm)$$

5. 用纱量计算

$$百米织物地经纱用纱量 = \frac{3484 \times 9.84 \times 2 \times (1 + 1.25\%)}{10^4 \times (1 + 1\%) \times (1 - 6.5\%) \times (1 - 0.3\%)}$$
$$= 7.373(kg)$$

$$百米织物纬纱用纱量 = \frac{207 \times 19.7 \times 2 \times (1 + 1.25\%) \times (162.96 + 15)}{10^5 \times (1 - 2\%) \times (1 - 0.7\%)}$$
$$= 15.101(kg)$$

$$百米织物用纱量 = 7.373 + 15.101 = 22.474(kg)$$

$$百米织物 28tex \times 2 \text{ 棉边纱用纱量} = \frac{36 \times 28 \times 2 \times (1 + 1.25\%)}{10^4 \times (1 + 1\%) \times (1 - 6.5\%) \times (1 - 0.3\%)}$$
$$= 0.217(kg)$$

☞ 思考题

1. 服用织物风格的含义是什么？

2. 说明织物纱线捻向配合的方式及各自的特点。

3. 织物设计的形式有哪几种？

4. 说明棉型织物中平布、府绸、麻纱、泡泡纱、劳动布织物的风格特征。

5. 棉织物的规格设计包括哪些内容？

6. 将 40 英支 × 40 英支, 133 根/英寸 × 72 根/英寸棉府绸换算成公制表示, 并计算织物的经纬向紧度和总紧度。

7. 今设计一纱直贡织物, 其经纬纱线密度为 26tex × 34tex, 织物组织为六枚经面缎纹, 经向密度为 524 根/10cm。求其纬向最大密度。

8. 在设计"薄、挺、爽"织物时, 如何进行织物结构设计, 以保证其产品的风格。

9. 用丙纶纱纺制 18.2tex × 18.2tex, 311 根/10cm × 307 根/10cm(32 英支 × 32 英支, 79 根/英寸 × 78 根/英寸)棉细纺织物, 要求保持原来的外观风格, 若密度不变, 则丙纶纱的线密度应为多少？若纱线的线密度不变, 则丙纶纱经纬密度应为多少？(若丙纶直径系数为 0.049)

10. 27.8tex × 27.8tex, 338.5 根/10cm × 251.5 根/10cm(21 英支 × 21 英支, 86 根/英寸 × 64 根/英寸)绉纹呢为纯棉织物, 若改用纯维纶织制, 如果纱线的线密度与经纬纱密度

都不变，试预计两者的区别。（若维纶直径系数为 0.041）

11. 出口 13.9tex×2×17.1tex，346 根/10cm×260 根/10cm（42 英支/2×34 英支，88 根/英寸×66 根/英寸）纯棉府绸，现改用涤/棉（65/35）13.1tex×2×21tex（45 英支/2×28 英支）纱生产，如欲保持织物的原有风格（提示：经纬向紧度不变），试概算新织物的经纬向密度为多少？［若涤/棉（65/35）直径系数为 0.038］

12. 有一块 10cm×10cm 的织物来样，需作仿样设计，试简述步骤与需测试的项目。

13. 如欲设计一纯棉纱直贡，经纬纱线密度分别为 J27.8tex×58.3tex，经纬密度为 456.5 根/10cm×215.5 根/10cm，三联匹长为 90m，布幅 160.02cm，地组织、边组织每筘穿入数均为 4 根，边经 44 根×2，喷气织机织造。试进行相关的规格、技术设计和计算。

14. 试问色织（13.9tex×2）×20.8tex，346 根/10cm×259.5 根/10cm（42 英支/2×28 英支，88 根/英寸×66 根/英寸）府绸是否有府绸的风格？

15. 何谓劈花？劈花时应注意哪些原则？

16. 全棉色织泡泡纱织物，规格 276 根/10cm×268 根/10cm，经纬纱线密度（18.2tex＋18.2tex×2）×18.2tex，成品幅宽 150cm，色经纱排列为［深蓝（1）为 18.2tex×2］：

黄	红	漂白	灰绿	漂白	红	黄	深蓝	深蓝(1)	深蓝	黄	深蓝	灰绿	深蓝	深蓝	深蓝(1)	深蓝
16	7	5	6	5	7	2	6	16	6	3	3	4	3	6	16	6

平纹组织，边纱 24 根×2，如何进行劈花？

17. 全棉提花色织物的规格为 440 根/10cm×283 根/10cm，经纬纱线密度为 13tex×13tex，成品幅宽为 114.3cm，成品匹长为 30m。边纱 24 根×2，剑杆织机织造，色经纱排列为：

平 纹			提花缎条		平 纹							提花缎条		平 纹			
白	咖	白	白	黄	白	咖	白	红	白	咖	白	白	黄	白	咖	白	红
14	2	8	(1	1)×12	12	2	6	10	2	2	14	(1	1)×12	10	2	2	10

要求进行劈花，并进行相关的规格设计和上机工艺计算。

18. 说明精纺毛织物各典型品种的风格特征及常用组织。

19. 原织物为毛涤纶，平纹组织，经纬纱线密度均为 16.7tex×2，经纬密度为 254 根/10cm×216 根/10cm，织物质量为 248g/m，要求改作 279g/m 的毛涤纶，其身骨手感和原织物相仿，求新织物的纱线线密度和密度。

20. 原平纹组织的精纺花呢，经纬纱线密度为 16.7tex×2，经纬密度为 274 根/10cm×236 根/10cm，现将改作成 16.7tex×2 的 $\frac{2}{2}$ 斜纹织物，求织物的密度。

21. 某精纺花呢织物，组织为 $\frac{2}{2}$ 斜纹，经纬纱线密度分别为 18.5tex×2 和 37tex×2，求：方形织物的最大密度；如果坯布经密为 378 根/10cm，求织物纬密。

22. 用 26.3tex × 2 毛纱织造 $\frac{2}{2}$ 变化斜纹织物,设计坯布经密为 260 根/10cm,纬密为 220 根/10cm,问织制是否有困难?

23. 用 37tex × 2 的精纺毛纱织制平纹织物,其经密:纬密 = 2:1,求织物上机经纬密度。

24. 某精纺毛织物,采用 $\frac{3}{3}$ 方平组织,经纬纱线密度为 25tex × 2,经纱密度为 380 根/10cm,求纬纱密度。

25. 设计一全毛花呢,要求质量为 260g/m,成品经密 288 根/10cm,成品纬密 255 根/10cm,平纹组织,经纬纱线密度为 17.2tex × 2,成品匹长要求 65m,成品幅宽 144cm,试进行规格设计与上机计算。

26. 设计一毛/涤单面花呢织物,单位面积质量为 308g/m², 成品经纬纱密度为 415(根/10cm) × 302(根/10cm),成品匹长要求 60m,幅宽要求 150cm,$\frac{2}{2}$ 斜纹组织,试确定有关规格并进行上机计算。

27. 某立绒大衣呢产品,原用五枚纬面缎纹织制,经纬纱均为 100tex(10 公支),上机经纬密度为 145(根/10cm) × 172(根/10cm),现改用六枚变则缎纹织制,纱线的线密度不变,织物的紧密程度不变,求其上机经纬密度。

28. 某单层 $\frac{2}{1}$ 斜纹平素女士呢织物,经纬纱线密度为 83.3tex,经纬向平均充实率为 78%,经纬向差 6%,求织物的上机经纬密度。

29. 某纯毛海军呢,原料选用二级改良毛 100%、16.7tex 精短毛 15%、5.6dtex(5 旦)黏胶纤维 25%,纺 100tex(10 公支)毛纱,织物组织用 $\frac{2}{2}$ 斜纹,要求成品质地较紧密,幅宽 143cm,试进行规格设计与上机计算。

30. 设计一纯毛麦尔登,成品质量 610g/m,幅宽 150cm,成品要求质地较紧密,试进行规格设计与上机计算。

31. 电力纺成品规格为:内幅 91cm,边幅 0.75cm × 2,匹长 27.7m,经密 64.7 根/10cm,纬密 419 根/10cm,经线组合为 (22.2/24.4)dtex × 3(3/22.2/24.4tex) 桑蚕丝,纬线组合为 (22.2/24.4)dtex × 4(4/22.2/24.2tex) 桑蚕丝,试进行规格设计与工艺计算。

32. 双宫绸成品规格为:内幅 112cm,边幅 0.5cm × 2,匹长 28.7m,经密 497 根/10cm,纬密 303 根/10cm,经为 (22.2/24.4)dtex × 3(3/22.2/24.4tex) 桑蚕丝,纬为 (111/133.2)dtex (1/110/132tex) 双宫丝,试进行规格设计与工艺计算。

33. 五枚闪光缎成品规格为:内幅 90cm,边幅 1cm × 2,匹长 28.7m,经密 960 根/10cm,纬密 500 根/10cm,经为 33.3dtex(1/30 旦)有光单纤锦纶丝,纬为 77.7dtex(1/70 旦)半光锦纶丝,试进行规格设计与工艺计算。

34. 简述化纤仿真织物的含义及化纤仿丝织物的风格特征。

35. 某化纤仿精纺花呢织物,经、纬纱均采用涤/黏(65/35)混纺纱,其经纬纱线线密度均为

20tex×2,成品经纬密度为 194 根/10cm×132 根/10cm,组织采用以 $\frac{2}{2}$ 斜纹组织,成品幅宽 149cm,成品匹长 60m。试确定有关规格并进行上机计算。

36. 欲设计某涤纶仿麻织物,经纬纱线均采用 16.7tex 的涤纶强捻丝,2S2Z 捻向相间排列,成品经纬密度为 680 根/10cm×320 根/10cm,采用绉组织,坯布幅宽 170cm,36 根 28tex×2 棉纱作边纱,地、边经纱每筘穿入数均为 2 根,三联匹长为 90m,剑杆织机织造,试进行相关的规格设计、技术设计和计算。

第六章　机织物计算机辅助设计

课件

本章教学目标

1.掌握小提花织物 CAD 的主要模块组成和操作步骤及功能。

2.掌握纹织 CAD 系统的主要任务、功能、织物设计的步骤和设计要点。

3.能够利用 CAD 设计软件进行原料选择、纱线结构、织物组织、经纬紧度等关键指标的设计,完成纺织品外观模拟与仿真分析,并体现创新性。

4.能够运用 CAD 设计软件对不同风格纺织面料进行设计并模拟显示,并分析所设计的面料的应用范围与局限性。

5.通过计算机辅助设计学习和训练,激发学生热爱科学、不断探索的热情,培养学生社会责任感和创新能力。

计算机辅助设计(Computer Aided Design)技术又称 CAD 技术。CAD 技术因其快速的市场反应能力和强大的功能而被国内外纺织行业应用,成为加速新产品开发、增强市场竞争能力的有效手段。机织物 CAD 软件利用计算机快速计算和图形图像处理技术,辅助设计人员快速完成织物的设计和工艺计算工作,生成织物模拟图像,显示或打印输出设计结果。计算机辅助织物设计的实现,可以省去打实物小样的环节,降低成本,大幅提高了织物设计工作效率,缩短了产品开发周期。

目前,国内外用于机织物设计的 CAD 软件主要可以分为织物组织(小提花织物)CAD 和纹织(大提花)CAD 两种。使用比较多的织物组织(小提花)织物 CAD 软件有中国纺织科学研究院开发的织物仿真 CAD、浙江理工大学的 ZIS 素织物计算机设计系统、法国力克公司的 Lectra Kaledoweave 设计软件、杭州经纬计算机系统工程有限公司开发的多臂 CAD View60、上海百锐数码科技有限公司的百锐多臂计算机辅助系统等。纹织物(大提花)CAD 软件有杭州经纬计算机系统工程有限公司的纹织 CAD V 60 系统、德国 EAT 公司的 Design Scope victor 系统和荷兰 NedGraphics 公司 Texcelle Solutions 和 Jacquard Solutions 纹织 CAD 等。另外,配合织物设计开发的纺织品三维实际效果模拟展示系统,如荷兰 NedGraphics Easy Map Creator Pro;此外,还有尚在完善中的计算机织物模拟识别系统、织物结构三维模拟等。

第一节　小提花织物 CAD 的基本功能及应用

小提花织物 CAD(织物组织 CAD)一般用于色织厂、毛纺织厂等在多臂织机上生产的小花纹织物或色织物的计算机辅助设计。织物组织 CAD 可以使设计人员快捷、方便地进行织物组织及上机图设计、纱线种类的设计和选择、纱线颜色的选择及其排列、织物经纬纱密度及结构参数的概算等,还可以快速生成织物模拟图像,显示或打印输出设计结果,并联机织造。用户可以3D 方式直接看到模拟织物着装及在使用环境中的外观效果,从而全面控制最终产品。

一、小提花织物 CAD 的主要模块组成

一般的织物组织 CAD 系统大多分为五个模块:即上机图设计模块、织物仿真模拟模块、色卡打印输出模块、三维着装及环境展示模块、工艺单设计模块。

（一）上机图设计模块

用以实现对织物组织及上机图的编辑、修改、保存和调用。设计者可通过这个系统进行自由而快捷的织物组织图、穿综图、穿筘图、纹板图的设计和绘制,使用转换菜单可在组织图、纹板图、穿综图之间进行自动转换,也可从组织库中直接调用已有的组织图进行编辑使用,或者可以将自己设计的组织图存入组织库,以备再次调用,供上机织造生产。

（二）织物仿真模拟模块

这个模块也可称为纱线设计与织物仿真模拟显示 CAD 系统。

1. 纱线设计　用以实现对纺纱类型、纱线原料、纱线结构设计,色彩设计,纱线线密度设计以及生成纱线外观效果图,同时系统提供纱线库文件存储和读取功能,通过图形输入设备读入纱线的实际外观效果,可以设计复杂的纱线纹理并保存到纱线数据库,便于 CAD 软件在进行织物技术计算和外观模拟时调用。一般情况下系统能提供几百种常用的纱线。

（1）纱线的原料设计:不同种类的原料、不同的混纺比显现不同的外观状态。原料不同,表达细度的单位不同。

（2）纱线的结构设计:包括纱线线密度、股数、捻度、捻向、绒毛等项目设计和一些特殊的花式线的设计和修改,如竹节纱、大肚纱、彩点纱、多彩交并花色线、圈圈线、波形线、段染纱等特种纱线。纱线的结构设计主要是对纱线的外观结构进行仿真设计,这是实现织物外观效果模拟的基础。只有纱线模拟效果逼真,织物外观模拟效果才能逼真。

（3）纱线的色彩设计:配合色立体,通过对纱线色光值（RGB 值）或者纱线色彩的三个基本特征值（HSL 值或 HSV、HSB 值）的选择和与色卡的比对,进行调色和配色。不同 CAD 系统使用的色彩设计方式不同,但基本都是基于色光三原色值和色彩的基本特征值进行编辑和设计的,即通过输入不同的 RGB 值或 HSL（或 HSV、HSB）值来获得。256 级的 RGB 色彩总共能组合出约 1678 万种色彩。

2. 织物仿真模拟　用以生成并显示或打印输出织物外观模拟效果图。计算机根据输入的纱线参数（种类、线密度、捻度、色彩、纱线排列和织物特殊处理要求等）和织物参数（织物组织和经、纬密度等）进行织物外观仿真模拟,以代替产品试织时打小样的工作。设计人员可以方便地进行参数调整,还可模拟织物缩绒、起毛、拉毛等表面处理后的效果。同时还能设置同一面料的系列配套色,达到事半功倍的效果。

织物仿真模拟图的输出有两种:显示器屏幕图像（以图形文件格式:BMP、TIF、JPG 等）输出

和打印机打印输出。图6-1所示为织物与显示屏1:1对比。

图6-1 织物与显示屏1:1仿真

影响织物外观仿真效果的因素很多,其中主要有织物原料、纱线线密度、纱线结构、纱线颜色、织物密度、织物组织以及织物质感风格等。一些CAD软件借用photoshop图像处理软件中提供的一些特效功能来处理模拟,利用人眼视觉误差达到仿真效果。如通过模糊滤镜来产生出晕开后深浅不同的颜色效果;通过滤镜中纹理化手法体现蜡染布较为粗糙的民间土布织物的肌理;通过不同颜色作为底色来表现纱织物的透明、轻薄、朦胧的柔美之感;通过制作丝绸的光泽和褶皱体现丝织品的柔软和轻盈;通过拉毛效果表现羊绒呢均匀的呢面、柔滑的手感和高档的质感;通过条绒的竖纹来表现质地厚实、较硬的手感等,甚至精确模拟纱线的规格、不同经纬密效果、经纬起花效果和空箱效果。

(三)色卡及打印输出模块

织物CAD软件系统可通过打印机输出基本色谱,建立专用色卡,以弥补显示器色彩与打印色彩存在的差异,供设计和仿样时选择或比对时使用。通过打印机打印输出所设计织物的仿真图、上机图、纱线配色表以及各种工艺报表,是机织物CAD软件的必备功能。

在这个模块中,可对织物中的某根或某组纱线进行任意的调色处理。有的软件配备的套色模块能设计出同一品种的系列产品;即在形成某种配色方案后,以该方案为基础形成若干种相似的配色系列,也即套色。套色可以是基于相同的明度和纯度,采用不同色相,也可以是基于相同色相不同明度或相同色相不同纯度;或者是基于不同色调的设计等。

(四)三维着装展示模块

可以将设计的实物数码照片、手绘素描图或全彩图片便捷地定义不同的贴图部位和层面,通过运用直观的工具,并根据实物的尺寸和自然的起伏状态来创建合体的网格,从而逼真地展现各种面料设计和色彩搭配的效果。该模块可实现将服用面料设计和模特着装、家纺面料设计和环境及物体有机地结合。通过色彩的搭配、条纹格型的变化、自然的褶皱、逼真的立体效果,将设计出的产品,在瞬间直观形象地展现在模特身上和场景中,直接供客户挑选,减少了中间试样调研环节,更便于设计人员的及时讨论修改,从而可以更准确地定位设计产品,如图6-2所示。

(五)工艺单设计模块

该模块与上机图、织物模拟等面料设计模块相关联。采用人机交互方式,输入产品名称、编

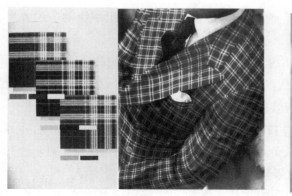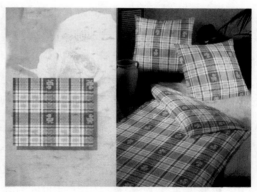

图6-2 织物仿真三维展示

号、织物幅宽、匹长、经纬纱密度、经纬纱缩率和原料价格等信息,工艺单设计模板就能快速显示出总经根数、筘幅、筘号、穿入数、劈花和用纱量等主要工艺参数以及生产成本,生产部门根据工艺单安排生产计划,物资供应部门根据工艺单的用纱量准备原料,财务部门作出成本核算。这不仅能使色织企业大幅减少产品库存,在加快企业信息化的同时,也加快了企业对市场的反应速度,从而可提高企业的市场竞争力。如图6-3所示为工艺设计单界面。

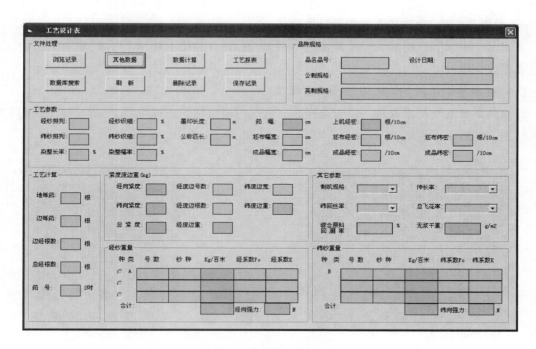

图6-3 工艺设计单界面

二、小提花织物CAD软件的操作步骤及基本功能

1. 织物分析 用于来样加工和仿样设计。通过分析得出织物的基本结构参数;通过比对色

卡、纱样,得到纱线基本的色光(RGB)数值。

2. 织物模纹图设计　用于具有模纹(纹样)效果的织物设计。如复杂组织织物中的表里交换纬二重组织织物、双层表里换层组织织物等。

3. 织物组织及上机图设计　用以实现对织物组织及上机图的设计、编辑、修改、保存和调用。

4. 纱线设计及色彩设计　用以实现对纱线的原料、结构和色彩的设计,生成纱线外观效果图,或通过图形输入设备读入纱线的实际外观效果图。

5. 织物外观模拟　可根据织物组织、色纱排列及纱线种类自动生成织物模拟图像,并可显示出与实际布样1:1比例的模拟效果,设计人员可以就此进行修改和与来样进行比对。

6. 织物特殊效果处理　可以进行特殊效果处理,如起毛、起绒、拉毛、褶皱等。

7. 织物主要参数概算　用以辅助进行各项织物技术参数的计算和成本概算,生成生产总工艺单,可避免手工计算造成的失误。

8. 打印输出　通过打印机打印输出所设计或仿样织物的仿真图、上机图、纱线配色表以及各种工艺报表。

9. 织物CAD软件提供的其他功能　进行织物正、反面的浮长线检查,避免出现过长的浮长线;显示织物三维交织结构;对织物进行三维作品直观展示;根据有限元法计算织物悬垂性能并给出悬垂模拟;支持网络功能,可实现远程交互式设计等。

三、小提花织物CAD仿真模拟设计实例

本例基于中国纺织科学研究院开发的"织物仿真CAD系统1.0和V11.1"进行的织物仿真设计和模拟。

(一)简单组织织物的仿样设计及仿真模拟

1. 织物分析及模纹图设计　已知来样为三色配色模纹精纺花呢织物,分析所得组织图及配色模纹图,如图6-4所示。

图6-4　仿毛织物及配色模纹图

来样组织结构参数:组织为$\frac{2}{2}$↗斜纹,经纱密度为280根/10cm,纬纱密度为210根/10cm,经纬纱线密度均为14tex×2,色经、色纬排列均为4a4b4a4c。通过与色卡比对,得到色纱的初步估算的

RGB、HSL 数值。其中 RGB 数值为 a(251,245,200),b(205,43,54),c(248,187,67)。

2. 织物上机图设计 ✎　打开"文件 📂"或"组织 🎲"工具栏,输入或"读取组织图及上机图",并保存,如图 6-5 所示。

组织图输入方法一般有两种:一是从组织库备选的常用组织中直接读取组织;二是设计组织后输入。从靠近坐标原点的方格,即第一根经纱和第一根纬纱的交点开始输入。设计软件具有组织图处理功能和特殊组织设计功能。利用组织图处理功能可以对组织图进行快速编辑和修改、经纬纱的复制和粘贴、块复制和粘贴、经纬向的插入和删除以及清除组织图。利用旋转组织设计功能可以方便地进行方格组织和绉组织的设计。利用曲线斜纹设计功能,可以快速地通过输入不同的组织点飞数来完成。重组织功能可以分别输入表、里组织和表、里排列比后自动合成重组织图;双层表里换层功能可根据设计的模纹图,在确定好表、里组织和表、里纱线排列比后生成双层组织图。

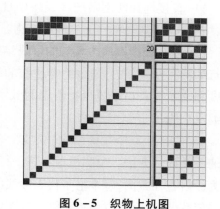

图 6-5　织物上机图

注　此软件上机图之间关系的表示方法与本教材第一章不同。

穿综图分自动穿综和人工穿综。对于一些特殊的如联合组织中的凸条组织以及经纱密度较大的织物等可采用人工穿综,本例采用自动穿综飞穿法。

穿筘图采用手工输入,2 入/筘。

当组织图、穿综图输入后,纹板图将自动生成。

3. 纱线设计　打开"纱线"工具栏中的"纱线排列 1AlB",输入经、纬纱的排列顺序并确定。如图 6-6 所示,本例色经、色纬排列均为 4a4b4a4c。

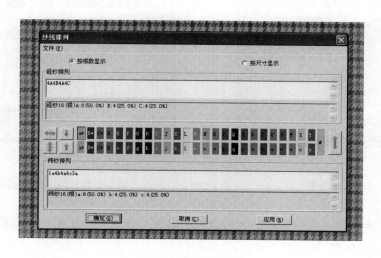

图 6-6　色纱排列图

打开"纱线编辑 "工具栏,输入纱线的线密度、纱线结构,按照 RGB、HSL 值编辑和设计纱线的颜色。特殊结构的纱线可从纱线库中直接选取,也可以自己设计。不同的织物 CAD 设计软件提供的纱线结构设计方法不同,通常有以下 4 种方法。

(1)直接选择使用系统纱线库中现有的纱线。如系统提供的各种单纱、竹节纱、股线、AB 线、结子线、圈圈线和雪尼尔纱等结构。

(2)以系统纱线库中现有的纱线结构为基础,或由系统数学模型,自动计算生成一种结构进行编辑和修改,或是通过给定纱线的结构参数(如单纱还是股线、纯色还是混色以及毛羽的长度和密度等),由系统根据特定的数字模型计算纱线的外观效果,并将其显示在编辑区域进行编辑和修改。

(3)手工绘制纱线的结构。这是一种位图模板编辑方式,是目前机织物 CAD 软件较普遍采用的纱线设计方法。位图模板由若干行和若干列正方形的格子组成,横向为纱线长度方向,纵向为纱线直径方向,每个格子代表纱线的一个像素点,格子的大小(正方形每边的像素点数)即放大倍数,这样就可方便地对纱线位图内的每一个像素点进行编辑。

(4)利用扫描仪将纱线的实际外观图像读入计算机,经放大后显示在位图编辑区域,可以对扫描结果进行编辑和修改。

本例直接选择纱线库中的"单色股线",如图 6-7 为纱线选择界面。

4. 色彩设计及调色配色 打开调色、配色工具栏。通过将纱线的颜色、色卡的颜色以及与电脑显示屏显色进行比对,确定最终的色调和 RGB、HSL 值。调色配色界面如图 6-8 所示。目前国内纺织行业常用的色卡体系有:CNCS 中国色彩应用标准体系和国际标准色彩体系 PANTONE 色彩。色卡具有对色、选色和调色的功能。

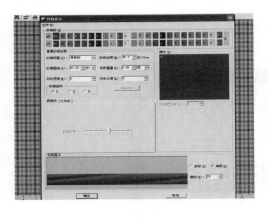

图 6-7　纱线选择

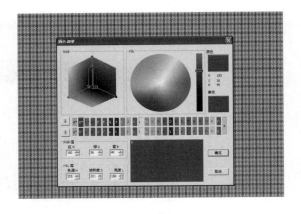

图 6-8　调色配色

5. 织物仿真模拟 各项参数确定后直接生成模拟效果。为使织物仿真模拟效果更加逼真,更具纹理感和立体感,可以对于连续排列在 4 根以上的同色经纬纱线进行有规律的、在人眼睛几乎分辨不出来、不改变色相的前提下,通过微调纱线的 RGB 值、HSL(或 HSV、HSB)值,使得同色纱线之间颜色略有差异;或者通过微调经纬纱粗细或纱线的捻度来实现纱线之间的微差,从而实现仿真。

6. 特殊效果处理  用于对织物进行起绒和拉毛,如果是毛织物或仿毛织物可选此项。

7. 其他功能　点击"属性",可输入织物属性和设备属性,用于调整织物模拟与来样的 1:1 效果。点击"三维展示",实现模特着装和三维展示效果,如图 6-9 所示。

图 6-9　织物模拟展示

8. 输出打印　点击"文件",选择"打印选项",打印色纱排列、纱线颜色及模拟的织物。

(二)双层表里换层组织织物的创新设计及外观模拟

1. 织物组织及纹样设计

(1)设计组织参数。进入"织物仿真系统▓",点击"复杂组织"中"双层表里换层组织设计▓"窗口,出现对话框,如图 6-10 所示。本例选择表、里组织均为平纹组织。输入表、里组织循环大小、纹样图的大小以及表、里经纬纱排列比,点击确定,进入表、里组织图及纹样图对话框,如图 6-11 所示。

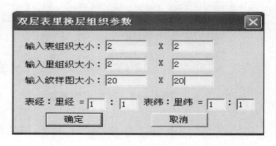

图 6-10　双层表里换层组织参数

(2)输入表、里组织及纹样图。当经、纬纱有甲、乙两种颜色时,纹样图的显色有四种情况:甲经甲纬构成表层,显甲色□;乙经甲纬构成表层,显乙甲色■;乙经乙纬构成表层,显乙色■;甲经乙纬构成表层,显甲乙色■。本例选择甲经甲纬、乙经乙纬构成表层。点击所对应的颜色,做出模纹图。点击"显示组织图▓",显示组织如图 6-12 所示。

2. 纱线选择、排列及颜色调整

(1)进入"纱线排列▓"和"纱线选择▓"工具栏,输入数据。选经纬纱排列均为 1a1b,单色单股纱线。

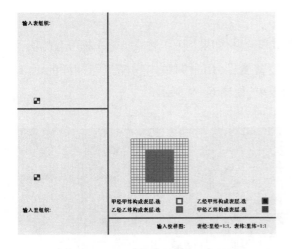

图 6－11　表、里组织图及纹样图

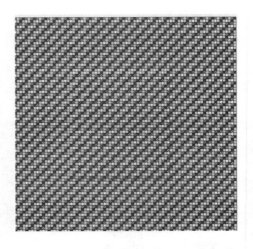

图 6－12　双层表里换层组织图显示

（2）点击"颜色调整 ▨"工具栏，设计和调整所需颜色的 RGB 或 HSL 值。选甲色 RGB（200,0,0），乙色 RGB（0,255,0），颜色调整界面如图 6－13 所示。

3. 织物模拟

（1）点击"织物模拟 ▨"工具栏，织物的模拟图如图 6－14 所示。

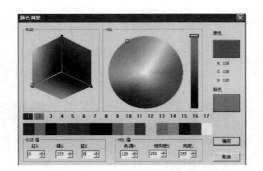

图 6－13　颜色调整界面

图 6－14　织物模拟图

（2）点击"颜色自动变换 ◢"工具栏，可以实现纱线颜色的随机变化，实现织物的套色设计，便于对不同色彩搭配方案的选择。对话框如图 6－15 所示。

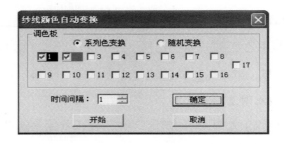

图 6－15　纱线颜色自动变换

也可以通过手动调整纱线 RGB 值进行套色设计。

4. 模拟展示及输出打印

根据需要模拟展示式输出打印。

第二节 纹织物 CAD 系统功能及应用

纹织 CAD 系统是用于大提花织物设计的专用系统,它利用计算机强大的计算功能和高效率的图形处理功能,对传统而繁琐的纹织工艺过程和技术进行了改造和提高,建立了设计创新和快速反应机制以及与客户快速直接的交流平台,实现了纹织工艺自动化。

一、纹织物 CAD 系统的主要任务及功能

纹织 CAD 的主要任务是对织物的提花纹样进行图像处理和纹织工艺处理,形成意匠图并生成纹板数据文件,用来控制纹板自动轧孔系统,或者由意匠图直接转换成电子提花机所需的电子纹板信息,输入电子龙头。主要功能包括以下几项。

1. 图像处理功能 系统对织物样品、纸质纹样、照片、图片和画稿进行图像输入生成 bmp 图,并借助系统所提供的绘图工具进行操作、处理和基本参数设计,最后进行分色生成意匠原始图。

2. 意匠编辑功能 系统对意匠图进行绘制、图形处理和艺术处理。如对意匠原始图进行清晰轮廓、接回头、修改图案、勾边、包边、填充、阴影等,生成图样完整、轮廓清楚的意匠完成图。

3. 工艺处理功能 系统对已经处理好的意匠图进行组织和工艺参数设计。如组织表配置、铺组织、间丝、投梭等,为生成纹板做准备。

4. 样卡设计和纹板输出功能 根据意匠信息,系统可进行样卡选择和设计、辅助针设计并生成所需类型纹板,同时具有对纹板进行分割、拼合、拼接、修改、转换和检查等功能。按照输出的纹板信息,用计算机控制打孔机自动轧纹板或直接控制经纱运动。

5. 织物模拟功能 可以实现对不同原料、多种纱线结构及色彩等各类纹织物整体效果的逼真模拟。

二、纹织物 CAD 设计步骤及设计要点

(一)纹织 CAD 的基本设计步骤

1. 扫描 纹样设计→扫描→裁剪→(接回头 *)→分色→意匠设置→保存意匠图(或另存为)。

2. 绘图 读取意匠图→修改图案(也可局部修改后再分色)→接回头→平滑边缘(去杂点)→意匠设置(或重设意匠)→保存意匠图。

3. 工艺设计 纹样修正(勾边、包边)→组织设计(影光、间丝等)→确定组织配置表→投梭、牵经→生成组织图→浮长处理→重设意匠(保存意匠图)。

4. 样卡设计和纹板处理　选择或设计样卡→（设置功能针组织表）→生成纹板→检查纹板→发送纹板。

5. 织物模拟　织物模拟包括简洁模拟、逼真模拟。

说明：

（1）不同设计软件设计步骤的顺序会有差异，设计时应依据相应软件进行调整。

（2）当软件可以对 bmp 文件实施接回头时才能使用"接回头 *"。

（3）当意匠参数在"分色"后没有确定、扫描后点击"取消"时或者意匠参数有修改时用"重设意匠"。

不同设计软件设计步骤的顺序会有差异，设计时应依据相应软件进行调整。

（二）设计内容及操作要点

1. 扫描　首先选取布样或设计纸稿纹样循环（花回）大小范围，根据纹样大小及扫描仪可扫范围标出区域（分成一个或几个区域），用扫描仪对布样或纸稿等进行扫描预览。扫描时注意调整明度、纯度和对比度使图案清晰度和识别度达到最佳。各扫描仪扫描范围不同，如 BenQ5550T 扫描范围为 $29.5\text{cm} \times 21.6\text{cm}$。

进入纹织 CAD 系统，扫描后点击确定（或取消）→整幅显示→校正裁剪（或裁剪）→双击完成。如果纹样是多个区域，应标明区域号和位置，逐个扫描后进入"组板"功能，应用微调功能组板成一个完整纹样。扫面后的文件格式为"*.bmp"，保留在 bmp 文件夹中。重新打开文件时，文件类型应选择"图形文件（*.bmp）"或"所有文件（*.*）"。

由于导入的纹样图像往往带有许多杂色，进入系统后各色在色度、色光上都存在差异，故须通过分色使其一致。因此，在进行裁剪、拼接、组板、修整后，生成意匠原始图之前，要指定意匠使用的颜色，即分色。如果 bmp 图上颜色很少并且色彩对比鲜明或是纸稿扫描图，可以使用扫描工具栏中的手工分色；如果 bmp 图上颜色多且色彩对比反差很小或是布样扫描图，应使用自动分色。手工分色是在用户在纹样图上手工取色；自动分色则是通过颜色数的设定生成纹样图的分色表。分色处理后的纹样颜色纯正、层次分明。

点击"分色"→新建意匠设置→输入参数→另存为（选择一个文件名，保存在 *.yj 文件夹中）。

设计及操作要点：

（1）分辨率以是否清晰以及织物经纬密度大小决定。通常取 150~300dpi（点/英寸），采用彩色、反射稿，扫描图片的格式选"*.bmp"格式，保存在 bmp 文件夹中。

（2）如果所扫描织物为白色或浅颜色，需先对织物花纹进行轮廓的描绘后再进行扫描。如果织物为黑色或深颜色，扫描时可用白色的双面胶将一个花纹循环标出，以便于清晰看到所要扫描的区域大小，同时将亮度（明度）、对比度调至最大或接近最大。

（3）如果织物过于轻薄柔软，可以在扫描时将其固定在硬纸板上，以免纹样变形。

（4）扫描后出现"经纬密设置"菜单时，单击"确定"，将根据设置的经纬密度和扫得的经纬线数、经纬向循环大小变换扫描得到的图样；如果点击"取消"，将不变换扫描得到的图样。

（5）设置意匠参数：输入纹样循环大小、一个循环的经纬纱线数、织物的经纬纱密度等。

经线数 = 纹样的宽度 × 经纱密度；纬线数 = 纹样的高度 × 纬纱密度

经、纬线数应取各个组织循环纱线数的最小公倍数的整数倍，而且经线数与织机龙头的规格要相符，否则需要修正。

（6）点击 "放大缩小"，在图上击右键显示："放大、缩小、整幅显示、实物比例、实际大小"对话框，点击"整幅显示"，可以更清晰地显示和浏览扫描的整体效果。

（7）点击 "校正裁剪"，根据所确定的花回循环进行任意裁剪。如果对图片进行扫描后保存为".bmp"格式文件，那么在"图形 ＊.bmp"或"所有文件 ＊.＊"文件中打不开或者打开后不能进行裁剪，出现"不支持这种位图色彩模式"的对话框，则必须把图片在画图 里打开，然后另存为"24 位位图 ＊.bmp；＊.dib"方可使用。

（8）分色时，假如确定或默认的分色数为 20，分色起始号为 21，则前面 20 号用户可以自定义色号，并对图像进行修改。也有一些软件系统需通过分色功能将 bmp 图转换成意匠格式图（＊.yj），才能进行绘图、修图和工艺处理。

2. 绘图　绘图是将"＊.bmp"文件转化为"＊.yj"文件后，对意匠图进行的一系列编辑工作。目前纹织 CAD 的意匠处理可支持 2 万以上纹针、3 万纹格以上的大意匠（最大支持 30 万纬纹格），可以最大限度地满足设计者和电子龙头的需求。

打开意匠文件夹 yj 中扫描分色后的意匠图，进入绘图工具栏。利用各种绘图工具，将意匠图的轮廓勾出，使用接回头工具检查纹样循环的完整性和连续性。然后对意匠图进行填充、换色、去杂点等。浙大经纬纹织 CAD View 60（简称 V60）开发的衬真彩图（纹样图）描图功能采取两层框架结构，即上层意匠图（根据经纬参数设置得到）；下层纹样图（经过扫描获得）。这两层图形经纬点数可以不相等，使用者利用此功能将纹样图衬于意匠图下方能较清晰地进行描图操作，大大缩短了绘制意匠的时间，减少了误差。图 6-16 所示为衬真彩图示意图。

图 6-16　衬真彩图示意图

设计及操作要点：

（1）意匠图中每一种颜色代表一种组织。对照织物纹样，在不同组织的地方填充不同的色彩（织物中的组织数与意匠图中的色彩数相同，注意各色之间要有明显的对比）。

（2）勾轮廓线时，要注意线的连续性和封闭性。

（3）填充色彩时，注意对不同颜色、边缘等处进行保护以及对 0 号色和背景色的应用。进行表面填充时，左键点击意匠某颜色块后，将所有与此颜色连通的区域换成前景色；边界填充时，先将边境颜色（一个或多个）"保护"，选当前色填充。也即将保护色之外的所有区域换成前景色，是对轮廓保护前提下的填充。轮廓填充是将勾勒出的轮廓内换成前景色。

（4）可通过颜色工具栏选择或更换要填充的颜色和勾轮廓的颜色。

（5）利用"去杂点"功能，去除扫描仪在读入图形时由于一些随机因素影响所产生的游离色点。

（6）对于连续的纹样必须考虑接回头。要注意检查花型是否能回接，以保证所设计纹样花回之间衔接的连续性和图案的完整性。

（7）意匠图循环绘图。当纹样是由几个循环连续或跳接等方式组成时，可通过"连晒方式"设置好循环大小、循环方式、镜像方式、偏移量等参数，绘制一个完整循环来完成整幅图片的操作。

3. 工艺设计　对已经做好的意匠图进行工艺设计，包括纹样修正、组织设计、选择投梭、工艺处理和意匠重设等。

（1）纹样修正：

① 对照实际纹样，利用增减经纬线、抽取和扩针等功能，可对纹样的形状进行修正。一些软件系统可以选择任意曲线形状改变花幅大小，做到图案形状大小不变，只增减空白区域。

② 根据工艺要求，使用绘图功能对纹样的边界轮廓进行圆滑修整。注意勾轮廓 ⌐ 所选的颜色与所勾色块可相同也可不同。

③ 勾边 ♠ 的目的是为保持花型轮廓的清晰和不变形，防止两种组织的交界处出现冲突，而将两种意匠颜色的交界处按照一定的规则过渡。通常，当纹织物的组织为局部重纬组织、重经组织或重经重纬组织时，则需要勾边。

④ 为突出花纹的清晰效果可使用包边功能对边界进行勾勒，如果选择"圆滑搭针"，则包边后转角处会进行圆滑处理，不会是直角。注意包边的颜色可以相同（包边与所包色块组织相同），也可以不同（包边与所包色块组织不同），后者多见。

（2）组织设计：在已经完成的意匠图上对应不同颜色填上不同的组织。

① 铺组织：点击铺组织 ▦，从对话框"参考组织"中选择已存入的组织并铺在对应的颜色上，注意选择铺组织的位置和起始点，特别是正确判断铺入组织后的意匠图上经纬组织点所对应的颜色。从 参考组织 pa3 ▾ 中所选的组织可以是组织文件中已有的，通过 ◈ 读取组织 获得；也可以是在配置 ⚙ 中自己重新设计（注意组织图前缀和命名）或合成的。双层组织、多层组织、重组织的设计有两种方法：扩开和不扩开。

所谓组织扩开是指把表、里组织按照排列比放在一个平面上（等同于看到一张打开的组织图），如图 6 – 17（a）所示，因此，要注意对表里组织的合成。不扩开是指将表里经纬纱呈重叠状排列（等同于看到一块织物），也即看到织物表面的表组织，如图 6 – 17（b）所示；织物背面的反组织，如图 6 – 17（c）所示；因里、反组织互为反面，则里组织如图 6 – 17（d）所示。扩开做的织物纬密是不扩开做的 2 倍。采用铺组织的方法进行组织设计时，展开的方法更容易理解。

② 组织表配置 ▦：要注意重组织和多层组织选择扩开做和不扩开做时组织图的确定。进入组织表配置界面，用"切换颜色显示顺序"工具检查意匠图中的颜色是否与所分析的组织数相同，如果多，要去掉或合并多余的颜色，然后对应意匠图的颜色，在组织表上填上相应的组织。为方便组织设计，杭州经纬 V60 软件的意匠文件与组织文件格式相同，也即组织文件就是意匠

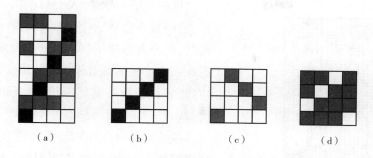

图 6 - 17　纬二重织物合成与展开的组织图

文件,带有 0 号色的意匠文件就是组织文件。0 号色或者当前意匠调色板背景色为纬组织点,其他色为经组织点。

③ 提取组织循环:可在意匠图或纹板图上框选区域自动查找分析出最小循环单元。

④ 牵经功能是纹织 CAD 进行重经设置的,可用于快速制作重经织物或局部重经织物的工艺。

⑤ 组织合成/分解:可将简单组织合成复杂组织,也可将复杂组织分解为简单组织。

⑥ 杭州经纬 V60 中的纹针组织表是意匠色块、经组号和梭位的组织设置对应关系表,如图 6 - 18所示。

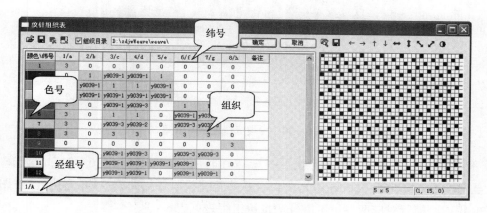

图 6 - 18　纹针组织表界面

(3)投梭的生成和保存:投梭是根据织物纬纱的循环规律建立的控制纬纱运动规律的文件,是一种工艺表达方式,它与纹板的选纬顺序有关。投梭生成后要特别注意对投梭数的确定和保存,投几梭保存几梭。

投梭表达的是意匠与纹板的对应关系,表示意匠一横格对应几张纹板,即"一格几张";对于"一格多张"这种投梭方式称作不展开投梭,而"一格一张"称作展开投梭。对于展开的投梭方式在纹针组织表设置时需根据重纬情况合成组织。对于局部重纬的织物(抛花类)建议以不展开的方式投梭,也就是说一个意匠图中有的区域代表一格一张,有的区域代表一格两张等。投梭示意图如图 6 - 19 所示。

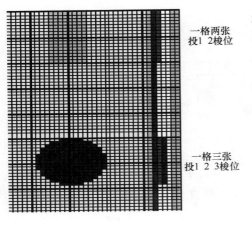

一格两张
投1 2梭位

一格三张
投1 2 3梭位

图6-19 投梭示意图

投两梭的区域不一定就是纬二重，即使投了两梭，但两梭组合成一个单层组织结构，则仍为单层。因此，是否重纬应依据纹针组织表的组织决定。从图6-20投梭区域显示可知，共投五梭，除了（第1梭）地布梭子从头到尾投梭外，其他梭（第2、3、4、5梭）均表示从不同的起始点投梭。

投梭时可以选择两种投梭方法，即不展开投梭和展开投梭。如某纬二重织物，表里纬排列比为1:1，两纬均从头到尾织造；织物地组织部分的表组织为$\frac{1}{3}\nearrow$，里组织为$\frac{3}{1}\nearrow$；花组织部分的表组织为五枚二飞纬面缎纹，里组织为五枚三飞经面缎纹。

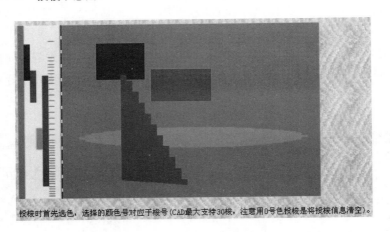

投梭时首先选色，选择的颜色号对应于梭号（CAD最大支持30梭，注意用0号色投梭是将投梭信息清空）。

图6-20 投梭区域显示示意图

① 不展开投梭：不展开投梭示意图如图6-21（a）所示，组织图如图6-21（b）所示。取1#色从头至尾投第1梭即第一纬（左边），取2#色从头至尾投第2梭即第二纬（右边）。由图6-21（a）可知，每一个横行对应两纬。不展开的投梭组织表见表6-1。

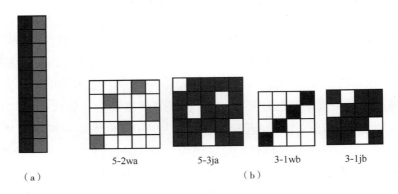

（a）

5-2wa　　5-3ja　　3-1wb　　3-1jb

（b）

图6-21 不展开投梭图及表里组织图

表6-1　不展开投梭组织表

项目	1（表组织）	2（里组织）
1（花组织）	5-2wa	5-3ja
2（地组织）	3-1wb	3-1jb

②展开投梭:展开投梭示意图如图6-22(a)所示,合成的组织图如图6-22(b)、图6-22(c)所示。投梭图左面表示第1梭即第一纬,右面表示第2梭即第二纬。由图6-22(a)可知,第1梭和第2梭交替投纬织造,每一个横行对应一纬。展开的投梭组织表见表6-2,从表中可以看出,第1梭和第2梭的组织是相同的。

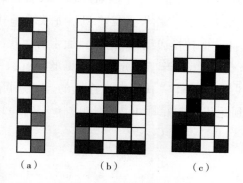

（a）　　　　　（b）　　　　　（c）

图6-22　展开的投梭图及合成的花、地组织图

表6-2　展开投梭组织表

项目	1（纬二重组织）	2（纬二重组织）
1（花组织）	（b）	（b）
2（地组织）	（c）	（c）

当织物纬密变化时,投梭信息中可进行"停撬"的设置,表示在投入该纬时,织机的送经机构、卷取机构停止工作,纬密增加。根据纬密大小可以分段设置停撬信息,要注意选择停撬的起讫点。

(4)浮长处理:不同的工艺处理手段可以达到不同的纹样效果。

对于浮长线较长的组织可采用间丝的手法,以保证其纹样的层次和增加织物的牢度;对组板后的纹样或者边缘不太规整的纹样可进行增减经纬线或者抽取、扩针校正。

(5)纹样的艺术处理:阴影是通过组织点的稀疏程度来表示纹样颜色深浅。可使用影光和泥地的功能实现。影光是利用经(或纬)面组织向纬(或经)面组织过渡,有规律地增加或减少经组织点数,形成组织层次渐变效果,自动影光最小至最大点数建议设置为20~50。泥地是针对无规则和随意性较大的阴影,活泼和不规则的组织点排列使得光线具有不同角度和亮度的漫反射形态效果。泥地也可选取多个颜色实现多色喷枪效果。

刻边的目的是清晰花纹轮廓。传统织物较常见"经地纬花"结构,通常经与纬分界线比较明显,纬花的边缘一般是经组织;而当纬花边缘是纬组织时,两组纬线交界处就有可能出现比较长的浮长,利用刻边功能对两种颜色边缘进行间丝处理既切断了浮长又使纬花比较饱满。

（6）重设意匠：如果在步骤中没有确定织物参数值，需重设意匠。输入的各个参数一定要与实际纹样相符。

4. 设计样卡　样卡是确定提花机上纹针、边针及其他辅助针位置的模板，也是生成纹板时的制作模板。设计样卡分为三个部分：样卡设计（读取已存样卡、创新样卡、存储样卡）、设置辅助针表和样卡属性确定。样卡设计的主要内容包括：确定织机龙头和样卡规格；确定布身纹针数和造数；确定辅助针种类，包括边针、选纬针、梭箱针、棒刀针、起毛针、落毛针、变纬密针（停撬针）、定位孔针、穿孔针、固定针等，以及各种辅助针的针数和位置，最后保存样卡"＊.yk"在"yk"文件夹中。

样卡作为提花龙头的一个模板，可将意匠组织对应样卡纹针区转换为对应的孔位图（纹板图），辅助针可根据功能针组织表转换。样卡通常有机械龙头及电子龙头两种，机械龙头样卡因为要通过冲孔机将纹板文件支持转换成纸板（花板），通常有大孔（纸板固定孔）及穿绳孔（纸板连线孔），大孔周围有零针，如图6-23（a）所示。常见的冲孔纹板格式：＊.WB，＊.WBF，＊.GRD，＊.DA 等；电子龙头样卡纹针区域通常是连续的，无零针隔开，转换的纹板无需冲孔操作，只要将纹板文件拷贝到龙头控制箱即可织造，如图6-23（b）所示。常见的电子纹板格式：＊.WB，＊.EP，＊.JC5，＊.WEA，＊.CGS 等。

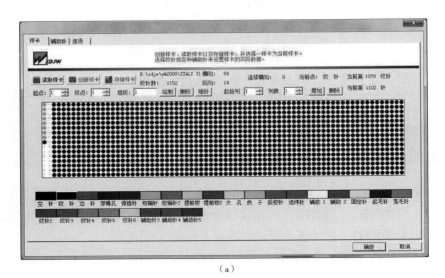

（a）

（b）

图6-23　样卡界面

在辅助针表中填入并确定边针组织、停撬针组织、梭箱针组织等相应的组织文件名或组织别名。梭箱针又称选纬针,用来确定投纬顺序;停撬组织中"0"为送,"1"为停。图6-24为辅助针表界面。

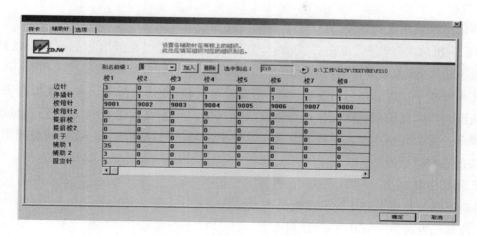

图6-24 辅助针表界面

根据机台类型及装造规格条件选择确定样卡参数,确定样卡属性。如图6-25所示为样卡属性选项界面。

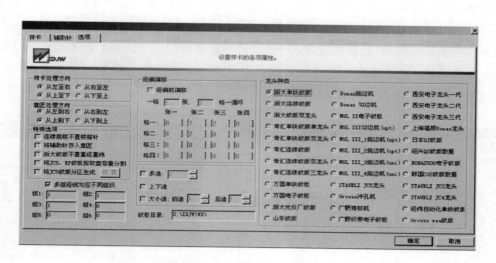

图6-25 样卡属性选项

设计和操作要点:

(1)如果在样卡设置里选择了需要的样卡并且确定,就可以采用默认的设置。如果要另选样卡文件(扩展名为.yk),点击后面的选择按钮,从弹出的标准文件对话框中,选择需要的样卡文件,再点击确定按钮即可。

(2)样卡的选择应依据所设计织物需要的纹针数:

所需纹针数=织物一个花纹循环的经纱数=织物花纹循环的宽度(花幅)×经纱密度=内幅经纱数/花数

=（内幅×经密)/花数

（3）样卡文件的纹针数应该不小于意匠经线数，否则意匠将会被截断；样卡选择时，要检查投梭和配置表，不要颠倒配置顺序。

（4）纹针数与织物成品幅宽、经密、全幅花数、基础组织循环纱线数、把吊数及装造形式有关。为保证地组织织纹的连续，应修正所选纹针数为地组织循环纱线数的倍数。

（5）根据机台实际情况，单击各类型针对应的色块，就可以在样卡数据区画上纹针、梭箱针、停撬针、边针等，若有画错可用空针修改。

5. 纹板处理 纹板处理包括生成纹板、检查修改纹板、变换纹板等。生成纹板用于根据生成的意匠图、样卡、投梭和组织配置表等生成纹板文件。变换纹板就是对纹板进行合成、分割、转换等操作。纹板转换用于在不同的纹板文件类型之间进行相互转换。纹板转意匠用于由纹板文件获得对应的意匠图。

设计和操作要点：

（1）根据设备要求选择不同的纹板类型，生成纹板。

（2）纹板检查的方式：EP方式、纹板方式、纹针方式和分梭检查。

（3）纹板显示：纹板文件控制着提花龙头的经纬提落（经点及纬点）和功能针信息，因为只有提落信息，所以纹板是黑白色的。

（4）统计交织次数：可以查看纹板的织梭率，检查经纱交织次数差异的大小。

6. 织物模拟 织物模拟可以直观显示织物的外观效果，包括花型的准确性、纹样的经纬向比例、纹样的颜色显示效果、纹样的艺术处理结果等。

织物模拟操作步骤为：选择模拟方式→选择经纬纱系统组成→选择分造类型→选择织物经纬密度→外观风格→工艺类型→纱线结构及色彩设置→点击模拟。模拟对话框如图6-26所示，纱线设置对话框如图6-27所示。

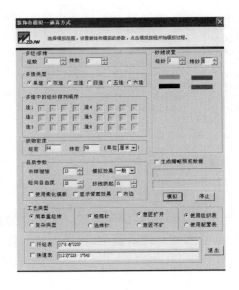

图6-26 模拟对话框

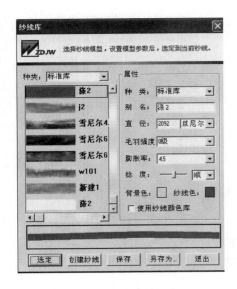

图6-27 纱线设置对话框

设计和操作要点:

(1)分造类型:当织制重经、双层或多层织物时,因具有两个或者两个以上系统的经纱,各系统经纱必须由不同的纹针管理,此时,在目板纵向亦要分成相应的区域称为分造。经线的排列顺序会自动给出,除非特殊要求需要自己手动输入。

(2)工艺类型:在纹样设计中,通常把从头到尾都是固定根数纱线循环的称作简单重经重纬,而把在循环中有插入特殊纱线的做法称作抛花工艺。程序中把简单重经重纬称作简单类型,采用了抛花工艺称作复杂类型。简单类型可以省却一些参数设置,可以一梭到底投梭,而程序会自动设置梭子序号。复杂类型则必须通过某种形式设置梭子序号,由投梭规律、选纬针信息、牵经换道表等来设置。同时,注意对意匠进行扩开与不扩开的选择。

(3)色彩设置:应注意实际生产中纱线颜色的选择是将所拆(设计)纱线参照色卡对比后再确定色号。模拟时可将纱线与屏幕显示颜色对照或根据色卡(样)与纱线的比对确定输入的相应数值。

三、纹织物 CAD 设计实例

本例基于杭州经纬计算机系统工程有限公司开发的纹织 CAD View 5.0、View 60 进行设计。

(一)提花窗帘单层织物设计及模拟

织物主要规格参数见表6-3。

表6-3 单层提花窗帘织物的主要参数规格

品名	提花窗帘织物
成品规格	外幅:306cm 内幅:304cm 花数:8 花 花幅:38cm 花型循环:19cm×24cm×2 个循环 经密:663 根/10cm 纬密:300 根/10cm 基本组织:五枚二飞经面缎纹(地)、五枚二飞纬面缎纹(花)
织造规格	纹针数:2520 针 总经根数:20280 根 边经根数:120 根 花数:8 花(一吊八) 原料:经纱为 16.7tex(150 旦)涤纶网络丝,纬纱 18.2tex×2 棉纱
织造机械	剑杆织机;CX2688 电子提花机

注 1.一个花幅可以有一个或若干整数个花型循环。本例一个花幅取了两个花型循环。

2.纹针数 = 花幅×经密 = 38×66.3 = 2519.4(针),取整为 2520 针,能被组织循环纱线数 5 整除。

3.总经根数 = 纹针数×花数 + 边经数 = 2520×8 + 120 = 20280 根。

1. 图片处理

(1)图片导入:进入纹织 CAD 系统扫描工具栏 ▸扫描 ,通过扫描仪 ,将画稿导入,利用裁剪工具 裁剪出一个花纹循环,保存为(*.bmp)文件。图 6-28 所示为裁剪后的一个图形文件形式的纹样循环。

（2）分色：采用自动分色，输入或默认分色数为20并确定，如图6–29所示。本例为黑白画稿，也可选择分色数为2，或采用手工分色确定分色数为2。

图6–28　裁剪后的一个纹样循环

图6–29　自动分色对话框

（3）意匠设置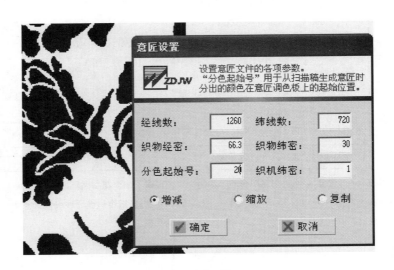：花型裁剪好后，设置意匠参数，经密为66.3根/cm，纬密为30根/cm，经线格数1260格（经密乘以宽度取整），纬线格数720格（纬密乘以高度），输入分色起始号为30即可。意匠参数设置好后保存并另存为意匠文件，这样就将扫描图（.bmp）格式转化为意匠图（.yj）格式。如图6–30所示。如采用手工分色，分色起始号默认为1。

图6–30　意匠设置

（4）纹样修改：点击进入绘图工具栏 ，打开意匠文件夹 yj，读取所存意匠图。使用接回头工具 检查读取的纹样的完整性、花型之间衔接的连贯性。从调色板中选择一种（或几种）颜色，利用绘图工具中的勾轮廓功能 对纹样轮廓进行勾勒并修改纹样，尽量使纹样轮廓清晰圆滑。使用降噪功能 去除纹样上的杂点。使用填充功能 对勾完轮廓的意匠图进行换色和填充并保存。图 6-31 为填充好的意匠图。其中甲色 表示地组织部分，乙色 表示花组织部分。

图 6-31 填充好的意匠图

2. 工艺设计

（1）勾边 ：勾边功能用于对色块进行边界调整。本例所采用的花地组织使用自由勾边即可，因在勾轮廓时已经完成，故可省去此步骤。

（2）组织设计 ：可通过两种方法获得组织，一种是创新设计组织并储存，如图 6-32(a)所示；另一种是从组织库中调取已存好备用的组织 5-2w、5-2j，如图 6-32(b)所示。

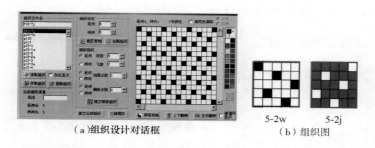

（a）组织设计对话框　　　　　　　5-2w　　5-2j
　　　　　　　　　　　　　　　（b）组织图

图 6-32 组织设计

（3）投梭引纬 ：投梭功能具有控制纬纱选取的作用。投梭的方式和投梭数的确定，则取决于纬纱的排列方式、原料、线密度和纱线构成等。本例为单经单纬织物，纬纱只有一种，因此，选择从头到尾投一梭。

（4）确定组织配置表 ：将组织填入组织配置表中，本例为经地纬起花。注意组织与颜色对应，直接输入组织名，点击确定即可，如图 6-33 所示。

（5）铺组织 ：进入该功能对话框，点击甲色 ，选择参考组织为"5-2j"，铺在地上；点击乙色 ，选择参考组织为"5-2w"，铺在花上。铺组织后的组织配置表如图 6-34 所示，其中 对应组织表中的"1"，表示的是经组织点。铺完组织后的局部意匠图如图 6-35 所示。

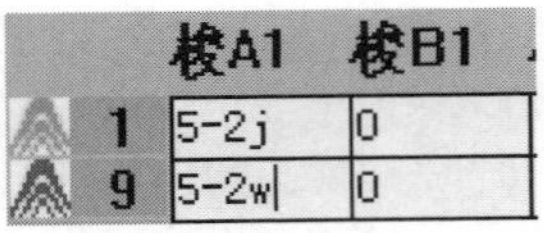

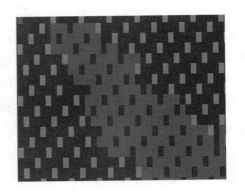

图6-33　组织配置表图

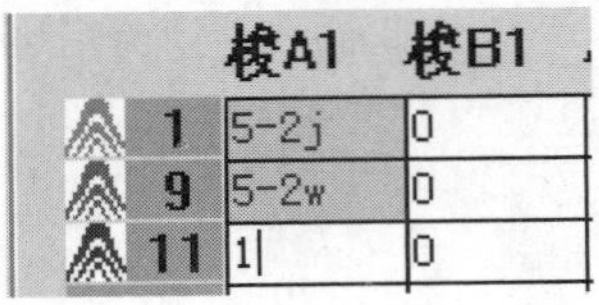

图6-34　铺组织后的组织配置表

图6-35　铺完组织后的局部意匠图

3. 样卡设计和纹板处理 🔲纹板

(1)样卡设置 🔳:组织分析与配置完成后选择样卡,样卡是根据机台装造而定的。样卡的设置实际就是机器龙头功能针和纹针排列顺序,本例采用电子龙头提花机,由装造得知,总针数为2720针,1～8针是梭箱针,即为选纬针;9针是停撬针,用于控制变化纬密;10～32是空针,33～80针是边针,用于控制边经运动规律;81～2600针是纹针(即实用纹针数为2520针),用于控制经线提升运动规律;2601～2647针也是边针,2648～2720是空针。图6-36(a)所示为创新样卡对话框,图6-36(b)所示为新建样卡。

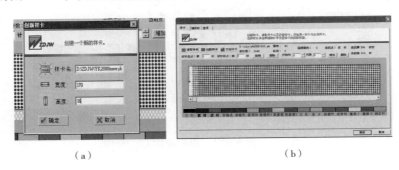

（a）　　　　　　　　　　　　　　　　　　（b）

图6-36　样卡文件

在选项里选择龙头种类,为Bonas EP电子龙头,[Bonas Ep ▾]确定即可。样卡中有8个梭箱针,即9001～9008,分别控制储纬器中8个纬纱的选纬规律,如图6-37所示。

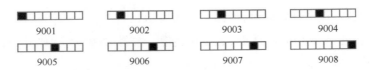

图6-37　纬纱选纬规律

样卡的功能针在此例中只用到边针、梭箱针,故在辅助针表里填入边组织和梭箱针组织即可,如图6-38所示。再根据设备情况,设置样卡属性,确定龙头种类。

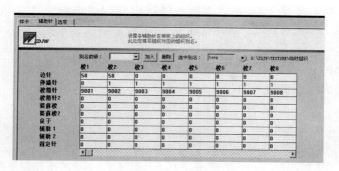

图 6-38　辅助针表

（2）生成纹板 ▄ ：进入生成纹板功能，就可以生成实际的上机文件。如图 6-39（a）所示生成纹板对话框。点击检查纹板 ▦ ，纹板如图 6-39（b）所示。

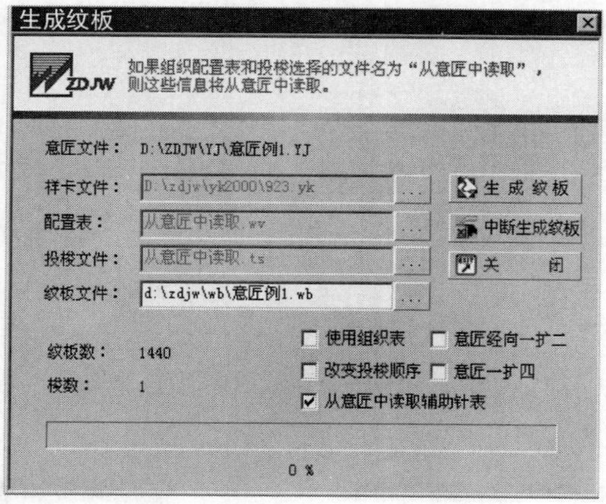

（a）

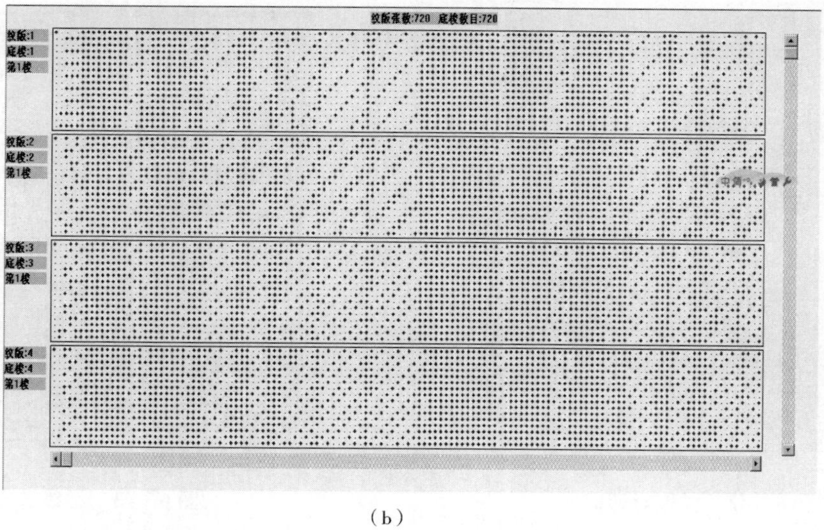

（b）

图 6-39　生成纹板

生成纹板后，如果是机械龙头，可以在检查纸板中看到以纸板形式显示的纹板如图6-39 (b)所示；在按EP方式检查纹板中![icon]，可直观显示包含了投梭、边组织和纹针在内的全部信息，如图6-40所示；点击![icon]，生成的纹板图如图6-41所示。检查纹板后，点击拷贝纹板![icon]或发送纹板，就可输出纹板上机织造。

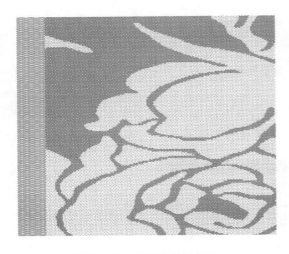

图6-40　检查纹板（局部）

图6-41　纹板图

4. 织物模拟![icon]　点击![icon]，选择逼真模拟，进入如图6-42所示的对话框，纱线选择如图6-43所示。可以先生成预览，然后再进行模拟，模拟图如图6-44所示。

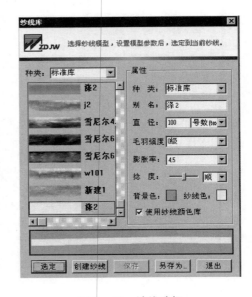

图6-42　模拟对话框　　　　　　　　　　　图6-43　纱线选择

（二）纬二重织物设计及模拟

　　重纬纹织物是指由一个系统的经纱与两个或多个系统的纬纱重叠交织而成的大提花织物，有纬二重、纬三重、纬四重等结构。纬重结构使纹织物的组织层次及色彩变化的生动性增加，同时织物花纹部分因有背衬的纬纱与表纬呈重叠配置，使花纹更加饱满和更具立体感。重纬纹织物的品种和花色变化是纹织物中最丰富的，应用非常广泛。

图 6－44　织物模拟图

　　在设计重纬花、地组织时，为保证织物中纬纱的重叠效应，应注意以下几点。

　　（1）一般表组织尽量选择纬面组织，里组织尽量选择经面组织。

　　（2）如果表、里组织都是纬面组织，应使里组织的完全循环纱线数小于表组织的完全循环纱线数。

　　（3）如果表组织为平纹组织，则里组织必须选择经面组织。

　　（4）特殊的织物当表组织为经面组织时，里组织必须选择经浮长比表组织的经浮长更长的经面组织。

　　（5）表里组织配置时，尽量使里组织中的纬组织点隐藏在表组织的纬组织点或纬浮长线之间；或者使表组织中的经组织点与里组织中的经组织点重叠，以保证不"露底"。

　　由于重纬纹织物只有一个系统的经纱，装造方式一般采用单造单把吊。现以纬二重提花窗帘织物为例，主要参数规格见表 6－4。

表 6－4　纬二重提花窗帘织物主要参数规格

品名	提花窗帘织物		
成品规格	外幅：304cm　　内幅：300cm　　花数：8 花　　花幅：37.5cm 花型循环：37.5cm×54.55cm 经密：640 根/10cm，总纬密：220 根/10cm 基本组织：平纹、斜纹、缎纹		
织造规格	纹针数：2400 针 总经根数：19320 根　　边经根数：120 根 花数：8 花（一吊八） 原料：经纱16.7tex（150 旦）涤纶网络丝，纬纱甲纬18.2tex×2 棉纱，乙纬33.3tex（300 旦）有光涤丝		
织造机械	剑杆织机；CX2688 电子提花机		

　　注　1. 总纬密是指纬二重织物的密度，即单位长度中表里纬纱的总和。

　　　　2. 表中一个花幅取了一个花型循环。

　　　　3. 纹针数 = 花幅×经密 = 37.5×64 = 2400（针）。

　　　　4. 总经根数 = 纹针数×花数 + 边针数 = 2400×8 + 120 = 19320（根）。

1.图片处理

(1)图片导入:进入纹织 CAD 系统扫描工具栏 图 扫描,通过扫描仪 ,将布样或画稿导入,利用裁剪工具 裁剪出一个花纹循环,并通过接回头 功能来检查一个花型是否完整和花型之间的衔接,如图 6-45(a)所示。分析图片可知该纹样是左右对称、对角相同、上下跳接的图,如图 6-45(b)所示。因此,意匠只需画四分之一即可,如图 6-45(c)所示。

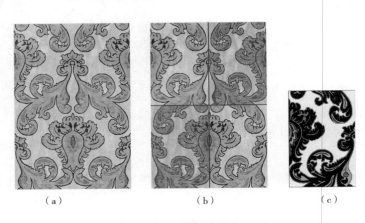

(a)　　　　　　　　　　(b)　　　　　　(c)

图 6-45　织物图片导入

(2)意匠设置 :花型裁剪好后,设置意匠参数,见表 6-4,经密为 640 根/10cm,纬密为 110 根/10cm(表纬密度),纬二重织物描图按表层纬密设置意匠纹格数,因此纬线格数 600 格(纬密乘以高度),经线格数 2400 根(经密乘以宽度),如图 6-46 所示。意匠设置好后保存意匠,这是一个以 0 号色为底的空白意匠,将扫描的纹样图衬在下面,采用衬真彩图的方法,而且省去分色步骤,直接描图即可。

(3)分色处理 :在 V60 里,新意匠可以不用分色而直接描图,也可先分色再描图(同 V5.0),用分色工具,选择颜色数,进行自动分色,分色对话框如图 6-47 所示,分好色后点击创建分色图,可直接将扫描图转化为意匠图。此例选择直接描图。

图 6-46　意匠设置

图 6-47　意匠分色

（4）纹样修改：利用绘图工具中的曲线功能修改纹样，要求纹样轮廓清晰圆滑，再用连晒功能，如图6－48所示，即可得到一个完整的有6种颜色的意匠图，如图6－49所示。

图6－48 连晒图

图6－49 完整的意匠图

图6－50 投梭图

2. 工艺设计 纬二重织物有两种工艺设计方法：

方法一：不扩开做，纬密为110根/10cm（表纬密度），意匠设置如图6－46所示。

（1）投梭引纬：投梭取决于纬纱的排列方式，而此例中因为纬二重不扩开，从头到尾投两梭，代表一个纹格投两梭。如图6－50所示投梭图中的a色和b色。

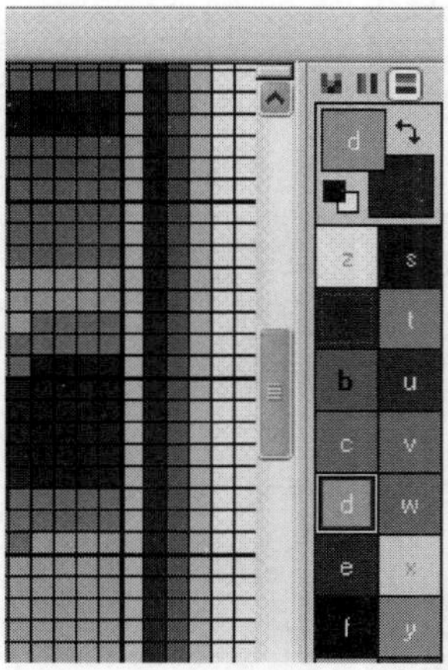

（2）组织分析设计：此例为实物样品，故可以采用拆分纱线法或局部分析法来分析组织；如果是图片，则需根据纹样效果进行设计。因意匠图上有6种颜色，如果本例每个部分都是二重组织，则表、里应该分析出12个组织（每一个颜色对应一个纬二重组织，而每一个纬二重组织对应一个表组织和一个里组织）。因有相同的组织，最后分析出8个组织并存入组织库，组织图如图6－51所示。

（a）5-3w （b）5-3j （c）3 （d）5-2j （e）5-2j-1 （f）5-2j-2 （g）5-3w3w （h）10-3w

图6－51 纹样所含的全部组织

将组织填入纹针组织表▥中，组织要与颜色对应，直接输入组织名，点击确定即可，如图 6−52 所示。

纹针组织表

颜色\纬号	1/a	2/b	备注
1	5−3w	3	
2	5−2j−1	5−2j−2	
3	5−3w3w	5−3j	
4	10−3w	3	
5	5−3j	5−3w	
6	3	10−3w	

图 6−52　纹针组织表

注　1. 2#色所对应的地组织实际是五枚二飞经面缎纹，属单层组织结构织物，其组织为图 6−51 中的(d)，也即图 6−55 中的(b)。不扩开做时，需要按照纬纱 1∶1 的比例将其拆成图 6−51 中的(e)"5−2j−1"和(f)"5−2j−2"。

　　2. 实际分析所得组织 6 个，拆开后分解成 7 个组织。

　　3. 软件中对组织的命名与本教材不同。

方法二：扩开做，将纬向一扩二，纬密为 220 根/10cm，意匠设置如图 6−53 所示。

（1）投梭引纬 ⇄：本例为纬二重织物扩开做，用 1#色，2#色做好投梭规律，如图 6−54 所示。

图 6−53　意匠设置

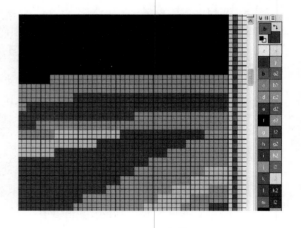

图 6−54　投梭

（2）组织分析：分析结果参照图 6−53 所示纹针组织表中的组织，将表、里组织合成一个组织。

如 1#组织：表组织（纬号 1/a）为五枚二飞纬面缎，里组织（纬号 2/b）背衬平纹，按照表里纬纱 1∶1 的排列，合成组织对话框如图 6−55 所示，取名为 aa−1。其他组织均按此方法合成，共合成 6 个组织，如图 6 – 56 所示，对应意匠图中的 6 种颜色。

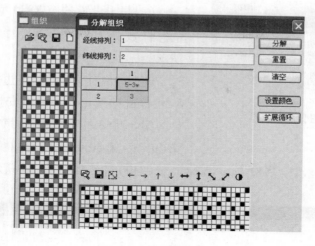

图 6 – 55 组织合成

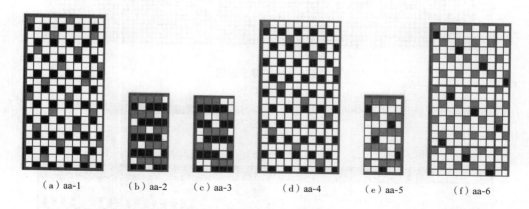

（a）aa-1　　（b）aa-2　　（c）aa-3　　（d）aa-4　　（e）aa-5　　（f）aa-6

图 6 – 56 合成后的组织图

将组织填入纹针组织表███中，组织要与颜色对应，直接输入组织名，点击确定，如图 6 – 57 所示。

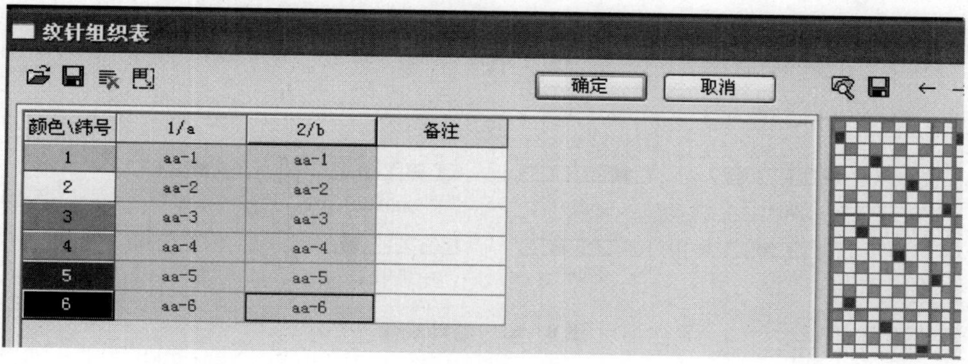

颜色\纬号	1/a	2/b	备注
1	aa-1	aa-1	
2	aa-2	aa-2	
3	aa-3	aa-3	
4	aa-4	aa-4	
5	aa-5	aa-5	
6	aa-6	aa-6	

图 6 – 57 纹针组织表

图 6-58 设置样卡大小

3.纹板及样卡设计

（1）样卡设置 ：CX880 型 2688 针电子提花机的总针数为 2688 针，设置样卡大小，如图 6-58 所示。

使用的纹针为 2400 针；边针用 64 针，梭箱针用 8 针，停撬针用 1 针。具体安排如下：梭箱针：第 1 针～第 8 针（8 针）；停撬针：第 9 针（1 针）；左边针：第 49 针～第 80 针（32 针）；右边针：第 2481 针～第 2512 针（32 针）；正身纹针：第 81 针～第 2480 针（2400 针），如图 6-59 所示。

图 6-59 样卡设置

在选项里选择龙头种类为 Bonas EP 电子龙头，Bonas Ep 确定即可。设置辅助针，如图 6-60 所示。

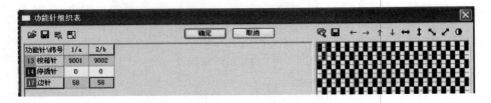

图 6-60 辅助针

样卡中有 8 个梭箱针，即 9001～9008，分别控制储纬器中 8 个纬纱的选纬规律，如图 6-61 所示。

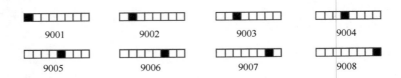

图 6-61 选纬规律

样卡的功能针在本例中只用到边针、梭箱针，故在功能针组织表、里填入边组织和梭箱针组织即可。此例不需要用停撬功能。由于送经机构和卷纬机构的不连续性有可能造成布面不够平整光滑,且对机器的损坏也比较大。所以,一般织物纬密不变的情况下不用停撬信号。

(2)生成组织图 🔲:生成之后可以看到组织铺上去的效果,这时可以进行测浮长等功能的操作。而本实例中,无过长的浮长,故可直接生成纹板。

(3)生成纹板 📠:进入生成纹板功能,就可以生成上机文件,如图6-62所示。

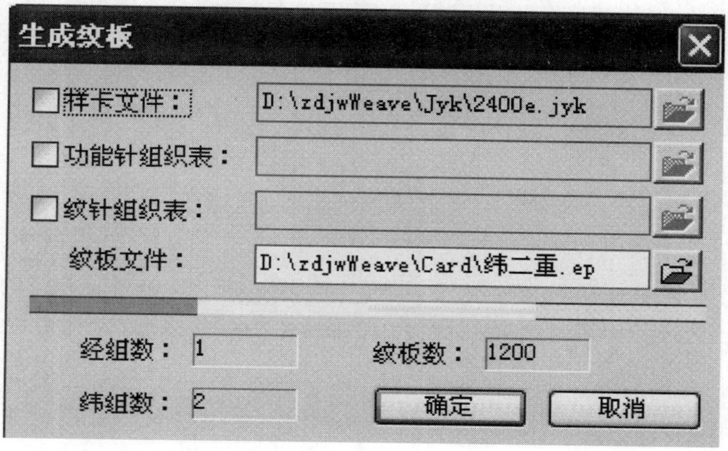

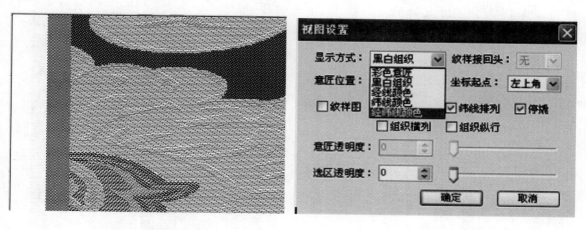

图6-62　生成纹板

(4)检查纹板:生成纹板后,屏幕上直接显示出 EP 文件图如图6-63所示,可直观看到包含了投梭、边组织和纹针在内的全部信息。也可进视图设置功能 🔲,如图6-64所示,选择经纬颜色查看纹板图如图6-65所示。检查纹板后,就可拷贝纹板,上机织造。

图6-63　EP 文件　　　　　　图6-64　视图设置

V60 纹板检查显示6种方式,如图6-66所示,例如可以进行经纬密度设置,如图6-67所示;也可以改变经纬颜色,图6-68所示是按照经纬纱颜色显示的纹板,经纱是白色,甲纬是棕色,乙纬是粉红色。

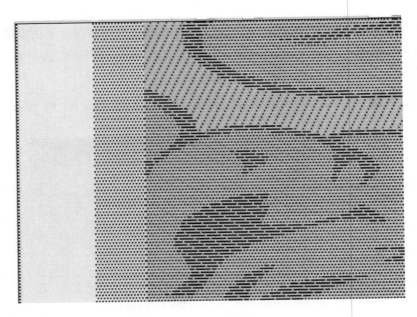

图 6 – 65　检查纹板

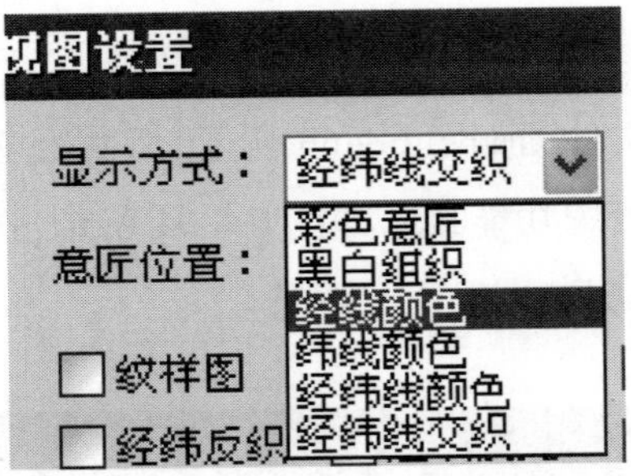

图 6 – 66　纹板检查方式

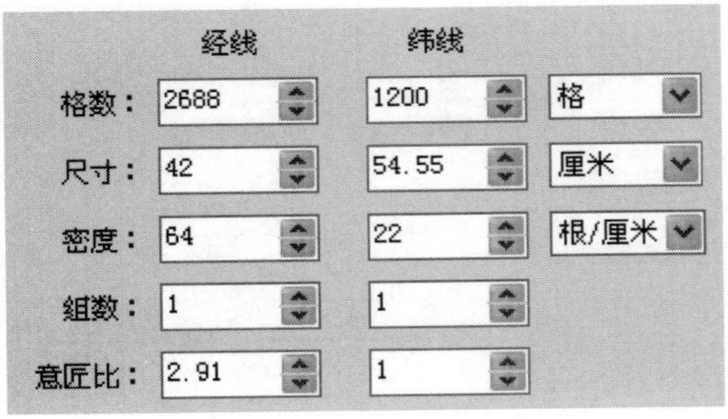

图 6 – 67　经纬密设置

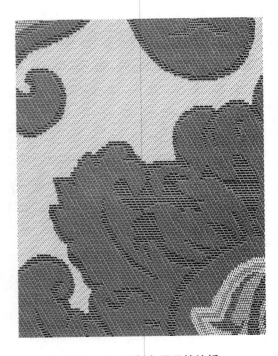

图 6 – 68　按颜色显示的纹板

4. 织物模拟　注意工艺类型选项中的"扩开"和"不扩开"选项的选择；工艺类型选择"简单重经纬"，逼真模拟界面如图 6 – 69 所示，织物外观模拟图如图 6 – 70 所示。

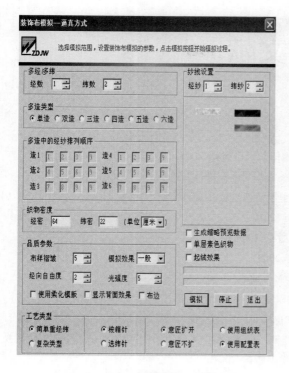

图6-69　逼真模拟示意图

图6-70　织物模拟图

思考题

1. 小提花CAD软件一般由几个模块组成？各自有何功能？

2. 小提花CAD软件的基本操作步骤包括哪些？

3. 利用小提花CAD系统设计一棉型色织小提花织物,并进行外观模拟。

4. 利用小提花CAD系统分别基于色相、明度和纯度作出3组4～6个色织产品的套色设计。

5. 纹织CAD系统的主要任务和功能有哪些？

6. 纹织CAD基本操作步骤有哪些内容？

7. 利用纹织CAD系统设计一单层提花织物,并进行外观模拟显示。

参考文献

[1]蔡陛霞,荆妙蕾.织物结构与设计[M].4版.北京:中国纺织出版社,2008.

[2]G. H. 奥依尔斯诺.织物组织手册[M].董健,译.北京:纺织工业出版社,1984.

[3]沈兰萍.新型纺织产品设计与生产[M].2版.北京:中国纺织出版社,2009.

[4]顾平.织物组织与结构学[M].上海:东华大学出版社,2010.

[5]沈兰萍.毛织物设计与生产[M].上海:东华大学出版社,2009.

[6]姚穆.纺织材料学[M].3版.北京:中国纺织出版社,2009.

[7]李斌红,陈琦,荆妙蕾.纺织面料设计师(基础知识)[M].北京:中国劳动社会保障出版社,2009.

[8]伏广伟,陈琦,金关秀.高级纺织面料设计师[M].北京:中国劳动社会保障出版社,2011.

[9]中国纺织信息中心,国家纺织产品开发中心.2012中国纺织产品开发报告[J].2012(6).

[10]丁一芳,诸葛振荣.纹织CAD应用实例及织物模拟[M].上海:东华大学出版社,2005.

[11]张森林.纹织CAD原理及应用[M].上海:东华大学出版社,2007.

[12]夏尚淳.织物组织CAD应用手册[M].北京:中国纺织出版社,2001.

[13]伏广伟,陈琦,范晓红.纺织面料设计员[M].北京:中国劳动社会保障出版社,2010.

[14]祝双武,石美红,段亚峰,等.纺织CAD/CAM[M].北京:中国纺织出版社,2007.

[15]顾平.纺织品CAD原理与应用[M].北京:中国纺织出版社,2005.

附录

附录一　部分坯织物规格和技术条件

（一）本色棉布代表性品种的技术条件

棉布编号及名称		幅宽（cm）	原纱线线密度（tex）		总经根数	密度（根/10cm）		织物紧度(%)			无浆干燥质量（g/m²）	断裂强度［×9.8N/(5cm×20cm)］		织物组织
			经纱	纬纱		经纱	纬纱	经向	纬向	总紧度		经向	纬向	
101	粗平布	91.5	58	58	1668	181	141.5	51.0	39.9	70.6	186.4	67	50	$\frac{1}{1}$
102	粗平布	91.5	58	58	1704	185	181	52.1	51.0	76.6	213.1	69	70	$\frac{1}{1}$
103	粗平布	96.5	48	48	1758	181	173	46.3	44.2	70.1	169.2	54	53	$\frac{1}{1}$
104	粗平布	91.5	48	48	1884	204.5	196.5	52.3	50.3	76.3	192.4	63	63	$\frac{1}{1}$
105	粗平布	91.5	48	48	1956	212.5	196.5	54.4	50.3	77.4	199.8	66	63	$\frac{1}{1}$
106	粗平布	91.5	42	42	1736	188.5	188.5	45.2	45.2	70.0	156.2	49	51	$\frac{1}{1}$
107	粗平布	91.5	42	42	2012	218.5	204.5	52.4	49.0	75.8	177.3	59	57	$\frac{1}{1}$
108	粗平布	91.5	42	42	2098	228	204.5	54.7	49.0	76.9	180.4	62	57	$\frac{1}{1}$
109	粗平布	91.5	36	36	2098	228	228	50.6	50.6	75.6	162.8	52	55	$\frac{1}{1}$
110	粗平布	94	32	32	2230	236	228	49.3	47.6	73.5	147.6	50	51	$\frac{1}{1}$
111	粗平布	91.5	32	32	2322	252.5	244	52.7	50.9	76.8	157.2	55	55	$\frac{1}{1}$
121	中平布	122	29	29	2312	188.5	173	37.5	34.4	59.0	103.2	35	31	$\frac{1}{1}$
122	中平布	91.5	29	29	1884	204.5	204.5	40.6	40.6	64.8	115.6	39	40	$\frac{1}{1}$
123	中平布	91.5	29	29	2172	236	220	46.9	43.7	70.2	129.8	46	44	$\frac{1}{1}$
124	中平布	91.5	29	29	2172	236	236	46.9	46.9	71.9	135.0	46	48	$\frac{1}{1}$
125	中平布	91.5	29	29	2336	254	248	50.5	49.3	75.0	144.9	50	52	$\frac{1}{1}$
126	中平布	91.5	29	29	2532	275.5	236	54.8	46.9	76.0	150.9	56	48	$\frac{1}{1}$
127	中平布	91.5	29	29	2532	275.5	267.5	54.8	53.2	78.9	161.4	56	56	$\frac{1}{1}$
128	中平布	91.5	28	28	2172	236	228	46.2	44.6	70.2	128.1	44	44	$\frac{1}{1}$
129	中平布	91.5	28	28	2336	254	248	49.7	48.6	74.2	139.9	48	50	$\frac{1}{1}$
130	中平布	91.5	25	28	2336	254	248	46.9	48.6	72.8	132.0	43	50	$\frac{1}{1}$
131	中平布	96.5	24	24	2290	236	236	42.7	42.7	67.2	111.7	37	39	$\frac{1}{1}$
151	细平布	137	21	19.5	3688	267.5	275.5	45.4	44.9	70.0	105.4	36	38	$\frac{1}{1}$
152	细平布	96.5	19.5	19.5	2598	267.5	236	43.6	38.4	65.3	96.2	34	30	$\frac{1}{1}$
153	细平布	127	19.5	19.5	3422	267.5	267.5	43.6	43.6	68.2	103.3	34	36	$\frac{1}{1}$
154	细平布	98	19.5	19.5	2908	295	295	48	48	73	114.1	38	41	$\frac{1}{1}$

续表

棉布编号及名称		幅宽（cm）	原纱线线密度（tex）		总经根数	密度（根/10cm）		织物紧度（%）			无浆干燥质量（g/m²）	断裂强度[×9.8N/(5cm×20cm)]		织物组织
			经纱	纬纱		经纱	纬纱	经向	纬向	总紧度		经向	纬向	
155	细平布	96.5	19.5	19.5	3018	311	318.5	50.6	51.9	76.3	122.3	41	46	$\frac{1}{1}$
156	细平布	96.5	19.5	16	2442	251.5	220	40.9	32.5	60.2	81.1	31	22	$\frac{1}{1}$
157	细平布	96.5	19.5	16	2746	283	271.5	46.1	40.1	67.8	95.8	36	29	$\frac{1}{1}$
158	细平布	122	19.5	14.5	3762	307	307	50	43.2	71.6	102.7	40	29	$\frac{1}{1}$
159	细平布	91.5	18	18	2642	287	271.5	45	42.6	68.5	98.1	34	34	$\frac{1}{1}$
160	细平布	91.5	18	18	2880	313	307	49.1	48.1	73.6	110.5	38	40	$\frac{1}{1}$
161	细平布	96.5	18	15	2940	303	251.5	47.5	35.9	66.4	90.5	36	23	$\frac{1}{1}$
162	细平布	98	14.5	14.5	2646	267.5	248	37.7	34.9	59.5	72.5	23	22	$\frac{1}{1}$
163	细平布	96.5	14.5	14.5	3026	311	279.5	43.8	39.4	66	83.1	28	25	$\frac{1}{1}$
164	细平布	96.5	14.5	14.5	3666	377.5	322.5	53.2	45.4	74.5	101.1	35	31	$\frac{1}{1}$
165	细平布	91.5	14	14	2294	248	244	34.2	33.6	56.4	66.1	20	20	$\frac{1}{1}$
166	细平布	99	14	14	3608	362	34	49.9	47.7	73.7	97.5	32	33	$\frac{1}{1}$
167	细平布	96.5	J10	J10	3674	377.5	346	44.1	40.4	66.7	70.4	24	23	$\frac{1}{1}$
168	细平布	99	J7.5	J7.5	3928	393.5	362	39.7	36.5	61.8	54.9	18	17	$\frac{1}{1}$
201	纱府绸	96.5	29	42	3644	377.5	196.5	75.1	47.1	86.9	194.9	79	54	$\frac{1}{1}$
202	纱府绸	94	29	29	3404	362	196.5	72.0	39.1	83.0	164.1	75	40	$\frac{1}{1}$
203	纱府绸	96.5	28	28	3152	326.5	188.5	63.9	36.9	77.3	142.5	62	36	$\frac{1}{1}$
204	纱府绸	96.5	28	28	3416	354	196.5	69.3	38.5	81.2	153.0	71	38	$\frac{1}{1}$
205	纱府绸	96.5	19.5	19.5	3798	393.5	236	64.1	38.4	77.9	121.3	57	32	$\frac{1}{1}$
206	纱府绸	96.5	19.5	14.5	3798	393.5	236	64.1	33.2	76.1	110.8	57	22	$\frac{1}{1}$
207	纱府绸	96.5	16	19.5	4632	480	275.5	71.0	44.9	84.1	131.0	60	40	$\frac{1}{1}$
208	纱府绸	96.5	16	18	4556	472	275.5	69.8	43.2	82.9	125.2	59	36	$\frac{1}{1}$
209	纱府绸	98	J16	16	4704	480	275.5	71.0	40.7	82.9	120.2	64	32	$\frac{1}{1}$
210	纱府绸	96.5	J14.5	J19.5	4936	511.5	263.5	72.1	42.9	84.1	125.7	61	40	$\frac{1}{1}$
211	纱府绸	96.5	14.5	14.5	4672	484	263.5	68.2	37.1	80.0	106.8	51	25	$\frac{1}{1}$
212	纱府绸	99	14.5	14.5	5064	511.5	279.5	72.1	39.4	83.1	113.8	56	27	$\frac{1}{1}$
213	纱府绸	96.5	14.5	14.5	5052	523.5	283	73.8	39.9	84.3	116.4	58	28	$\frac{1}{1}$
214	纱府绸	96.5	J14.5	J14.5	5280	547	283	77.1	39.9	86.3	120.4	67	30	$\frac{1}{1}$
231	半线府绸	96.5	14×2	42	3800	393.5	196.5	77.1	47.1	87.9	197.3	85	53	$\frac{1}{1}$
232	半线府绸	91.5	14×2	21	3166	346	236	67.8	40.1	80.8	147.9	73	33	$\frac{1}{1}$
251	全线府绸	96.5	J10×2	J10×2	4556	472	236	77.8	38.9	86.4	140.7	80	39	$\frac{1}{1}$

续表

棉布编及号	名称	幅宽 (cm)	原纱线线密度 (tex) 经纱	纬纱	总经根数	密度 (根/10cm) 经纱	纬纱	织物紧度 (%) 经向	纬向	总紧度	无浆干燥质量 (g/m²)	断裂强度 [×9.8N/(5cm×20cm)] 经向	纬向	织物组织
252	全线府绸	91.5	J7.5×2	J7.5×2	4968	543	283	77.6	40.4	86.6	124.1	67	34	$\frac{1}{1}$
253	全线府绸	91.5	J7.5×2	J7.5×2	5184	566.5	275.5	81.0	39.3	88.4	129.7	69	33	$\frac{1}{1}$
254	全线府绸	99	J6×2	J6×2	6040	610	299	78.0	38.2	86.4	109.9	60	28	$\frac{1}{1}$
255	全线府绸	98	J5×2	J5×2	6172	629.5	346	73.6	40.4	84.3	97.0	56	31	$\frac{1}{1}$
301	纱斜纹	86.5	32	32	2994	346	236	72.3	49.3	86.0	185.4	81	46	$\frac{2}{1}$
302	纱斜纹	86.5	29	29	2811	325	204.5	64.6	40.6	78.9	149.0	67	36	$\frac{2}{1}$
303	纱斜纹	86.5	28	28	2811	325	220	63.7	43.1	79.4	149.3	64	38	$\frac{2}{1}$
304	纱斜纹	86.5	25	28	3120	360.5	228	66.6	44.6	82.4	150.4	65	40	$\frac{2}{1}$
305	纱斜纹	86.5	24	24	3267	377.5	251.5	68.3	45.5	82.8	151.0	66	38	$\frac{2}{1}$
401	纱哔叽	86.5	32	32	2684	310	220	64.7	45.9	81.0	164.3	69	42	$\frac{2}{2}$
402	纱哔叽	86.5	29	29	2448	283	248	56.3	49.3	77.9	150.5	53	47	$\frac{2}{2}$
403	纱哔叽	86.5	29	29	2720	314.5	251.5	62.5	50.0	81.3	160.8	63	48	$\frac{2}{2}$
404	纱哔叽	86.5	28	28	2816	325.5	240	63.7	47.0	80.5	153.4	64	43	$\frac{2}{2}$
405	纱哔叽	86.5	28	28	2896	334.5	236	65.5	46.2	81.5	155.3	67	42	$\frac{2}{2}$
431	半线哔叽	86.5	14×2	28	2756	318.5	250	62.4	49.0	80.8	155.2	65	44	$\frac{2}{2}$
501	纱华达呢	86.5	32	32	3272	378	236	79.0	49.3	89.3	192.9	91	48	$\frac{2}{2}$
502	纱华达呢	86.5	28	28	3540	409	236	80.1	46.2	89.3	176.2	88	41	$\frac{2}{2}$
531	半线华达呢	86.5	18×2	36	3540	409	204.5	90.7	45.3	95.0	220.0	115	43	$\frac{2}{2}$
532	半线华达呢	81.5	16×2	32	3464	425	236	88.8	49.3	94.4	210.7	105	48	$\frac{2}{2}$
533	半线华达呢	81.5	16×2	32	3548	435	225	90.9	47.0	95.2	209.0	109	45	$\frac{2}{2}$
534	半线华达呢	81.5	16×2	32	3656	448.5	240	93.7	50.1	96.9	219.1	113	49	$\frac{2}{2}$
535	半线华达呢	81.5	14×2	28	3720	456.5	251.5	89.4	49.2	94.7	195.9	103	45	$\frac{2}{2}$
536	半线华达呢	81.5	14×2	28	3944	484	236	94.8	46.2	97.3	199.0	112	41	$\frac{2}{2}$

续表

棉布编号及名称		幅宽（cm）	原纱线线密度（tex）		总经根数	密度（根/10cm）		织物紧度（%）			无浆干燥质量（g/m²）	断裂强度 [×9.8N/（5cm×20cm）]		织物组织
			经纱	纬纱		经纱	纬纱	经向	纬向	总紧度		经向	纬向	
601	纱卡其	98	48	58	3084	314.5	181	80.5	51.0	89.7	252.7	110	65	$\frac{3}{1}$
602	纱卡其	98	36	48	3700	377.5	188.5	83.8	48.2	91.7	221.8	101	54	$\frac{3}{1}$
603	纱卡其	86.5	36	36	2952	362	196.5	80.3	43.6	88.9	196.7	94	41	$\frac{3}{1}$
604	纱卡其	96.5	36	36	3582	370	228	82.1	50.6	91.2	212.2	97	50	$\frac{3}{1}$
605	纱卡其	86.5	32	32	3540	409	212.5	85.4	44.4	91.9	204.0	103	41	$\frac{3}{1}$
606	纱卡其	89	32	32	3764	423	224	88.4	46.8	93.9	194.3	109	45	$\frac{3}{1}$
607	纱卡其	98	29	42	4168	425	236	84.5	56.6	93.3	222.0	98	64	$\frac{3}{1}$
608	纱卡其	94	29	36	3480	370	236	73.6	52.3	87.5	188.7	79	53	$\frac{3}{1}$
609	纱卡其	99	29	29	4212	425	228	84.5	45.3	91.6	185.4	98	40	$\frac{3}{1}$
610	纱卡其	86.5	28	28	3508	405.5	228	79.4	44.6	88.6	168.7	86	39	$\frac{3}{1}$
611	纱卡其	89	28	28	3784	425	228	83.3	44.6	90.8	178.2	93	39	$\frac{3}{1}$
612	纱卡其	89	28	28	3784	425	251.5	83.3	49.2	91.6	187.8	93	45	$\frac{3}{1}$
613	纱卡其	86.5	28	28	3696	427	234	83.6	45.8	91.2	181.9	94	40	$\frac{2}{1}$
631	半线卡其	81.5	16×2	32	3804	466.5	214	97.4	44.7	98.6	217.7	119	42	$\frac{2}{2}$
632	半线卡其	91.5	14×2	28	4456	487	272	95.4	53.3	97.9	213.1	113	50	$\frac{2}{2}$
633	半线卡其	81.5	14×2	28	4168	511.5	275.5	100.2	53.9	100.1	222.2	121	51	$\frac{2}{2}$
634	半线卡其	81.5	14×2	28	4428	543	275.5	106.4	53.9	103	231.5	132	51	$\frac{2}{2}$
651	全线卡其	96.5	19.5×2	19.5×2	4220	437	228	100.9	52.6	100.5	260.5	139	62	$\frac{3}{1}$
652	全线卡其	98	16×2	24×2	4396	448.5	226	93.7	57.8	97.4	255.6	113	81	$\frac{3}{1}$
653	全线卡其	81.5	14×2	14×2	3836	470.5	267.5	92.2	52.4	96.1	206.4	107	54	$\frac{2}{2}$
654	全线卡其	81.5	J14×2	J14×2	4224	518	276	101.5	54.0	100.7	225.5	139	68	$\frac{2}{2}$
655	全线卡其	96.5	J10×2	J10×2	5928	614	299	101.3	49.3	100.7	182.9	115	46	$\frac{2}{2}$
656	全线卡其	81.5	J7.5×2	J7.5×2	5528	678	354	96.9	50.6	98.4	157.9	90	40	$\frac{2}{2}$
701	纱直贡	98	29	36	4936	503.5	236	100.1	52.3	101.1	225.3	115	47	经面缎纹

续表

棉布编号及名称	幅宽（cm）	原纱线线密度（tex） 经纱	纬纱	总经根数	密度（根/10cm） 经纱	纬纱	织物紧度（%） 经向	纬向	总紧度	无浆干燥质量（g/m²）	断裂强度 ［×9.8N/（5cm×20cm）］ 经向	纬向	织物组织
702 纱直贡	86.5	29	29	3079	354	240	70.4	47.7	84.8	166.6	74	42	经面缎纹
703 纱直贡	86.5	28	28	3079	354	232	69.3	45.4	83.3	157.5	71	38	经面缎纹
704 纱直贡	86.5	28	28	3238	372.5	267.5	72.9	52.4	87.2	174.6	77	47	经面缎纹
705 纱直贡	89	18	18	4082	456.5	314.5	71.6	49.3	85.7	134.7	61	35	经面缎纹
731 半线直贡	86.5	14×2	28	3094	354	240	69.3	47.0	83.8	160.8	72	40	经面缎纹
732 半线直贡	86.5	14×2	28	3217	370	267.5	72.5	52.4	87.0	173.4	78	47	经面缎纹
751 横贡	101.5	J14.5	J14.5	3774	370	551	52.1	77.6	89.3	129.2	39	64	纬面缎纹
752 横贡	99	J14.5	J14.5	3876	389.5	551	54.9	77.6	89.9	132.3	41	64	纬面缎纹
801 麻纱	91.5	18	18	2658	289	322.5	45.3	50.6	73	107.1	34	43	$\frac{1}{1}$
802 麻纱	99	18	18	2781	279.5	311	43.8	48.8	71.2	101.9	33	41	$\frac{1}{1}$
901 拉绒平纹坯	106.5	29	58	1688	157	165	31.2	46.5	63.2	137.9	27	60	$\frac{1}{1}$
902 拉绒平纹坯	104	24	44	1732	165	173	29.8	42.9	60.0	114.8	23	47	$\frac{1}{1}$
903 拉绒哔叽坯	96.5	28	36	2376	246	299	48.2	66.3	82.6	174.9	41	65	$\frac{2}{2}$
904 拉绒哔叽坯	101.5	24	29	2492	244	259.5	44.1	51.6	73.0	130.6	33	50	$\frac{2}{2}$

（二）若干色织物简要规格[①]

品　名	原纱线线密度（tex） 经纱	纬纱	密度（坯布）（根/10cm） 经	纬	组织	成品布幅（cm）
绉花呢	18×2＋（14×2）14）14）	36＋（14）14）14）＋（14×14）14）14）	275.5	228	平纹	81.2
桑平布	14×2	36	377.5	204.5	平纹	81.2

品　　名	原纱线线密度(tex)		密度(坯布)(根/10cm)		组织	成品布幅(cm)
	经　纱	纬　纱	经	纬		
二六元贡	14×2	28	506.5	393.5	急斜	91.4
色织帆布	28×2	28×2	605.5	374	双层	78.7
深条布	28	28	220	188.5	提花	81.2
浅格布	28	28	291	259.5	绉地	91.4
朝阳格	14.5	14.5	295	283	平纹	90.1
蚊帐布	18	18	94.5	94.5	平纹	92
条子府绸	14×2	21	346	236	平提	91.4
纱格府绸	J18	21	413	244	平纹	91.4
纱格府绸	18	14.5	413	267.5	平纹	91.4
精梳府绸	J14.5 + J(14.5×14.5)	J14.5 + J(14.5×14.5)	472	267.5	平纹	91.4
青年布	36	36	258.5	236	平纹	91.4
防缩青年布	48	58	267.5	165	平纹	91.4
单面斜纹绒	36	58	248	220	$\frac{1}{3}$斜	91.4
双面双纬绒	29	29	248	$\frac{192.5}{192.5}$	$\frac{3}{1}$	91.4
厚衬绒	28	96	179.5	220	$\frac{3}{3}$	91.4
芝麻绒	14×2	42×42	188.5	157	$\frac{2}{1}$斜	81.2
涤/棉线绢	13×2	13×2	314.5	236	平纹	91.4
涤/棉花呢	13×13	13×13	268.5	236	平纹	91.4
涤/棉劳动布	29.5	29.5	295	188.5	平纹 $\left(\begin{smallmatrix}35T\\65C\end{smallmatrix}\right)$	91.4
涤/棉劳动布	29.5	29.5	338.5	236	斜纹 $\left(\begin{smallmatrix}35T\\65C\end{smallmatrix}\right)$	91.4
涤/棉青年布	28	28	275.5	220	平纹 $\left(\begin{smallmatrix}35T\\65C\end{smallmatrix}\right)$	91.4
涤/棉花呢	(13×13) + 13×2 + (13×13)120旦)	(13×13) + (13×13)120旦) + (13×13)120旦)13)	291	200.5	平纹	91.4
涤/棉纱罗	13 + (13×13)	13	417	267.5	平纹纱罗	91.4
涤/棉纱罗	13 + 10×2	13	385.5	283	平、纱罗、提	91.4
涤/棉剪花府绸	13 + 21	13	401.5	283	平、提	91.4

品　名	原纱线线密度（tex）		密度（坯布）（根/10cm）		组织	成品布幅（cm）
	经纱	纬纱	经	纬		
涤/棉大提花府绸	13	13	437	283	大提花	111.7
涤/棉长丝	13	68 旦	440.5	338.5	平、提	91.4
涤/棉长丝	10	50 旦	523.5	433	提	91.4
T/R 色织中长	$(29.5 \times 29.5) + 29.5 \times 2$	$(18.5 \times 18.5) + 18.5 \times 2$	199.5	236	$\frac{2}{2}$重平	91.4
T/R 色织中长	$21 \times 2 + (21 \times 21)$	36	213.5	204.5	平纹	91.4
T/R 色织中长	$(18.5 \times 2) + (13 + 13)13) + (13 + 13)120$ 旦$)13)$	$(18.5 \times 2 + (13 + 13)13) + (13 + 13)120$ 旦$)13)$	213	196.5	平纹	91.4

①色织纱线线密度的表示法，目前无统一标准，上述"若干色织物简要规格"中有关股线、花式（饰）线的表示意义，举例说明如下：

14×2——两根同色（包括本色）同为14tex纱加捻双股线；

（14×14）——两根不同色同为14tex纱加捻双股线；

（13＋13）——两根不同色同为13tex纱不加捻（并线）双股线；

（14）14）14）——花式（饰）线：（芯线）饰线）包线）；

（14×2）14）14）——花式（饰）线：（芯线）饰线）包线）；

（13＋13）13）——花式（饰）线：（芯线）饰线）；

（13＋13）120旦）13）——花式（饰）线：（芯线）饰线）包线），其中饰线为13.3tex（120旦）黏胶丝。

（三）本色涤棉混纺布代表性品种的技术条件

棉布编号及名称		幅宽（cm）	原纱线线密度（tex）		总经根数	密度（根/10cm）		织物紧度（%）			无浆干燥质量（g/m²）	断裂强度（布条）[×9.8N/（5cm×20cm）]		织物组织	混纺比例
			经纱	纬纱		经纱	纬纱	经紧度	纬紧度	总紧度		经向	纬向		
T/C101	中平布	96.5	J21	J21	3014	311	299	52.9	50.8	76.8	131.1	59	59	$\frac{1}{1}$	65：35
T/C102	细平布	96.5	J16	J16	3032	312.5	293	46.3	43.4	69.6	100	40	40	$\frac{1}{1}$	67：33
T/C103	细平布	98	J16	J16	3524	358	334.5	53	49.5	76.3	110.8	48	47	$\frac{1}{1}$	65：35
T/C104	细平布	96.5	J14.5	J14.5	3364	346	354	49.5	50.6	75.1	102.8	41	45	$\frac{1}{1}$	65：35
T/C105	细平布	91.5	J14.5	J14.5	3374	366	342.5	51.3	49	75.7	110.1	45	43	$\frac{1}{1}$	67：33
T/C107	细平布	96.5	J14.5	J14.5	3822	393.5	342.5	56.3	49	77.7	110.1	49	43	$\frac{1}{1}$	65：35
T/C108	细平布	99.0	J14	J14	3802	381.5	299	52.6	41.3	72.2	99.1	45	35	$\frac{1}{1}$	65：35
T/C109	细平布	122.0	J13	J13	4246	346	251.5	46	33.4	64	78.7	35	26	$\frac{1}{1}$	65：35

棉布编号及名称		幅宽(cm)	原纱线线密度(tex)		总经根数	密度(根/10cm)		织物紧度(%)			无浆干燥质量(g/m²)	断裂强度(布条)[×9.8N/(5cm×20cm)]		织物组织	混纺比例
			经纱	纬纱		经纱	纬纱	经紧度	纬紧度	总紧度		经向	纬向		
T/C110	细平布	99.0	J13	J13	3494	350	283.5	46.6	37.7	66.7	84.6	36	30	1/1	65:35
T/C111	细平布	96.5	J13	J13	3668	377.5	242.5	50.2	45.6	72.9	96.6	40	38	1/1	65:35
T/C112	细平布	96.5	J13	J13	3668	377.5	362	50.2	48.1	74.2	96.6	40	40	1/1	65:35
T/C113	细平布	99	J13	J13	3920	393.5	362	52.3	48.1	75.2	100.6	42	40	1/1	65:35
T/C114	细平布	120.5	J13	J13	4832	399	331	53.1	44	73.7	97.6	43	36	1/1	65:35
T/C115	细平布	119.5	J13	J13	5198	433	299	57.6	39.8	74.5	98.6	46	32	1/1	65:35
T/C201	纱府绸	96.5	J24	J26	3048	409	240	74	45.4	85.5	169.5	92	60	1/1	65:35
T/C202	纱府绸	96.5	J16	J16	4672	484	283	71.6	41.9	83.5	130.4	66	38	1/1	67:33
T/C204	纱府绸	95.2	J13	J13	4974	523.5	283	69.6	37.6	81	109.5	57	30	1/1	65:35
T/C211	线府绸	95.2	J10×2	J10×2	4844	472	275.5	77.9	45.5	88	152	92	58	1/1	65:35
T/C212	线府绸	96.5	J9×2	J9×2	4970	515	256	80.9	40.2	88.6	144.1	121	47	1/1	65:35
T/C401	半线华达呢	96.5	J14×2	J28	4484	464.5	236	91	46.3	95.2	205.2	114	50	2/2	65:35
T/C402	半线华达呢	86.5	J13×2	J26	4152	480	244.5	90.7	46.2	95		114	50	2/2	65:35
T/C501	纱卡其	96.5	J24	J26	5052	523.5	267.5	94.8	50.6	97.4	201.8	123	58	2/2	65:35
T/C502	纱卡其	96.5	J19.5	J19.5	5016	519.5	299	84.7	49.3	92.2	162.9	88	45	2/2	65:35
T/C503	纱卡其	96.5	J19.5	J19.5	4932	511	299	83.3	49.3	91.5	170.8	87	45	2/2	65:35
T/C511	半线卡其	86.5	J14.5×2	J28	4344	502	275.5	101.9	54	100.9	345	148	65	2/2	65:35
T/C513	半线卡其	96.5	J13×2	J28	5135	531.5	275.5	100.5	54	100.2	221.9	137	65	2/2	65:35
T/C514	半线卡其	96.5	J14×2	J28	5240	543	275.5	106.4	54	102.9	246.2	153	65	2/2	65:35
T/C515	半线卡其	95	J13×2	J26	5160	543	280	102.6	52.9	101.2	226.1	140	61	2/2	65:35
T/C516	半线卡其	96.5	J11×2	J24	5052	523.5	299	94.8	54.1	97.6		109	58	2/2	65:35
T/C521	半线卡其	95	J10×2	J19.5	5840	614	299	101.3	49.3	100.7	184.6	119	47	3/1	65:35
T/C531	全线卡其	95	J10×2	J10×2	5760	606	303	100.0	50	100		118	56	2/2	65:35
T/C523	全线卡其	96.5	J9×2	J9×2	6036	625.5	322.5	98.2	50.6	99.1	186.3	107	53	3/1	65:35
T/C601	麻纱	95.5	J13	J13	3816	398	334.5	52.9	44.5	73.9	95.6	38	34		65:35

（四）原色中长化纤混纺布的技术条件

织物编号及名称		幅宽（cm）	原纱线线密度（tex）		总经根数	密度（根/10cm）		无浆干燥质量（g/m²）	断裂强度［×9.8N/（5cm×20cm）］		织物组织	混纺比例	
			经纱	纬纱		经纱	纬纱		经向	纬向		涤黏	涤腈
T/R 101	隐条平纹布	98.5	21×2	21×2	2180	220	197	182.7	80	78	$\frac{1}{1}$	65:35	
T/R 102	平纹布	99	18.5×2	18.5×2	2290	230	205	164.5	68	65	$\frac{1}{1}$	65:35	
T/A 101	隐条平纹布	96.5	18.5×2	18.5×2	2106	217	205	166.7	65	68	$\frac{1}{1}$		50:50
T/A 102	异经平纹布	98	16.5×2 +33	33		254	220	163.5	61	62	$\frac{1}{1}$		60:40
T/R 301	提花布	98	18.5×2	29.5	2786	283	220				提花	65:35	

（五）本色原棉布织造缩率参考表

织物名称	原纱线线密度（tex）		密度（根/10cm）		织造缩率（%）	
	经纱	纬纱	经纱	纬纱	经纱	纬纱
粗平布	58	58	181	141.5	11.20	5.44
粗平布	48	36	228	232	12.50	6.90
粗平布	42	42	188.5	188.5	7.17	8.33
粗平布	36	36	228	228	9.70	6.81
粗平布	32	32	252.5	244	9.50	6.49
中平布	29	29	188.5	188.5	5.00	8.34
中平布	29	29	236	236	8.00	6.66
中平布	28	28	236	228	7.50	6.66
中平布	28	28	283	259.5	8.60	5.8
中平布	24	24	261.5	237.0	7.60	6.64
细平布	19.5	24	283	251.5	8.00	5.55
细平布	19.5	19.5	267.5	236	6.5	5.87
细平布	19.5	19.5	267.5	267.5	7.00	5.88
细平布	19.5	19.5	311	318.5	9.00	6.33
细平布	19.5	16	251.5	220	5.50	5.64

续表

织物名称	原纱线线密度（tex）		密度（根/10cm）		织造缩率（%）	
	经 纱	纬 纱	经 纱	纬 纱	经 纱	纬 纱
细平布	18	18	244	236	5.4	6.45
细平布	18	18	288.5	314.5	7.00	7.19
细平布	14.5	14.5	354	314.5	76.5	5.00
细平布	14×2	28	297	283	13.0	4.71
细平布	14	14	248	244	3.5	5.09
细平布	J10	J10	283	299	3.8	5.54
细平布	J10	J10	283	283	3.2	5.76
细平布	7	6	420	517.5	5.06	6.25
细平布	7	6	590.5	633.5	9.68	6.66
纱府绸	29	29	326.5	188.5	9.10	3.58
纱府绸	19.5	14.5	393.5	236	7.5	3.99
纱府绸	J14.5	J14.5	503.5	220	8.7	2.16
纱府绸	J14.5	J19.5	511.5	263.5	13.5	1.53
纱府绸	J14.5	J14.5	523.5	283	11.0	2.21
纱府绸	J14.5	J14.5	547.0	283	11.3	2.13
纱府绸	19.5	14.5	393.5	236	8.5	3.99
线府绸	14×2	42	393.5	196.5	16.5	1.09
线府绸	14×2	29	246	228	14.77	3.41
线府绸	14×2	21	246	236	12.0	3.98
线府绸	14×2	17	346	259.5	10.35	3.41
线府绸	10×2	14	543	255.5	16.01	1.45
线府绸	J10×2	J10×2	472	236	11	1.66
线府绸	J7×2	J7×2	515	295	12.3	2.71
线府绸	J7×2	J7×2	566.5	275.5	12.2	2.09
线府绸	6×2	6×2	610.0	299	11.34	1.86
线府绸	5×2	5×2	643	338.5	9.99	2.01
线府绸	4×2	4×2	755	370	11.52	1.96
纱斜纹$\frac{2}{1}$	32	32	346	236	9.50	4.53
纱斜纹$\frac{2}{1}$	29	29	325.5	188.5	3.4	4.88
纱斜纹$\frac{3}{1}$	29	97	310	165	10.30	4.79
纱斜纹$\frac{2}{1}$	28	28	324.5	212.5	6.5	5.45

织物名称	原纱线线密度(tex)		密度(根/10cm)		织造缩率(%)	
	经纱	纬纱	经纱	纬纱	经纱	纬纱
纱斜纹 $\frac{2}{1}$	25	28	360.5	228	7.00	5.03
纱斜纹 $\frac{2}{1}$	22	22	396	260	8.0	5.29
纱斜纹 $\frac{2}{1}$	18	18	342.5	421	6.60	7.60
半线斜纹	18×2	36	287	220	7.00	5.41
半线斜纹	18×2	32	394	252	12.0	5.0
纱哔叽	29	29	283	251.5	5.51	6.4
纱哔叽	28	28	283	248	5.5	6.95
纱哔叽	28	28	334.5	248	6.0	5.9
纱哔叽	25	28	322.5	251.5	5.85	6.2
纱哔叽	15	14	311	413	4.87	7.01
半线哔叽	14	28	318.5	250	6.10	5.33
半线哔叽	18	36	354.3	220.4	12.4	3.5
纱华达呢	28	28	484	236	9.73	1.23
纱华达呢	32	32	403	228	11.0	3.7
半线华达呢	18×2	36	416	216.5	11.0	3.0
半线华达呢	16×2	32	435	225	10.0	2.26
半线华达呢	14	29	484	236	10.71	2.86
半线华达呢	14	28	456.5	251.5	9.20	2.17
半线华达呢	14	28	484	286	9.37	2.44
全线华达呢	16×2	16×2	435	225	10.0	1.40
全线华达呢	14×2	14×2	470.5	267.5	11.0	3.03
线卡其 $\frac{3}{1}$	36	36	362	196.5	8.80	4.34
线卡其 $\frac{3}{1}$	36	36	390	216	8.9	2.91
纱卡其 $\frac{3}{1}$	29	29	425	228	9.20	3.7
纱卡其	32	32	409	236	11	3.8
纱卡其 $\frac{3}{1}$	28	28	405	228	8	2.91
纱卡其 $\frac{3}{1}$	28	28	404.5	252.5	8.64	5.21
半线卡其 $\frac{3}{1}$	16×2	42	446.5	236	13.17	1.33
半线卡其 $\frac{2}{2}$	14×2	32	511.3	260.3	12.5	2.53
半线卡其 $\frac{2}{2}$	14×2	28	481.5	236	8.50	1.95

织物名称	原纱线线密度（tex）		密度（根/10cm）		织造缩率（%）	
	经纱	纬纱	经纱	纬纱	经纱	纬纱
半线卡其$\frac{2}{2}$	14×2	28	543	269	11.5	1.45
半线卡其$\frac{2}{2}$	14×2	28	574.5	283	13.5	1.36
半线卡其$\frac{2}{2}$	10×2	17	620	297	11.5	2.22
全线卡其$\frac{3}{1}$	16×2	24×2	448.5	226	14.00	1.81
全线卡其$\frac{3}{1}$	J14×2	J14×2	481.5	236	8.5	1.95
全线卡其$\frac{2}{2}$	10×2	10×2	598	314.5	12.0	2.70
全线卡其$\frac{2}{2}$	10×2	10×2	610	314.5	11	1.93
全线卡其$\frac{2}{2}$	J10×2	J10×2	614	299	12	2.57
全线卡其$\frac{2}{2}$	J7×2	J7×2	678	354	14.25	2.32
全线卡其$\frac{3}{1}$	J7×2	J7×2	669	338	10.4	2.97
全线卡其$\frac{3}{1}$	10×2	10×2	614	314.5	11.4	2.56
直贡	29	36	503.5	236	7	4.68
直贡	28	28	354	232	4	5.41
直贡	14×2	28	354	240	4.80	5.15
直贡	14×2	28	484	236	7.00	2.44
横贡	24	24	251.5	295	2.75	6.24
横贡	14.5	14.5	389.5	551	4.80	5.30
羽绸	18	18	456.5	314.5	7.0	4.30
麻纱	18	18	275.5	314.5	2.00	7.87
家具布	29	36	188.5	157	4.38	7.05
绉纹布	28	28	337	251.5	6.61	5.48
双纹卡	14×2	28	560	236	10.1	1.67
缎纹卡	14×2	28	580	251.5	6.27	6.35
尖格哔叽	14×2	18×2	326.5	307	6.25	7.0
涤/棉细布	15	15	393	342	11.5	5
涤/棉细布	13	13	378	342.5	9.0	5.0
涤/棉府绸	13	13	523.5	283	10.6	2.34
涤/棉卡其	9×2	9×2	625.5	322.5	13.39	1.93
棉/维（70/30）平布	29	29	236	220	8.7	6.9
棉/维（50/50）细布	18	18	313	307	9.0	6.72
富纤细布	14	14	346	314.5	7.05	4.54

附录二 有关本色棉布、色织物、中长纤维织物的染整

（一）织物后整理分类表

1. 色织棉布后整理分类表

编号	整理名称	整理工序	适应品种	备 注
1	小整理	一般分： 1. 冷轧 2. 热处理 3. 热轧	适用于男女线呢、被单布及条绒等	冷轧：有极光，影响棉纱丝光，缩水率大，尽量少采用 热处理：即热烘，不轧光，光泽柔和，缩水率小 热轧：即热烘轧光，布面极光严重
2	半整理	烧毛、轧水、烘干、轧光、拉幅	适用于深中色、中低档产品	棉纱丝光染色，部分可采用硫化染料
3	不漂大整理	烧毛、轧水、烘干、丝光、水洗烘干、上浆、轧光、拉幅	适用于没有白嵌线的深中色产品，即全部深色（布边除外），色纱可采用硫化及士林染料，全部熟经熟纬（包括边纱）	棉纱一般采用无光染色，如白色边纱，则须用普漂纱，单纱水洗，股线要加酸洗工序
4	原纱漂白大整理	烧毛、退浆、煮练、漂白、水洗、酸洗、水洗、烘干、丝光、水洗、复漂、水洗、酸洗、烘干、加白、上浆、轧光、拉幅	适用于白纱约 $\frac{1}{4}$ 以上的产品，色纱全部采用耐漂士林及纳夫妥染料，经纬白纱全部用原纱（本白纱）	棉纱无光染色，如白纱比例超过一半以上，加工整理如有必要时应经两次煮练，以保证成品质量
5	普漂纱漂白大整理	烧毛、轧水、烘干、丝光、漂白、水洗、酸洗、水洗、烘干、加白、上浆、轧光、拉幅	适用于白色嵌线占 $\frac{1}{4}$ 以内，或全部浅色的产品，白色嵌线及白色纬纱须用普漂纱，以节省加工厂煮练工艺，色纱全部采用耐漂的士林及纳夫妥染料	棉纱无光染色，白色嵌线用无光普漂纱（边纱相同）
6	漂白大整理	烧毛、轧水（或退浆）、煮练、漂白、水洗、酸洗、水洗、烘干、丝光、水洗、复漂、水洗、酸洗、水洗、烘干、拉幅	适用于一般性白度的 10 tex×2 以上股线条格府绸，色纱全部采用耐漂士林及纳夫妥染料，白纱用原料	棉纱无光染色，如白纱比例超过一半以上，加工整理在有必要时应经两次煮练，以保证成品质量
7	加白大整理	工艺与编号 6 相同，增加加白一项	适用于需要另外特别加白的 10 tex×2 股线条格府绸，色纱全部采用耐漂士林及纳夫妥染料，白纱用原纱	棉纱无光染色，白色嵌线用无光普漂纱（边纱相同）
8	套色大整理	烧毛、轧水（退浆）、煮练、漂白、水洗、酸洗、水洗、烘干、丝光、水洗、染色、烘干、轧光、拉幅	适用于线经套色府绸，色纱用耐漂士林及纳夫妥染料，白纱用原纱	棉纱无光染色，白色嵌线用无光普漂纱（边纱相同）

2. 色织涤/棉（65/35）布后整理分类表

工 艺	工 序	适 应 品 种	备 注
1*	退浆、氧漂、丝光、涤纶加白焙烘、定型、烧毛、氧漂、棉加白上柔软剂或树脂、轧光、防缩、包装	适用于白地露白较多、白地白度要求较高的产品	色纱尽可能用耐氧漂士林染料染色，白纱用本白纱
2*	退浆、氧漂、丝光、涤纶加白焙烘、定型、烧毛、氧漂、棉加白、上柔软剂或树脂、轧光、防缩、包装	适用于白地露白较少、白地白度要求一般的产品，如浅色产品	色纱尽可能用耐氧漂士林染料染色，白纱用本白纱
3*	烧毛、退浆、轻氧漂、丝光、定型、棉加白、上柔软剂或树脂、轧光、防缩、包装	适用于浅中色地，只有少数白色嵌条的及色经白纬产品（白色占总经的$\frac{1}{4}$以内）	色纱尽可能用耐氧漂士林染料染色，白色均须煮熟纱（或漂白纱）
4*	烧毛、退浆、丝光、定型、棉加白、上柔软剂或树脂、轧光、防缩、包装	适用于没有白色经纬纱的全浅色产品	色纱可用士林或分散性染料染色
5*	烧毛、退洗、丝光、定型、上柔软剂或树脂、防缩、包装	适用于没有白色经纬纱的中深色产品	色纱可用士林或分散性染料染色

（二）色织物部分大类品种的经纬织缩率及染整幅缩率

织物名称	坯布幅宽（cm）	原纱线线密度（tex）		密度（根/10cm）		织物组织	纬纱织缩率（%）	染整幅缩率（%）	经纱织缩率（%）	备 注
		经纱	纬纱	经纱	纬纱					
色织精梳府绸	97.7	14.5	14.5	472	267.5	平纹小提花	3.3	6.5	6.71 7.47	大整理
色织精梳府绸	96.5	14.5	14.5	472	267.5	（双轴）	4.5	6.8	7.47	
色织精梳府绸	97.9	14.5	14.5	472	267.5	平纹	2.8	6.5	7.47	
色织府绸	97.7	14×2	17	346	259.5	平纹带缎条	3.7	6.5	8.65	5*整理
色织府绸	87	14×2	17	346	259.5	平纹或平带提花	4.55	6.8	8.65	
色织精梳线府绸	97.7	9.7×2	9.7×2	454	240	平纹	2.7	6.5		
色织精梳线府绸	92.7	9.7×2	9.7×2	432	240	平纹	2.9	9.6		
色织精梳线府绸	97.7	9	9	472	70	平纹	1.98	6.5		

续表

织物名称	坯布幅宽（cm）	原纱线线密度（tex）		密度（根/10cm）		织物组织	纬纱织缩率（%）	染整幅缩率（%）	经纱织缩率（%）	备注
		经纱	纬纱	经纱	纬纱					
纱格府绸	97.7	18	18	421	267.5	平纹	2.82	6.5	10.4	大整理
色织精梳泡泡纱	87	14.5+28	14.5	314.5	299	平纹	3.89	0.6	8.35	热烫
细纺	97.7	14.5	14.5	314.5	275.5	平纹	5.7	7.69	7.69	一般整理
细纺	99	14.5	14.5	362	275.5	平纹	5.1	7.69	7.69	一般整理
细纺	103.5	14.5	14.5	314.5	275.5	平纹	5.9	11.7	6.5	防缩整理
细纺	100.3	14.5	14.5	314.5	275.5	平纹	4.58	8.9	7.69	上树脂
单面绒彩格	96.5	28	36	295	236	$\frac{2}{2}$↗	4.4	5.3	9.56	
单面绒彩格	97.7	28	36	295	236	提花	4.3	6.5	8.17	
单面绒	90.7	28	42	251.5	283	$\frac{3}{1}$↗	4.0	10.3	12.0	
单面绒	99.5	28	42	251.5	283	$\frac{2}{2}$↗	4.8	8.1	11.2	
双面绒		28	42	251.5	283	$\frac{3\ 3}{1\ 1}$凹凸绒	6.1	6.5	12.0	
双面绒	91.4	28	42	251.5	283	$\frac{3}{1}$↗	7.7	11.1	6.8	
双面绒	97.1	28	28	299	236	$\frac{2}{2}$↗	5.0	5.9	8.17	
彩格绒	97.7	28	28	236	224	$\frac{2}{2}$↗	4.7	6.5	8	
被单条	113	29	29	279.5	236	平纹	3.5	1.1	10	
被单料	113	29	29	318.5	236	$\frac{2}{1}$↗	3.5	1.1	9.5	
被单布	113	28	28	326.5	267.5	$\frac{3}{1}$↖$\frac{1}{3}$↗	5	1.1	9.26	
被单布	113	28	28	299	255.5	$\frac{2}{1}$↖$\frac{1}{2}$↗	3.9	1.1	9.85	
被单布	113	14×2	14×2	283	251.5	平纹	4	1.1		
格花呢	81.2	18×2	36	262.5	236	小绉地	4.08	0	10	
格花呢	81.2	18×2	36	299.5	251.5	灯芯条	5.6	0	10	
格花呢	81.2	18×2	36	284.5	251.5	绉地	5.2	0	10.8	
格花呢	81.2	18×2	36	259	220	平纹	5.2	0	10	
格花呢	81.2	18×2	36	334.5	228	灯芯条	3.9 4.5	0	11	
素线呢	81.9	14×14×14	36	318.5	228	绉地	2.97	6.92	11.8	3*整理
素线呢	82.5	14×14×14	18×2	365	236		3	7.7		3*整理
素线呢	—	18×2+(14×14×14)	36	330.5	220		4.41	7.8	9.8	

织物名称	坯布幅宽（cm）	原纱线线密度（tex）		密度（根/10cm）		织物组织	纬纱织缩率（%）	染整幅缩率（%）	经纱织缩率（%）	备 注
		经纱	纬纱	经纱	纬纱					
色织线绢	96.5	18×2	18×2	297.5	212.5	平纹	2.75	6.5	2.8	3* 树脂
色格布	8.5	28	28	218.5	188.5	平纹	6	4.5	7.28	
自由条布	87.6	28	28	272	236	平纹	4.8	7.2	9.2	树脂
劳动布	92	58	58	267.5	173	$\frac{3}{1}$↗	4.6	0.7	11	
防缩劳动布	96.5	58	58	294.5	165	$\frac{3}{1}$↗	3.8	5.3	8.29	防缩
防缩磨毛劳动布	97.5	58	58	267.5	188.5	$\frac{3}{1}$↗	2.9	6.3	9.19	防缩磨毛
家具布		29	29	354	157	缎纹	3.5	1.67	7.25	轧光
色织涤/棉府绸	97	14.5	14.5	421	275.5	平纹小提花	4.6	5.75	10.6	
色织涤/棉府绸	97.1	13	13	440.5	299	平纹	3.4 4.1	5.9	10.86	大整理
色织涤/棉府绸	97.7	13	13	440.5	283	平纹小提花	5	6.5	10.29	大整理
色织涤/棉府绸	97.7	13	13	452.5	283	（双轴）	5.9	6.5	10.29	大整理
色织涤/棉府绸	97.7	13	13	440.5	283	平纹带提花	6.4	6.5	10	4* 涤棉整理
色织涤/棉府绸	121.9	13	13	393.5	283	树皮绉	4.8	6.25	9.5	4* 涤棉整理
脂色织涤/棉府绸	121.9	13 + 13×2	13	472	283	（双轴）	4.6	6.24	10.36	4* 涤棉整理
色织涤/棉细纺	99	13	13	314.5	275.5	平纹	5.9	7.7	7.3	4* 涤棉整理
色织涤/棉花呢	97.7	21	21	322.5	283	平纹	7.2	6.5	10.4	4*~5* 涤棉整理
色织涤/棉花呢	97.7	21	21	362	259.5	平纹	4.56	6.5	11.96	涤棉整理 深色
色织涤/黏中长	93.9	18×2	18×2	228	204.5	平纹	7.9	2.7	10.4	松式整理
富纤格子府绸	97.7	19.5	19.5	393.5	251.5	平纹	3.9	6.5	10.4	氧漂整理

（三）印染棉布染整加工系数

1. 幅宽及经纱密度加工系数

档 次	一	二	三	四	五
成品类别	本光染色平布类,丝光花色平布及漂色花麻纱织物类	本光丝光漂白布类,丝光漂色花贡呢、哔叽、斜纹织物类	本光漂白斜纹织物类,丝光漂色花府绸、纱卡其、纱华达呢织物类	本光漂色纱卡其、纱华达呢织物及丝光漂色线华达呢织物类	丝光漂色线卡其织物类
幅宽加工系数	0.88	0.89	0.915	0.935	0.945
经密加工系数	1.136	1.123	1.093	1.069	1.058

注 1. 加工加密织物及过稀织物时,可调整幅宽及经密加工系数的档次(以本色棉布标准技术条件中经紧度为准,如超过者为加密织物,不足者为过稀织物)。

2. 为提高精元、元青布的乌黑度而采用生坯丝光工艺的平布幅宽加工系数改为0.855,经密加工系数应作相应调整。

3. 贡呢、哔叽、斜纹等织物包括纱及线织物、线卡其,线华达呢包括半线及全线织物。

2. 纬纱密度加工系数

织 物 种 类	平布（粗、中细平布）	府绸	哔叽斜纹	纱卡其纱华达呢	线卡其线华达呢	纱贡呢府绸
纬密加工系数(漂白类、卷染、轧染及印花类)	0.92	0.95	0.95	0.96	0.97	0.98

（四）色织物坯幅与成品幅差值控制尺寸及幅缩率

品 种	控 制 尺 寸		幅缩率（%）	整理方式
	mm	英寸		
女线呢	0～6	$0 \sim \frac{1}{4}$		
被单布	13	$\frac{1}{2}$	1.12	
全棉府绸	51～64	$2 \sim 2\frac{1}{2}$	6.5	大整理
细 纺	76～89	$3 \sim 3\frac{1}{2}$	7.3	大整理
T/C 府绸（浅）	51～64	$2 \sim 2\frac{1}{2}$	6.5	T/C 大整理
T/C 府绸（深）	38～51	$1\frac{1}{2} \sim 2$	5.3	T/C 大整理
V/C 府绸	70	$2\frac{3}{4}$	6.0	大整理
T/R 中长化纤	25	1	2.7	松 式
绒布（单面）	44	$1\frac{3}{4}$	4.6	单拉四道
绒布（双面）	70	$2\frac{3}{4}$	7.0	双拉各四道
细纺	76.2	3	7.7	一般整理
细纺	121	$4\frac{3}{4}$	11.1	防缩
细纺	89	$3\frac{1}{2}$	7.3	上树脂

（五）原色涤棉混纺织物幅宽、密度加工系数

品　　种	幅宽加工系数	密 度 加 工 系 数	
		经　纱	纬　纱
细平布	0.92	1.07	0.95
府绸	0.945	1.06	0.96
纱卡其	0.945	1.06	0.96
线卡其、华达呢	0.95	1.05	0.97

（六）各类品种的自然缩率、后整理缩率或伸长率

品　　种		后处理方法	自然缩率（%）	后整理缩率（%）	后整理伸长率（%）
男女线呢		冷轧	0.55		0.5
男线呢（全线）		热处理	0.55	0.5	
被　单	线经纱纬	热轧	0.55		2.5
	纱经纱纬	热轧	0.55		2.0
绒布		轧光拉绒	0.55		2.0
二六元贡		不处理	1		
夹丝男线呢		热处理	0.55	0.8	
色织涤/棉、棉/维、富纤细纺和府绸		大整理	0.85		1.5

附录三　常用毛织物的结构参数

（一）常用精纺毛织物的结构参数

类　　别		常用线密度（tex）	单纱捻系数	股线捻系数	织物质量（g/m²）	常用组织	总紧度系数 K_z	纬经紧度系数比 K_w/K_j
华达呢	纯毛	22.2×2、20×2、17.9×2、16.7×2	$85 \sim 90$	$130 \sim 155$	$357 \sim 465$	$\frac{2}{2}$斜纹	$120 \sim 144$	$0.50 \sim 0.56$
	毛/涤	20×2、16.7×2	$80 \sim 85$	$115 \sim 130$	$357 \sim 434$	$\frac{2}{1}$斜纹	$121 \sim 132$	$0.51 \sim 0.58$
哔叽	纯毛	22.2×2、20×2	$80 \sim 85$	$100 \sim 120$	$310 \sim 527$	$\frac{2}{2}$斜纹	$104 \sim 127$	$0.75 \sim 0.90$
凡立丁	纯毛	20×2	$80 \sim 85$	$140 \sim 160$	$248 \sim 295$	平纹	$86 \sim 90$	$0.70 \sim 0.90$
啥味呢	纯毛	20×2、17.9×2	$80 \sim 85$	$100 \sim 120$	$310 \sim 465$	$\frac{2}{2}$斜纹	$103 \sim 118$	$0.80 \sim 0.93$

续表

类别		常用线密度 (tex)	单纱捻系数	股线捻系数	织物质量 (g/m²)	常用组织	总紧度系数 K_z	纬经紧度系数比 K_w/K_j
中厚花呢	纯毛	26.3×2、20.8×2 19.2×2	80~85	135~160	341~465	$\frac{2}{2}$斜纹及其他变化斜纹,$\frac{2}{2}$方平,平纹变化,芦席,菱形,山形斜纹	104~126	0.75~0.85
	毛/涤	26.3×2、20×2 18.5×2、17.9×2	75~80	115~125	341~465		112~154	0.74~0.90
	涤/毛/黏	20.8×2、20×2	85~90	130~150	341~403		106~118	0.80~0.92
派力司	纯毛	(16.7×2)×25	85~95	160~180	233~264	平纹	84~88	0.70~0.85
	毛/涤	(16.7×2)×25	85~100	140~170	211~248		78~85	0.80~0.85
贡呢	纯毛、毛/涤	(16.7×2)×25、(16.7×2)×(16.7×2)	85~90	130~155	403~527	$\frac{5\ \ 5}{1\ \ 2}$ ($S_j=2,F_j=2~2.5$),变化方平	130~162	0.56~0.84
马裤呢	纯毛、毛/涤	33.3×2、26.3×2、25×2、20.8×2	75~80	115~125	403~574	$F_j=2~2.7$,急斜纹	125~172	0.56~0.65
驼丝锦	纯毛、毛/涤	26.3×2、25×2、20.8×2	85~90	160~170	403~496	$F_j=2.25~2.75$ 或 $F_j=3.25~4$ 的缎纹变化组织	128~160	0.60~0.70
平纹花呢	纯毛、毛/涤	17.9×2、16.7×2、14.3×2、12.5×2	80~85	130~140	233~326	平纹及平纹地小提花	80~92	0.78~0.85
女衣呢	纯毛、毛/涤	17.9×2、16.7×2、14.3×2、12.5×2	80~85	135~150	202~372	$F_j=1.5~2.5$的绉组织	65~115	0.64~0.80

（二）常见精纺毛织物的缩率及质量损耗

产品名称	原料	线密度(tex)(公支) 经	纬	成品密度(根/10cm) 经	纬	织物组织	织长缩(%)	染整长缩(%)	总长缩(%)	总幅缩(%)	染整质量损耗(%)	成品紧度 经	纬	备注
哔叽	全毛	22.2×2 (45/2)	22.2×2 (45/2)	297	257	$\frac{2}{2}$斜纹	5	7	13	15	4	62.61	54.16	匹染
哔叽	全毛	25×2 (40/2)	27.8×2 (36/2)	266	233	$\frac{2}{2}$斜纹	6	8	14	16	4	59.48	54.35	匹染
啥味呢	全毛	18.2×2 (55/2)	18.2×2 (55/2)	305	285	$\frac{2}{2}$斜纹	7	3	10	15	6	58.16	54.35	条染混色

续表

产品名称	原料	线密度(tex)(公支) 经	线密度(tex)(公支) 纬	成品密度(根/10cm) 经	成品密度(根/10cm) 纬	织物组织	织长缩(%)	染整长缩(%)	总长缩(%)	总幅缩(%)	染整质量损耗(%)	成品紧度 经	成品紧度 纬	备注
哈味呢	全毛	27.8×2 (36/2)	31.3 (32)	254	238	$\frac{2}{2}$斜纹	8	5	13	16	5	59.87	42.07	条染混色
凡立丁	全毛	16.7×2 (60/2)	16.7×2 (60/2)	265	200	平纹	7	4	11	15	3	48.38	36.52	匹染
派立司	全毛	16.9×2 (59/2)	25.6 (39)	232	225	平纹	8	1	9	10	4	51.92	36.03	条染
华达呢	全毛	17.5×2 (57/2)	17.5×2 (57/2)	420	234	$\frac{2}{1}$斜纹	11	6	16	6	3	78.67	43.83	匹染
华达呢	全毛	16.7×2 (60/2)	16.7×2 (60/2)	476	258	$\frac{2}{2}$斜纹	9	6	14	7	4	86.01	47.1	
华达呢	全毛	19.6×2 (51/2)	19.6×2 (51/2)	451	244	$\frac{2}{2}$斜纹	9	10	18	6	3	89.31	48.32	匹染
华达呢	全毛	20×2 (50/2)	20×2 (50/2)	602	262	缎背组织	10	10	19	8	5	120.4	52.4	匹染
花呢	全毛	26.3×2 (38/2)	26.3×2 (38/2)	217	184	平纹	11	2	13	15	4	49.78	42.21	
花呢	全毛	16.7×2 (60/2)	16.7×2 (60/2)	365	305	$\frac{2}{2}$斜纹	8	3	11	12	4	66.64	55.69	
花呢	全毛	17.9×2 (56/2)	17.9×2 (56/2)	344	268	$\frac{2}{2}$菱形	8	5	13	12	4	65.01	50.65	
花呢	全毛	19.2×2 (52/2)	19.2×2 (52/2)	320	288	$\frac{2}{2}$方平	6	3	9	12	4	62.76	56.48	
花呢	全毛	16.7×2 (60/2)	16.7×2 (60/2)	500	350	单面花呢	5	5	10	19	5	91.29	63.9	
直贡呢	全毛	19.6×2 (51/2)	19.6×2 (51/2)	455	256	$\frac{3}{2}$急斜纹	8	5	13	4	5	90.1	50.7	
直贡呢	全毛	16.7×2 (60/2)	25 (40)	542	422	$\frac{5\ 5}{1\ 2}$急斜纹	10	10	19	9	3	98.96	66.72	匹染
马裤呢	全毛	22.7×2 (44/2)	22.7×2 (44/2)	495	245	$\frac{5\ 1\ 1\ 1}{1\ 2\ 2\ 1}$急斜纹	7	9	15	13	4	105.53	52.23	

续表

产品名称	原料	线密度(tex)(公支) 经	线密度(tex)(公支) 纬	成品密度(根/10cm) 经	成品密度(根/10cm) 纬	织物组织	织长缩(%)	染整长缩(%)	总长缩(%)	总幅缩(%)	染整质量损耗(%)	成品紧度 经	成品紧度 纬	备注
巧克丁	全毛	16.7×2 (60/2)	16.7×2 (60/2)	474	267	$\frac{2\ 2}{1\ 3}$斜纹	10	6	15	6	4	86.54	48.75	
巧克丁	全毛	20×2 (50/2)	20×2 (50/2)	460	343	$\frac{3\ 3\ 1\ 1}{1\ 1\ 2\ 2}$斜纹	10	6	15	6	5	90.21	62.62	
色子贡	全毛	16.7×2 (60/2)	16.7×2 (60/2)	367	304	十枚七飞加强缎文	8	2	10	16	5	67.01	55.5	涤染
驼丝锦	全毛	19.2×2 (52/2)	33.3 (30)	490	290	十一枚五飞变化缎纹	8	9	15	14	5	91.6	62.95	涤染

（三）粗纺毛织物的结构参数

类 别		常用线密度(tex)	纱线捻系数	织物质量(g/m²)	常用组织	织物充实率(%)	染整工艺特点
麦尔登		71.4~83.3	13~15.5	375~500	$\frac{2}{2}$斜纹，$\frac{2}{2}$破斜纹，$\frac{2}{2}$斜纹	85.1~90	重缩绒，不起毛
大衣呢	平厚	100~200	12~14.5	520~630	$\frac{2}{2}$、$\frac{4}{4}$斜纹，$\frac{1}{3}$，纬二重	75.1~80	缩绒，轻起毛
	立绒	83.3~166.7	11.5~13.5	420~610	$\frac{5}{2}$纬面缎纹，$\frac{2}{2}$斜纹，$\frac{1}{3}$破斜纹	75.1~80	缩绒，起毛
	顺毛	71.4~166.7	8~11	350~610	$\frac{5}{2}$纬面缎纹，$\frac{2}{2}$斜纹，$\frac{1}{3}$破斜纹，六枚变则缎纹	80.1~85	缩绒，起毛
	拷花	71.4~143	11.5~13.5	560~740	异面纬二重，异面经纬双层	80.1~85	缩绒，起毛
	花式	143~250	12~15	420~630	$\frac{2}{2}$斜纹、$\frac{3}{3}$斜纹，小花纹，平纹	75.1~80	不缩或轻缩，不起毛
海军呢		83.3~111.1	13~15.5	400~520	$\frac{2}{2}$斜纹	90.1~95	重缩绒
制服呢		111.1~166.7	13~15.5	440~540	$\frac{2}{2}$斜纹	85.1~90	重缩绒，轻起毛

续表

类 别		常用线密度 （tex）	纱线捻系数	织物质量 （g/m²）	常用组织	织物充实率 （%）	染整工艺特点
女式呢	平素	62.5～111.1	12～14.5	230～460	$\frac{2}{2}$斜纹,平纹	85.1～90	缩绒,轻起毛
	立绒	62.5～111.1	12～14.5	230～460	$\frac{2}{2}$斜纹,$\frac{1}{3}$破斜纹	75.1～80	缩绒,起毛
	顺毛	62.5～111.1	11.5～13.5	230～460	$\frac{2}{2}$斜纹,$\frac{1}{3}$或$\frac{3}{1}$破斜纹	75.1～80	缩绒,起毛
	松结构	58.8～166.7	12～15	180～350	$\frac{2}{2}$斜纹,平纹,各种变化组织	65	不缩绒
法兰绒		66.7～111.1	13～15.5	230～440	$\frac{2}{2}$斜纹,$\frac{2}{1}$斜纹平纹	80.1～85	缩绒
花呢	纹面	83.3～200	14～16.5	250～500	$\frac{2}{2}$破斜纹,$\frac{2}{2}$斜纹	80.1～85	不缩绒或轻缩绒
	呢面	83.3～200	12.5～14.5	250～500		75.1～80	缩绒
	绒面	83.3～200	11.5～13.5	250～500		65.1～75	缩绒,轻起毛
	海力斯	125～250	12～15	350～500		75.1～80	缩绒
大众呢		83.3～250	12～14.5	420～520	$\frac{2}{2}$斜纹	85.1～90	重缩绒,不起毛

附录四　丝织物常用经纬组合

产品风格类型	经或纬加工要求			常用经或纬规格	适用范围
绸面平滑光亮；手感柔软的织物	经丝无捻			各种条分桑蚕丝、柞蚕丝	适用缎、绫、纺等各类织物,练、染、印后,绸面光亮,平滑柔软
	经丝上浆	无捻上浆		各种条分人造丝、合纤丝	
		加低捻上浆	人造丝	44.4dtex(40旦)铜氨丝 4T/S 83.3dtex(75旦)铜氨丝、醋酯丝 1.6T/S 133dtex(120旦)铜氨丝、醋酯丝 1.6T/S	
			合纤丝	33.3dtex,44.4dtex(30旦,40旦)锦纶 3T/S 55.5dtex(50旦)锦纶 3T/S；77.7dtex(70旦)锦纶 2T/S 50dtex(45旦)涤纶 2.5T/S	
	经丝加捻	单丝加捻	人造丝	44.4dtex,66.6dtex(40旦,60旦)人造丝 8T/S 83.3dtex(75旦)铜氨丝、醋酯丝 7T/S 133dtex(120旦)醋酯丝 6T/S；166.5dtex(150旦)黏胶丝 6T/S	

续表

产品风格类型	经或纬加工要求			常用经或纬规格	适用范围
绸面光泽柔和，手感滑爽的织物	经丝加捻	单丝加捻	合纤	44.4dtex,55.5dtex(40旦、50旦)锦纶 8T/S； 77.7dtex(70旦)锦纶 6T/S；122dtex(110旦)锦纶 6T/S 50dtex(45旦)涤纶 8T/S；83.3dtex(75旦)涤纶 8T/S	适用缎、绫、纺等各类色织物，绸面光泽较柔和，手感滑爽
		股线加捻（熟经）	桑蚕丝	14.4/16.7dtex(13/15旦)8T/S×2,6T/Z 14.4/16.7dtex(13/15旦)8T/S×2,8T/Z 22.2/24.4dtex(20/22旦)8T/S×2,6T/Z 22.2/24.4dtex(20/24旦)8T/S×2,8T/Z	适用绸面光泽柔和的缎类或经高花等色织物，缎面较蓬松
			人造丝	66.6dtex(60旦)人造丝 8T/S×2,6T/Z 83.3dtex(75旦)人造丝 6T/S×2,4T/Z 133dtex(120旦)人造丝 6T/S×2,4T/Z	
			合纤	33.3dtex(30旦)锦纶 6T/S×2,4T/Z 33.3dtex(30旦)涤纶 8T/S×2,6T/Z 44.4dtex(40旦)锦纶 8T/S×2,6T/Z	
绡绉类织物	经纬强捻	桑蚕丝		22.2/24.4dtex(1/20/20旦)14T/S、26T/SZ、28T/SZ、30T/SZ、35T/SZ 22.2/24.4dtex(2/20/20旦)18T/SZ、26T/SZ	适用绉类乔其纱白织物，精练后，绸面光泽差，手感爽挺，弹性好，经纬为同一原料
		人造丝		44.4dtex(40旦)铜氨丝 17T/SZ、66.6dtex(60旦)人造丝 12T/S 83.3dtex(75旦)人造丝 10T/S、20T/S、26T/S	
		合纤丝		33.3dtex(30旦)锦纶 18T/S、50dtex(45旦)涤纶 18T/SZ 或 10T/S 75.5dtex(68旦)涤纶 18T/SZ	
双绉织物	纬丝强捻	桑蚕丝		22.2/24.4dtex×1(1/20/22旦)28T/SZ 22.2/24.4dtex×2(2/20/22旦)26T/SZ、30T/SZ 22.2/24.4dtex×3(3/20/22旦)20T/SZ、24T/SZ、26T/SZ 22.2/24.4dtex×4(4/20/22旦)18T/SZ、24T/SZ	适用双绉类白织物，精练后绸面光泽柔和并略有绉纹效果
		人造丝		83.3dtex(75旦)人造丝 20T/SZ、26T/SZ 133dtex(120旦)人造丝 20T/SZ	
碧绉织物	纬用碧绉线	桑蚕丝		22.2/24.4dtex×3(3/20/22旦)17.5T/Z+22.2/24.4dtex(1/20/22旦)16T/S	各类碧绉白织物，精练后手感滑爽，绸面具有碧绉皱纹
		人造丝/锦纶/桑蚕丝		44.4dtex(40旦)锦纶+83.3dtex(75旦)人造丝 15T/S、12T/S 22.2/24.4dtex(20/22旦)桑蚕丝+83.3dtex(75旦)人造丝 16T/S、14T/Z	
疙瘩织物	纬（或经）用疙瘩丝	桑、柞疙瘩丝		55.5/77.7dtex(50/70旦)双宫丝；111/133dtex(100/120旦)双宫丝 222.2/277.8dtex(200/250旦)双宫丝；16.7tex(60公支)竹结绢丝 88.8dtex(80旦)柞疙瘩丝；111dtex(100旦)柞疙瘩丝 555.6dtex(500旦)柞大条丝；2555.6dtex(2300旦)疙瘩柞大条丝 50tex(20公支)䌷丝	各类双宫绸、疙瘩绸白织物，绸面具有不规则的长短、粗细式点粒疙瘩
仿麻织物	经（或纬）用	人造丝人造棉抱合线		[19.4tex(30英支)人造棉+166.6dtex(150旦)人造丝 4T/Z]4T/S [19.4tex(30英支)人造棉+83.3dtex(75旦)醋酯丝]8T [19.4tex(30英支)人造棉+166.6dtex(150旦)人造丝 8T]3T	粗犷的人造丝、人造棉、棉纬织物，经树脂整理，绸质如麻织物

续表

产品风格类型	经或纬加工要求		常 用 经 或 纬 规 格	适 用 范 围
结子线织物	纬用结子线		普克尔线：[铝皮芯线 +33.3/38.9dtex(30/35 旦)桑蚕丝饰线 +133dtex(120 旦)人造丝固结线] 19.4tex×2 人造棉色芯线 +19.4tex×2 人造棉饰线 +133dtex(120 旦)人造丝固结线 13tex 涤棉纱 +11.7tex 富纤结子线	各类结子白织物或色织物,具有各种不规则的结子
闪光、亮光类织物	纬用	铝皮与人造丝、人造棉、桑蚕丝抱合线	[94.4dtex(85 旦)铝皮 +83.3dtex(75 旦)人造丝]并色 [94.4dtex(85 旦)铝皮 +133dtex(120 旦)人造丝]并色 [303.3dtex(273 旦)铝皮 +166.6dtex(150 旦)人造丝]并色 [100dtex(90 旦)铝皮 +19.4tex(30 英支)人造棉]并色 [190dtex(171 旦)铝皮 +19.4tex(30 英支)人造棉]并色 [303.3dtex(273 旦)铝皮 + 13.8tex×2(42 英支/2)丝光纱]2T/S {94.4dtex(85 旦)铝皮 + [22.2/24.4dtex(20/22 旦)桑蚕丝 8T/S×2]6T/Z}3T/S [303.3dtex(273 旦)铝皮 +22.2/24.4dtex(20/22 旦)桑蚕丝]6T/S	适用于各类闪光、亮光色织物,绸面具有十分明显的发光效果
闪色织物	人造丝、人造棉、锦纶或涤纶抱合线		[19.4tex(30 英支)人造棉色 +133dtex(120 旦)人造丝色]2T/S [33.3dtex×2(2/30 旦)闪光锦纶色 +83.3dtex(75 旦)人造丝色]3T/S [33.3dtex(30 旦)半光锦纶色 +166.6dtex(150 旦)人造丝色]3T/S [44.4dtex(40 旦)半光锦纶色 +19.4tex(30 英支)人造棉色]3T/S [33.3dtex(30 旦)闪光锦纶预缩 +19.4tex(30 英支)人造棉色]5T/S {[33.3dtex(30 旦)闪光锦纶×3]3T +133dtex(120 旦)人造丝 3T/S}3T/Z [50dtex(45 旦)涤纶 +133dtex(120 旦)无光人造丝]3T/S	适用素色或闪色的色织物或白织物,绸面效果文静大方,色彩雅致

注　1.T—捻度(捻/cm),Z、S—捻向。

　　2.普克尔线是一种花式线的外国名称。